COLLECTION

DE MÉMOIRES

RELATIFS A L'ASSAINISSEMENT DES ATELIERS,

DES ÉDIFICES PUBLICS,

ET DES MAISONS PARTICULIÈRES.

Paris. — Imprimerie de H. FOURNIER et Cᵉ, 7 rue Saint-Benoît.

COLLECTION

DE

MÉMOIRES

RELATIFS

A L'ASSAINISSEMENT DES ATELIERS

DES ÉDIFICES PUBLICS

ET DES HABITATIONS PARTICULIÈRES

PAR J.-P.-J. D'ARCET

MEMBRE DE L'INSTITUT (ACADÉMIE DES SCIENCES), DU CONSEIL GÉNÉRAL DES MANUFACTURES
DE LA SOCIÉTÉ CENTRALE D'AGRICULTURE, DU CONSEIL DE SALUBRITÉ
ET DIRECTEUR DES ESSAIS DES MONNAIES

PUBLIÉS DANS LE COURS DE TRENTE ANNÉES

REVUS PAR L'AUTEUR ET MIS EN ORDRE

PAR PHILIPPE GROUVELLE

INGÉNIEUR CIVIL.

TOME PREMIER

PARIS

A LA LIBRAIRIE SCIENTIFIQUE-INDUSTRIELLE

L. MATHIAS (Augustin)

QUAI MALAQUAIS, 15

1843

ERRATA.

Page 6, ligne 11, plus haut : *lisez :* plus haut, et vu en coupe, fig. 8.
39 — 11, planche 1, *lisez :* planche 8.
81 — 1re, des moyens de salubrité, *lisez ;* XVI, des moyens de salubrité.
105 — 17, aux Thernes, *lisez :* aux Ternes.
135 — 23, dans la fig. 1re, *lisez :* dans la fig. 11.
181 — 31, Z, Z, Z, Z, *lisez :* z, z, z, z.
181 — 34, fig. 14, *lisez :* fig. 4.
182 — 36, *a* bouche, *lisez : a*, bouche.
233 — 21, *après* chemins de fer, *ajoutez :* (*Voy.* note additionnelle, p. 286.)
268 — 19, du cintre I, *lisez :* du cintre *i*.

NOTICE PRÉLIMINAIRE.

La plupart des travaux de M. D'Arcet, publiés isolément pendant trente années, dans des recueils périodiques, et au milieu de mémoires divers, sont difficiles à trouver pour les hommes qui les veulent consulter, peu connus de ceux qui auraient besoin d'en faire leur étude, et quelquefois encore mal jugés, faute d'un lien qui permette d'en saisir la pensée commune et la portée. Les réunir en un corps d'ouvrage, c'est donc répondre à de nombreux besoins : c'est en même temps leur assurer l'estime et l'influence qui leur sont dues : c'est enfin montrer comment on peut inventer, exécuter beaucoup, et devoir cependant presque autant de succès que de tentatives nouvelles, à une méthode vraiment scientifique, à la sûreté du coup d'œil manufacturier, et à cette persévérance qui marche toujours en avant dans une voie ouverte, et ne s'arrête pas, aussi longtemps qu'il y reste quelque chose à trouver.

Parmi ces mémoires, une importante série comprend les questions d'assainissement d'ateliers, d'habitations particulières et d'établissements publics. Traitées, soit au nom du comité consultatif, du conseil de salubrité de la ville de Paris, ou de la société d'encouragement, soit comme étude personnelle, elles forment un Manuel à l'usage des conseils de salubrité, organisés aujourd'hui dans la France entière, des ingénieurs et des architectes, à l'usage surtout des architectes qui, honorés de la confiance des administrations départementales et municipales, et appelés chaque jour à se prononcer sur des objets de ce genre, remplissent les fonctions d'ingénieurs, et en doivent posséder les connaissances. Ils trouveront là les plus sûrs principes de l'application des sciences à l'industrie et aux travaux publics, et de nombreux et utiles exemples.

Si l'on nous disait que ce recueil renferme seulement des exemples et que les préceptes y manquent, ce serait l'avoir mal étudié; car les principes scientifiques et les préceptes s'y trouvent toujours implicitement: et tandis que les lois générales, qui résument tous les faits, sont l'objet d'autres ouvrages, comme les écrits de MM. Péclet et Combes, et les hautes leçons de physique appliquée du conservatoire des arts et métiers, on trouvera dans celui-ci ce qui a été exécuté avec succès, et les moyens de réussir aussi heureusement. Dans les appareils de chauffage et d'assainissement, les dispositions varient avec les circonstances locales. L'étude d'exemples particuliers et de bons modèles, est donc indispensable pour compléter l'instruction pratique des jeunes ingénieurs.

Ajoutons que les travaux de cette série ont été exécutés par M. D'Arcet sans intérêt personnel, et publiés à l'instant pour être employés librement par tous.

Nous réunissons tous ces mémoires relatifs au chauffage, et à l'assainissement, en deux volumes, accompagnés de planches nombreuses et tracées à de grandes échelles, pour en rendre l'exécution facile (1). Ils formeront ainsi un ouvrage spécial, entièrement séparé des autres travaux de M. D'Arcet. Ces derniers seront publiés, plus tard, en un second recueil, où l'on trouvera rassemblés les industries qu'il a créées, les procédés nouveaux et les perfectionnements qui lui sont dus dans les arts chimiques et économiques.

Nous avons adopté l'ordre chronologique dans cette publication. Des questions trop diverses y sont examinées, pour permettre une classification méthodique. Cependant M. D'Arcet avait senti l'importance de cette classification, quand il proposa à l'administration de faire un travail complet sur l'assainissement des industries comprises dans les trois classes de l'ordonnance du 14 janvier 1815, relative aux établisse-

(1) Nous devons ici exprimer nos remercîments au conseil général des hôpitaux de Paris, et au comité d'administration de la société d'encouragement, qui ont bien voulu concourir à cette publication, en nous permettant de nous servir d'un assez grand nombre de planches relatives à divers travaux de M. D'Arcet, et qui leur appartiennent.

ments dangereux, insalubres ou incommodes; mais ce projet, à la fois utile et honorable, n'a pas été agréé, et n'a pas pu recevoir son exécution. Nous avons pris soin cependant de grouper ensemble les mémoires qui ont entre eux un rapport direct.

Un système d'applications aussi variées, a besoin d'être résumé pour être bien compris. Nous en donnerons une analyse succincte, en montrant la marche suivie par M. D'Arcet dans ses recherches, les services qu'elles ont rendus à l'industrie, et leur influence sur l'hygiène publique. Nous ferons enfin précéder cette analyse par quelques mots sur l'état de la science de la ventilation, avant l'exécution des travaux dont se compose ce recueil.

Nous donnerons aussi, au commencement du *Recueil des mémoires relatifs aux arts chimiques*, tout ce qui concerne l'histoire de ces recherches, et particulièrement la fabrication de la soude factice, des savons, etc.

Lorsqu'en 1812 M. d'Arcet s'occupa pour la première fois de l'assainissement d'une industrie, celle des *appareils à fabriquer le bleu de Prusse*, et qu'en même temps il trouva les dispositions, qui ont rendu si complétement salubre le laboratoire des essais des monnaies, rien de réellement pratique n'avait été fait dans cette route nouvelle. Les procédés de ventilation, soit *naturelle* par un judicieux emploi des forces physiques que développent les variations atmosphériques, ou par le seul échauffement d'une capacité, soit *artificielle* par l'emploi d'une puissance motrice étrangère à la ventilation même, n'étaient connus que dans un petit nombre de circonstances, dont on n'avait tiré aucune conséquence générale.

Dans le creusement et l'assainissement des puits, par exemple, divers moyens étaient employés à renouveler l'air rendu irrespirable par une longue clôture, par des matières infectes et plus souvent par les sources d'acide carbonique, si abondantes dans les terrains crayeux ou volcaniques.

Toutefois, la plus importante de ces applications était la ventilation des mines, qui avait déjà fait, surtout en Angleterre, des progrès remarquables. C'est en effet là une véritable *ventilation forcée*, où un foyer particulier échauffe une cheminée d'appel, et contraint l'air extérieur à descendre par le puits d'aérage jusque dans les galeries, et à parcourir celles-ci, pour venir satisfaire au vide produit dans le puits de tirage.

La ventilation mécanique dont parle Agricola, ne nous paraît avoir été adoptée dans les mines que depuis le commencement de ce siècle, pour éviter les explosions trop fréquentes dans les cheminées des fosses où le grisou se développe en quantité considérable.

Ainsi, la ventilation forcée n'était réellement jamais sortie des mines pour entrer dans les ateliers, et dans les usages ordinaires de la vie publique et privée.

Vitruve nous apprend seulement, que les Grecs employaient un jet de vapeur d'eau dégagé d'une sphère de bronze fortement chauffée, et qu'ils nommaient eolipyle, pour soumettre à un bon tirage la fumée de leurs foyers.

En 1736, Desaguliers, après avoir traduit en anglais la Mécanique du feu de Gauger, et fait beaucoup d'essais sur les moyens de renouveler l'air dans les salles des séances des communes et des lords, à Londres, au moyen de foyers qui échauffaient des tuyaux d'appel, inventa pour remplacer ces foyers, le *ventilateur à force centrifuge*, déjà proposé en France en 1728 par le mécanicien Teral, employé précédemment dans l'agriculture, et indiqué par Agricola en 1546 pour le service des mines.

En 1741, le docteur Hales proposa des soufflets en bois, pour renouveler l'air dans les mines, les hôpitaux, les prisons et les vaisseaux, pour conserver les grains, sécher la poudre, la drèche, etc.

Ses nombreuses expériences n'ont pas été sans résultats, et ses principes de dessiccation par un courant d'air forcé, sont adoptés aujourd'hui dans diverses industries, entr'autres pour le séchage de la poudre de guerre.

Samuel Sutton, en 1749, pour faire circuler l'air dans les vaisseaux, mit en communication la capacité à ventiler avec le cendrier fermé d'un fourneau.

Quelques principes justes sur les courants d'air chaud dans les cheminées, font un bon livre de la Caminologie publiée en 1756; mais son seul but est d'empêcher les cheminées de fumer, par l'application d'appareils divers à leur sommet.

Duhamel Du Monceau, en 1759, reprit la question d'assainissement des vaisseaux et des hôpitaux : il discuta en savant leurs causes d'insalubrité, et y démontra la nécessité d'un grand renouvellement d'air. Il passa en revue les appareils mécaniques inventés pour atteindre ce but, se prononçant pour ceux de Hales; et proposant ensuite les procédés de Sutton, dont il s'était aussi occupé. Il termina enfin par d'excellents conseils, et quelques essais faits à l'Hôtel-Dieu de Paris pour l'assainissement des hôpitaux, au moyen de cheminées partant du plafond, et chauffées au besoin par le tuyau de fumée d'un petit poële.

Rumford, en 1785, parle de l'action fâcheuse de la fumée sur les tempéraments délicats; mais il cherche seulement l'économie du combustible et la suppression de la fumée dans les dispositions de la cheminée et du foyer. Lui, si fécond en idées neuves, quand il s'agit de chauffage, il nie l'utilité de la ventilation :

« Une chambre échauffée par une cheminée est, dit-il, toujours assez « grande et assez aérée. En Allemagne, même dans les pièces fermées de « doubles portes et de doubles croisées, chauffées par des poëles allumés « à l'extérieur, et par conséquent, complétement privées de renouvelle« ment d'air, l'atmosphère devient rarement insalubre, et la population « est toujours saine et vigoureuse. »

Les cuisines, à son avis, ne doivent être ventilées que par l'ouverture des fenêtres et par les foyers.

D'autres auteurs se sont aussi livrés à des recherches sur le même sujet; mais si quelques principes obscurs, si quelques idées sans développement se trouvent disséminés dans des livres, si des tentatives incomplètes ont été faites à différentes époques, il n'en est resté presqu'aucun résultat : et il n'en est pas moins vrai, que M. D'Arcet n'avait aucun exemple à suivre, en entrant dans cette carrière. Seul, il a fait sortir nettement de ses premiers travaux, ces deux principes, la base de tout appareil de ventilation, l'*appel forcé*, d'un côté, et de l'autre, *la distribution régulière de l'air, et l'égalisation de la température par des ouvertures graduellement croissantes.*

Le mot même de *ventilation*, a été détourné par lui de son acception ancienne, dans son instruction sur les soufroirs salubres, et il a pris rang dans la technologie comme le nom d'une science nouvelle.

Celui qui suit les leçons du maître, celui surtout qui partage ses travaux, qui recueille chaque jour ses principes, le répertoire scientifique de sa mémoire et des faits longuement amassés, celui-là se pénètre sans peine de sa manière de faire, pour l'appliquer ensuite à ses propres recherches. Mais quand, privé de ces avantages, on étudie des écrits qui font autorité dans une science, on aime à y chercher le développement raisonné des idées de l'auteur, et le passage de la conception à l'exécution, faculté qui donne tant de puissance à ceux qui la possèdent; on aime à reconnaître dans l'édifice les moyens de construction, et comme la trace des instruments du travail. Il y a là intérêt philosophique et enseignement pratique.

On nous pardonnera de parler peut-être trop chaudement des méthodes de travail de l'auteur de ces mémoires. Accoutumés depuis long temps à en apprécier la certitude, nous croirions manquer à un devoir, si nous n'exposions pas ce qu'elles sont, et par quels procédés a été fait ce que nous publions ici. Ce sont des choses que l'on ne trouve guère dans les livres, ou qu'il faut en faire sortir par des efforts individuels : et cependant, de quelle utilité peut être un pareil enseignement, pour les jeunes gens qui entrent dans la carrière!

L'un des caractères particuliers des travaux de M. D'Arcet est, en effet, la méthode qui y a présidé, et qu'il a demandée à la science à laquelle il s'est consacré : la chimie. C'est par l'analyse qu'il attaque toujours une question, qu'il se rend un compte rationnel des conditions à remplir, des avantages à atteindre, des moyens de solution, et qu'il en calcule d'avance les résultats avec les éléments scientifiques connus : il ne s'engage pas sur une route nouvelle, sans s'y être préparé par l'étude des travaux antérieurs, les conseils de la science, et les résultats d'une pratique longue et variée. Il ne veut pas faire ce qu'ont déjà fait les autres : il veut savoir ce qu'ils ont fait, pour tenter de faire mieux.

Dans son travail sur le bleu de Prusse, M. D'Arcet analyse d'abord les causes d'insalubrité de cette fabrication : ce sont des gaz et des vapeurs dont il fixe la nature; puis il cherche le moyen le plus simple de les faire disparaître, et il le trouve dans leurs propriétés combustibles.

En même temps qu'il combinait ce petit appareil, il rencontrait des causes d'insalubrité, beaucoup plus graves, dans le *laboratoire des essais des monnaies*. Sous l'action fatale des vapeurs nitriques et nitreuses, de l'acide carbonique, de l'oxide de carbone, et de la haute température des fourneaux à coupelle, trois fonctionnaires sur cinq, avaient péri; les deux autres étaient menacés dans leur santé et leur vie. M. D'Arcet, devenu chef de ce service, y créa cet ensemble de procédés de ventilation, dont il a fait depuis des applications multipliées ; bientôt, les santés altérées se rétablirent, et le travail le plus actif des essais, s'opère aujourd'hui dans le laboratoire, avec autant de propreté et d'aisance qu'il se ferait dans le cabinet d'études le mieux disposé.

J'insiste sur ces deux travaux, parce qu'ils sont les premiers, et que, cependant, la méthode s'y montre toute faite : puis, parce que M. D'Arcet a su voir dans ces recherches, une source abondante d'améliorations, et une grande question d'intérêt général et d'hygiène publique à développer; parce qu'il a conçu de suite la pensée de rendre salubres toutes les industries qui sont dangereuses ou incommodes, et qu'il a rempli cette mission avec constance, pendant une longue carrière, et au milieu de travaux nombreux.

Les moyens de ventilation jusque-là employés, devinrent donc pour lui l'objet d'un examen méthodique, et il reconnut, qu'un procédé est toujours défectueux, quand on ne peut pas le gouverner à volonté; qu'il n'y a pas de bonne ventilation quand elle est soumise à des variations atmosphériques, à l'action des vents, à des conditions d'ouverture ou de fermeture de portes et de fenêtres, indépendantes du procédé même.

Il comprit qu'il fallait adopter des moyens assez réguliers, assez puissants, pour que le grand courant d'air à établir, dominât, sans variation et sans interruption, tous les courants accidentels, et les influences atmosphériques trop souvent contraires, dont il voulait se dégager. Il se plaça dans des circonstances pareilles à celles des mines, où la force de ventilation est toujours en excès, et peut exercer à l'instant son action sur les galeries les plus reculées avec lesquelles on la met en communication.

En un mot M. D'Arcet a compris, dès le premier instant, la nécessité et la puissance de l'*appel forcé.* Cet appel existait là tout créé dans les fourneaux à coupelle, allumés chaque jour pour le travail, et par lesquels la ventilation continue encore après leur extinction. Il sut obtenir ainsi, sans dépense additionnelle de combustible, la force nécessaire à l'assainissement du laboratoire : et de ce résultat bien observé, sortit ce principe qu'il réalisa depuis sous tant de formes : *Utiliser pour produire l'appel forcé, la chaleur perdue, et la fumée encore chaude des foyers employés à des usages industriels.*

Un fourneau d'appel fut néanmoins établi, pour conserver la ventilation entière, dans le cas où le fourneau à coupelle serait momentanément éteint.

Telle fut la conception de ces procédés. Mais si bons qu'ils pussent être, il fallait à leur adoption une condition de plus, des dispositions d'un service facile : c'est là ce qui constitue l'esprit d'application, rarement uni à celui d'invention, et qui arrive, comme par instinct, au moyen le plus pratique, à la forme qui reste définitivement dans l'industrie.

On n'a pas cependant tout fait encore pour le succès, quand on a conçu et exécuté des appareils ou des procédés meilleurs que les procédés et les appareils ordinaires ; il reste encore à traverser la grande épreuve de la mise en activité.

Jusque là tout marche, sans difficultés graves, sous une bonne direction ; mais alors la question change. En présence d'un travail industriel à réaliser avec ses conditions de temps, de qualité, d'économie ; en présence d'appareils nouveaux à faire opérer, où le moindre défaut se montre en relief, et suffit pour en arrêter les fonctions ; en présence d'habitudes à changer, de main-d'œuvres quelquefois malveillantes à instruire, l'homme qui n'aurait jamais quitté son cabinet, viendrait infailliblement échouer au but. Celui même qui, fort de son expérience pratique, confierait néanmoins à d'autres mains les soins de cette mise en activité, rencontrerait bientôt de nombreux revers.

Au jour de la mise en activité, le succès n'est accordé qu'à l'expérience de l'inventeur, aux ressources d'un esprit prompt à lever les difficultés, à corriger les défauts, et surtout, nous ne saurions le dire trop haut pour les jeunes gens qui abordent la carrière du génie civil, à la surveillance patiente qui assure une première réussite, et la défend de tout mal, jusqu'à ce qu'elle soit adoptée dans les habitudes de l'atelier, et passée pour ainsi dire dans le sang des ouvriers.

C'est la plus difficile condition de succès dans la carrière des choses nouvelles; les hommes de pratique savent qu'ils n'ont rien fait quand ils ne l'ont pas remplie, et ils dirigent eux-mêmes la mise en activité, et la première et délicate époque du service de leurs appareils. Or, la nécessité de cette marche n'a pas été mieux démontrée à M. D'Arcet par ses succès, quand il a pu suivre ses travaux, que par les difficultés rencontrées, quand il s'est vu obligé de les confier à des soins étrangers.

Le but était donc nettement posé, les principes et les moyens trouvés, les sujets d'application ne pouvaient pas manquer.

Dans l'appareil à *bleu de Prusse*, M. D'Arcet recueille les gaz et les vapeurs, en couvrant d'un chapiteau le vase où s'opère le mélange, et les envoie dans le cendrier d'un foyer, ou dans une cheminée, pour les brûler ou les perdre.

Au *Laboratoire des essais des monnaies*, il utilise d'abord les analyses d'air brûlé qu'il faisait alors dans les fourneaux d'usines, pour donner de bonnes proportions à sa cheminée générale : il y établit ensuite un appel puissant au moyen du fourneau à coupelle. Il dirige vers cette cheminée, par des conduits convenablement disposés, tous les gaz, toutes les vapeurs dégagées par chacune des opérations variées, de l'art de l'essayeur; et il soumet ainsi ces opérations à une ventilation énergique, et graduée suivant leur degré d'insalubrité.

L'air même des salles se trouve ainsi activement renouvelé : et depuis trente ans, pas une variation de marche, pas une dépense de réparation, n'a eu lieu dans ces appareils.

En même temps qu'il assainissait le laboratoire des essais, il rendait, d'accord avec M. Anfrye, les essais plus économiques aux essayeurs du commerce, en leur donnant le *petit fourneau à coupelle*.

Bientôt après, sur la demande du comité consultatif, il employait, encore, pour assainir l'*incinération des lies de vin*, le principe de la combustion des gaz, et de la fumée fétide que produit cette opération. Dans le nouveau fourneau qu'il fit construire, ces gaz et cette fumée sont brûlés sur un foyer spécial, alimenté d'abord par la houille, puis par la combustion même des gaz. Il sauva ainsi, à Lyon, un établissement important, de la nécessité d'une translation ruineuse, impérieusement exigée jusque-là par les justes plaintes des voisins, et déjà ordonnée par le conseil d'état.

Peu de temps après, chargé par M. de Chabrol, préfet de la Seine, de diriger, avec une commission spéciale, l'établissement d'un appareil d'éclairage au gaz à l'hôpital Saint-Louis, le premier appareil de ce genre qui ait fonctionné régulièrement à Paris, M. D'Arcet apporte en même temps aux hôpitaux les plus utiles améliorations.

Le traitement des galeux est lent et incomplet pour les malades, onéreux pour l'administration. Des essais de fumigations, faits par M. Galès, sont si mal dirigés, que, par le vice des appareils employés, l'administration se voit contrainte d'abandonner un excellent procédé.

M. D'Arcet fait exécuter *des boîtes fumigatoires à une et à douze places*, et le résultat d'un simple appareil de bains, est une révolution dans le traitement des maladies cutanées, l'adoption de ce procédé par tous les hôpitaux, quarante mille malades guéris en quelques années, et une économie de plus d'un million pour l'administration. Là, encore, c'est l'appel forcé donné par un foyer utilisé pour brûler le soufre, et les substances aromatiques destinées aux bains, qui commande les boîtes, les ferme à toute odeur qui s'en pourrait échapper, et emporte au dehors les vapeurs et les gaz dégagés dans le service, avec la fumée des divers foyers.

La question de l'assainissement *de l'art du doreur*, est posée par l'académie des sciences, sur la demande de Ravrio. Les essais tentés jusque-là étaient restés sans résultat.

M. D'Arcet étudie cet art par lui-même, et il y applique la ventilation forcée. Non content de créer des dispositions d'appareil d'un usage facile, il apporte dans chacune des opérations de la dorure par le mercure, des perfectionnements remarquables. Le prix lui est accordé, et l'administration ordonne l'application de ses procédés dans toutes les forges de doreur, où, depuis cette époque, malgré l'incomplète exécution des mesures prescrites, le tremblement mercuriel est presque inconnu.

L'année 1821 voit assainir trois industries nouvelles.

Vient d'abord le *fourneau de cuisine salubre*, où domine la pensée toute pratique d'enlever aux cuisines les odeurs, et les gaz qui les rendent malsaines, en y établissant une ventilation forcée au moyen des petits foyers que l'on y emploie, et en même temps de ne modifier que peu les habitudes faites. M. D'Arcet était en effet convaincu, que des dispositions entièrement nouvelles rencontreraient trop d'opposition chez les cuisinières. Cependant, la réunion des meilleurs appareils sous une seule hotte, un bon four à rôtir, auquel nous avons depuis ajouté le bain-marie pour la confection du bouillon, un excellent emploi du combustible, la propreté, et surtout l'assainissement de la cuisine, donnent à ce fourneau un caractère particulier d'économie et de progrès.

Immédiatement après, nous trouvons l'assainissement des *soufroirs*, opéré sur la demande du conseil de salubrité, et disposé avec tant de simplicité, et sur des échelles différentes si avantageuses pour l'opération, que ces procédés ont été reçus par les ouvriers mêmes, avec le plus vif empressement.

Enfin, *la petite étuve à quinquet* est un élégant exemple de ventilation obtenue, en utilisant, pour déterminer l'appel, le quinquet employé à échauffer l'étuve et à éclairer le laboratoire.

En 1822, M. D'Arcet rédigea, au nom du conseil de salubrité, une instruction sur *les latrines*. Il contraignit un courant d'air régulier, à passer dans la fosse du dehors au dedans, par l'ouverture du siége, au moyen de l'appel des cheminées de cuisine toujours échauffées, des poêles, des quinquets ou d'un jet de vapeur d'eau, et fit ainsi disparaître la source la plus puissante d'infection, des hôpitaux, des théâtres et des habitations particulières.

Il traça bientôt, en commun avec des membres du conseil de salubrité, les mesures à prendre pour opérer, sans inconvénient, *la vidange des fosses d'aisances.* Cette opération alors redoutée, s'exécute depuis les recherches de MM. Laurent et Filière, et le rapport du conseil de salubrité, avec rapidité et sécurité pour tous.

Avant de quitter cette question, M. D'Arcet publia encore deux notes. L'une d'elles donne une manière nouvelle de rendre salubre, *le fossé-latrine* employé dans les camps et les grands travaux, et quelquefois si dangereux pour le soldat ou le travailleur. Il fait recouvrir chaque jour les matières avec de la terre fraîche, et prépare ainsi un excellent engrais.

L'autre note est la description d'un *cabinet d'aisances destiné à un château,* et placé sous un colombier, de façon à être ventilé par l'action de la chaleur des couveuses sur les tuyaux d'appel, et à obtenir également des engrais très-économiques.

Dans la même année, les principales dispositions du laboratoire des essais des monnaies, et celles que l'expérience avait enseignées à l'auteur de ces procédés, pour rendre plus faciles ses recherches chimiques, ont été exécutées sur ses plans au *laboratoire de chimie de l'école de la garde, à Vincennes.*

Les hôpitaux réclament de nouveau les conseils de M. D'Arcet. Il applique deux fois au *dégravellement des conduites d'eau* engorgées de carbonate de chaux, les procédés chimiques et l'action dissolvante de l'acide chlorhydrique, affaibli, et envoyé dans les tuyaux, en courant lent et interrompu : et il obtient ainsi, avec une très-faible dépense, un dégorgement complet, sur plus de deux cents mètres de longueur, sans renouveler ni démonter ces tuyaux : opération répétée depuis avec un égal succès, et dans différentes circonstances.

Peu de temps après, Gros est arrêté dès le commencement de son grand tableau de la coupole du Panthéon. Il craint avec raison de voir son œuvre périr par la mauvaise préparation du plafond qui doit la recevoir. MM. Thenard et d'Arcet, si souvent unis dans leurs recherches, et guidés par ce que l'on sait de la peinture des anciens, créent à l'instant des procédés qui garantissent le tableau du grand maître contre l'humidité extérieure, en pénétrant à chaud la pierre d'*un enduit hydrofuge*, préparé avec de la cire et de l'huile de lin lithargirée.

Ces deux chimistes se servent aussi de ce procédé, pour *conserver les statues de plâtre exposées à l'air,* sécher les murs humides, etc.

Après avoir complété son travail sur les latrines, M. d'Arcet aborde, dans la même année, la question plus grande de *l'assainissement des théâtres.*

Il y avait là deux questions à résoudre :

Celle des procédés de chauffage et de ventilation les plus convenables à un théâtre ;

Celle des mesures à prendre pour diminuer la gravité des incendies.

M. D'Arcet avait préparé ces solutions d'accord avec plusieurs membres du conseil de salubrité ; les mesures proposées à l'administration, rendues à l'instant obligatoires, et qu'il a publiées avec ses propres observations, ont reçu leur exécution dans presque tous les théâtres.

Il emploie d'abord l'appel du lustre pour opérer la plus large ventilation dans la salle, pendant les représentations, en établissant au-dessus de ce lustre une cheminée d'aérage qui dépasse le comble. L'air nécessaire à la ventilation est ensuite amené dans les corridors, chauffé en hiver par des appareils, refroidi en été dans les caves ; il est de là versé dans la salle, en courant insensible, de manière à assainir les parties les plus reculées des loges, sans gêner en rien les spectateurs. Une cheminée d'appel semblable à celle de la salle, est établie au-dessus de la scène, toutes deux fermées de ventaux, qui se manœuvrent de manière à établir le courant d'air, le plus ordinairement au-dessus du lustre, ce qui porte la voix de l'acteur vers les spectateurs, et, au besoin, au-dessus de la scène, pour enlever les odeurs ou la fumée de la poudre, produites pendant les représentations à grand spectacle.

Les procédés proposés jusqu'à ce jour pour la ventilation des théâtres, consistaient dans l'emploi de moyens mécaniques compliqués et inutiles. L'auteur a utilisé là, comme il l'a fait partout, la chaleur du lustre, dégagée dans le service d'éclairage du théâtre, et jusqu'alors perdue, pour obtenir, sans dépense, la puissance mécanique nécessaire à sa ventilation.

Pour sauver, en cas d'incendie, la partie du théâtre dans laquelle le feu n'a pas éclaté, un gros mur, percé seulement par l'ouverture de la scène et quelques baies de service, sépare la scène de la salle. On ferme la première de ces ouvertures au moyen d'un rideau mobile, en toile métallique et à grandes mailles, que l'on descend immédiatement lorsqu'un incendie se déclare. Ce rideau livre ainsi passage au grand courant d'air qui est appelé par l'action des flammes vers le côté du théâtre où l'incendie a lieu, vers la scène par exemple, et s'oppose à ce que les bois enflammés tombent dans la salle, et y portent le feu, sans empêcher les pompiers de lancer de l'eau, de la salle même sur la scène embrasée.

Les puissants moyens de désinfection des latrines, dont nous avons déjà parlé, ont été aussi appliqués utilement aux salles de spectacle, par leur inventeur.

L'organisation de bons procédés de chauffage dans les théâtres, a été, pour M. D'Arcet, l'objet de longs travaux. Comme membre d'une commission spéciale, il a concouru activement à créer à l'Opéra un système complet d'appareils à vapeur. Là des boîtes en fonte, établies dans le foyer, servent à chauffer les pieds des spectateurs; d'autres chauffent le foyer, les corridors, et l'air non altéré que l'on verse dans ces corridors pour alimenter la ventilation de la salle.

Voici le principe fondamental de ces grands appareils, les meilleurs que l'expérience nous ait donnés pour les édifices publics :

Il est impossible de chauffer convenablement, sans des dépenses excessives et inutiles de combustible, la capacité entière des grands édifices, comme les Bourses, les foyers des théâtres, les grands amphithéâtres, etc. Il suffit de chauffer les pieds des personnes qui s'y trouvent réunies, et lorsque les pieds sont maintenus à un degré suffisant de chaleur, le reste du corps peut se trouver, sans souffrir, plongé dans une atmosphère à une température bien moins élevée.

Un autre élément de ces procédés, se trouve dans le chauffage de l'air sur des tuyaux remplis de vapeur, ou d'eau chaude en circulation, pour ne pas altérer cet air, comme cela arrive dans presque tous les calorifères.

Plusieurs théâtres ont reçu des appareils semblables. M. Talabot, qui, aidé des conseils de M. D'Arcet, avait chauffé et ventilé celui de la place de la Bourse à Paris, a établi, dans la grande salle de spectacle de Lyon, un bel ensemble de dispositions de ce genre.

C'est encore au moyen de ces combinaisons, que M. D'Arcet a concouru, avec une commission spéciale, à organiser le chauffage de la Bourse. Des promenoirs en fonte, chauffés directement et indirectement par la vapeur, ont été installés dans le dallage de la grande salle, et on a versé ensuite au pied des colonnes, l'air chaud nécessaire à une suffisante ventilation. Plusieurs salles sont aussi portées à une température convenable par des récipients en fonte; mais le projet de la commission, qui comprenait le service entier de la Bourse, par une ou deux chaudières à vapeur, n'a été exécuté que par fractions, et complété seulement depuis peu de temps, en étendant l'ancien système d'appareils dans le reste de l'édifice.

Sous la même direction, et par des procédés analogues, ont été chauffés plusieurs établissements publics.

L'un est le *Dépôt de la préfecture de police*, où il a fallu toute la persévérance de M. D'Arcet, toute la fermeté de l'habile architecte, M. Jay, pour vaincre enfin l'opposition d'obscurs et honteux intérêts, ligués un moment avec succès contre un excellent appareil, auquel cette prison insalubre a dû son complet assainissement.

L'autre est le chauffage du *palais de l'Institut*, auquel a présidé une commission de l'Académie des sciences, l'appareil le plus complet de chauffage et de ventilation qui existe en France. Sa construction nous a été confiée, et depuis dix ans il marche sans interruptions ni réparations.

Une chaudière, placée au rez-de-chaussée, envoie sa vapeur dans la salle des séances ordinaires, dans des salles nombreuses, et dans la bibliothèque, la seule qui soit chauffée à Paris, sans danger d'incendie, et avec économie. Des piédestaux en fonte et des chaufferettes, distribuent partout la chaleur nécessaire. Un coffre rempli de tuyaux à vapeur, sert à élever la température de l'air destiné à la ventilation, et un petit robinet doit y injecter la quantité de vapeur d'eau indispensable à sa complète salubrité. Cet air est ensuite versé dans la salle par des chaufferettes percées de trous gradués. Une cheminée d'appel, avec un foyer spécial, est placée sous les combles, et renouvelle puissamment l'air de cette salle par l'intermédiaire de gaînes et de tuyaux qui débouchent dans le plafond. Nous avons monté le même système aux Néothermes.

Nous avons encore, en 1831, construit sur les plans de M. D'Arcet le chauffage de l'*hôtel des Monnaies*, par la chaleur perdue d'un four à coke, procédé déjà employé par lui pour le chauffage d'une étuve, et depuis pour d'importantes industries. Un four à coke établi dans les caves, et dont la fumée passe sous des plaques de fonte dans le dallage du musée monétaire, porte une température égale jusqu'aux parties les plus éloignées de l'édifice, avec une faible dépense d'établissement, et sans dépense journalière : le coke obtenu payant la houille employée. L'inventeur de ce procédé s'en est aussi servi pour le chauffage d'une *grande étuve* montée à Neuilly, *destinée à sécher les bois de menuiserie et d'ébénisterie*, et où trois fours à coke, en croisant leur fumée, versent gratuitement l'air chaud, nécessaire à la dessiccation lente des bois.

Il est à regretter que cette belle application de la science théorique, qui réalise, par la combustion de la fumée autrefois perdue, toute la chaleur que la physique et la chimie réunies avaient promise, ne soit pas employée à chauffer sans dépense les diverses Bourses de France, les salles des pas-perdus des tribunaux, tous les édifices à grand vaisseau, et surtout les églises, dont les administrateurs, après avoir employé la houille à produire du coke, en utilisant la chaleur ainsi développée, pourraient distribuer ce coke aux pauvres au lieu de bois, en quantité plus grande, et obtenir ainsi gratuitement le chauffage de leurs églises.

La substitution du coke à la houille dans les foyers industriels, concourt aussi aujourd'hui à l'assainissement des villes.

M. D'Arcet prit part, principalement pour les questions chimiques, au travail exigé par le beau rapport de Parent-Duchâtelet sur l'*écarrissage des chevaux*.

Un projet de *salle de bains*, montre comment doivent être appliqués à ce genre de construction les perfectionnements de la science. L'auteur avait déjà fait établir les *appareils de bains de l'hôpital Saint-Louis*, où ses dispositions de foyers et de chaudières, ont donné des résultats, rarement obtenus ailleurs, pour le produit du combustible en chaleur utilisée.

Un travail très-important, comme réalisation d'une donnée théorique, est la construction d'un *appareil établi dans deux des bains Vigier sur la Seine*, pour remplacer l'appel que produit la haute température, à laquelle s'échappe la fumée, par un procédé mécanique de tirage, le tarare, mu à bras d'homme, ou par une machine. Cet emploi du tarare pour produire le tirage dans un fourneau, a permis à l'auteur de faire passer la fumée dans une série de tuyaux en cuivre qui traversent le réservoir à eau froide, et par conséquent de la refroidir complétement, ce qui a donné une économie constatée de quarante pour cent du combustible précédemment consommé.

M. D'Arcet fit aussi construire, sur la demande de l'administration des tabacs, un *fourneau fumivore, destiné à brûler les côtes de tabac*, sans odeur, et au milieu des ateliers du Gros-Caillou, opération si infecte, que, faite jusque là hors de Paris et à distance de ses murs, elle avait été successivement repoussée de toutes les localités de la banlieue.

En 1829, M. D'Arcet s'occupa de l'art d'*affiner l'or et l'argent*.

Il fit construire, dans les ateliers de MM. Poisat et Saint-André, des appareils qui condensent les gaz et les vapeurs dégagés dans la dissolution de ces matières par l'acide sulfurique, et il rendit cette fabrication si complétement salubre, qu'elle exécute aujourd'hui les plus grandes opérations sans que les voisins puissent, non pas s'en plaindre, mais même s'en apercevoir.

Deux instructions furent alors rédigées relativement aux appareils d'assainissement exécutés pour cette industrie. M. D'Arcet y analyse les travaux antérieurement faits sur l'affinage de l'or et de l'argent. Il donne les dispositions d'un atelier complet, muni de tous ses moyens de salubrité; il y ajoute enfin d'utiles conseils sur les conditions de fabrication et les procédés les plus avantageux à suivre.

Sous la hotte où s'opère la dissolution des matières d'or et d'argent, il établit un tirage très-fort au moyen d'une grande cheminée échauffée par les flammes des fourneaux de fusion et d'évaporation. Il conduit ensuite les vapeurs d'acide sulfurique, et le gaz sulfureux produits, dans une série de caisses en plomb, placées dans une cave au-dessous de l'atelier, et enfin dans un tonneau, également en plomb, tournant sur son axe, et où l'acide sulfureux, et celles des vapeurs qui n'auraient pas été détruites dans les premières caisses, sont agitées avec de l'hydrate de chaux et complétement absorbées; de là, un tuyau de plomb porte dans la cheminée générale les gaz non condensés, et établit ainsi l'appel qui amène les vapeurs et les gaz successivement dans les différentes caisses.

Rarement un succès plus complet, est venu délivrer des plaintes des voisins, une industrie forcément placée au milieu des villes les plus populeuses.

Nous voyons bientôt, en 1830, M. D'Arcet faire un travail sur l'*assainissement des salles d'exhumation* et *d'autopsie*, et des *amphithéâtres de dissection*. La base du procédé, est toujours l'*appel forcé* d'un poêle, qui contraint un courant d'air, modéré à volonté, à envelopper le cadavre placé sur la table, et à se précipiter ensuite dans le pied creux de cette table.

Nous avons construit, sur le même principe, deux tables de dissection, en fonte, pour l'Hôtel-Dieu de Paris.

Peu de temps après, sur la demande du comité consultatif, M. D'Arcet proposa de rendre *fumivores* les *fours de verrerie*, au moyen de petites cheminées qui doivent maintenir la flamme à la température nécessaire pour sa complète combustion.

Il rédigea aussi sur l'assainissement des *fondoirs de suif*, et pour le conseil de salubrité, une instruction où sont discutés et améliorés les divers procédés de fusion des graisses. Il y donne les précautions à prendre dans le service de ces ateliers, et la description d'un fourneau, où les vapeurs produites pendant la fonte des suifs, vont se brûler dans le foyer même.

Quelques observations sur l'*excessive combustibilité du zinc*, et les dangers de son emploi comme couverture dans les édifices publics et les maisons particulières, ont pour but d'appeler l'attention des hommes spéciaux, sur une question d'un haut intérêt.

Une disposition ingénieuse, et qui ne gêne en rien leur travail, est destinée *à empêcher les ouvriers savonniers de tomber dans les chaudières*, comme cela a lieu de temps à autre, pendant la marbrure des savons.

M. D'Arcet a fait aussi construire une hotte avec appel forcé, pour la ventilation des pots employés à l'étamage du fer-blanc.

Enfin, l'*établissement de silos salubres et économiques*, pour la conservation des grains et des poudres de guerre, est un nouvel emploi de l'enduit hydrofuge, trouvé avec M. Thenard, et appliqué par imbibition à la surface des pierres qui servent à la construction de ces silos.

De nombreux essais ont été faits pour établir la *ventilation dans les hôpitaux et les prisons;* mais la plupart ont eu lieu en perçant de simples ouvertures au plancher et au plafond, et en confiant à la température intérieure des salles, et souvent même à la chaleur vitale des détenus, le soin de les faire fonctionner. Howard a depuis longtemps fait adopter ce procédé dans les prisons et les hôpitaux de l'Angleterre, et les maisons pénitentiaires des États-Unis, qui sont toutes ventilées, ne connaissent pas d'autres dispositions. C'est un premier pas dans la carrière de l'assainissement; mais ce sont là des appareils irréguliers et insuffisants.

Un mémoire de G.-O. Pole, publié dans les *Annales des Arts et Manufactures* en 1818, en fait la juste critique, et constate la nécessité d'un appel forcé, qu'il trouve dans un poêle ou fourneau de cuisine placé à l'étage supérieur, et mis en communication par des gaînes, avec le plafond des salles à ventiler. Au lieu toutefois de distribuer l'air nécessaire à la ventilation dans le bas de la salle, et par des ouvertures assez multipliées pour ne pas nuire aux malades, il le prend par des vasistas établis au haut des fenêtres, ce qui laisse la partie inférieure de ces salles privée de renouvellement d'air. Un bien-être notable en est cependant déjà résulté pour les malades.

Le même procédé est, dit-il, employé par le capitaine Meynne, pour renouveler l'air dans les navires.

M. D'Arcet, dans le cours de ses recherches, a dû souvent réfléchir aux dispositions les plus favorables à la ventilation des hôpitaux, l'un des problèmes les plus beaux de la science : variété des conditions à remplir, puissance des moyens, importance du but, tout s'y trouve. Aussi avait-il saisi avec empressement l'occasion de combiner un système général de chauffage et de ventilation, pour un hôpital projeté à Paris ; mais ce travail n'a pas eu de suite.

Il a écrit depuis une lettre sur cette question, à M. Delahante, président de l'administration des hôpitaux de Lyon, occupé en 1842 à introduire ces procédés dans les établissements de la seconde ville du royaume, la seule en France où reçoivent leur application des méthodes contrôlées par l'expérience d'un grand nombre d'ateliers, et notamment des magnaneries salubres. Cette lettre contient de sages conseils sur la nécessité de faire diriger par des hommes spéciaux, l'établissement des procédés de ventilation : les conditions à remplir, et les moyens d'exécution variant, comme nous l'avons observé, avec chaque circonstance particulière.

Nous avons nous-mêmes établi à l'hospice de Bray-sur-Seine, un système de chauffage et de ventilation forcée.

Quant aux prisons, M. D'Arcet avait déjà organisé un chauffage, avec des procédés de ventilation, pour le dépôt de la Préfecture de police. Il a depuis, au nom d'une commission de l'Académie des sciences, fait un rapport sur les *projets de construction et d'assainissement des cellules de la maison centrale de détention de Limoges*. Après une réfutation des moyens de ventilation proposés, la commission se prononce pour les procédés artificiels d'appel forcé, et, à défaut de ceux-ci, elle donne les meilleures dispositions à adopter pour diminuer les inconvénients du système de ventilation naturelle.

Enfin, M. D'Arcet a fait récemment, avec M. le professeur Orfila, les études nécessaires *à l'assainissement des ateliers d'étamage des glaces.* Ce travail, préparé sur la demande de la compagnie de Saint-Gobain, va bientôt être publié par ses deux auteurs; il doit ensuite être mis à exécution par la compagnie.

J'ai interverti l'ordre des dates dans ces derniers mémoires, afin de ne plus avoir à parler que *des magnaneries,* le plus grand travail d'assainissement de M. D'Arcet, sous le triple rapport de l'étendue de l'industrie, de l'importance de la solution demandée et de la grandeur des résultats obtenus, et l'un de ceux où le succès a été le plus rapide et le plus complet.

Ce n'est pas que la méfiante prudence, les préjugés, les amours-propres soulevés partout contre les procédés nouveaux, ne soient venus entraver ici la marche des améliorations. En effet, avant que le succès ne soit constaté, on le nie : on se refuse ensuite à l'évidence, on résiste aux faits; puis, quand on en est débordé, on veut alors faire autrement et mieux, sans avoir souvent les connaissances préalables et l'expérience qui assurent seules la réussite des inventions; et cependant, ne rien faire ou vouloir bon gré mal gré faire du neuf, sont des obstacles aussi graves l'un que l'autre à la marche des choses. Mais dans la question des magnaneries, l'intérêt individuel, trop fréquemment opposé au progrès, et trop égoïste pour lui faire le moindre sacrifice, l'intérêt individuel eut bientôt jugé et adopté ces procédés sur la balance de leurs résultats pécuniaires.

L'appui de l'administration, qui avait plus d'une fois manqué à M. D'Arcet dans d'autres affaires, l'a d'ailleurs soutenu vigoureusement dans celle-ci.

Une autre circonstance vint encore donner à ce mouvement une nouvelle impulsion. C'est le besoin d'activité industrielle, développé depuis quelques années chez les hommes qui appartiennent à l'ancienne noblesse, et qui, avec de solides connaissances et de larges capitaux, se sont jetés dans l'industrie de la soie, parce qu'elle est semi-agricole, qu'elle peut donner de beaux bénéfices, et que cependant elle ne porte pas avec elle le travail incessant, les inquiétudes, et souvent les graves conséquences de la plupart des grandes industries.

M. D'Arcet fut envoyé en 1835 à Lyon par le comité consultatif, pour étudier la question de la *condition des soies*.

Toutes les soies, vendues sur la place de Lyon, étaient soumises par des employés de la ville à des essais incertains, pour les dessécher, constater leur poids réel, et par conséquent la quantité d'eau qu'elles contiennent. C'est ce que l'on nomme le *conditionnement des soies*. Ces essais forment un important revenu pour la ville de Lyon.

M. D'Arcet avait à déterminer le poids réel de la soie amenée à un état de siccité absolue, à vérifier si les nouveaux moyens proposés par M. Talabot donnaient réellement ce poids, ou à trouver au besoin d'autres procédés. A l'aide d'une expérience ingénieuse, en chauffant la soie dans la graisse fondue, il obtint sa dessiccation complète : il en sépara d'une manière nette et précise, toute la quantité d'eau étrangère à sa composition chimique, qu'elle peut contenir, et arriva ainsi exactement aux résultats donnés par l'appareil de M. Talabot, où les soies étaient exposées à l'action de l'air sec, et à 130° de température.

Ce qui était plus important encore, il porta par ce moyen simple et évident à l'œil même, la conviction la plus complète dans les esprits jusque là incertains, et il fut démontré, que l'état de dessiccation auquel les soies sont ramenées quand on les expose un temps suffisant à l'action de l'air sec et chauffé à 130°, n'est pas un état d'équilibre hygrométrique, mais bien réellement un état de siccité absolue : ce qui donna ainsi toute garantie au commerce des soies, pour la certitude du poids déterminé dans un bon appareil de conditionnement.

M. D'Arcet proposa alors des procédés faciles, qui auraient permis aux fabricants d'essayer eux-mêmes leurs soies dans la petite étuve à quinquet : ce mode d'opération ne fut pas agréé. On persista dans l'essai légal fait par la ville ; mais la dessiccation à 130° dans l'appareil de M. Talabot, fut définitivement adoptée par une ordonnance du roi.

Pendant qu'il démontrait les résultats de ce travail aux producteurs de soie du midi de la France, M. D'Arcet visitait leurs magnaneries, et se préparait à leur payer, suivant son expression, le prix de sa visite : une question particulière d'essai devint ainsi l'occasion d'un grand accroissement dans la production nationale.

Il reconnut bientôt, que les maladies diverses dont la culture du ver à soie est affligée, et qui rendent cette industrie plus incertaine encore que la culture de la vigne, sont dues à l'insalubrité des magnaneries, infectées par la respiration et la transpiration des vers, leurs excréments, leurs changements de peaux, les cadavres et la fermentation de la litière, et en même temps aux grandes et brusques variations de température presque toujours mortelles aux élèves.

Lui demander des remèdes contre ces maladies, c'était lui poser la question sous sa forme favorite ; c'était appeler une solution toute faite d'avance.

Olivier de Serres et Dandolo avaient déjà compris la nécessité de la ventilation; mais la ventilation naturelle par de simples ouvertures au plancher et au plafond, comme ils l'avaient établie, donne lieu à des courants qui s'élèvent, en effet, de bas en haut, et assainissent quoique imparfaitement la magnanerie, quand la température intérieure est plus élevée que la température extérieure ; mais qui s'arrêtent lorsqu'il y a équilibre entre ces deux températures, et se meuvent enfin de haut en bas, quand au contraire la température extérieure est supérieure à la température intérieure.

La ventilation forcée pouvait seule donner un renouvellement complet, rapide, et dans toutes les circonstances possibles. C'est à elle que M. D'Arcet s'adressa.

Accoutumé aussi à réclamer à l'industrie qu'il veut assainir un collaborateur éclairé et avide comme lui de bien faire, il trouva cet ardent besoin du bien, les lumières nécessaires pour le voir et le comprendre, et l'expérience des magnaneries, dans M. Camille Beauvais, qui a donné une haute impulsion à l'amélioration des méthodes et à la culture du ver à soie dans le nord de la France.

La question principale était donc de renouveler à volonté et avec rapidité l'air des salles, et en même temps de les chauffer ou de les rafraîchir suivant les variations atmosphériques extérieures.

Voici quel est le système de construction de M. D'Arcet.

Un calorifère établi dans une chambre, à un niveau inférieur à celui du plancher de la magnanerie, sert à chauffer de l'air, que l'on charge d'une quantité d'eau convenable pour qu'il ne nuise pas à la santé des vers. Cet air est ensuite distribué dans la salle par des gaînes en bois construites sous les claies où sont placés les vers, et percées de séries croissantes de trous inégaux, de manière à donner partout à volonté une température et un renouvellement d'air parfaitement réguliers.

On peut aussi, en été, introduire de l'air frais dans la chambre à air, ou l'y refroidir par divers procédés, et rafraîchir ainsi la magnanerie.

En haut de cette salle sont fixées sous le plafond des gaînes d'appel, semblables à celles de distribution d'air, et percées de trous symétriques et croissants à mesure qu'ils s'éloignent de l'appareil d'appel forcé. Ces gaînes sont en communication par une de leurs extrémités avec un tarare ou une bonne cheminée, dans laquelle le tirage est produit par le tuyau de fumée du calorifère, et qui servent à établir dans la salle un appel énergique, et à renouveler ainsi dans un temps très-court tout l'air de la magnanerie.

Cette dégradation en progression arithmétique des ouvertures pratiquées aux gaînes de chauffage et de ventilation, à mesure qu'elles se rapprochent, soit du tuyau d'arrivée d'air chaud, soit du tarare et de la cheminée d'appel, est une découverte de M. D'Arcet, et le seul moyen de distribuer l'air et la température dans une longue salle, avec une parfaite égalité.

Il est évident que si les ouvertures d'une gaîne d'appel étaient égales entre elles, et le tarare placé à un bout de cette gaîne, l'air prendrait une vitesse plus grande dans les ouvertures les plus rapprochées de l'appel, que dans les plus éloignées: et si la quantité d'air à débiter était limitée, tout cet air pourrait passer par la première moitié des ouvertures, par exemple, et rien par la dernière; d'où résulterait une grande inégalité de chauffage et de ventilation. Ce principe forme, comme nous l'avons dit, avec l'appel forcé, la base nécessaire d'une bonne distribution d'air, et par conséquent, de tout chauffage, et de toute ventilation.

En définitive, les travaux de M. D'Arcet sur les magnaneries, qui ont eu pour objet la partie manufacturière de la culture du ver à soie, et les conseils persévérants qu'ont trouvés chez lui les hommes qui ont voulu monter ou réorganiser des ateliers, ont opéré une révolution complète dans l'industrie séricicole, et les résultats sont tels, que, dans la plupart des départements du midi, pendant que les magnaneries anciennes sont infectées de maladies, les magnaneries salubres à la D'Arcet, que l'on compte aujourd'hui par centaines, bien que trop souvent incomplétement montées, obtiennent cependant, avec la même quantité de feuilles, deux ou trois fois plus de soie que précédemment.

Parlons maintenant brièvement des ouvrages les plus importants qui aient traité la question spéciale de la ventilation, depuis le commencement des recherches de M. D'Arcet. Ce sont : l'*Art de chauffer et de ventiler les habitations*, de Tredgold, publié en 1824; le *Traité de la chaleur*, de M. Péclet, en 1828, et les recherches de M. Combes sur la ventilation, de 1837 à ce jour.

Tredgold, chez qui la science des constructions avait pour base les connaissances mathématiques, développe les dispositions à adopter pour ventiler les divers genres d'édifices; mais partout il s'adresse à la ventilation naturelle, en fixant, par l'expérience et le calcul, les meilleures proportions à établir entre le nombre des personnes présentes, et les dimensions des salles et des passages d'air. On ne trouve dans son livre que quelques mots vagues sur l'emploi de la ventilation mécanique, pour renouveler l'air des hôpitaux et des théâtres.

Il aurait cependant appliqué heureusement la ventilation forcée, produite par un foyer extérieur, pour désinfecter les fosses d'aisances, s'il avait, comme M. D'Arcet, retourné et fait entrer dans ces fosses son courant d'air assainisseur, au lieu de l'en faire sortir.

M. Péclet marche appuyé sur la physique mathématique et la chimie.

Seul, il a créé, loin de Paris et des sources de lumières qui y fécondent les intelligences, le *Traité de la chaleur*, ouvrage tracé sur un large cadre, et riche en bons principes. S'aidant d'expériences théoriques et pratiques, il résume, avec précision, les principes les plus sains de la physique et de la mécanique, pour les appliquer aux phénomènes de la combustion et du chauffage, que l'on pourrait appeler les phénomènes généraux de l'industrie, car on les trouve partout dans les ateliers; il en déduit alors des formules, abordées moins heureusement par Clément Desormes, quand il introduisait, pour la première fois, les calculs économiques dans ses leçons de chimie appliquée aux arts.

Le travail de M. Péclet sur les mouvements de l'air chaud dans des tuyaux, sert aujourd'hui à calculer rigoureusement les appareils de ventilation, aussi bien que les cheminées, et, ce qu'il y a de remarquable, c'est qu'il conduit aux mêmes résultats que la méthode pratique de M. D'Arcet.

M. Péclet a proclamé les vrais principes du séchage par l'*appel forcé*, sans cependant fixer aussi nettement la nécessité de cet appel pour la ventilation des édifices publics et privés; il parle toutefois des salles de spectacle, déjà ventilées par M. D'Arcet.

Depuis cette époque, il a développé ces principes, par la comparaison de faits nouveaux, dans son professorat de l'École centrale des arts et manufactures, et il a lui-même concouru à l'établissement de divers appareils de ce genre. La seconde édition du *Traité de la chaleur* est impatiemment attendue par les maîtres et par les élèves.

M. Combes a soumis le ventilateur des magnaneries à des expériences scientifiques et à l'analyse mathématique, qui lui ont donné des formes nouvelles. Il a inventé un instrument assez délicat pour mesurer directement la vitesse des courants d'air, et a introduit ainsi la rigueur des expériences de physique dans la ventilation.

Enfin, dans un travail sur l'aérage des mines, il a fait sortir de cette question spéciale des règles, qui s'appliquent aux questions de ventilation, et aux moyens de développer les courants d'air, soit par l'action d'un foyer d'appel, soit par l'emploi des procédés mécaniques.

La révolution que MM. Dumas et Boussingault ont opérée dans les procédés analytiques, par leur beau travail sur la composition de l'air, a été, pour la chimie, l'occasion de nouvelles recherches, relativement à la ventilation.

Ces procédés, qui donnent avec certitude des variations d'un dix-millième dans la composition de l'air, ont été appliqués récemment, par M. Leblanc, à l'analyse de l'*air confiné*.

Les conclusions de son mémoire sont : que la proportion d'acide carbonique dans les lieux habités peut être assez exactement regardée comme la mesure de leur insalubrité; qu'à la dose de 1 p. 100, la ventilation devient indispensable pour éviter des désordres organiques; qu'un renouvellement de 6 mètres cubes d'air par heure et par tête, fixé par les principaux auteurs, et qui résulte d'expériences diverses faites avec l'anémomètre de M. Combes, est confirmé par l'analyse chimique comme complétement suffisant, et ne laissant pas dépasser à l'acide carbonique le rapport de 2 millièmes, rapport qui peut sans inconvénient s'élever au maximum à 5 millièmes; que quelquefois dans les salles de cours ou d'hôpitaux, totalement privées de ventilation, la proportion d'acide carbonique atteint à 8 ou 10 millièmes; que 18 mètres cubes d'air par heure, sont nécessaires à la santé du cheval. Enfin le travail est terminé par quelques expériences sur les atmosphères asphyxiantes.

Deux omissions cependant se trouvent dans cet intéressant mémoire.

L'une est relative à un des principaux éléments de la ventilation et des conditions de salubrité de l'air confiné, je veux parler de son état hygrométrique; on doit regretter de ne pas le trouver constaté avec la même et rigoureuse méthode dans chacune des analyses de M. Leblanc : la science aurait obtenu ainsi la détermination directe du degré hygrométrique de l'air, le plus avantageux pour la santé des divers êtres qui y vivent plongés.

L'excès de vapeur d'eau dans une atmosphère confinée, est certainement une cause d'insalubrité pour tous ces êtres, excepté pour quelques espèces de plantes; mais l'absence d'eau hygrométrique, ou une quantité insuffisante, sont des conditions bien plus grandes encore d'insalubrité;

ce sont des conditions de mort pour les plantes comme pour les animaux et pour l'homme. L'air sec ou chargé d'une trop faible proportion d'eau pour la température à laquelle il se trouve, tend à prendre l'eau qui lui manque aux corps chargés d'humidité qu'il enveloppe, avec d'autant plus de puissance qu'il est plus éloigné de son degré de saturation. Il exerce donc une action absorbante sur les êtres vivants, leur enlève, par la surface de la peau et par les organes respiratoires; une portion de l'eau qui leur est nécessaire, et les tue en peu de temps. Les exemples abondent.

Nous examinerons cette question en détail en parlant du chauffage du palais de l'Institut, et des procédés employés par M. D'Arcet, pour corriger ce défaut grave de l'air échauffé.

Nous regrettons encore de ne pas trouver dans des recherches scientifiques sur la ventilation, le nom de M. D'Arcet, qui a donné pour fondement à cette science la chimie et la physique, qui a assaini tant d'industries, et d'après les conseils duquel ont été construits les appareils de ventilation des théâtres où M. Leblanc a fait une partie de ses expériences.

Mais si la science de la ventilation est née en France, si des exemples pleins d'autorité ont été donnés par quelques savants, si le professorat en a répandu les principes, la pratique est cependant bien éloignée de s'en être emparée. Les procédés de ventilation ont été laissés à quelques édifices publics et aux maîtres qui les y ont établis : et peu d'hommes, parmi les plus éclairés dans l'art des constructions, y sont venus chercher des modèles.

En Angleterre, au contraire, non-seulement presque tous les monuments publics, les églises, les prisons, les hôpitaux, les colléges, les nombreuses salles de réunion, mais encore les maisons d'habitation où des soins particuliers sont donnés à la construction, les vaisseaux même de guerre reçoivent depuis longtemps des appareils de ventilation. Bien que quelques édifices soient assainis par de grandes cheminées que chauffent des foyers d'appel, cependant un grand nombre de ces appareils reposent, je l'avouerai, sur le principe de la ventilation naturelle, comme celle des pénitenciers américains; mais enfin à peine peut-on citer une ou deux prisons en France où soit appliqué même un défectueux système de ventilation.

C'est qu'en Angleterre, à la différence de ce qui se fait en France, les questions de chauffage et de ventilation sont puissamment traitées, parce qu'elles sont traitées par les premiers professeurs de chimie et de physique, par les plus habiles ingénieurs.

Qui a dirigé le chauffage de la douane de Liverpool et d'autres grands établissements? C'est M. A. Wilson, secrétaire de la Société des ingénieurs civils.

Par qui a été amélioré et complété, sur la demande des Communes, le chauffage et la ventilation de leur salle temporaire? Par le docteur Reid, professeur de chimie et de physique. C'est encore à lui que l'on a confié le soin de ventiler les bateaux à vapeur destinés à la navigation du Niger, et où il a établi des méthodes chimiques pour épurer l'air dans certaines circonstances atmosphériques, qui pourraient devenir dangereuses pour les équipages.

C'est le même professeur Reid, qui dirige aujourd'hui l'organisation des procédés de chauffage et de ventilation du nouveau palais du Parlement, et des sommes considérables ont été mises à sa disposition, pour construire les appareils les plus parfaits qui aient encore été établis. La ventilation forcée en est la base.

C'est le docteur Robison, secrétaire de la Société d'Édimbourg, qui a fait construire pour lui-même une maison particulière, ventilée dans toutes ses parties, modèle complet de ce genre de construction, et qui a eu de nombreux imitateurs.

Aussi, avec ces hommes de talent, et la générosité des dépenses faites, le succès est-il assuré à tout appareil de cet ordre, avec d'autant plus de certitude, qu'il est toujours construit dans les meilleurs ateliers de mécanique. On sait, en Angleterre, que le travail de la fonte et du fer, et l'établissement d'instruments compliqués, ne peuvent être confiés qu'aux ouvriers les plus habiles et aux outils les plus parfaits.

En Angleterre aussi, l'architecture et les travaux du génie civil, sont dans les mêmes mains : beaucoup d'habiles ingénieurs sont des architectes distingués, et il n'est pas un architecte, spécial même dans sa carrière, qui n'ait trempé son talent dans les connaissances scientifiques. Le journal de la Société des ingénieurs civils, est en même temps un journal d'architecture.

Sans doute l'architecture en Angleterre se ressent de cette influence, et porte le cachet de la nature de ses études : elle est plus savante, plus hardie dans l'art des constructions matérielles, qu'elle n'est heureuse dans les combinaisons et les formes extérieures ; elle est plus guidée par la froide raison et l'utilité, qu'elle n'est fécondée par l'inspiration poétique et le goût.

Loin de nous donc la pensée de méconnaître le génie propre de l'architecture française, la passion de l'art qui l'anime, et le sens du beau ravivé chaque jour aux sources antiques. Nous savons qu'à ces facultés artistiques, largement répandues dans notre pays, se joignent, chez beaucoup d'hommes dont nous nous honorons, une grande science de construction, et la pensée de l'utilité par qui l'imagination est dirigée.

Mais il n'en est pas moins vrai, qu'en France, les architectes sont trop étrangers aux études des ingénieurs, aux sciences mathématiques et physiques, à toutes les questions de chauffage et de ventilation qui y sont liées.

Comment pourrait-il en être autrement? Cet enseignement spécial manque totalement à l'école des Beaux-Arts, et les jeunes élèves auxquels il n'en serait pas tenu compte dans le cours de leurs études, n'ont aucun intérêt à le chercher au dehors. Peu d'hommes d'ailleurs ont, à vingt-un ans, la vue assez longue, l'expérience assez faite pour deviner la nécessité de connaissances qu'on ne leur donne pas. Que si quelques esprits plus forts viennent à comprendre cette nécessité, lancés de bonne heure à la suite des maîtres, dans la pratique des constructions, les heures du jour et de la nuit y sont absorbées; ou bien, entraînés à Rome au sortir de l'école, ils se trouvent éloignés de plus en plus des hautes sciences. A leur retour, le besoin des grands travaux et les longues études qu'ils exigent, ne leur laissent plus un moment pour une instruction scientifique, dont la jeunesse seule a le temps de s'enrichir.

Si cependant, en conservant toujours soigneusement distinctes la carrière de l'architecte et celle de l'ingénieur, l'enseignement de l'école d'architecture était relevé de quelques degrés par l'addition des éléments des sciences physiques et chimiques appliquées à l'art des constructions, comme l'a été celui des écoles de médecine et de droit, comme le commande le développement rapide de l'instruction générale, le goût, certes, et l'imagination, n'en seraient pas altérés; mais quelle puissance nouvelle acquerraient ceux de nos enfants qui se consacreraient à l'architecture, et qui entreraient dans cette difficile carrière, reconnaissants envers leurs pères pour ne leur avoir refusé aucune science, et assez richement approvisionnés pour se faire encore de beaux noms à côté de ceux de nos grands maîtres.

Soyons donc justes : de l'isolement de ces deux carrières, de ce défaut de connaissances scientifiques dans l'éducation de l'architecte, il ne faut pas accuser les architectes eux-mêmes : c'est à l'organisation des études architecturales qu'il faut rapporter la cause du mal, et la haute administration peut seule y porter remède. C'est elle qui donne l'instruction, et qui, lorsque des cours de chimie et de physique sont créés de toute part dans les villes et les colléges, ne voudrait pas les refuser à l'une de nos premières écoles, où elle puise chaque année tant de chefs pour ses constructions. C'est elle qui fait exécuter les grands travaux publics; elle qui n'a pas assez senti jusqu'à ce jour, l'importance des graves questions dont nous parlons, et les a trop abandonnées à l'étude exclusive des architectes.

Les architectes, trop souvent, faute d'éléments suffisants d'appréciation, sont forcés de se confier aux seuls hommes qu'ils aient sous la main, aux fumistes.

Ceux-ci, nous parlons des plus capables, venus en France sans aucune trace d'instruction, arrivent quelquefois, à force d'intelligence, de travail, d'ordre et d'économie, à se créer un état, et à réussir plus ou moins complétement dans les questions courantes de chauffage.

Mais ce que ces hommes intelligents et formés d'eux-mêmes pourraient faire si on le leur avait enseigné, ne l'ayant jamais appris, ils ne le peuvent pas. L'activité, la persévérance, la faculté des affaires, sont des dons de la nature développés par la pratique. Les connaissances générales et spéciales et la science ne s'acquièrent qu'au prix de longues études. Aussi, dans des questions aussi difficiles que celles des chauffages et de la ventilation surtout, les fumistes sont-ils entièrement incompétents : lorsqu'ils ont voulu toucher à ces appareils, ou même les exécuter sous d'autres directions, ils les ont presque toujours mal exécutés.

Ce que nous disons n'est pas une vaine parole! Que l'on demande au conseil de salubrité, quelles sont les causes qui ont le plus retardé, ou rendu incomplet l'assainissement d'un grand nombre d'industries; le conseil répondra : C'est avant tout, l'intervention des fumistes, dont on ne sait comment se défendre, et contre laquelle le seul remède est le concours d'hommes spéciaux.

Comment l'architecte, qui met sa confiance dans les fumistes, ne s'égarerait-il pas? Comment la conséquence de ces erreurs ne retomberait-elle pas sur le propriétaire, qui ne les reconnaît, pour s'en plaindre, que quand il n'est plus temps : ou sur l'administration, par qui elles sont trop souvent dissimulées? C'est ainsi que la plupart des chauffages d'édifices publics ont été manqués; c'est ainsi que, presque partout, la ventilation est entièrement oubliée; et qu'à ces fautes il n'y a bien souvent aucune ressource à trouver, tant les dispositions matérielles sont imprévoyantes et mauvaises.

C'est ainsi que, jusqu'à ce jour, les appareils de chauffage et de ventilation ont été appliqués à des monuments complétement terminés, comme on y applique les peintures et les papiers de tenture; et que, tantôt forcés de se plier à contre-sens aux constructions faites, tantôt les fatiguant, les déshonorant honteusement, fouillant jusque dans leurs fondations, les appareils ainsi établis, se sont trouvés altérés dans leur organisation, et ont été nuisibles à l'édifice.

Si, au contraire, les architectes savaient d'avance ce qui est nécessaire pour bien juger ces questions, ils s'adresseraient directement à ceux qui possèdent les connaissances réunies à l'expérience; ils provoqueraient le concours éclairé des ingénieurs : ils le feraient; car, dans toutes les questions qu'ils possèdent, c'est ainsi qu'ils agissent.

Si l'administration, qui paraît avoir reconnu aujourd'hui la nécessité d'introduire dans les constructions publiques les grands chauffages, la ventilation, et les améliorations que peuvent donner les sciences physiques, était convaincue qu'il lui faut, comme en Angleterre, prendre les plus hauts conseils; que les connaissances les plus étendues, appuyées de l'expérience, ne sont pas de trop pour des sujets aussi difficiles; alors l'administration déclarerait que toutes ces questions doivent être décidées, et les dispositions et plans entièrement arrêtés avant le commencement des constructions, seul moyen de faire remplir aux appareils les conditions d'installation et de service que réclament la destination locale et la distribution de l'édifice préparé d'avance à les recevoir, sans reprise ni démolition.

Alors l'administration, désireuse de faire bien, désireuse aussi de développer, d'utiliser tous les talents, toutes les bonnes méthodes, et de les faire concourir au bien général, l'administration aurait à suivre une marche simple, et féconde en résultats.

De même qu'elle choisit un architecte d'après les preuves de capacité qu'il a données, pour faire un projet, qui est soumis ensuite à la discussion de diverses commissions, et amélioré jusqu'à ce qu'il ne donne plus lieu à une observation sérieuse, de même un ingénieur, choisi par elle, serait chargé de préparer, concurremment avec l'architecte, le projet de chauffage et de ventilation, et toutes les questions qui se lient à la science de l'ingénieur.

Ce projet serait aussi discuté et amélioré par diverses commissions, parmi lesquelles devrait se trouver une commission spéciale composée des premiers maîtres.

Enfin, l'exécution de ce projet ainsi perfectionné, avec toutes ces garanties, serait confiée à l'homme qui l'aurait étudié.

Il s'élèverait ainsi des hommes spéciaux, des ingénieurs, que M. D'Arcet réclame dans sa lettre à M. Delahante, et qui manquent encore aujourd'hui. Les travaux à exécuter sont nombreux, et la voie est large pour former et utiliser les talents qui se montreraient. Il y aurait là place pour tous, et les questions dont nous parlons, trouveraient pour leur solution des intelligences exercées, comme celles que trouvent les diverses questions d'architecture posées par l'administration.

La carrière de l'ingénieur civil, si large, si nettement faite en Angleterre, est encore embarrassée et difficile en France, où les grands travaux d'art appartiennent presque exclusivement aux ponts-et-chaussées, et où les habitudes industrielles, à tort, nous en sommes convaincus, portent directement les travaux de mécanique, du manufacturier au mécanicien, et ceux de chauffage au chaudronnier ou au fumiste, sans l'intervention de l'ingénieur.

Ce n'est pas ici le lieu de dire combien, cependant, cette intervention de l'ingénieur serait avantageuse au manufacturier, pour le guider dans le choix du constructeur, dans la disposition, le choix et l'achat de ses machines, dans leur montage et leur mise en activité.

Toujours est-il qu'on ne s'adresse aujourd'hui aux ingénieurs civils que quand on se trouve dans l'embarras, pour réparer des fautes, aplanir des difficultés, trouver des procédés nouveaux. Forcés d'étudier sans cesse des questions différentes, les ingénieurs sont soumis alors aux difficultés des inventions, par lesquelles temps, travail, dépenses, tout est mis largement à contribution.

Les chances de succès sont variables aussi pour eux. Ils peuvent, comme quiconque travaille, s'égarer un moment de la route, ils peuvent se tromper. Pour eux les études et l'expérience d'une chose, son succès même, ne sont pas une expérience ou des succès tout faits pour l'avenir, ainsi que l'éprouvent les hommes qui se livrent à un travail particulier, sans cesse répété.

Mais aussi, ces études variées, cette habitude de lutter contre les difficultés, donnent aux ingénieurs civils une grande expérience pratique. Ils ont beaucoup vu, ils peuvent beaucoup faire, et ils se trouveront formés pour les questions qui leur seront confiées dans un avenir très-prochain.

Quand, en effet, par le progrès des choses, la carrière qu'ils suivent aura pris rang dans l'ordre social, entre les ponts-et-chaussées et l'architecture, les manufacturiers les choisiront pour leurs conseils, comme les propriétaires prennent les architectes. La loi sans doute leur ouvrira, dans un certain rapport, les travaux des ponts-et-chaussées : l'administration et les villes auront leurs ingénieurs comme elles ont leurs architectes, chargés de missions parallèles, souvent liées entre elles pour se prêter un secours mutuel, mais toujours spéciales.

Les travaux publics se trouveront enfin complétés dans une partie importante de leur ensemble, et l'impulsion donnée par le conseil de salubrité et par M. D'Arcet à l'assainissement de toutes les industries, réagira utilement sur les établissements publics, où cette grande amélioration est urgente, les hôpitaux, les prisons, les colléges, les écoles, etc.

Nous espérons que la publication des mémoires de M. D'Arcet appellera l'attention des esprits éclairés, des maîtres de l'art des constructions, appellera surtout l'attention de la haute administration sur un ordre de questions d'un intérêt général, et d'où dépendent le bien-être et la vie d'un grand nombre d'hommes.

L'examen qu'ils provoqueront montrera l'urgence de ces questions, leurs difficultés, et la seule route à suivre pour les résoudre. Le bien déjà fait produira un bien plus grand encore.

En les étudiant, on se rendra compte de l'influence qu'ils ont déjà exercée et des grands résultats obtenus : tant d'industries créées sur de nouvelles bases, tant d'arts assainis en peu d'années, tant de vies préservées, tant de désagréments, de procès ruineux, évités entre voisins, tant d'établissements que le classement de l'ordonnance du 14 janvier 1815 expulsait des lieux habités, et qui aujourd'hui y sont restés sans inconvénient, et ont souvent été sauvés de leur ruine.

On verra le conseil de salubrité, tout composé d'hommes de science, unis dans un dévouement commun, non pas s'armer comme un juge pour frapper l'industrie qui nuit à ses voisins, et la repousser loin des villes, mais exercer les fonctions d'arbitre amiable entre ses intérêts et ceux des diverses propriétés; la soutenir de tous ses efforts, lui apporter paternellement le fruit de ses lumières et de ses travaux, pour l'assainir et l'améliorer, lui donner gratuitement tout ce qu'il sait, tout ce qu'il trouve.

On le verra provoquer, par la haute influence de son exemple, l. formation de conseils semblables au centre de tous les départements, et répandre dans la France entière ses méthodes et ses services.

On le verra enfin veiller à la fois sur les établissements publics et privés, et remplir, pour la ville industrielle de Paris, la haute mission que l'administration générale doit embrasser dans son étendue, celle de faire présider la science à tous les travaux qu'il dirige.

Les mémoires d'assainissement et de ventilation qui composent ce recueil, forment une partie importante des archives du conseil de salubrité, et les services rendus ainsi à l'hygiène publique sont un des titres dont s'honore le plus M. D'Arcet.

Ph. G.

COLLECTION
DE MÉMOIRES
RELATIFS
A L'ASSAINISSEMENT DES ATELIERS

APPAREIL A BLEU DE PRUSSE.

Description de l'appareil au moyen duquel on peut éviter toute mauvaise odeur dans la fabrication du bleu de Prusse (1).

Les fabriques de bleu de Prusse répandent au loin deux espèces de mauvaise odeur. La première, qui est celle que donne la combustion des matières animales, est facilement évitée en couvrant le creuset avec un dôme au sommet duquel se trouve placée la cheminée du fourneau, et en mettant le feu aux vapeurs qui se dégagent du creuset aussitôt qu'elles sont assez chaudes pour pouvoir s'enflammer.

La seconde source de mauvaise odeur se trouve dans l'emploi des potasses du commerce, qui contiennent plus ou moins de sulfate de potasse. Lorsqu'on calcine le mélange de sang et de potasse, la température est assez élevée pour que le sulfate soit décomposé et converti en

(1) Ce travail a été fait en 1812, et imprimé dans les *Annales de chimie*, t. 82, p. 165.

sulfure au moyen du charbon animal qui s'y trouve mêlé; d'où il suit que la liqueur prussique contient toujours de l'hydrosulfure de potasse en dissolution, et que lors du mélange de cette liqueur avec la solution d'alun et de sulfate de fer, il se dégage une grande quantité de gaz hydrogène sulfuré qui est extrêmement fétide, se répand au loin, noircit l'argenterie et corrompt les aliments.

Voici l'appareil au moyen duquel on pourra éviter ces inconvénients, et utiliser même le gaz hydrogène sulfuré qui se dégage au moment du mélange des deux liqueurs.

Fig. 1re. Pl. 1re. *a* est un cuvier en bois blanc bien cerclé et solidement établi sur deux pièces de bois qui l'éloignent de terre, et empêchent le fond de pourrir.

b, est une demi-sphère en cuivre mince, de même diamètre que le cuvier, et qui lui sert de couvercle; elle s'y ajuste en entrant jusqu'au collet qui est indiqué sur la figure. Avant de poser ce couvercle, on enduit le bord du cuvier et le tour du collet avec de la terre glaise bien délayée qui sert à rendre la jonction parfaite.

c, est une tubulure en cuivre : on y fait passer le manche du rabot *d* avant de placer le couvercle sur le cuvier.

d, élévation du rabot : on voit dans le haut du manche le morceau de peau qui y est attaché. Quand le rabot est placé dans le cuvier, et que le manche passe à travers le couvercle, on attache la partie inférieure de la peau au rebord de la tubulure, et on empêche ainsi la communication de l'air, sans gêner le mouvement de l'outil; la peau que l'on emploie doit être bien imbibée d'huile pour qu'elle ne soit point altérée par les liqueurs qui sont portées et mélangées dans le cuvier.

e, plan de la palette du rabot.

f, entonnoir par lequel on verse les différentes dissolutions dans le cuvier.

g, tige de bois qui sert à boucher le goulot de l'entonnoir.

h, robinet ou cannelle par laquelle on retire le bleu de Prusse du cuvier après que les dissolutions y ont été bien mélangées.

i, petit baquet enfoncé en terre, dans lequel coule le résultat du mélange : le bleu de Prusse liquide y est puisé avec une cuiller à mesure qu'il y arrive; on le verse dans des sceaux, et on le porte dans des tonneaux où il doit être lavé à grande eau.

k, tube recourbé qui est fixé au dôme.

l, tube du même diamètre fixé en terre : les lignes ponctuées qui se terminent en *m*, indiquent la position de ce tube qui est placé parallèlement au sol, et qui aboutit dans le cendrier et près de la grille du fourneau où se prépare le prussiate de potasse. Lorsque l'on abaisse le couvercle sur le cuvier, le tube *k* doit entrer dans le tube *l*, et on achève de les réunir en lutant la jonction avec un peu de terre glaise.

La fig. 2 représente l'appareil monté et prêt à servir : lorsque les dissolutions sont préparées, on ferme exactement la porte du cendrier où se rend le tube, on ôte le bouchon *g* de l'entonnoir, et on y verse la dissolution d'alun et de sulfate de fer : un ouvrier monte sur une petite banquette, prend le manche du rabot *d* et commence à agiter la liqueur qui se trouve dans le cuvier; deux autres ouvriers versent doucement la liqueur prussique dans l'entonnoir *f*, et l'ouvrier qui tient le rabot l'agite en tous sens, pour rendre le mélange bien intime. On retire de temps en temps un peu de liqueur par le robinet *h*; on la fait filtrer à travers un papier-joseph et on examine s'il y a assez de prussiate de potasse; on ajoute ce qui y manque, et lorsqu'on est arrivé au point de saturation, on cesse de verser de la liqueur prussique, et on continue d'agiter le mélange en soutenant le jeu du rabot pendant environ dix minutes.

La porte du cendrier du fourneau étant fermée, le tirage du fourneau fait entrer l'air extérieur par le tube de l'entonnoir *f*; cet air se mêle aux gaz qui se dégagent du mélange, et le tout est entraîné par le tube *k l* sous la grille du fourneau où l'hydrogène sulfuré s'enflamme, perd ainsi sa mauvaise odeur, et sert encore à entretenir la chaleur du creuset.

Lorsqu'on cesse d'agiter, on peut vider le cuvier par le robinet *h* et commencer de suite un nouveau mélange.

Il ne faut enlever le couvercle du cuvier que lorsqu'il s'agit de faire quelques réparations à l'appareil : et avoir soin de le tenir plein d'eau quand on reste quelque temps sans travailler; cette eau peut servir ensuite à lessiver le résidu de la calcination du sang et de la potasse.

J'ai fait exécuter l'appareil dont nous donnons ici la description et le dessin, dans la fabrique de papiers peints de MM. Jacquemart frères : cet appareil a complétement réussi, et son emploi n'a présenté aucun inconvénient; il a débarrassé tout à fait les ateliers et le voisinage de la mauvaise odeur qu'y répandait le mélange de la liqueur prussique et des dissolutions d'alun et de sulfate de fer.

Au lieu de faire aboutir le tuyau *m* dans le cendrier du fourneau, comme cela a été dit plus haut, il vaudrait mieux, pour éviter toute crainte de détonnation, le diriger vers la cheminée et l'y introduire en ayant soin de l'y terminer par un coude et un bout de tuyau posés verticalement.

Si, cependant, il était nécessaire de brûler l'hydrogène sulfuré pour détruire la mauvaise odeur de ce gaz, il faudrait alors donner un grand diamètre au tuyau *m*, et placer perpendiculairement à son axe et à divers endroits de sa longueur quatre ou cinq rondelles en toile métallique, de même diamètre que le tuyau. Ces tissus métalliques s'opposeraient à l'inflammation d'un mélange détonnant, si, malgré la ventilation continuelle, il venait à s'en former dans l'intérieur du cuvier *a*. 1842.

Une instruction relative aux manufactures de bleu de Prusse, a été publiée par le conseil de salubrité, le 21 avril 1812, où le précédent appareil de M. D'Arcet est gravé et décrit, avec invitation aux manufacturiers de l'employer pour éviter le dégagement des vapeurs nuisibles ou au moins très-incommodes que donnent leurs procédés de fabrication.

ÉTUVE A QUINQUET[1].

Description d'une étuve à quinquet.

Nous donnons ici la description d'une étuve simple, commode et peu coûteuse. Nous l'avons vue dans le laboratoire de M. D'Arcet, où elle sert à faire sécher non-seulement les filtres et les différents résidus d'analyse, mais encore à faire évaporer lentement des dissolutions salines pour favoriser la cristallisation des sels, à vernir des objets de carton ou de ferblanc, et à différents autres usages.

Cette étuve se compose d'une boîte en bois de sapin, dans le fond de laquelle le verre d'une lampe à double courant d'air se trouve engagé. Nous allons entrer dans de plus grands détails en donnant l'explication des figures.

Pl. 1re. Fig. 5. Elévation latérale de l'étuve. La lampe se trouve à sa place ; l'étuve est censée en activité.

a a, trous qui sont percés dans le haut de la boîte, sur le côté, et qui se bouchent à volonté avec des bouchons de liége *b b ;* ces bouchons, comme on le voit, sont fixés à la boîte au moyen de ficelles *c* qui les empêchent de s'égarer quand les trous sont ouverts.

Fig. 3. Élévation de face de la boîte. On suppose la porte enlevée. On voit en *d d d d* quatre grillages en fil de fer, ayant des mailles de $0^m,01$ carré, et servant à supporter les différents objets que l'on veut exposer à la chaleur de l'étuve.

e est l'élévation du champignon en tôle qui traverse le fond de la boîte. Nous en donnerons plus bas la description.

Fig. 4. Coupe verticale de l'étuve suivant *x y* de la fig. 5.

(1) La description de cette étuve a été publiée en premier lieu en 1812, dans le tome I, p. 53 de la traduction des *Éléments de chimie* de Henry, et depuis dans les *Annales de l'industrie*, novembre 1821. Ce petit appareil fort commode se trouve maintenant dans presque tous les laboratoires de chimie.

m, crampon qui fixe l'étuve entière à un clou solidement enfoncé dans un mur.

n, feuillures de la porte.

Fig. 6. Plan du fond de la boîte, vu en dessous. Les deux cercles concentriques qui sont tracés au centre, représentent le plan des deux tuyaux du champignon. Le tuyau intérieur *f* est celui dans lequel entre le verre de la lampe; et l'espace vide qui se trouve entre ce tuyau et le tuyau extérieur *g*, est destiné à introduire dans la boîte, lorsqu'on le désire, un courant d'air moins chaud, mais plus rapide.

Fig. 7. Coupe verticale du champignon en tôle *e* dont il a été parlé plus haut. Il se compose de deux tuyaux de tôle de diamètres différents et qui sont fixés l'un dans l'autre. Le tuyau intérieur *f*, qui est plus étroit mais plus long, porte, à sa partie supérieure, une capsule renversée *h* faite en tôle et qui y est fixée au moyen de trois fils de fer arqués.

Ce couvercle sert à distribuer également l'air échauffé dans toute la largeur de la boîte, et à recevoir le peu de noir de fumée que donnent les lampes à double courant d'air. La température est si élevée dans le centre de la calotte que le noir de fumée s'y brûle complétement.

Fig. 9. Élévation du couvercle *i* qui s'ajuste au bas du tuyau extérieur, et qui sert à boucher l'espace libre qui se trouve entre les deux tuyaux. En le mettant, on supprime à volonté le courant d'air froid qui pénétrait par là dans la boîte.

Fig. 10. Plan du même couvercle vu en dessous. Le trou qui est au centre correspond au dedans du tuyau intérieur *f*; c'est par ce trou que passe le verre de la lampe, comme on le voit dans les fig. 3 et 5.

Le petit trou *k* qui se trouve marqué sur ce plan à côté de celui dont nous venons de parler, sert à donner passage à la crémaillère, qui conduit la mèche circulaire du quinquet *l*. Cette crémaillère, lorsque la mèche est presque usée, passe à travers ce trou, et joue dans l'espace qui sépare les deux tuyaux.

De l'usage de cette étuve.

On voit que c'est une nouvelle application du quinquet. Lorsqu'il fait nuit, on profite de la lumière qu'il donne, et on utilise continuellement le courant d'air échauffé qui sort de la cheminée. Cet air, à la vérité, n'est pas de l'air pur; une portion a servi à la combustion de l'huile et du coton de la mèche; mais il en est de même de toutes les étuves qui se chauffent directement avec des poëles remplis de poussier ou de braise allumée ; et il n'y a que quelques cas rares où l'acide carbonique pourrait être nuisible, et changer la nature des substances que l'on ferait sécher dans cette étuve.

Un quinquet brûle à peu près 34 grammes d'huile et coûte environ 5 centimes par heure. La température que l'on obtient en se servant d'un quinquet ordinaire et d'une boîte ayant environ 1 hectolitre de capacité s'élève jusqu'à 70° centigrades. Si l'on ferme dans le haut les quatre trous qui sont sur les côtés de la boîte, et dans le bas l'obturateur pour supprimer le courant d'air froid qui passe entre les deux tuyaux de tôle, le peu de jour qui se trouve autour de la porte suffit alors pour entretenir le courant d'air et alimenter la combustion de l'huile.

On voit qu'en ôtant plus ou moins de bouchons, en ôtant ou mettant l'obturateur, et en baissant plus ou moins la mèche du quinquet, on peut obtenir dans cette étuve le degré de chaleur que l'on désire. On peut placer au dedans la boule d'un thermomètre *p*, faire passer la tige à travers le dessus de la boîte, et savoir toujours ainsi, sans l'ouvrir, à quel degré de chaleur se trouvent exposés les filtres que l'on veut faire sécher.

On peut faire évaporer promptement des liquides, en posant les capsules sur la calotte de tôle *h* qui se trouve dans le bas de l'étuve. Pour y faire des dissolutions à une douce chaleur, il suffit de placer les matras *o* sur le grillage d'en haut *d* (comme on voit, fig. 3) et d'en faire passer le col à travers un des quatre trous *a* qui sont sur les côtés, pour que les vapeurs qui sortent des matras n'altèrent pas les autres objets placés dans l'étuve.

Un grand filtre double ayant $0^{m},375$ de diamètre, contenant 50 grammes de sulfate de plomb, mis tout mouillé dans l'étuve, se trouve parfaitement séché en moins de six heures.

Un filtre moyen double ayant $0^{m},207$ de diamètre et contenant 20 grammes de sulfate de plomb peut s'y sécher complétement en moins de quatre heures.

Cette étuve a l'avantage de n'exiger que peu de soin : on peut même laisser le quinquet allumé pendant la nuit, et ne pas interrompre ainsi la dessiccation des filtres que l'on veut faire sécher. Un long usage a démontré à M. D'Arcet toute la commodité de cette étuve, et il assure n'y avoir jusqu'ici trouvé aucun inconvénient.

CENDRES GRAVELÉES.

Description d'un fourneau fumivore servant à l'incinération des lies de vin, pour la fabrication de la cendre gravelée, construit à Lyon, dans les ateliers de MM. Blanc *frères, sur les dessins et d'après les renseignements donnés par* M. D'Arcet (1).

Le résidu salin provenant de la combustion de la lie de vin est connu dans le commerce sous le nom de *cendre gravelée*. Cette substance alcaline est moins riche que ne le sont les différentes espèces de potasse ; mais elle a l'avantage d'être moins caustique, et surtout à un titre plus constant, ce qui la fait employer de préférence dans un grand nombre d'opérations de teinture (2).

(1) Ce travail, exécuté en 1815, a été publié la même année dans le *Bulletin de la société d'encouragement*, n° 130. — Avril, p. 87.

(2) Je crois néanmoins que les fabricants qui emploient cette substance alcaline dans leurs opérations, auraient souvent beaucoup de bénéfice et d'avantage à y substituer les bonnes potasses du commerce.

Les titres de la cendre gravelée et des potasses ne sont nullement en rapport avec les prix auxquels se vendent ces alcalis, et à titre égal, il serait sans doute indifférent d'employer l'un ou l'autre.

Le titre moyen des potasses qui se trouvent aujourd'hui sur la place, est environ de 50 degrés; c'est-à-dire, que 100 parties de ces potasses saturent au plus 50 d'acide sulfurique concentré; elles coûtent 120 francs les 50 kilogrammes, d'où il suit que le degré alcalimétrique revient à 2 francs 40 centimes.

Le titre moyen de cinq échantillons de cendres gravelées, pris à Lyon et à Paris, s'est trouvé de 30 degrés alcalimétriques : le prix courant de la cendre gravelée étant de 98 francs les 50 kilogrammes, le degré alcalimétrique, ou la quantité d'alcali pur nécessaire pour saturer un demi-kilogramme d'acide sulfurique concentré, revient à 3 francs 26 centimes ; on aurait donc, dans le moment actuel, 86 centimes de bénéfice par degré, ou 86 fr. par quintal métrique à substituer la potasse à la cendre gravelée dans les opérations où cette substitution serait possible.

J'ai dit que la cendre gravelée était à un titre plus constant que les potasses : et en effet les cinq échantillons essayés se sont tous trouvés entre 29 et 31 degrés ; mais cette régularité dans

Pour pouvoir opérer la combustion de la lie de vin, il faut commencer par la dessécher convenablement. Cette première opération s'exécute, soit par le moyen d'une pression très-forte, qu'on exerce sur la lie de vin enfermée dans des sacs de toile, soit par sa simple exposition à l'air ou au soleil. Lorsque la lie est assez sèche, on en forme des pains, afin d'en faciliter la combustion. Quelquefois on fait sécher les pains dans des étuves; mais en général on en opère la combustion avant leur entière dessiccation.

Elle se fait ordinairement dans un fourneau approprié à cet usage. On y allume d'abord un peu de feu, et on y jette de la lie; dès qu'elle est enflammée, on la laisse brûler lentement sans la remuer, et on alimente le feu en ajoutant de nouveaux pains de lie, de manière à empêcher la flamme de paraître, et à entretenir le feu au degré convenable, jusqu'à ce que le fourneau soit plein du résidu poreux de la combustion, ou jusqu'à ce que l'on ait usé toute la lie que l'on avait à brûler. On laisse ensuite refroidir le fourneau. La cendre gravelée, qui est le résultat de cette opération, forme une masse légère, spongieuse, qui se brise facilement, et qui a ordinairement une couleur verdâtre mêlée de bleu. Le feu doit être conduit de manière à opérer l'entière combustion de la

les titres n'est un avantage que pour les fabricants qui n'essaient point les alcalis qu'ils emploient; car, lorsqu'on en détermine le titre, on peut toujours doser juste, et introduire dans les opérations de teinture, par exemple, la quantité d'alcali pur exactement nécessaire, puisqu'il ne faut pour cela qu'augmenter ou diminuer la dose de la potasse employée, selon que son titre est plus ou moins haut.

La cendre gravelée contient au cent:

Résidu insoluble dans l'eau.	44
Alcali, eau et sels étrangers.	56
	100

Le résidu insoluble est presque entièrement composé de carbonate de chaux, qui ne doit pas être considéré comme nul; car, lorsqu'on emploie la cendre gravelée à l'état où elle se trouve dans le commerce, et c'est ce qui se pratique presque toujours, le carbonate de chaux qui se trouve ainsi porté dans le bain de teinture, décompose, à la température de l'eau bouillante, la portion des sels métalliques ou de l'alun qui n'a pas été décomposée par l'alcali et qui était destinée à servir de mordant, etc. Je laisse aux gens de l'art à examiner ce fait, à déterminer l'influence que doivent avoir sur les nuances des teintures, l'acide carbonique qui se dégage, les sels à base de chaux qui se forment et qui restent dans le bain, et à chercher, ces effets étant reconnus bons, si l'on ne pourrait pas les reproduire en ajoutant aux potasses du commerce la quantité proportionnelle de carbonate de chaux qui y manque, pour les rendre pareilles à la cendre gravelée. Il ne serait peut-être pas impossible de substituer même le carbonate de chaux pur aux alcalis, et surtout à la cendre gravelée, dans quelques opérations de teinture; c'est au moins une économie présumable, et qui se trouve indiquée par ce qui a été dit plus haut.

partie charbonneuse, sans fondre la substance saline. Si on brûlait la lie de vin à une température trop élevée, le charbon enveloppé par l'alcali en fusion serait privé du contact de l'air et ne brûlerait plus. On aurait en outre le grand inconvénient de convertir en sulfure de potasse le sulfate de potasse qui se trouve dans les lies de vin, ce qui rendrait l'emploi de la cendre gravelée tout à fait nuisible dans les opérations de teinture.

Pour que la cendre gravelée jouisse de toutes les propriétés que l'on désire, il faut que la combustion de la lie soit complète; si elle est imparfaite, la cendre gravelée colore l'eau en jaune, et verdit la couleur bleue de l'indigo, ce qui la rend impropre à la dissolution de cette matière colorante.

La cendre gravelée ne doit pas présenter de points noirs dans sa cassure; et lorsqu'en la retirant du fourneau on y aperçoit des plaques noires ou mal brûlées, on doit les séparer avec soin pour les repasser au feu.

Le nouveau fourneau que MM. Blanc frères ont fait construire dans leurs ateliers à Lyon, est principalement destiné à brûler la fumée épaisse et désagréable produite par la combustion de la lie de vin. Cette fumée qui est presque froide en sortant du fourneau, et qui contient beaucoup d'huile empyreumatique et de vapeur aqueuse presque condensée, est fort pesante et retombait dans le voisinage de la fabrique, ce qui donnait lieu à des plaintes fort graves, et avait même décidé l'autorité à suspendre les travaux de cette manufacture. Dans l'ancien fourneau, la fumée désagréable qui se dégageait lors de la combustion de la lie de vin, suivait le tuyau vertical de la cheminée, et se répandait au dehors; dans le nouveau, cette fumée se brûle en passant à travers un foyer chauffé au bois, et qui sert en même temps à faire évaporer ou à distiller des liquides. Nous allons donner la description du nouveau fourneau; nous parlerons ensuite de son service et des avantages que présente son emploi.

Explication des figures de la planche 2.

La fig. 1re représente la coupe verticale de l'appareil entier, selon la la ligne A′ B′ du plan, fig. 6.

Y, coupe verticale du fourneau où se brûlent les lies de vin; c'est une espèce d'âtre sans grille ni chenets; la partie inférieure du devant du fourneau est fermée par des portes en tôle forte, dont on voit la coupe en 3; elles s'ouvrent à charnières et sont à recouvrement. La partie supérieure se ferme plus en avant, au moyen d'autres portes de tôle qui se lèvent et se baissent à coulisses, à l'aide de contre-poids, comme on le voit en 4 et 5. C'est dans l'espace vide, qui sépare ces deux fermetures, que pénètre l'air extérieur nécessaire pour entretenir la combustion de la lie de vin; cet air est amené du dehors par le canal souterrain, dont on voit la coupe en *t*, et arrive en *v*, à l'endroit où se croisent les deux parties de la fermeture du devant du fourneau.

Q, tuyau de la cheminée.

S, coupe d'une des ouvertures que l'on voit de face, en SS, fig. 4 et 5. Ces ouvertures établissent à volonté une communication entre le cendrier du fourneau fumivore R et la cheminée; elles se ferment au moyen des coulisses dont on voit la coupe en H, et que l'on voit de face en *ii*, fig. 4.

Q', coupe du tuyau de la cheminée, dans l'endroit où il se recourbe en forme de voûte au-dessus de la grille du fourneau fumivore.

R, fourneau fumivore.

e, porte de ce fourneau; elle sert à y introduire le combustible.

u, grille.

f, porte du cendrier; elle doit pouvoir se fermer exactement lorsque le service du fourneau l'exige.

g, fente verticale, à travers laquelle on introduit de l'air neuf sous la voûte *x'*.

x', passage voûté, sous lequel la fumée de la lie de vin se brûle en totalité, au moyen du feu du fourneau fumivore et de l'air neuf qui arrive en *g*.

A, chaudière chauffée au moyen de la chaleur dégagée dans le fourneau fumivore, par le combustible que l'on y brûle et par la combustion de la fumée de la lie de vin.

B, seconde chaudière placée au-dessus de la chaudière A; elle est chauffée par l'excédant de chaleur, et contient le liquide qui sert à alimenter la chaudière A.

z, cheminée verticale de l'appareil: on place en 8, 9, une soupape destinée à conserver la chaleur sous les chaudières A et B, lorsqu'on suspend le travail des fours.

La fig. 2 représente la coupe verticale du fourneau fumivore, suivant une ligne passant par le milieu du foyer, ou par la ligne D' C', fig. 6; cette coupe est vue de B', fig. 6.

k k, sont les canaux qui servent à nettoyer le fourneau; on en voit une coupe en *k*, fig. 1re; on les tient bouchés pendant le travail.

x' x', voûtes sous lesquelles se brûle la fumée.

o, mur de refend, qui sert à supporter le milieu du fond de la chaudière A, fig. 1re; on en voit une coupe plus distincte en *o*, fig. 3.

k' k', trous servant à nettoyer les écouloirs de droite et de gauche de la chaudière A, fig. 1 et 3.

b' b', passages par lesquels les gaz, produits de la combustion, arrivent sous le fond et sur les côtés de la chaudière B.

cc, carneaux qui entourent cette chaudière.

B, chaudière préparante.

e e, portes du foyer fumivore.

u, grille de ce fourneau.

ff, portes du cendrier.

La fig. 3 représente une coupe verticale du fourneau fumivore; elle est faite selon une ligne qui passerait en travers et au milieu de la chaudière A, fig. 1re, ou selon la ligne E'F', fig. 6.

A, coupe transversale de cette chaudière.

c' c', coupe des carneaux qui l'entourent.

k' k', trous ménagés dans les parois du fourneau pour le nettoyer.

k k, trous destinés à nettoyer le dessous de la chaudière A.

x' x', voûtes par lesquelles l'air échauffé passe du fond de la chaudière sur les côtés, et dans les conduits latéraux *c' c'*.

n, épaisseur de la voûte que l'on voit en *n*, fig. 1re.

b, dessous de cette voûte.

La fig. 4 est la coupe verticale du fourneau fumivore, suivant un plan passant transversalement par le milieu de ce fourneau, ou selon la ligne D'C', fig. 6; cette coupe est vue de A', fig. 6.

B, coupe transversale de la chaudière préparante B, fig. 1re.

c' c', conduits de chaleur latéraux, entourant la chaudière B.

b' b', passages voûtés que l'on voit fig. 1re; ils servent à conduire l'air chaud sous le fond de la chaudière B, et dans le grand tuyau de la cheminée.

k' k', trous pour nettoyer les conduits de chaleur qui entourent la chaudière A, fig. 1re.

Q', vue de face de l'ouverture Q', fig. 1re, par laquelle la fumée, provenant de la combustion de la lie, entre dans le fourneau fumivore.

u, grille de ce fourneau.

ee, portes du foyer.

H, feuille de tôle formant toit, pour empêcher les cendres de tomber par les ouvertures S, S, sur la cendre gravelée. On voit la disposition de cette tôle en H, fig. 1re.

S, S, ouvertures par lesquelles on peut, à volonté, introduire la fumée des lies en combustion sous la grille *u* du fourneau fumivore.

ii, registres en tôle destinés à fermer les ouvertures S, S.

ff, portes du cendrier du fourneau fumivore.

Fig. 5. Vue d'une coupe verticale du fourneau fumivore, selon un plan passant transversalement par le milieu de la grande cheminée Q *z*, fig. 1re, ou selon la ligne H′ G′, fig. 6. Cette vue est prise en B′, fig. 6.

z, tuyau supérieur de la cheminée.

b b′, *c′ c′*, ouvertures par lesquelles les gaz produits par la combustion, s'échappent dans la cheminée *z*, après avoir passé sous le fond et autour des deux chaudières A et B, fig. 1re.

h, porte pratiquée au bas de la grande cheminée *z*, pour la nettoyer lorsqu'elle en a besoin; on la voit de face en *h*, fig. 7.

kk, trous qui servent à nettoyer les conduits de chaleur qui entourent la grande chaudière A.

Q′, vue de l'ouverture par laquelle la fumée des lies de vin en combustion entre dans le fourneau fumivore.

SS, ouvertures par lesquelles la même fumée pénètre à volonté sous la grille de ce fourneau.

La fig. 6 est une coupe horizontale de l'appareil prise selon la ligne 1, 2 de la fig. 1re.

A, grande chaudière d'évaporation. On voit en *o o o*, la banquette qui soutient le milieu et les bords du fond de cette chaudière, et en *ccc*, les conduits de chaleur qui l'entourent.

d, est le dessous de la chaudière préparante B, fig. 1, 2, 3, 4. Les lettres *x′x′*, *b′b′* indiquent la manière dont l'air chaud circule autour et au-dessous de cette chaudière.

z, plan du fond de la cheminée verticale.

h, porte servant à nettoyer cette cheminée.

C, coupe du grand mur contre lequel sont appuyés le fourneau à brûler les lies, et le fourneau fumivore, comme on le voit en C, fig. 1re.

P, mur opposé; on voit en *l* le plan de l'escalier qui sert à communiquer d'un côté de la chaudière A à l'autre.

La fig. 7 est une élévation latérale de l'appareil fumivore.

P et C sont les deux murs entre lesquels il est construit.

l, est la vue latérale de l'escalier qui sert à communiquer d'un côté de l'appareil à l'autre.

n, dessous du fourneau; il est voûté pour le rendre moins lourd et pour y ménager un bûcher où le bois se sèche avant d'être employé.

k, trou par lequel on nettoie le conduit de chaleur qui entoure la grande chaudière A, fig. 6.

g, fente par laquelle l'air neuf s'introduit sous la voûte x', fig. 1re du fourneau fumivore.

e, porte du foyer du fourneau fumivore.

m, fente dans laquelle joue le registre *i*, fig. 4.

f, porte du cendrier du fourneau fumivore.

h, porte servant à faciliter le ramonage de la cheminée verticale *z*.

La vue latérale de l'autre côté de l'appareil serait en tout semblable à celle-ci, la porte *h* est la seule qui n'y soit pas répétée.

La fig. 8 représente la coupe verticale d'un foyer fumivore à flamme renversée, que l'on aurait fait exécuter, si la première construction dont nous venons de donner les détails n'avait pas complétement réussi : nous ne ferons qu'indiquer en peu de mots la marche de l'opération telle qu'elle aurait eu lieu si ce fourneau avait été construit.

La fumée épaisse que produit la combustion des lies de vin, arrivant de l'étage inférieur par la cheminée Q, passe en R et s'y mélange avec de l'air neuf qui entre dans le fourneau par la fente *g*; le mélange d'air et de fumée passe à travers le bois ou le charbon de terre épuré qui est allumé sur la grille *u* du fourneau fumivore : la fumée s'y consomme, et la flamme pure, qui est renversée, passe, avec les gaz produits dasn la combustion, par la voûte *x*, sous laquelle pénètre encore un peu d'air neuf par la fente g', pour achever de brûler les dernières portions de fumée qui auraient échappé à la première combustion. L'air chaud passe ensuite sous la grande chaudière A, revient par les côtés entourer la chaudière préparante B, et va de là se perdre dans la grande cheminée *z*.

e, porte du foyer fumivore.

f, porte du cendrier de ce fourneau.

d, soupape qui est placée dans la grande cheminée.

C, coupe du gros mur contre lequel est appuyé tout l'appareil.

k, vue de face d'une des ouvertures qui servent à nettoyer les carneaux de la chaudière A.

Du service du nouveau fourneau.

Lorsqu'on veut commencer l'incinération des lies de vin, on prépare la lie comme nous l'avons indiqué au commencement de cette note: on met une couche de copeaux ou de bois sec fendu en petits morceaux, sur le sol du fourneau Y, fig. 1re, et on y arrange les pains de lie; on ouvre la soupape 8, 9 de la grande cheminée z, on remplit les chaudières A et B, et on allume le feu dans le fourneau fumivore. Lorsque ce fourneau est bien chauffé, on met le feu au lit de copeaux sur lequel se trouve placée la lie, et on continue l'opération comme il a été dit plus haut.

Il faut alors avoir soin de tenir les portes *e* et *f* du fourneau fumivore bien fermées ; on abaisse en 4 la porte à coulisse destinée à fermer le devant du grand fourneau Y, on soigne bien le feu du fourneau fumivore, et on conduit convenablement la combustion de la lie de vin, jusqu'à ce qu'on ait employé toute celle que l'on avait à convertir en cendre gravelée.

Il ne faut ouvrir la porte *e* du foyer du fourneau fumivore que pour alimenter le feu, et la porte à coulisse du grand fourneau que pour y mettre, soit du bois, soit de nouveaux pains de lie, et pour examiner la marche de l'opération. Dans une nouvelle construction on devrait placer des carreaux de verre dans la porte à coulisse du grand fourneau, afin de pouvoir examiner ainsi à tout moment, sans peine et sans enlever cette porte, ce qui se passe dans ce fourneau.

Au commencement de l'opération il est utile d'ouvrir en entier les deux coulisses *i i*, fig. 4, afin d'obliger presque toute la fumée à passer par les soupiraux SS, fig. 1 et 4, et à aller se brûler en traversant le feu qui est allumé sur la grille *u* du fourneau fumivore; mais lorsque la voûte de ce fourneau commence à rougir, et est assez chaude pour brûler la fumée, alors il est avantageux de fermer presque entièrement les coulisses *i i*, afin d'obliger la fumée à monter en Q', fig. 1re, pour se brûler en R, ce qui diminue la dépense faite en combustible dans le fourneau fumivore; il faut, en un mot, introduire assez d'air et de fumée sous la grille pour que la combustion du bois s'opère bien, mais n'en pas introduire trop, afin de ne point accélérer inutilement cette combustion.

L'air nécessaire pour opérer la combustion de la lie de vin, arrive derrière la porte à coulisse 4, *fig.* 1re, par le canal souterrain *tv*; c'est la portion non décomposée de cet air qui favorise en R la combustion de la fumée; dans le cas où la fumée manquerait d'air et ne serait pas entièrement brûlée en R, elle en trouverait en *g*, et se brûlerait complétement en passant sous la voûte *x'*, dont la température est très-élevée.

Tous les gaz produits par la combustion, circulent autour des deux chaudières A et B, et perdent leur chaleur en échauffant et faisant évaporer les liqueurs qui ont été mises dans ces chaudières.

Des avantages que présente ce fourneau, et des applications que l'on peut en faire.

On conçoit aisément qu'en faisant une opération accessoire dans les chaudières A et B, de manière à utiliser toute la chaleur dégagée dans le fourneau fumivore, soit par le bois que l'on y brûle, soit par la fumée du grand fourneau qui s'y consomme, on doit avoir pour rien, et comme bénéfice, l'avantage de brûler cette fumée. On doit donc sentir combien la construction que nous venons de décrire est utile; car la fumée qui se dégage lors de l'incinération des lies de vin, est épaisse et infecte : la grande quantité d'huile et d'eau qu'elle renferme, la fait retomber en brouillard dans les environs de la fabrique, et en rend le voisinage insupportable. C'est ainsi que la fumée qui sortait de l'ancien fourneau de MM. Blanc frères, infectait à Lyon le faubourg de Vaise, les campagnes environnantes, et se répandait même au-delà de la Saône, sur la rive opposée; aussi ces fabricants étaient-ils continuellement en procès avec leurs voisins, et se trouvaient-ils forcés d'abandonner leur fabrique, qui, depuis la nouvelle construction, a totalement cessé d'être insalubre et désagréable, comme le constate le rapport fait à M. le préfet du département du Rhône, par la commission qu'il avait chargée d'examiner cette affaire (1).

(1) Nous croyons devoir citer en entier le rapport fait par cette commission, parce qu'il donne des renseignements utiles sur le fourneau dont il est question, et qu'il est en outre un modèle de sagesse et de justice. La commission avait à prononcer entre un individu et un parti nombreux, riche et puissant, qui sollicitait depuis longtemps la destruction de la fabrique, et qui la demandait toujours, malgré les nouvelles constructions qu'avaient fait exécuter MM. Blanc frères.

La commission n'a pas hésité à rendre justice à ces fabricants, et a ainsi conservé à la ville de Lyon un modèle en grand de fourneau fumivore, qui, appliqué dans d'autres manufactures,

Il est peu de manufactures où l'on ne puisse appliquer avec avantage les principes qui nous ont guidés dans la construction du fourneau fumivore que nous venons de décrire. Les manufacturiers peuvent au moins, en les appliquant chez eux, cesser de nuire ou d'être désagréables à leurs voisins, et ce serait un grand bien, que d'obliger les fabricants à en faire usage dans leurs constructions, toutes les fois qu'il leur serait possible de le faire, et qu'ils voudraient rester dans le voisinage des lieux habités.

Nous avons déjà vu réussir complétement à brûler la fumée dans des fourneaux de formes différentes, et nous ne doutons pas qu'avant peu ces procédés si simples soient généralement adoptés. On sait que le principe dont il est question a donné naissance à la lampe d'Argand, une des

doit contribuer à débarrasser la ville des nuages de fumée qu'elle doit tant redouter, pour ses ateliers de tissages, de broderies, d'apprêts, de teinture, de blanchîment, etc.

Rapport sur le fourneau fumivore établi par les frères Blanc, dans leur fabrique de cendres gravelées.

Nous soussignés, commissaires nommés par M. le comte de Bondy, préfet du département du Rhône, par sa lettre du 24 août 1813, à l'effet d'examiner et reconnaître si les nouveaux procédés mis en usage par les frères Blanc sont propres à neutraliser l'odeur incommode et insalubre qui sortait des foyers de la fabrique qu'ils ont élevée dans le faubourg de Vaise, pour faire la cendre gravelée au moyen de l'incinération de la lie de vin, nous sommes rendus le mardi 31 août, à neuf heures du matin, jour et heure indiqués par la lettre de convocation, dans les bâtiments de la fabrique des sieurs Blanc, à l'extrémité nord du faubourg de Vaise; nous y avons trouvé M. le préfet qui nous a rappelé l'objet et les motifs de notre mission. M. Cochet, architecte des frères Blanc, nous a représenté et remis les plans de la fabrique et de ses nouvelles constructions, ainsi que les instructions et explications qui y sont relatives; les frères Blanc nous ont également remis toutes les pièces, mémoires et correspondances propres à nous fournir les documents nécessaires sur l'objet qui devait nous occuper.

Les frères Blanc nous ont fait parcourir successivement les différentes parties de leur fabrique, soit au rez-de-chaussée où se trouve le fourneau de brûlerie des lies de vin, soit au premier étage où est placé le fourneau propre à brûler la fumée. Le premier venait d'être allumé d'après les ordres de M. le préfet, le second l'avait été une heure auparavant.

Nous avons examiné en détail la construction des deux fourneaux, leur correspondance, la manière de charger l'un de matières à brûler, l'autre de combustible; nous nous sommes assurés de leur effet, et, attendu que l'opération commencée devait durer sans discontinuer pendant sept à huit jours, nous avons jugé convenable de nous séparer, de visiter chacun en particulier, et à différentes heures de la journée, la fabrique autant de fois que nous l'aurons jugé nécessaire, de faire chacun séparément nos observations, et de ne nous rassembler qu'après la fin de ladite opération.

Notre seconde réunion s'est faite le 10 du courant, et c'est après avoir de nouveau examiné les plans, vérifié leur conformité avec l'exécution dans les parties essentielles, nous être communiqué nos observations, les avoir discutées ainsi que nos avis particuliers, que nous avons arrêté de rédiger notre rapport de la manière suivante.

Sans entrer, sur la construction et les dispositions des fourneaux, dans de grands détails,

plus belles inventions du siècle dernier, et qu'il a été appliqué depuis, dans un grand nombre de fabriques, par différentes personnes; nous l'avons nous-mêmes souvent recommandé et fait exécuter dans diverses circonstances. Nous ne citerons pour exemple que les fourneaux des bains Vigier, sur la Seine, à Paris; ceux de quelques-unes de nos raffineries de sucre; le four de M. Cerf, fabricant de noir d'ivoire, rue Saint-Victor; les nouveaux fours de la boulangerie de Scipion, à Paris; les fourneaux de M. Aubert, distillateur, rue Thévenot, etc., etc. : tous exemples différents, qui, réunis à celui qui fait le sujet de cette note, et à ceux qui ont déjà été donnés par plusieurs fabricants, prouvent l'utilité de ces procédés.

qu'on ne pourrait d'ailleurs bien comprendre qu'avec les plans sous les yeux, nous nous réduisons à dire que nous avons reconnu :

1° Que les lies de vin se brûlent dans un fourneau inférieur dont le tirage se fait par un courant d'air extérieur; que le feu est établi exactement sur le sol; qu'on commence à mettre en combustion un lit de bûches de bois blanc refendues très-mince; que ce n'est que quand la combustion est bien établie qu'on jette, à distance les unes des autres, des pelotes de lie de vin encore humides; qu'on ménage cette distribution de manière à ne pas étouffer le feu; qu'on ajoute des morceaux de bois successivement dans les points où la combustion languit; qu'enfin on se dispense de mettre du bois lorsqu'elle est bien également établie, et que la température est assez élevée pour qu'elle puisse être entretenue par les seuls principes inflammables que contiennent les lies de vin; que pendant tout le travail, ce fourneau est entièrement fermé par de grandes portes en tôle et à coulisses, qui garnissent toute la face extérieure, et qui ne s'ouvrent partiellement que pour entretenir le feu et le garnir de pelotes de lie suivant le besoin; que, quelque abondante que soit la fumée, il n'en reflue point hors du fourneau, si ce n'est quand on ouvre ces portes : inconvénient auquel il sera facile de remédier en faisant construire au-dessus des portes une hotte se terminant par une languette qui dirigera la fumée dans la gaîne principale;

2° Que la fumée abondante qui s'élève de ce premier fourneau par la gaîne qui le surmonte, parvenue à la hauteur du fourneau du premier étage, est dirigée par une ouverture latérale de manière à être forcée de passer en partie dans le cendrier de ce même fourneau, de traverser le brasier où elle se brûle nécessairement; que l'autre portion de cette fumée, suivant le contour de la gaîne, passe entre la flamme qui s'élève du foyer et la voûte qui le termine (laquelle est chauffée au rouge comme celle d'un four à réverbère), et s'y brûle également; que ce qui pourrait avoir échappé à ce double moyen de combustion par défaut d'oxygène, rencontre un courant d'air neuf fourni par une languette qui se trouve placée à la naissance des tuyaux conducteurs de la fumée. Tous ces effets sont faciles à concevoir; car on sait que la fumée n'est autre chose qu'une portion de combustible qui a échappé à la combustion par défaut d'élévation de température, ou par défaut d'air propre à l'opérer : ces deux conditions se trouvent remplies, soit par la chaleur du second fourneau, soit par le courant d'air de la languette dont il a été parlé;

3° Que pour obtenir cette combustion complète de la fumée, il est essentiel que la température de ce fourneau supérieur soit toujours très-élevée, et qu'il ait été allumé quelque temps d'avance pour obtenir cette élévation de température avant le passage de la fumée. Cette condition, recommandée d'ailleurs aux frères Blanc par les instructions qu'ils nous ont communiquées, nous paraît tellement de rigueur, que, dans la possibilité qu'elle fût omise, soit dans la

Nous terminerons en indiquant quelques arts dans lesquels nous croyons qu'il serait utile et facile de brûler la fumée. On devrait y obliger les brasseurs, et tous les fabricants qui font usage de chaudières ovoïdes, consommant plus de 200 kilogrammes de charbon de terre par jour, tels que les salpêtriers, les buandiers, les savonniers, etc., etc. Les fabricants de noir d'ivoire, ceux qui distillent les matières animales, devraient établir dans la cheminée de leur four un fourneau fumivore, pour consommer l'huile, qui, portée avec la fumée dans l'atmosphère, rend si désagréable le voisinage de ces fabriques. Les côtes de tabac qui se brûlent annuellement dans les manufactures impériales; les débris des animaux que l'on brûle journellement dans les voiries, devraient l'être loin

vue de l'économie du combustible, soit par l'effet de la négligence des ouvriers, il pourrait y avoir lieu à prendre quelque mesure administrative, telle que celle d'assujettir les frères Blanc à prévenir l'administration locale toutes les fois qu'ils commenceront une opération de brûlerie, afin que cette administration puisse la faire surveiller pendant sa durée;

4° Que le courant de flamme, de calorique et de vapeurs qui s'élève du fourneau supérieur et dont on aperçoit la naissance par les languettes dont nous avons parlé, après avoir parcouru des conduits horizontaux pratiqués dans un massif de maçonnerie en brique, vient aboutir à une gaîne perpendiculaire qui se termine au-dessus du toit : qu'en ouvrant les portes en tôle pratiquées aux faces latérales de cette gaîne, on est plutôt averti du passage de ces courants par la sensation de chaleur que l'on éprouve, par la vue de quelques bluettes enflammées et rapidement emportées, qu'on ne l'est par celle d'aucune fumée ou vapeur sensible; que la température de l'intérieur de cette gaîne est telle que ses parois ne sont pas sensiblement noircies comme celles des feux ou fourneaux domestiques;

5° Que, lorsque nous sommes montés sur le toit, la température du courant qui s'élevait de la cheminée était tellement élevée, qu'on allumait facilement un papier présenté à son ouverture, comme on le fait au haut de la cheminée d'un quinquet; que le courant différait si peu de la ténuité et de la transparence de l'air, qu'il ne projetait pas d'ombre sensible sur la partie du toit opposée au soleil.

D'après les dispositions de ces fourneaux, et les résultats que nous avons observés, il est constant qu'il ne s'élève pas un atome de fumée du fourneau où l'on brûle les lies, qu'il ne passe par le foyer du fourneau fumivore supérieur, ou ne traverse la flamme qui s'en élève, que tous les principes combustibles qu'elle renferme ne soient brûlés, parce que toutes les conditions propres à opérer une combustion parfaite se trouvent réunies, et qu'enfin il ne saurait en rester une quantité sensible dans le courant qui s'échappe par la cheminée au-dessus du toit. Or, il est reconnu que, parmi les vapeurs qui s'élèvent de la combustion des lies de vin, l'huile empyreumatique et le gaz hydrogène carboné ou oxycarboné, sont les seules capables, par leur odeur, d'être incommodes et d'affecter les organes désagréablement; ce sont aussi celles qui sont susceptibles de combustion. Il ne peut donc s'échapper au dehors que des gaz azote ou acide carbonique et de la vapeur aqueuse, dont la dissémination dans la masse de l'atmosphère n'est pas plus nuisible que le produit de toute autre combustion. Si l'on allait jusqu'à craindre que ces derniers principes ne fussent capables de retenir une portion des premiers, par une sorte de combinaison qui n'est rien moins que prouvée, il faudrait convenir qu'elle ne peut s'y trouver qu'en quantité tellement minime qu'elle ne saurait exciter aucune crainte fondée. Il nous paraît donc démontré que les procédés employés par les frères Blanc, sont propres et suffisants pour

des villes, ou dans des foyers fumivores. On arriverait facilement à employer les mêmes moyens pour détruire la fumée épaisse qui se dégage dans le commencement de la cuisson de la chaux, du plâtre, des briques, etc., etc. Il en serait de même, quoique plus difficilement, pour les machines à vapeur, à chaudière prismatique, et pour les fours à réverbère. On appliquerait encore avec succès la construction que nous venons de décrire, à la dessiccation des poissons, au saurage des harengs, à la cuisson des vernis, aux fonderies de suif à feu nu, etc., etc.

Il est à désirer que l'application de ces moyens devienne générale; alors les manufactures cesseront de nuire ou de déplaire à leurs voisins, et le fabricant, n'étant plus tracassé, pourra employer tranquillement son temps et ses moyens pécuniaires à donner tout le développement possible à son industrie. Le gouvernement a bien senti cette vérité, et le décret du 14 janvier 1815, en rangeant la même fabrique dans la pre-

détruire les effets incommodes ou insalubres des vapeurs qui s'élèvent de la combustion des lies de vin, et que le but est entièrement rempli.

On n'a brûlé que du bois dans le fourneau supérieur, pendant toute la durée de l'opération dont nous avons été témoins; mais si le motif d'économie ou tout autre motif de convenance faisait préférer le charbon minéral ou ses divers produits, nous estimons qu'on peut, sans inconvénient, y brûler des escarbilles, du coke ou charbon dit épuré, ou enfin du charbon de terre brut. Les résultats seront toujours les mêmes, quand la température sera assez élevée pour opérer la combustion de la fumée provenant du fourneau inférieur.

La forte chaleur que nous avons reconnu se propager dans la cheminée au-dessus du toit, ainsi que la sortie de quelques bluettes enflammées que nous avons aperçues la nuit, pouvant donner lieu à quelques inconvénients, ou occasionner des plaintes de la part du voisinage, nous pensons qu'il serait à propos de donner plus d'élévation à cette cheminée, et de pratiquer des ventouses dans ses diverses faces.

Quoique dans les visites que nous avons faites à la fabrique pendant les huit jours qu'a duré l'opération, et en y arrivant par des directions différentes, nous n'ayons jamais été frappés d'aucune odeur ni fumée sensibles, nous devons dire cependant que quelques personnes habitant les environs, dans diverses positions et à d'assez grandes distances, nous ont assuré que plusieurs fois, à des jours et heures différents, elles avaient ressenti la même odeur désagréable dont elles se plaignaient précédemment. De leur côté, les frères Blanc nous ont fait observer qu'ils étaient environnés de deux fours à chaux, de fours à plâtre, de tanneries, de fabriques de colle, et que la malveillance se plaisait à mettre sur le compte de leur fabrique toutes les mauvaises odeurs que produisaient ces dernières. Sans entrer dans aucune discussion sur la valeur de ces allégations respectives, discussion qui serait étrangère à notre mission, nous n'en persistons pas moins à déclarer et à répéter que les procédés des frères Blanc rempliront constamment leur effet tant qu'ils seront suivis avec exactitude.

Délibéré à Lyon, le 12 septembre 1813.

Signé Mollet, *professeur de physique*; Gilibert, *médecin*; Thibière, *architecte*; de Nave, *architecte*; Eynard, *médecin*.

mière, la deuxième ou la troisième classe, selon la perfection des procédés qu'on y emploie, contribuera sans doute fortement au perfectionnement de notre industrie, et à rendre moins insalubre et moins désagréable le voisinage de nos grandes manufactures. Il ne nous reste plus qu'à désirer voir les architectes chargés de la construction des fourneaux dans les fabriques, se mettre au courant des procédés dont il vient d'être parlé, et savoir appliquer convenablement à tous les cas particuliers le principe qui leur sert de base.

APPAREILS POUR LES GALEUX.

DESCRIPTION

DES APPAREILS A FUMIGATIONS

ÉTABLIS SUR LES DESSINS DE M. D'ARCET, A L'HOPITAL SAINT-LOUIS, EN 1814, ET SUCCESSIVEMENT DANS PLUSIEURS HOPITAUX DE PARIS, POUR LE TRAITEMENT DES MALADIES DE LA PEAU (1).

Rapport fait au Conseil général d'administration des hôpitaux et hospices civils de Paris, dans sa séance du 3 juin 1829.

Messieurs,

Lorsque le Conseil autorisa, en 1814, l'établissement des boîtes fumigatoires dans les hôpitaux, il rendit à la science et à l'humanité un service signalé. Une foule de maladies ont été, depuis, combattues avec succès par ce moyen, et l'expérience, qui en étend chaque jour l'application, en confirme de plus en plus les avantages. Depuis qu'on se sert des appareils fumigatoires, les médecins ont reconnu et apprécié les ressources énergiques et variées qu'ils offrent à l'art de guérir. Les observations qui fondent à cet égard leur opinion ont été faites sur un nombre immense de malades; mais les hôpitaux de Paris jouissaient seuls de l'invention ingénieuse de M. D'Arcet, et chaque jour des demandes étaient adressées à l'administration, dans la vue de connaître la construction de

(1) Le premier appareil de ce genre a été construit en 1814, à l'hôpital Saint-Louis, et depuis on en a monté au Val-de-Grâce, à l'Hôtel-Dieu, à la Charité, et dans un grand nombre d'établissements publics et particuliers. La description de ces appareils a été publiée par ordre de l'administration des hôpitaux de Paris, avec des planches très-détaillées, une première édition en 1816, et une seconde en 1830; ils ont de plus été décrits et gravés dans le *Traité de chimie* de M. Dumas.

ces appareils, les emplois divers qu'on en pouvait faire, et le mode dont on devait les mettre en usage.

Pour répondre aux vœux qui lui étaient exprimés, pour propager la découverte et l'emploi de ce nouvel agent médical, le Conseil fit imprimer en 1816 une description des appareils fumigatoires, faite par M. D'Arcet, et accompagnée des dessins de ce savant. La vente d'une partie des exemplaires de l'ouvrage fut autorisée, et chacun put dès ce moment, à l'aide des dessins et du texte qui les explique, établir des boîtes fumigatoires, et s'en servir avec connaissance et utilité.

Les vues bienfaisantes que s'était proposées le Conseil n'ont pas été trompées : on s'est empressé d'acheter l'ouvrage publié d'après ses ordres, et les hôpitaux des provinces, ceux de l'étranger, les médecins de tous les pays ont pu appeler à leur secours un moyen de plus de curation. Quoique tirée à mille exemplaires, la description des appareils fumigatoires est aujourd'hui épuisée; on la demande cependant encore fréquemment, et j'ai l'honneur de vous proposer, Messieurs, d'en faire une seconde édition, qui serait tirée à cinq cents, et qui serait entièrement mise en vente. Le Conseil pensera sans doute qu'on ne saurait renouveler une plus utile dépense. J'ajouterais qu'il en sera tôt ou tard remboursé, si la seule vue du bien ne suffisait pas toujours pour déterminer ses résolutions (1).

Conseil général d'administration des hospices et secours à domicile de Paris.

(Extrait de l'arrêté pris dans la séance du 3 juin 1829.)

Le Conseil général, vu son arrêté qui autorise l'impression à mille exemplaires du Mémoire de M. D'Arcet, membre de l'Académie royale des sciences, sur les appareils fumigatoires,

Considérant que, depuis quelques années, cet ouvrage est épuisé; que l'imprimeur de l'Administration qui est chargé de le vendre reçoit des demandes auxquelles il ne peut satisfaire;

(1) Voir pag. 35, 36 et 37, le relevé des fumigations qui ont été données seulement dans quelques hôpitaux de Paris depuis 1814.

Considérant que c'est dans le but de propager les fumigations et de répandre cet utile moyen de guérir la plupart des maladies cutanées, que l'impression du Mémoire de M. D'Arcet a été ordonnée, que ces motifs subsistent toujours;

Sur la proposition du membre de la commission administrative chargé de la deuxième division;

Arrête : 1° Le Mémoire de M. D'Arcet, membre de l'Académie royale des sciences, sur les appareils fumigatoires, sera réimprimé à cinq cents exemplaires.

2° Partie sera remise à l'administration, sur la demande du secrétaire général, qui sera chargé de régler avec l'imprimeur, comme par le passé, le compte et la vente des exemplaires dont le produit est attribué aux hospices.

Le présent sera adressé à la deuxième division et au secrétaire général de l'administration.

Fait à Paris, le 3 juin 1829.

Signé le Comte CHAPTAL, vice-président.

Visé par M. le Préfet, le 9 juin 1829.

Le secrétaire général,

Signé VALDRUCHE.

Observations préliminaires (1).

On s'est beaucoup occupé, depuis plusieurs années, des moyens de guérir la gale, les dartres et les autres maladies de la peau.

On n'entreprendra pas d'indiquer toutes les méthodes qui ont été proposées et suivies; elles sont décrites avec beaucoup d'exactitude et de talent dans les journaux de médecine, et surtout dans le *Dictionnaire des Sciences médicales* (2).

Le but de l'administration, en publiant la description des appareils fumigatoires établis, sur les dessins de M. D'Arcet, dans plusieurs hôpitaux, notamment à Saint-Louis, est de faire connaître comment ces appa-

(1) Placées en tête de la première édition.

(2) Voyez article *Fumigation*, par MM. Hallé et Nysten; article *Gale*, par M. Fournier, et les autres articles sur les maladies de la peau.

reils doivent être construits, la manière de s'en servir, et les effets qu'on peut en obtenir. L'utilité bien reconnue de ces appareils, les résultats favorables qu'ils ont procurés, ont aussi déterminé cette publication. C'est, d'ailleurs, le seul moyen de répondre aux nombreuses demandes qui sont journellement adressées par les ministres de l'intérieur, de la guerre et de la marine, par les administrateurs des hospices de départements, et par beaucoup d'étrangers.

RAPPORT *fait au Conseil général des hospices, dans la séance du 28 février 1816, par M. Mourgue et M. le duc de La Rochefoucauld, sur les droits respectifs de MM. Galès et D'Arcet à l'invention et à la propriété des appareils à fumigations, introduits dans les hôpitaux civils pour le traitement de la gale.*

M. le préfet de la Seine vous a communiqué, le 24 janvier dernier, une lettre de M. le ministre de l'intérieur, du 9 du même mois, par laquelle Son Excellence appelle l'attention du Conseil sur les services rendus par M. Galès, ancien pharmacien de l'hôpital Saint-Louis, pour l'introduction des fumigations sulfureuses dans le traitement des maladies de la peau. Le ministre rappelle que M. le préfet a déjà provoqué son attention sur cette méthode curative due à M. Galès; que la Faculté de médecine lui avait adressé récemment un rapport constatant le résultat des expériences faites sous les yeux de ses commissaires, confirmant de la manière la plus complète les avantages que le jury nommé pour constater les essais faits à l'hôpital Saint-Louis avait reconnus dans la méthode de traitement de M. Galès.

Le ministre ajoute, dans sa lettre à M. le préfet, que M. Galès, qui lui paraît digne de récompense pour d'aussi grands services rendus aux hôpitaux et à l'humanité, lui demande : 1° de le nommer médecin de l'hôpital Saint-Louis, pour le traitement des galeux soumis aux fumigations sulfureuses; 2° de lui assurer une pension ou traitement viager de 6,000 fr. par an, dont il offre d'abandonner la moitié pendant deux années, en raison des circonstances. Son Excellence exprime le regret de ce que les circonstances difficiles où nous nous trouvons ne lui permettent pas de solliciter en faveur de M. Galès la munificence du roi. Son Excellence pense que l'adoption de ce mode de traitement pour la gale, apportant une économie considérable dans la dépense des traitements à la charge des hôpitaux de Paris, le Conseil général jugera peut-être que la demande de M. Galès n'est pas exagérée, et qu'elle peut, sans dommage pour les hôpitaux, être payée sur leurs revenus.

Le ministre prie M. le préfet de mettre toutes ces considérations sous les yeux du Conseil, dont il attend l'avis.

M. le préfet appelle votre attention sur l'objet de cette lettre.

Vous avez cru, Messieurs, devoir nommer une commission pour examiner avec maturité les titres et le mérite d'une demande qui semble avoir obtenu la faveur de Son Excellence le ministre de l'intérieur, et vous avez nommé M. Mourgue et moi membres de cette commission.

Vous nous avez aussi chargés de vous faire connaître notre opinion sur la réclamation que nous a adressée M. D'Arcet, le 14 février dernier, dans laquelle il témoigne son entière confiance en votre justice, relativement à l'invention des appareils à fumigations, aujourd'hui, et depuis leur établissement, les seuls en usage à l'hôpital Saint-Louis.

Nous avons cru ne pouvoir pas mieux répondre à votre confiance, et préparer plus convenablement votre opinion sur l'objet de la lettre du ministre, qu'en vous traçant l'historique exact de l'établissement des fumigations sulfureuses, depuis leur introduction dans l'hôpital Saint-Louis, jusqu'à ce jour.

En 1811, M. Mourgue, membre du Conseil, chargé de la surveillance supérieure de l'hôpital Saint-Louis, fut frappé du séjour prolongé des galeux dans cette maison, et, par conséquent, des dépenses considérables que coûtait à l'administration des hospices le traitement d'une maladie que l'on croit devoir généralement céder à des soins peu prolongés; M. Galès, alors pharmacien en chef de cette maison, lui communiqua l'idée de mettre en pratique les fumigations sulfureuses; l'essai en fut consenti et commencé en août 1812.

La manière de donner ces fumigations sulfureuses consistait à chauffer le lit du malade avec une bassinoire remplie de charbons ardents, sur lesquels on jetait du soufre en poudre; le galeux était mis dans ce lit brûlant, et il s'imprégnait de la fumée dont le lit était rempli. Ce traitement était répété dix à douze fois, et des guérisons assez nombreuses ont eu lieu par cette méthode; cependant elle n'était pas sans inconvénients, les draps étaient souvent brûlés, perdus et tachés, de manière à ne pas redevenir blancs; les couvertures, qui devaient être étroitement serrées sur le malade remis dans son lit, laissaient souvent sortir la vapeur sulfureuse, qui incommodait le malade et répandait dans la salle une odeur désagréable. La poitrine du malade en était péniblement atteinte.

Cette manière d'appliquer les fumigations sulfureuses fut interrompue, et M. Galès s'occupa de les rendre applicables par un moyen qui présentât moins d'inconvénients.

Effectivement, ce pharmacien réussit à faire construire, en 1813, une boîte dans laquelle le malade recevait la fumigation sans aucun des inconvénients qui avaient fait abandonner l'usage de la bassinoire. Quelques traitements de ce genre eurent assez de succès pour appeler l'attention du Conseil général, qui, dans sa séance du 17 mars 1813, ordonna: 1° que les expériences du traitement de la gale par les fumigations seraient reprises à l'hôpital Saint-Louis; 2° qu'un jury composé de médecins et de chirurgiens serait formé pour constater l'effet de ce traitement et prononcer définitivement.

Le rapport de ce jury, en date du 18 mai 1815, fait après deux mois d'expériences suivies, et toutes favorables au traitement de la gale par les fumigations sulfureuses, donne des éloges à l'appareil de la boîte, reconnaît néanmoins plusieurs imperfections, et indique quelques améliorations désirables.

Le Conseil général fut alors invité, par celui de ses membres chargé de la surveillance de Saint-Louis, et aujourd'hui l'un de vos commissaires, à faire connaître à M. le préfet de la Seine, et par lui au ministre de l'intérieur, l'opinion du jury sur les expériences faites pour un traitement dont les hôpitaux de France, dont les armées de terre et de mer pourraient tirer un grand avantage, « quoique, dit-il, ce remède n'ait été « employé qu'avec une machine qui avait besoin de beaucoup de rec« tifications. »

Le Conseil prit, en conséquence, le 9 juin 1813, un arrêté conforme aux conclusions proposées par M. Mourgue, ordonna de plus qu'un traitement par les fumigations sulfureuses serait établi à Saint-Louis pour les galeux externes, et chargea son président de témoigner sa satisfaction à M. Galès.

Le Conseil prit encore, le 14 juillet, un arrêté par lequel tous les galeux désormais admis dans l'hôpital Saint-Louis devraient être traités par les fumigations sulfureuses et par les soins de M. Galès.

Cet arrêté n'eut point son exécution : M. Alibert, médecin de l'hôpital Saint-Louis, représenta au Conseil, dans sa séance du 21 juillet, que l'appareil dont on se servait alors était très-imparfait, que les malades qui y étaient exposés aux fumigations n'y recevaient pas seulement le gaz sulfureux, mais encore l'acide carbonique, dont le principe était nuisible, et qu'enfin, l'appareil fût-il ce qu'il était loin d'être, les traitements par fumigations ne pouvaient être confiés qu'à des médecins habiles, et que M. Galès ne réunissait pas les connaissances médicales nécessaires pour opérer ce traitement; le Conseil général, dans sa séance du 4 août suivant, prorogea l'ajournement de l'exécution de son arrêté du 14 juillet.

Nous ne croyons pas devoir vous rappeler ni la lettre de M. le préfet, du 13 septembre 1813, qui vous invitait à mettre à la disposition de M. Galès quelques salles de l'ancienne pharmacie centrale, pour y établir un traitement de dartreux par les fumigations, ni votre arrêté du 15, pris en conséquence, puisque les événements de la fin de 1813 ont fait de cette maison un atelier de fabrication d'armes.

Les choses en étaient dans cette situation; le traitement de la gale par fumigations se poursuivait avec d'autant moins d'activité à Saint-Louis, qu'il n'y avait que trois boîtes; que ce nombre était insuffisant pour traiter alors tous les galeux; l'hôpital était d'ailleurs tellement encombré de soldats, que, pendant les six premiers mois de 1814, ils absorbèrent tous les soins.

En août 1814, M. D'Arcet, appelé à l'hôpital Saint-Louis pour des essais de gélatine, et aussi pour donner son avis sur les bains de vapeurs qu'on avait le projet de faire construire dans cette maison, eut occasion de voir les boîtes à fumigations mises en pratique par M. Galès. Sollicité de donner son avis sur la construction de ces boîtes, il le donna en physicien et en chimiste; il fit aisément reconnaître que, par la manière dont l'appareil était construit, les gaz mélangés entraient dans la boîte; que le charbon brûlé sur les grilles des fourneaux produisait une grande quantité d'acide carbonique, qui pénétrait dans la boîte avec l'azote, l'acide sulfureux et l'air non décomposé; que le tuyau de sortie était beaucoup trop petit dans son rapport avec le tuyau d'entrée, surtout en considérant la propriété qu'ont les gaz d'augmenter de volume en se chargeant d'eau en vapeur : ce qui arrivait dans la boîte au moyen de la sueur considérable des malades; qu'il résultait de ce défaut de construction que le gaz sortait par tous les joints au travers desquels il pouvait se faire jour; qu'on était obligé de coller sans cesse sur ces joints des bandes de papier pendant le séjour du malade dans la boîte, de serrer fortement un capuchon autour de son cou; procédés les uns inquiétants, les autres fatigants pour le malade : les uns et les autres inutilement dispendieux; qu'on était dans la presque impossibilité de sortir le malade de la boîte, si dans le cours de la fumigation il s'en trouvait incommodé; que l'air chaud introduit dans cette boîte se répandait inégalement et échauffait beaucoup plus les pieds du malade que toutes les autres parties de son corps: inconvénient grave; enfin, que cette construction n'était et ne pouvait être applicable qu'à une boîte pour donner une seule fumigation. M. D'Arcet ajouta que ces inconvénients notables seraient facilement évités dans la construction de nouveaux appareils dont il fit lui-même les dessins. Ses projets furent adoptés, les ouvriers de la maison furent mis à sa disposition, et tous les jours il dirigea et suivit ce travail avec le zèle d'un savant dont l'étude de toute la vie est de rendre la science applicable aux arts, et avec le dévouement d'un cœur sensible et généreux, toujours prêt à communiquer le résultat de ses travaux et de ses réflexions, surtout lorsqu'il s'agit du soulagement des malheureux.

Deux boîtes simples et une boîte à douze places furent en même temps construites, par les soins de M. D'Arcet, à l'hôpital Saint-Louis.

Le succès répondit complétement à l'espérance qu'on avait dû en concevoir.

Le membre de la commission, chargé de l'administration de cette maison, crut devoir témoigner à M. D'Arcet, dans ses deux lettres des 18 novembre et 27 décembre, la satisfaction qu'il éprouvait pour les avantages qu'on obtenait de ces appareils, avec lesquels il avait déjà été donné près de 30,000 fumigations.

C'est environ dans ce temps que le même membre de la commission fut chargé par vous d'écrire à M. Alibert, médecin de l'hôpital Saint-Louis, pour connaître son opinion sur les effets médicamenteux des bains fumigatoires établis dans cet hôpital. Ce médecin répondit, le 1er novembre, « que les appareils en usage alors à Saint-Louis n'ont rien de commun « avec cette machine surannée et imparfaite qui y avait d'abord été intro« duite; que depuis que l'ingénieux M. D'Arcet est parvenu à affranchir « ces bains fumigatoires des émanations suffocantes de l'acide carbonique, « et a trouvé le moyen de séparer et d'administrer tous les gaz dans di« verses proportions, soit isolément, soit collectivement, il ne peut rester « aucun doute sur l'utilité de ce procédé. »

Tel est, Messieurs, l'historique exact des appareils pour les fumigations sulfureuses, depuis leur introduction à l'hôpital Saint-Louis en 1812 jusqu'aujourd'hui; les pièces à l'appui constateraient, au besoin, la fidélité pport.

Il en résulte 1° que l'introduction dans les hôpitaux de Paris des fumigations sulfureuses est due à M. Galès;

2° Que ses premiers moyens de donner des fumigations par la bassinoire ont été reconnus susceptibles de graves inconvénients;

3° Que la boîte qu'il a substituée à ce mode, en 1813, évitant un grand nombre des inconvénients reprochés à la bassinoire, était un appareil incomplet, d'un service difficile; qu'il était même dangereux en ce que, dans les applications de la fumigation aux malades, l'acide carbonique restait uni à l'acide sulfureux;

4° Que, néanmoins, des traitements faits par ces deux moyens l'ont été avec succès, et ont prouvé la fréquente efficacité des fumigations sulfureuses pour la guérirson de la gale et d'autres maladies;

5° Que l'appareil complet, dépourvu d'inconvénients, d'une construction solide et économique, celui enfin en usage à l'hôpital Saint-Louis depuis un an, et qui, depuis son établissement, n'a pas exigé la moindre réparation, est uniquement dû aux dessins fournis par M. D'Arcet, qui en a suivi l'exécution.

Les ennemis de M. Galès ont répandu dans le public, que l'application des fumigations sulfureuses au traitement de la gale était depuis longtemps connue, et que M. Galès n'en était pas l'inventeur : quoique, dans notre opinion, ce point de fait fût étranger à la question actuelle, nous avons cru devoir le vérifier, et nous avons effectivement reconnu que Glauber, médecin-chimiste, a, dans un ouvrage publié en 1659, donné la description d'une boîte fumigatoire, et a prescrit l'usage *des bains à sec* avec le gaz sulfureux pour le traitement de la gale; que le *Dictionnaire encyclopédique* de 1753, article *Fumigations*, indique l'usage des fumigations de soufre contre les maladies cutanées; qu'en 1776, le sieur Lalouette, dans un ouvrage qui a pour titre : *Nouvelle méthode de traiter les maladies vénériennes par la fumigation*, donne la description d'une boîte fumigatoire; qu'enfin les docteurs Lafite et Sedillot jeune ont fait, en 1805, un rapport à la Société de médecine sur divers appareils fumigatoires en usage dans l'établissement des eaux minérales de MM. Paul Tryaire et Compagnie, à Paris.

Mais, quelque ancienneté qu'ait pu avoir l'indication des fumigations en général, et des fumigations sulfureuses en particulier pour la guérison des maladies cutanées, il n'en est pas moins vrai que cette indication était restée sans exécution, tombée dans l'oubli, et qu'il est dû à M. Galès d'en avoir ressuscité l'idée, et d'en avoir fait la première application dans nos hôpitaux.

Quoique très-probablement, Messieurs, vous trouviez ce rapport déjà bien long, nous vous demandons la permission de vous entretenir encore d'un incident qui, tout étranger qu'il paraisse à l'objet de la lettre du ministre, pourra vous éclairer dans celui que vous avez le plus à cœur, celui de rendre justice à qui il appartient.

Le 30 juillet 1813, M. Galès, sous le nom de Payard, fit au département de l'intérieur la demande d'un brevet d'invention pour une boîte fumigatoire: sa demande fut accueillie le 28 février 1815, date de la délivrance de ce brevet.

Le 4 novembre de la même année 1815, M. Galès, alors sous son propre nom, fit la demande d'un brevet de perfectionnement pour le même objet.

La description exposée dans cette demande est, avec de très-petits changements entièrement indifférents, la description exacte de l'appareil établi dans l'hôpital Saint-Louis par M. D'Arcet. Nous devons ajouter que M. Galès le consulta, dans les premiers mois d'août 1815, sur des appareils semblables qu'il fit construire à l'hôtel Jabach, et que M. D'Arcet, avec sa complaisance ordinaire, lui prêta ses dessins, lui donna des conseils, et suivit même la construction de ces appareils.

Nous tenons ces aveux de la bouche même de M. Galès; son honnêteté ne s'est pas refusée à nous les donner, et nous avons mieux aimé les lui devoir qu'aux renseignements que nous aurions trouvés abondamment ailleurs, et qui nous auraient appris la même vérité.

Nous expliquons ce tort apparent de M. Galès par la certitude qu'il avait que M. D'Arcet ne voulait tirer aucun parti lucratif de son invention, et qu'ainsi ses intérêts n'en étaient pas lésés; et, sous ce rapport, M. D'Arcet n'élève aucune plainte.

Il n'en est pas moins vrai que le dernier rapport, fait par la Faculté de médecine et son doyen sur ces boîtes, portait sur celles construites six mois plus tôt à l'hôpital Saint-Louis, et non sur celles construites d'après les dessins et les conseils de M. D'Arcet.

Ce savant, qui, lors de l'invention et de la construction de ces boîtes, n'a été dirigé par aucun motif d'intérêt personnel, qui n'a eu en vue que celui de la science, de l'humanité, qui a cédé son droit de perfectionnement aux hôpitaux de Paris, ne réclame pas, comme il en aurait le droit, contre les brevets pris par M. Galès; mais il tient à l'honneur de son invention et de ses travaux; il tient surtout à ce que sa propriété soit reconnue par vous, afin de s'en faire un titre honorable dans la carrière qui lui reste encore à parcourir.

Un brevet d'invention ou de perfectionnement n'est, selon nos lois, un titre solide que s'il n'est pas contesté devant les tribunaux, et celui-ci peut l'être; s'il n'est pas attaqué, il n'est plus qu'une présomption en faveur de celui qui le possède.

M. D'Arcet abandonne cette apparence à M. Galès aux yeux du public, d'ailleurs généralement instruit de la vérité; mais il vous demande de vouloir bien vous convaincre, par tous les moyens qui sont à votre disposition, qu'il est le seul inventeur de l'appareil fumigatoire à présent en usage à Saint-Louis, et vous prie, après conviction acquise, de lui en donner le certificat.

Nous terminerons ce long rapport en nous reportant à la lettre de S. Exc. le ministre de l'intérieur, et à celle de M. D'Arcet : voici l'opinion que nous vous soumettons.

1° M. Galès, comme ayant le mérite d'avoir introduit dans l'hôpital Saint-Louis l'usage des fumigations sulfureuses, dont l'effet fréquemment curatif, et aussi avantageux sous le double rapport de la guérison et de l'économie, nous paraît digne d'une récompense du gouvernement qu'il ne nous appartient pas de mesurer; mais nous pensons que le bienfait de ce mode de traitement devant s'étendre sur l'armée de terre et de mer, et sur toute la population du royaume, le Conseil des hôpitaux ne peut être chargé de cette récompense. La grande diminution que les hôpitaux ont éprouvée dans leur revenu, et lorsque le prix de toutes les denrées augmente, ne lui en donnerait pas d'ailleurs le moyen.

2° M. Galès est susceptible de jouir de sa retraite; il avait près de trente années de service au moment où il a quitté les fonctions de pharmacien en chef, sous prétexte de sa santé; sa conduite a toujours été bonne : nous vous proposons donc la liquidation de cette pension.

3° La place de médecin chargé à Saint-Louis des fumigations sulfureuses ne peut lui être accordée : 1° parce que les médecins de cette maison suivent et doivent suivre eux-mêmes l'effet des fumigations; 2° parce que M. Galès n'a aucune pratique médicale; 3° parce que M. Galès, ayant une ou plusieurs maisons de bains fumigatoires à lui appartenantes dans cette ville, nous verrions dans cette propriété un obstacle puissant à ce qu'il fût médecin des hôpitaux, quand il réunirait les connaissances nécessaires.

4° Nous pensons que le Conseil doit charger son président d'écrire à M. D'Arcet une lettre dans laquelle il sera reconnu l'inventeur de l'appareil de boîtes fumigatoires en usage à l'hôpital Saint-Louis depuis avril 1815. Nous croyons que cette lettre doit exprimer les remercîments du conseil pour les services que ce savant a déjà rendus aux hôpitaux et qu'il leur rend journellement.

5° Nous vous proposons de transmettre ce rapport, s'il a votre approbation, à M. le préfet, qui voudra bien le faire parvenir à S. Exc. le ministre de l'intérieur.

Signé MOURGUE.

Le duc DE LA ROCHEFOUCAULD, *rapporteur.*

HOPITAL SAINT-LOUIS.

Etat des fumigations données à l'Hôpital Saint-Louis, dans les appareils établis par les soins de M. D'Arcet en août 1814.

ANNÉES.	FUMIGATIONS				TOTAL.	OBSERVATIONS.
	Sulfureuses.	Mercurielles.	Aromatiques.	Alcooliques.		
1814	4,280	»	604	»	4,884	
1815	19,867	»	1,552	»	21,419	
1816	20,701	»	1,578	»	22,279	
1817	10,595	»	7,309	»	17,904	
1818	7,528	»	9,150	»	16,678	
1819	9,355	»	8,295	»	17,650	
1820	8,976	»	9,599	»	18,575	
1821	5,477	420	9,706	255	15,858	
1822	10,506	590	16,286	276	27,258	
1823	13,766	591	16,368	168	30,893	
1824	11,216	906	15,922	240	28,284	
1825	10,429	1,230	12,729	312	24,700	
1826	10,512	942	14,954	258	26,666	
1827	9,757	680	13,323	346	24,086	
1828	6,669	1,480	20,376	1,117	29,842	
Totaux.	159,414	6,639	157,751	2,952	326,756	

HOPITAL DE LA CHARITÉ.

État des fumigations données à l'Hôpital de la Charité, dans les appareils de M. D'Arcet, depuis le 1er *janvier* 1823 *jusqu'au* 30 *septembre* 1829.

ANNÉES.	FUMIGATIONS				TOTAL.	OBSERVATIONS.
	Sulfureuses.	Mercurielles.	Aromatiques.	Alcooliques.		
1823	350	»	297	»	647	
1824	1,520	»	1,740	»	3,260	
1825	80	»	38	»	118	
1826	280	»	246	»	526	
1827	306	»	205	»	511	
1828	570	»	539	»	109	
1829	790	»	655	»	1,445	
Totaux.	3,896	»	3,720	»	7,616	

HOPITAL DES VÉNÉRIENS.

État des fumigations données à l'Hôpital des Vénériens, dans l'appareil de M. D'Arcet, depuis le mois de mars 1825.

ANNÉES.	FUMIGATIONS				TOTAL.	OBSERVATIONS.
	Sulfureuses.	Mercurielles.	Aromatiques.	Alcooliques.		
1825	1,500	1,500	20	20	3,040	
1826	2,100	2,100	»	»	4,200	
1827	1,650	1,650	»	»	3,300	
1828	1,800	1,800	»	»	3,600	
1829	1,800	1,800	»	»	3,600	
TOTAUX.	8,850	8,850	20	20	17,740	

HOPITAL MILITAIRE DE PARIS.

État des fumigations données à l'Hôpital militaire de Paris, depuis le 1er *janvier* 1818 *jusqu'au* 31 *décembre* 1829 *inclus.*

ANNÉES.	FUMIGATIONS				TOTAL.	OBSERVATIONS.
	Sulfureuses.	Mercurielles.	Aromatiques.	Alcooliques.		
1818	2,045	251	2,320	4	4,620	
1819	2,130	304	2,125	5	4,562	
1820	2,417	85	1,450	3	3,955	
1821	1,930	121	1,365	4	3,420	
1822	2,154	205	1,645	5	3,985	
1823	1,255	63	986	1	2,305	
1824	1,746	132	1,525	»	3,403	
1825	1,734	106	1,985	2	3,827	
1826	1,699	101	1,805	»	3,605	
1827	1,907	190	2,003	»	4,100	
1828	1,756	141	1,752	1	3,650	
1829	1,690	91	1,705	»	3,486	
TOTAUX.	22,441	1,790	20,662	25	44,918	

RÉSUMÉ

des fumigations données dans les établissements ci-dessus désignés.

ÉTABLISSEMENTS.	FUMIGATIONS				TOTAL.
	Sulfureuses.	Mercurielles.	Aromatiques.	Alcooliques.	
SAINT-LOUIS.	159,414	6,659	157,751	2,952	326,756
LA CHARITÉ.	3,896	»	3,720	»	7,616
VÉNÉRIENS.	8,850	8,850	20	20	17,740
HÔPITAL MILITAIRE. . . .	22,441	1,790	20,662	25	44,918
TOTAUX.....	194,601	17,279	182,155	2,997	397,030

DÉPENSES.

Les frais de construction d'un appareil à douze places peuvent être évalués à 1,600 francs; ceux d'un appareil à une place sont de 350 francs.

Dans l'appareil à douze places, on emploie par tournée ou pour douze malades :

Soufre sublimé, 190 grammes;	Lesquels, au prix de 72 cent. le kilo, reviennent à 13 cent. 68 dixièmes, dont le 12e, pour une fumigation, est d'un peu plus de 1 cent., ci. . .	1 c.
ou baies de genièvre, 190 grammes;	Lesquels, au prix de 66 cent. le kilo, coûtent 12 cent. 54 dixièmes, dont le 12e, pour une fumigation, est de 1 cent., ci.	1 c.

Dans l'appareil à une place on emploie chaque fois pour un malade :

Soufre sublimé, 32 grammes;	La dépense est donc, au prix ci-dessus, de 2 cent. par fumigation, ci. . . .	2 c.
ou baies de genièvre, 40 grammes;	Même prix que ci-dessus, chaque fumigation coûte 2 cent., ci.	2 c.

Les fumigations données dans l'appareil simple avec le cinabre, l'alcool, le benjoin, l'oliban, la myrrhe, le storax, reviennent de 40 à 50 cent. par fumigation.

Il faut ajouter à cette dépense les frais de chauffage, qui sont peu considérables; en voici la preuve : en décembre 1817, pour trois mille fumigations, dans l'appareil à douze places et les deux appareils à une place, il a été consommé,

Bois blanc, 5 stères, au prix de 12 fr., 60 fr.
Charbon de terre, 8 hectol. à 3 fr. 50 c., 28

Total. . . . . 88 fr. ou 3 c. ½ par fumigation.

D'après ces données, recueillies avec exactitude, les fumigations administrées avec du soufre sublimé ou des baies de genièvre coûtent, dans le grand appareil, 4 cent., et dans l'appareil à une place 6 cent. (1). Comme il est établi que dix fumigations (terme moyen) suffisent pour la guérison complète d'une gale simple, la dépense d'un malade de ce genre revient donc au plus de 40 à 50 cent., lorsqu'il est traité par les fumigations *sulfureuses*.

(1) On pourrait diminuer ces frais, en employant du soufre en canon ou même du soufre brut au lieu de soufre sublimé, qui coûte le double et qui ne produit pas plus d'effet; les médecins de l'hôpital Saint-Louis préfèrent cependant le soufre sublimé. Les frais ont été d'ailleurs établis d'après les prix des ventes en détail. Si on avait calculé sur le prix des achats, tels que les fait l'administration, c'est-à-dire en gros et au cours, chaque fumigation coûterait à peu près un tiers de moins qu'on ne l'indique.

Observations sur le résumé qui précède.

Au 16 novembre 1830 on avait donné plus de 400,000 fumigations dans l'appareil de M. D'Arcet. Il est reconnu par l'administration des hôpitaux à la suite du rapport de M. le duc de la Rochefoucauld et de M. Mourgue, et des documents qui y sont joints, pag. 38 de ce recueil, que *dix fumigations suffisent pour guérir une gale simple*. A ce compte, ce serait 40,000 *galeux* qui auraient été traités au moyen de cet appareil.

On restait autrefois 30 jours à l'hôpital pour une gale simple, et la journée d'un galeux coûtait 1 fr. 45 c.. Depuis l'emploi de l'appareil de fumigation, on ne reçoit plus les gales simples à l'hôpital : on donne seulement à ceux qui en sont atteints, 10 cartes de traitement externe et un bouillon après chaque fumigation. Si l'on calcule maintenant ce qu'aurait coûté par l'ancienne méthode le traitement des 40,000 galeux dont nous venons de parler, à 30 jours chacun, et ce qu'ils ont coûté à guérir par l'appareil de M. D'Arcet, et si l'on fait entrer dans ce compte les fumigations à 5 cent. l'une, comme il est dit ci-dessus, et les bouillons à 50 cent. la tasse, ce qui est beaucoup trop cher, et telle somme que l'on jugera convenable, pour menus frais, entretien, etc., on trouvera que cet appareil a donné une économie énorme à l'administration des hôpitaux; ou plus exactement, qu'il lui a permis d'opérer un nombre de guérisons de galeux beaucoup plus considérable qu'elle ne le faisait précédemment, avec une dépense moindre. Il a de plus conservé libres une quarantaine de lits, occupés jusque-là par les galeux.

Il est à regretter que l'administration des hôpitaux de Paris, en publiant le résumé des fumigations sulfureuses données de 1816 à 1830, qui est une si haute justice rendue par elle au travail de M. D'Arcet, ait négligé de s'honorer en y ajoutant, d'après ses registres, les résultats économiques de ces appareils; conséquence des chiffres consignés dans son rapport.

Ph. G. 1842.

DESCRIPTION

DES APPAREILS FUMIGATOIRES CONSTRUITS EN 1814 A L'HOPITAL SAINT-LOUIS,

POUR Y TRAITER LA GALE ET QUELQUES AUTRES MALADIES DE LA PEAU.

Les appareils dont nous donnons ici la description sont au nombre de deux : le premier est à une seule place, le second peut recevoir à la fois douze malades; nous allons commencer par expliquer la construction et l'usage du premier, et nous décrirons ensuite l'appareil à douze places, en entrant dans tous les détails qui seront nécessaires pour bien faire comprendre la conduite et le jeu de cette grande boîte fumigatoire.

PLANCHE 1.

La fig. 1 représente le plan d'une boîte fumigatoire à une seule place.

a, trou rond par lequel sort la tête du malade.

b, *c*, *d*, *e*, plan du couvercle de la boîte. Ce couvercle s'ouvre à charnière en tournant sur la ligne *b d*, jusqu'à ce qu'il vienne reposer sur le montant *f g*, comme on le voit indiqué par ces lettres aux figures des pl. 3 et 4.

h, coupe du tuyau par lequel la fumée du foyer, mélangée aux gaz qui sortent de l'appareil, est portée au dehors de la pièce où se donne la fumigation.

i, *k*, tubes d'appel servant à conduire, dans le tuyau *h* du foyer, les gaz contenus dans la boîte; les clefs ajustées aux tuyaux *h*, *i*, *k*, sont destinées à en régler le tirage.

l, *l*, plan des bouchons en tôle qui ferment les deux ouvertures par lesquelles on jette, sur la plaque de fonte chaude, *m*, *m*, fig. 1 et 2, pl. 4, les matières qu'on veut réduire en gaz, en vapeurs ou en fumée, pour les mettre ainsi en contact avec le malade placé dans la boîte. La fig. 7 pl. 5 représente un de ces bouchons. La fig. 5 en représente un autre, garni d'un entonnoir à robinet, dont nous verrons plus bas l'usage.

Fig. 2. Élévation de l'appareil simple, prise du côté du point M de la fig. 1.

n, tampon bouchant l'ouverture par laquelle on introduit la caisse de tôle *s*, fig. 2, 3 et 4, pl. 5, sur la plaque de fonte *m*, *m*, fig. 1 et 2, pl. 4.

o, porte du foyer qui sert à chauffer la plaque de fonte *m m*, et à élever ainsi la température dans la boîte au degré où on le désire.

p, porte du cendrier de ce foyer.

q, marche pour descendre dans la fosse où se trouve placé le foyer.

r, sol de la chambre.

i, élévation d'un des deux tuyaux d'appel destinés à établir un courant dans l'appareil.

h, tuyau général donnant issue au dehors aux gaz sortants de la boîte et à la fumée qui vient du foyer *z*, fig. 1 et 2, pl. 4.

g, appui contre lequel vient se poser le couvercle de la boîte lorsqu'il est ouvert comme en *g*, pl. 4, fig. 2.

i, targette de la porte verticale qui ferme le devant de l'appareil, et par laquelle on introduit le malade; on en distingue bien la construction en 1, fig. 1, pl. 4.

PLANCHE 4.

Fig. 1. Coupe de la boîte fumigatoire selon la ligne *A B* de la pl. 3, et vue du point *D* de cette planche; on y voit la coupe de la grille du foyer *z*, celle de la plaque de fonte *m m*; la coupe des deux trous bouchés par les tampons de tôle *l l*, fig. 1, pl. 3, et la coupe de l'ouverture *n*, qui indique comment la caisse de tôle est introduite sur la plaque de fonte *m*, *m*.

Le tuyau *h* du foyer et les tuyaux d'appel *i* et *k* sont ponctués dans l'intérieur de l'appareil pour faire concevoir leur disposition; le tuyau *h* s'appuie à collet sur la plaque de fonte *m*, qui est percée à cet endroit, et y reçoit la fumée du foyer, comme on le voit en *m'*, fig. 2; les tuyaux d'appel se terminent, au contraire, par un double coude dans la boîte même, un peu au-dessus du double plancher mobile *x x*, fig. 2; la partie horizontale de ces tuyaux d'appel pose sur la plaque de fonte, qui les échauffe et détermine ainsi le tirage au moment où commence la fumigation; les détails de cette disposition se voient plus en grand à la fig. 2, pl. 5. Les mêmes lettres indiquent dans cette planche les objets déjà cités dans la pl. 3; nous y reviendrons d'ailleurs à la description de la fig. 2.

Fig. 2. Coupe de l'appareil fumigatoire selon la ligne *CD* du plan fig. 1, pl. 3; cette coupe est vue du point *M* de cette même figure.

On voit ici comment la fumée du foyer *z* passe sous la plaque de fonte *m*, *m*, l'échauffe et se rend ensuite en *m'* dans le tuyau de tôle *h*.

v, *v*, *x*, *x*, Double plancher porté sur des barres de fer ; la partie inférieure de ce plancher est formée d'une plaque de fonte *x*, *x*; la partie supérieure *v*, *v* est en bon bois de chêne bien assemblé ; ces deux planchers sont séparés par des traverses en fer, et le tout est boulonné ensemble ; de cette manière le feu ne peut pas prendre au plancher de bois *v*, *v*, qui est séparé du plancher en fonte *x*, *x* par un courant d'air ; et le malade, posant ses pieds nus sur du bois, n'y éprouve qu'une chaleur agréable.

Ce double plancher est mobile ; il ne touche d'aucun côté aux parois de la boîte, et laisse ainsi monter de tous côtés, dans l'appareil, l'air qui s'échauffe en touchant à la plaque de fonte *m*, *m*, et les gaz qui se dégagent des substances que l'on jette sur la plaque *m*, *m* par les trous *l*, *l*, ou que l'on introduit sur cette plaque dans la caisse de tôle *s* par la porte *n*.

Pour rendre la température égale, autant que possible, dans toutes les parties de l'appareil, et pour y faire de même affluer également les gaz ou vapeurs que l'on administre en fumigations, il faut avôir soin d'arranger le plancher mobile de manière que l'espace vide qui existe entre lui et les parois de l'appareil soit d'autant plus petit que l'on s'approche plus du foyer. On voit cette disposition eu *u* et *u'*.

a', thermomètre dont la boule est dans l'appareil et l'échelle au dehors, afin que le malade placé dans la boîte puisse voir à quelle température son corps y est exposé.

l, coupe d'un des trous par lesquels on jette dans la caisse de tôle *S* les substances dont se compose la fumigation.

y, fauteuil à roulettes servant à introduire les malades paralytiques ou impotents dans l'appareil par la porte qui est en avant, et dont on voit la fermeture en 1, fig. 1, pl. 4, et fig. 2, pl. 3.

2, 2, claie en bois à mailles serrées; elle est placée dans le fond de l'appareil et presque verticalement, et est destinée à empêcher le malade de se brûler les pieds en les approchant trop près du tuyau *h*, qui chauffe la boîte en donnant passage à la fumée du foyer *z*.

d, *e'*, ligne ponctuée indiquant la place que prend le couvercle horizontal *d e* de la boîte, lorsqu'il est levé et posé contre l'appui *g*.

k, communication latérale du tuyau d'appel *k* avec le tuyau général *h*.

De la manière de se servir de l'appareil fumigatoire simple qui vient d'être décrit.

Voici comment il faut opérer pour donner une fumigation au moyen de cet appareil : nous prenons l'appareil froid et en bon état, et nous supposons que l'on veuille administrer une fumigation d'acide sulfureux saturé d'eau en vapeur.

Il faut d'abord fermer les clefs des tuyaux d'appel *i* et *k;* ouvrir la clef du tuyau *h*, et allumer le feu sur la grille du foyer *z;* lorsque l'intérieur de la boîte est convenablement échauffé, ce qu'indique le thermomètre *a'*, le malade est introduit dans la boîte; la porte du devant de l'appareil fermée, et le couvercle horizontal abattu de manière à faire passer la tête du malade à travers; l'infirmier lui entoure le cou avec une serviette, qui ferme ainsi l'espace vide resté entre le cou et les bords du trou *a ;* il ouvre les clefs des tuyaux d'appel pour que le vide qu'ils produisent dans la boîte n'attire que faiblement l'air extérieur, et que ce vide soit cependant assez sensible pour que le gaz acide sulfureux ne puisse pas s'échapper de la boîte par les joints, qui se trouvent, pour ainsi dire, lutés; il introduit alors, au moyen de la petite *main* en ferblanc, fig. 6, pl. 5, du soufre ordinaire réduit en poudre, par un des trous *l* dont on enlève le tampon; il referme ce tampon; le soufre qui est tombé sur la plaque *m*, *m*, convenablement chauffée par le feu du foyer *z*, s'enflamme et produit de l'acide sulfureux. Ce gaz se répand dans l'appareil en y pénétrant par l'espace vide, qui sépare, comme nous l'avons dit, tout autour et inégalement le plancher mobile *v*, *v*, *x*, *x* des parois latérales de la boîte; il tourbillonne autour du malade, et finit par gagner la partie inférieure de la boîte, où il entre dans les tuyaux d'appel *i* et *k*, d'où il est porté dans le tuyau général *h*, qui le jette au dehors avec la fumée du foyer *z*. Quant à l'eau en vapeur, il est tout aussi facile d'en remplir l'intérieur de la boîte : pour cela il suffit de substituer au tampon ordinaire le tampon à entonnoir *l'*, pl. 5, fig. 5; de l'emplir d'eau, d'introduire au-dessous, sur la plaque *m*, *m*, par la porte *n*, une caisse en tôle *s;* d'ouvrir un peu le robinet de l'entonnoir, et de laisser ainsi tomber l'eau goutte à goutte dans la caisse de tôle chauffée convenablement; l'eau se réduit en vapeur, passe dans l'appareil, se mélange et se combine avec l'acide sulfureux, et produit sur le malade qui y est exposé l'effet demandé. On peut donc donner par le même moyen toute autre fumigation; mais nous n'entrerons pas ici dans plus de détails : nous préférons les donner après avoir décrit l'appareil à douze places, parce qu'alors on les comprendra plus facilement.

Lorsque la fumigation est terminée, ou lorsque le malade se sent fatigué et désire sortir de l'appareil, il suffit, pour ne pas répandre d'acide sulfureux dans la chambre, de cesser d'en produire dans la boîte un moment avant la sortie du malade, d'éteindre le feu qui est dans le foyer *z*, d'ouvrir les deux trous fermés par les tampons *l*, *l*, de fermer la clef du tuyau *h*, et d'ouvrir au contraire entièrement les clefs des tuyaux d'appel *i* et *k*. La clef du tuyau général *h* étant fermée, ce tuyau, ainsi isolé du foyer, demande beaucoup d'air et oblige l'air de la chambre à entrer dans l'appareil par les deux trous *l*, *l* et par toutes les fentes de la boîte; cet air se mélange à l'acide sulfureux qui est dans l'appareil; le tout est bientôt entraîné au dehors par les deux tuyaux d'appel *i* et *k*, et la boîte, alors remplie d'air pur, peut s'ouvrir sans crainte de répandre aucune odeur nuisible ou désagréable dans la pièce où se trouve l'appareil.

Description des Planches 6, 7, 8, 9, 10 *et* 11 *représentant le plan, l'élévation et les coupes de la boîte fumigatoire à douze places.*

PLANCHE 6.

Plan général de l'appareil.

a, fosse où l'on descend pour mettre le feu sous la poêle de tôle *g*, et pour introduire dans cette poêle les matières à réduire en gaz ou en vapeur.

b, *c*, *d*, *e*, plan de la boîte fumigatoire, avec les douze couvercles et les douze trous par lesquels sortent les têtes des malades lorsqu'ils sont placés dans l'appareil; on y distingue la disposition des ferrures. La ligne droite qui coupe les six ouvertures qui sont de chaque côté, indique la projection des bancs sur lesquels s'asseoient les malades lorsqu'ils se placent dans la boîte fumigatoire; *d* est une des rondelles en bois qui servent à élever les malades de petite taille au niveau de la taille moyenne, pour laquelle la boîte fumigatoire a été calculée.

e, *f*, *g*, *h*, plan du tréteau ou appui sur lequel reposent les couvercles de l'appareil lorsqu'ils sont ouverts.

i, *k*, poêles servant à chauffer également l'intérieur de la boîte; ces poêles peuvent être garnis, comme on le voit ici, de bains de sable pour y faire chauffer les boissons ou tisanes des malades.

l, *m*, *n*, tuyaux de tôle servant à porter dans la cheminée *p* la fumée des deux poêles *i* et *k*.

o, *q*, tuyaux d'appel en tôle, destinés à porter dans la cheminée *p* les gaz ou vapeurs sortant de la boîte fumigatoire.

r, *r*, *r*, *r*, plan des marches au moyen desquelles on monte sur l'appareil, pour y descendre par une des douze ouvertures carrées qui sont pratiquées sur le dessus, et qui sont fermées par les douze couvercles à charnières.

s, *s*, plan du poêle qui sert à chauffer la pièce.

PLANCHE 7.

Élévation générale de la grande boîte fumigatoire, vue de face du point T du plan, pl. 6.

b, *c*, vue de face du coffre où se placent les malades.

u, porte du foyer destiné à chauffer la poêle en tôle *g* dans laquelle sont volatilisées ou brûlées les substances à donner en fumigations aux malades placés dans la boîte; la fumée de ce foyer est portée dans la cheminée *p* au moyen d'un conduit qui passe en terre sous l'appareil, et ensuite au moyen du tuyau de tôle *x*, qui va se rendre dans la cheminée générale.

v, porte fermant l'ouverture qui communique à la poêle en tôle dont il vient d'être parlé; cette porte est munie à sa partie inférieure d'un registre qui se hausse ou s'abaisse à volonté au moyen d'une crémaillère. Ce mécanisme est destiné à introduire au-dessus de la poêle et sur toute sa largeur une lame d'air également épaisse, plus ou moins forte, et qui doit, pour ainsi dire, lécher les substances qui sont exposées dans la poêle à un degré de chaleur, réglé à volonté en faisant plus ou moins de feu dans le foyer qui est au-dessous.

y, entonnoir muni d'un robinet; il sert à porter de l'eau dans la poêle *g* pour l'y réduire en vapeurs, et saturer ainsi d'eau les gaz ou vapeurs que l'on veut introduire dans la boîte.

r, *r*, vue de face des montants de l'estrade qui sert à entrer dans la boîte.

z, *z*, *z*, *z*, balustrade qui entoure la fosse *a*.

i, *k*, poêles ordinaires, destinés à chauffer l'intérieur de la boîte.

e, *f*, élévation du tréteau qui sert d'appui aux couvercles quand ils sont ouverts : c'est à la barre de bois *ef* que l'on attache les numéros d'ordre, qui se trouvent répétés à côté de chacun des porte-manteaux auxquels les malades attachent leurs vêtements lorsqu'ils se déshabillent pour entrer dans la boîte.

a, *a'*, thermomètres dont les boules sont engagées dans l'intérieur de la boîte, et qui servent à régler le feu des poêles, et à élever la température au même degré dans toutes les parties de l'appareil.

o', *q'*, conduits en bois qui font *appel* dans la boîte, et qui communiquent à la cheminée générale *p* par les tuyaux de tôle *o* et *q*; on en règle le tirage au moyen des soupapes à tiroir 2 et 3. Ces *appels* communiquent avec l'intérieur de la boîte fumigatoire par des canaux souterrains qui débouchent aux deux extrémités de la boîte et vers le milieu de sa largeur.

PLANCHE 8.

Appareil vu de côté du point A du plan général, pl. 6.

b, *d*, boîte fumigatoire.

i, poêle ordinaire; il y en a un pareil placé à l'autre côté de la boîte, comme l'indiquent les pl. 6, 7, 9 et 10.

4, 5, portes pour entrer dans la boîte lorsqu'on ne veut pas y monter par les marches *r*, *r*, *r*, *r*, et y descendre par un des douze couvercles; il y a deux autres portes semblables au côté opposé de la boîte fumigatoire.

r, *r*, *r*, *r*, marches pour monter sur l'appareil et pour y entrer.

z, *z*, balustrade entourant la fosse où sont les fourneaux qui servent à donner les fumigations.

y, entonnoir à robinet au moyen duquel on introduit à volonté de l'eau dans la caisse de tôle où se volatilisent les substances dont on compose la fumigation.

h, *e*, montant du tréteau ou de l'appui où viennent s'arrêter les douze couvercles de la boîte lorsqu'on les ouvre; on voit, à travers l'arcade qui y est pratiquée, un des deux thermomètres qui servent à régulariser le degré de chaleur dans l'appareil; le second thermomètre est à l'autre extrémité.

s, poêle de faïence qui sert à chauffer la pièce en hiver lorsque les deux poêles de l'appareil ne suffisent pas; le tuyau de ce poêle est commun au fourneau, dont on voit la porte en *u*, pl. 7 et 11.

o', caisse en bois formant pilastre et servant d'appel pour faciliter la sortie des gaz de dedans la boîte fumigatoire; cette caisse communique au tuyau de tôle *o*, qui se rend dans la cheminée *p*; 2 représente le bouton de la soupape à tiroir qui sert à fermer plus ou moins l'ouverture de la caisse en bois, et à affaiblir ainsi plus ou moins la force de l'appel.

n, tuyau dans lequel se réunissent les tuyaux des deux poêles destinés à chauffer l'appareil.

l, tuyau du poêle *i*, pl. 7, 8, 9 et 10.

PLANCHE 9.

Coupe horizontale de l'appareil fumigatoire suivant un plan passant au dessous de la couverture et au dessus des bancs, comme il est indiqué par la ligne *EF* de l'élévation générale, pl. 7.

Les détails donnés au sujet des planches précédentes suffisent pour bien faire entendre cette coupe; en 6, 6, 7, 7, est marquée la place des deux bancs sur lesquels s'asseoient les malades lorsqu'ils se placent dans la boîte.

4, 5, 23 et 24 représentent les coupes des quatre portes dont nous avons déjà parlé à la planche 8.

17 et 18, ouvertures des appels *o' q'*; ces ouvertures carrées sont recouvertes d'une toile métallique. On voit en plan, entre ces deux ouvertures, les détails des deux tuyaux des poêles qui servent à chauffer l'appareil, et on aperçoit au dessous de ces tuyaux la boîte en bois, sous laquelle arrivent les gaz dont se compose la fumigation. Nous avons en outre ponctué, dans le dessin, toutes les constructions qui se trouvent placées au dessous du sol : l'inspection des autres planches les fera comprendre facilement.

PLANCHE 10.

Fig. 1. Coupe verticale de la boîte fumigatoire suivant la ligne *AB* du plan général, pl. 6. Nous ne parlerons ici que des détails particuliers à cette coupe; les autres se trouvent suffisamment expliqués dans la description des pl. 6, 7, 8.

l, *l*, *l*, *l* indiquent la ligne brisée que parcourent les tuyaux du poêle *k* avant d'arriver au tuyau général *n*.

m, *m*, *m*, *m* indiquent la position du tuyau du poêle *i*.

Le tuyau du poêle *i* pénètre en 20 dans le foyer du poêle *k*; mais il y est bouché par un tampon en tôle, qui ne s'enlève que lorsqu'on veut nettoyer les tuyaux. Cette opération se fait alors simplement en y passant du poêle *i* au poêle *k*, d'abord un petit boulet avec une corde, et ensuite, au moyen de cette corde, une brosse rude, etc.

Il en est de même pour le tuyau de l'autre poêle qui pénètre en 19 dans le poêle *i*, et qui se nettoie par le même moyen.

15, 16, indication des deux canaux souterrains qui s'ouvrent dans l'appareil en 17 et 18; les gaz pénètrent par ces ouvertures 17 et 18 dans les canaux 16 et 15, passent de là dans les caisses en bois formant pilastres *q' o'*, et vont se rendre par les tuyaux *q* et *o* dans la cheminée générale *p*. On voit en 14 comment ces deux tuyaux *o* et *q* sont recourbés en haut pour que le tirage ne soit pas gêné.

L'ouverture des canaux souterrains 15 et 16 ne se fait dans la boîte qu'un peu au dessus du sol, en 17 et 18, afin qu'en balayant dans la boîte, les ordures ne tombent pas dans ces canaux, qui sont en outre recouverts d'une toile métallique, pour empêcher un linge qui tomberait dessus de s'y enfoncer et de les obstruer.

10, coupe du canal souterrain, qui conduit dans l'appareil les gaz qui se dégagent dans la caisse en tôle, où se réduisent en vapeur les substances destinées à donner la fumigation; ce canal aboutit au centre de l'appareil sous la caisse renversée 8, 8, dont on voit les détails, fig. 2 et 3.

11, coupe du canal souterrain, qui conduit dans la cheminée générale la fumée du fourneau dont on voit la porte en *u*, pl. 7 et 11.

Fig. 2. 8, 8, plan d'une boîte en bois sans fond, dont on voit la coupe en 21, fig. 3. Cette boîte se pose à terre le côté ouvert en bas; le dessus est percé d'un grand nombre de trous inégaux, très-petits vers le milieu de la longueur de la boîte, et allant toujours en s'agrandissant à mesure qu'ils se rapprochent des deux extrémités, comme l'indique la fig. 2; on voit en 8, 8, fig. 1, que cette boîte se pose en long dans l'appareil fumigatoire : nous verrons, dans la planche suivante, comment elle y est disposée.

PLANCHE 11.

Coupe transversale de l'appareil fumigatoire selon la ligne *CD* du plan général, pl. 6. Nous ne parlerons ici que des détails dont nous n'avons pas fait mention dans la description des planches précédentes, renvoyant les lecteurs à la description de ces planches, pour éviter des répétitions fatigantes.

6 et 7, bancs qui sont placés à droite et à gauche de la boîte fumigatoire dans toute sa longueur; ils servent à asseoir les douze malades, qui sont exposés ensemble à la fumigation. Les malades qui sont de taille inégale se placent tous à la même hauteur, en mettant sur les bancs des rondelles de bois de différentes épaisseurs, et en s'asseyant dessus ces rondelles. On voit ici comment les malades sont placés dans l'appareil lorsqu'on leur donne la fumigation.

9, caisse en tôle où se mettent les substances qui doivent servir à donner la fumigation; on les y introduit par la porte *v*, dont nous avons déjà donné la description détaillée en parlant de la figure de la pl. 7.

10, canal souterrain qui porte les gaz et les vapeurs de la caisse 9 dans l'appareil fumigatoire sous la caisse en bois, qui est ouverte par en bas et percée à la partie supérieure de trous inégaux : on voit en 8 la disposition de cette caisse, et la manière dont le canal vient s'y rendre. Ce canal peut être prolongé à volonté jusqu'en 13. Cette ouverture servirait, en enlevant la cloison 22, pour introduire dans la boîte, par ce côté, l'eau en vapeur ou toute autre substance vaporisée qui serait jugée nécessaire pour le traitement des malades.

12, foyer où se fait le feu, qui sert à chauffer et même à porter à la chaleur rouge, lorsqu'il en est besoin, la caisse de tôle qui est placée au-dessus; ce fourneau se charge par la porte *u*.

11, 11, canal souterrain servant de cheminée au fourneau que l'on voit en 12; la fumée du fourneau suit ce canal, passe à travers le poêle *s*, où elle se brûle; les gaz qui en proviennent se rendent dans la cheminée générale *p* par le tuyau *x* du poêle *s*.

n, tuyau général des deux poêles qui servent à chauffer l'appareil; on voit qu'il se termine par un coude placé dans la cheminée *p*, afin d'en rendre le tirage facile.

k, un des poêles destinés à chauffer l'appareil : il est vu par derrière; on voit en avant la coupe des tuyaux croisés des poêles *i* et *k*.

De la manière de faire usage de la boîte fumigatoire à douze places, et des différentes fumigations que l'on peut y donner.

Nous supposons tout en bon état, les fourneaux et les poêles de l'appareil sans feu, et tout préparé pour recevoir les malades et leur donner une fumigation d'acide sulfureux.

On ferme les registres 2 et 3, qui sont placés aux tuyaux d'appel *o* et *q'*, fig. 1, pl. 10; on allume du feu dans le poêle de faïence *s*, ou dans le fourneau 12, dont la porte est en *u* dans la fosse *a*, pl. 7 et 11. L'air s'échauffe et se dilate dans le tuyau *x* et dans la cheminée *p*; le tirage s'établit, oblige l'air extérieur à pénétrer dans la boîte par toutes les ouvertures, et détermine les différents courants d'air dont nous parlerons plus bas.

On allume alors sans peine les deux poêles *i* et *k*, destinés à chauffer l'intérieur de la boîte fumigatoire; lorsque la chaleur est répandue également dans l'appareil, et qu'elle est portée au degré convenable, les douze malades sont déshabillés; ils attachent leurs habits aux porte-manteaux placés autour de la chambre, et qui portent les numéros 1, 2, 3, 4, 5, etc. Ces douze numéros correspondent à ceux qui sont portés sur les billets d'entrée donnés aux malades, et aux pareils numéros qui se trouvent placés au dessus de chaque couvercle de l'appareil. Chaque malade peut ainsi facilement trouver sa place dans la boîte fumigatoire, et reprendre sans peine ses habits lorsqu'il en sort (1). On les introduit dans l'appareil en les y faisant entrer soit par dessus, en ouvrant les douze couvercles à charnières, soit par les quatre portes qui sont pratiquées à ses deux extrémités.

Les douze malades s'asseoient sur les bancs 6 et 7, *pl.* 9 et 11, en ayant soin de mettre sous eux, s'ils sont trop petits de taille, une ou deux rondelles de bois. On abaisse les douze couvercles à charnières, en faisant passer la tête de chaque malade à travers le trou qui est au centre de chaque couvercle, et on lui entoure le cou avec une serviette déployée, qui sert à fermer la partie du trou qui reste ouverte à l'entour du cou (2).

(1) On peut, si l'on veut, soumettre les habits des malades à l'action de l'acide sulfureux, pendant le temps que les malades sont placés dans la boîte: pour cela, il suffirait d'introduire ces vêtements dans une armoire communiquant, à volonté, par bas, avec le four *g*, où l'on brûle le soufre pour le service de l'appareil à fumigations et, par le haut, avec la grande cheminée d'appel *p*. — En ouvrant à la fois, les clés des deux tuyaux de communication, l'acide sulfureux pénétrerait dans l'armoire, y assainirait les vêtements et serait attiré, de là, dans la cheminée d'appel, etc. — Voyez, à ce sujet, la description du soufroir salubre, que l'on trouvera plus loin dans ce volume.

(2) Si l'on voulait soumettre la tête du malade à l'action de la fumigation, il faudrait substituer à la serviette dont nous parlons un capuchon en cuir cloué sur le couvercle, et qui se fixerait autour du visage du malade, au moyen d'un ruban à boucle, de manière à lui laisser la face seule exposée à l'air atmosphérique.

Le feu est continué dans les poêles *i* et *k* pour entretenir la température intérieure constamment au même degré; la porte *v*, du fourneau, *pl.* 7 et 11, où se mettent les substances que l'on veut administrer en fumigation est alors ouverte, et le fourneau chargé de soufre ordinaire en poudre. On referme la porte *v*, et au moyen de la crémaillère dont il est parlé à la description de la *pl.* 7, on élève un peu le registre qui est placé vers le bas de cette porte, et on introduit ainsi sur le soufre embrasé une lame d'air plus ou moins forte pour en opérer la combustion d'une manière convenable au but que l'on se propose. Dans le même moment, on entr'ouvre les registres à tiroirs 2 et 3, placés aux appels *o' q'*, *pl.* 7 et 10, et à travers l'appareil, on établit ainsi un courant. L'acide sulfureux qui se produit dans la caisse de tôle 9, *pl.* 11, passe avec l'air non décomposé par le canal souterrain 10, et arrive en 8, sous la caisse de bois renversée, et dont le dessus est percé de trous inégaux, comme nous l'avons dit à la description de la *pl.* 10. Le gaz sulfureux remplit cette espèce de réservoir, et n'en peut sortir que par les trous du couvercle, qui, par leurs diamètres inégaux, répandent également le gaz sulfureux dans toutes les parties de l'appareil. Les gaz tourbillonnent dans la boîte, entourent les malades, agissent sur eux, et sont ensuite entraînés par les appels, qui font le vide dans la boîte, vers les ouvertures 17 et 18, *pl.* 9 et 10, d'où ils passent dans les appels *o' q'* et dans les tuyaux *o* et *q*, qui les portent à la cheminée générale *p*.

Les appels *o' q'* servent donc: 1° à établir un courant dans la boîte; 2° à favoriser ainsi la production des gaz ou des vapeurs dans la caisse de tôle 9, *pl.* 11; 3° à emporter au dehors ces mêmes vapeurs lorsqu'elles ont agi sur la peau des malades, et qu'elles sont saturées de la sueur abondante qui en découle; 4° à faire affluer dans la boîte de nouvelles vapeurs qui y viennent remplir le même but.

Ces appels servent en outre à luter, en quelque sorte, tous les joints de la boîte, et à empêcher les gaz d'en sortir par les fentes des portes et des couvercles, et de vicier ainsi l'air pur que l'on doit respirer dans la pièce où se trouvent les appareils garnis de malades et d'autres malades qui attendent leur tour. Cet effet, qui a été complétement produit, est sans contredit le plus grand avantage que présente l'appareil fumigatoire dont nous parlons. Dans les boîtes construites avant celles-ci, il fallait, pour empêcher les gaz de sortir par les fentes et de gêner la respiration des malades, coller du papier sur tous les joints de l'appareil lorsque le malade y était placé; ce qui, en cas d'accident, devenait gênant et souvent même dangereux, et pouvait, d'ailleurs, nuire au malade, en lui inspirant des craintes et en attaquant son moral.

Dans l'appareil à douze places, les gaz ne peuvent pas s'échapper de la boîte, où ils sont constamment retenus. Cet effet est produit très-simplement, et juste au degré nécessaire, par le seul moyen des appels $o' q'$, dont le tirage se règle en ouvrant plus ou moins les registres 2 et 3, *pl.* 7 et 10. Si ces appels demandent plus d'air qu'il n'en peut entrer par la fente horizontale ouverte au bas de la porte *v*, *pl.* 11, il est évident que l'air de la chambre doit pénétrer dans l'appareil par toutes les autres fentes, pour aller fournir aux appels et rétablir ainsi l'équilibre qu'ils tendent toujours à détruire. Ainsi, en réglant bien le jeu de ces appels, tous les joints de l'appareil sont hermétiquement fermés; c'est ce qui arrive lorsqu'on n'ouvre les registres 2 et 3 que juste ce qu'il faut pour que les gaz ne sortent pas de la boîte par les fentes des portes et des couvercles. Si on faisait le contraire, les gaz sortiraient dans la pièce, ou l'air de la pièce entrerait dans l'appareil : deux écueils également à éviter : puisque, dans le premier cas, les malades respireraient des gaz délétères, et que, dans le second, ils seraient incommodés dans la boîte par les courants d'air froid qui s'y établiraient.

Le même moyen est aussi employé pour pouvoir sans danger ouvrir entièrement un des douze couvercles de la boîte : pour cela, il suffit de fermer la fente de la porte *v*, *pl.* 7 et 11, d'ouvrir tout à la fois les registres 2 et 3, et d'enlever doucement un des couvercles de la boîte fumigatoire. Les deux appels $o' q'$ tirent de l'appareil tout l'air qui y pénètre par l'ouverture dont on a enlevé le couvercle, et cet air en se précipitant dans la boîte, empêche les gaz d'en sortir.

Cet arrangement a procuré le grand avantage de ne jamais interrompre le jeu de l'appareil tant qu'il y a des malades à traiter. Lorsqu'un des malades se sent fatigué, ou qu'il est resté exposé le temps convenable à la fumigation, il faut prendre les précautions qui viennent d'être indiquées : ouvrir le couvercle de la place où il se trouve, le sortir de la boîte, et le remplacer par un nouveau malade, et cela sans arrêter la fumigation et sans répandre la moindre odeur dans la pièce. Lorsque le nouveau malade est placé, on doit refermer convenablement les registres des appels, rouvrir la fente de la porte *v*, et reprendre le service comme il a été décrit plus haut.

Nous terminerons cette description en indiquant les différentes fumigations que l'on peut administrer au moyen de cet appareil.

1° Des bains d'air sec et chaud; 2° des bains d'air chaud et saturé de vapeur d'eau; 3° des bains d'acide sulfureux ou de tout autre acide gazeux, sec ou saturé d'eau; 4° des bains d'hydrogène sulfuré, de vin vaporisés et de soufre en vapeur, etc.; 5° des fumigations mercurielles, aromatiques, spiritueuses, etc.; en un mot, on peut y administrer facilement toutes les vapeurs et tous les gaz pris un à un, ou mélangés deux à deux, trois à trois, quatre à quatre, etc.

Nous n'entrerons pas dans de plus grands détails à cet égard, parce que les manipulations nécessaires pour produire ces effets sont familières aux pharmaciens, qui doivent être spécialement chargés de préparer ces différents bains ou ces fumigations, et de les administrer aux malades d'après l'ordonnance et sous la surveillance des médecins.

SUR L'APPLICATION

DU

SYSTÈME DES MAGNANERIES

A L'ASSAINISSEMENT DES HOPITAUX.

LETTRE *à M. de la Hante, président de l'administration des hôpitaux de Lyon* (1).

Monsieur,

Comme je vous l'ai dit dans le temps, vous avez eu une excellente idée en pensant à appliquer les principes de la construction des magnaneries salubres à l'assainissement des hôpitaux. J'étais bien convaincu que vous obtiendriez un succès complet en réalisant cette idée; mais je n'en ai pas moins appris, avec bien de la satisfaction, l'heureuse réussite du premier essai de ce genre que vous avez tenté, et j'ai même donné immédiatement connaissance de votre lettre à l'administration des hôpitaux de Paris, pour que le fait pratique qui vous est dû soit bien connu et serve de point de départ dans cette grande amélioration. Quant aux renseignements que vous me demandez, les voici; je désire bien vivement que vous en soyez satisfait.

La théorie de la ventilation forcée repose sur des principes de physique usuelle très-simples et très-peu nombreux; malheureusement, il n'en est pas de même pour la mise en pratique de ces principes, car presque toutes les applications qu'on en peut faire sont des cas particuliers qui exigent une grande variété de dispositions dans les appareils, et une grande intelligence pour le choix des moyens à employer.

On ne peut pas indiquer, à coup sûr, comment on ventilera les salles d'un bâtiment dont on n'a que les plans, car il y a un grand nombre de circonstances locales qui influent sur la direction des courants d'air dans chaque pièce. En pratique, les obstacles doivent être, avant tout, étudiés

(1) *Annales d'hygiène*, tome 27, p. 320. — Avril 1842.

sur place, et ce n'est que lorsqu'ils sont bien connus, qu'ils peuvent être surmontés avec plein succès; voilà pourquoi les fumistes ordinaires, agissant au hasard, comptent tant de revers, et c'est à l'impossibilité de traiter par écrit de tous les cas particuliers qu'il faut attribuer l'état arriéré où se trouve encore l'application des moyens d'assainissement par ventilation forcée.

Il suit, Monsieur, de ce qui précède, que, pour mettre à exécution vos projets, il faudrait choisir un jeune architecte ou un jeune ingénieur instruit, bien capable, et voulant étudier tout ce qui a été publié sur les procédés de la ventilation forcée. Quand il serait bien au courant, il ferait les projets dont vous avez besoin; vous les soumettriez à l'examen d'une commission composée de l'ingénieur des mines et du professeur de physique qui habitent Lyon, et vous seriez ainsi assuré de faire pour le mieux dans chaque cas particulier où vous auriez à opérer. Cette marche n'est malheureusement pas aussi simple que cela serait à désirer; mais, faute d'hommes capables, tout formés dans cette partie, il faut de toute nécessité agir comme je l'indique, ou s'attendre à faire écoles sur écoles.

Dans le projet de ventilation forcée de l'hôpital Necker, que j'ai étudié l'an passé, mais auquel on n'a donné ici aucune suite, l'air arrivait jusque sous chaque lit, symétriquement et sans vitesse sensible; il y avait en outre, à la tête de chaque lit, une table de nuit fixe, servant de chaise percée, et où le pot de chambre était soumis à une ventilation continuelle qui emportait l'odeur au dehors, tout en contribuant à l'assainissement de la salle. Je vous engage bien à indiquer ce perfectionnement à la personne que vous choisirez pour vous aider.

Je regrette bien d'être obligé de vous présenter la chose comme étant aussi compliquée; malheureusement, elle l'est à présent, et elle le sera tant qu'il ne se formera pas une classe d'hommes capables qui voudront en faire leur spécialité. Les difficultés sans fin que j'ai éprouvées relativement aux ateliers de doreurs et aux magnaneries salubres, ne sont venues que de la non-existence d'hommes spéciaux, et je me résume en vous engageant à bien choisir votre ingénieur, et à vous aider en outre de la science, si vous voulez être assuré de n'avoir, en ce genre, que des succès bien positifs.

Agréez, Monsieur, etc.

D'Arcet.

Ce 3 décembre 1840.

ART DU DOREUR.

MÉMOIRE

SUR L'ART DE DORER LE BRONZE AU MOYEN DE L'AMALGAME D'OR ET DE MERCURE.

Ouvrage qui a remporté le prix fondé par M. Ravrio, et proposé par l'Académie royale des Sciences (1).

Rapport fait à l'Académie royale des Sciences de l'Institut de France, par MM. Thenard, Vauquelin et Chaptal, le 9 mars 1818.

Feu M. Ravrio, fabricant distingué de bronzes dorés, a fait un legs de 3,000 fr., qu'il a remis à la disposition de l'Académie pour être donné à celui qui trouverait le moyen de garantir les ouvriers doreurs de l'insalubrité des émanations du mercure.

La première année du concours n'a produit aucun mémoire qui ait pu mériter le prix, et l'Académie, en se conformant aux intentions de Ravrio, a dû le proposer pour la deuxième fois.

(1) L'histoire de ce travail se trouve tout entière dans les rapports qui le précèdent et le suivent.

Depuis l'époque où M. D'Arcet remporta le prix proposé par Ravrio, l'application de ces procédés de ventilation a été exigée par l'autorité publique lors des demandes de permissions pour l'établissement des ateliers de doreurs au mercure.

Ce mémoire a été imprimé en un volume in-8°, chez madame veuve Agasse, en 1818; l'édition n'étant pas épuisée, et ce volume étant beaucoup trop considérable pour entrer dans notre collection, l'éditeur en a fait le résumé suivant, qu'il donne ici avec une planche publiée au bulletin de la *Société d'encouragement*, tome 18, page 195. — 1819.

Nous avons aujourd'hui à vous rendre compte de deux mémoires qui ont été remis au secrétariat de l'Institut. L'un a été inscrit sous le n° 1, et porte pour épigraphe ce passage de Sénèque : *Faciamus meliora quæ accepimus, major ista hæreditas à me ad posteros transeat;* l'autre, coté n° 2, a pour devise : *Improbus labor omnia vincit.*

Le mémoire n° 2 ne contient que la description d'un appareil qui n'a point été exécuté, et dont le modèle n'a pas même été déposé au secrétariat de l'Institut. Votre commission n'a pas cru devoir s'en occuper, attendu que le programme porte pour condition du concours que l'appareil proposé pour le prix soit en activité dans un atelier de doreur.

Le mémoire n° 1 a particulièrement fixé notre attention: non-seulement on y a joint des planches, mais on nous a soumis les modèles des appareils exécutés jusqu'à ce jour dans divers ateliers, et nous nous sommes assurés nous-mêmes, en visitant ces ateliers, que les ouvriers étaient à l'abri des vapeurs mercurielles, et que, depuis l'adoption de ces procédés, ils y jouissaient de la santé la plus parfaite.

Nous pouvons ajouter que ces perfectionnements ont été jugés si avantageux par les doreurs eux-mêmes, qu'ils s'empresseront tous de les adopter, et que, dans ce moment, il existe douze ateliers à Paris où l'on s'occupe de les introduire. Le préfet de police, qui en a pris connaissance, ne permet même plus qu'un doreur de bronze se déplace sans adopter ces méthodes dans son nouvel atelier.

Le procédé qu'on propose est tellement simple, qu'on doit être surpris qu'on ne l'ait pas employé depuis longtemps. Il consiste principalement à déterminer le tirage des cheminées par un fourneau d'appel, et c'est cette simplicité qui en rend l'adoption d'autant plus prompte, qu'elle n'entraîne presque aucune dépense. Ce procédé n'est même pas nouveau, puisqu'il est pratiqué, depuis plusieurs années, dans les laboratoires de l'hôtel des monnaies, où l'on s'est garanti complétement des vapeurs nuisibles par des moyens semblables. L'application seule aux fourneaux des doreurs appartient à l'auteur du mémoire; mais on ne peut pas nier que cette application ne soit d'une grande utilité et ne remplisse le but que s'est proposé M. Ravrio, surtout si l'on considère qu'il y a dans Paris plus de douze cents ateliers de doreurs, et que les nombreux élèves qui y entrent en sortent presque tous perclus de leurs membres au bout de quelque temps.

L'auteur du mémoire paraît avoir senti cette vérité, et l'on dirait que, pour racheter aux yeux des savants le peu de mérite qu'il semble attribuer lui-même à l'heureuse application d'un procédé connu, il a embrassé son sujet dans une plus grande étendue que ne demandait le programme. Il a traité l'art du doreur dans tous ses détails, et il a apporté des perfectionnements dans presque toutes les opérations de cette importante industrie. C'est surtout ici qu'il fait preuve de connaissances étendues en chimie, et d'une grande habileté pour les appliquer aux arts. Nous nous bornerons à présenter ce qui nous a paru mériter le plus d'attention.

Il résulte des nombreuses expériences de l'auteur, que l'alliage le plus propre à recevoir la dorure est celui qui est composé de 82 parties de cuivre, 18 de zinc, 3 d'étain et 1 1/2 de plomb, ou 82 cuivre, 18 zinc, 1 étain et 3 plomb.

Il détermine ensuite le titre que doit avoir l'or pour être utilement employé à former l'amalgame, et fait connaître les mauvais résultats qu'on obtient lorsqu'il est allié d'argent ou de cuivre.

Il instruit les doreurs sur la manière de purifier le mercure pour le rendre propre à former un bon amalgame.

L'auteur prescrit ensuite la meilleure méthode que les doreurs puissent employer pour former l'amalgame, et détermine les proportions dans lesquelles l'or et le mercure doivent y entrer. Ces proportions varient suivant la quantité d'or qu'on veut laisser sur le bronze. L'ouvrier fait en général son amalgame avec 8 parties de mercure contre 1 d'or; mais l'analyse lui a prouvé que l'amalgame varie, chez les doreurs, depuis 9 parties pour 100 d'or jusqu'à 33, et depuis 67 de mercure jusqu'à 91.

L'auteur du mémoire décrit avec beaucoup de détails l'art de recuire et de décaper les bronzes, qui forment les deux premières opérations du doreur. Il en donne la théorie, et y apporte des améliorations sensibles. Il fournit les moyens de se garantir des exhalaisons métalliques que produit le recuit, et des vapeurs acides qui se forment pendant l'opération du dérochage.

En appliquant l'amalgame sur le bronze bien décapé, à l'aide d'un pinceau de fils de laiton trempé dans l'acide nitrique, l'ouvrier était condamné à respirer des vapeurs qui altéraient sa santé. L'auteur propose de substituer à cet acide une dissolution de nitrate de mercure qui produit le même effet, et que nous avons vu employer sans danger pour l'artiste. Il a pourvu lui-même les ateliers de cette préparation, et il décrit les moyens de la faire. Il indique ensuite les précautions convenables pour que le maniement de l'amalgame n'altère point la santé des ouvriers.

Lorsque la pièce est couverte d'amalgame, il suffit de l'exposer au feu pour volatiliser le mercure, et cette opération est la plus dangereuse par rapport aux nombreuses vapeurs mercurielles qui se dégagent. C'est pour obvier à ce danger que l'auteur du mémoire a fait construire des fourneaux d'appel dont le tuyau monte environ au tiers de la hauteur de la cheminée du doreur. Ce fourneau détermine un tirage très-rapide, qui entraîne au dehors toutes les vapeurs. On utilise le feu de ce fourneau en plaçant dessus une chaudière, un bain de sable, ou le poêlon contenant le *mat*. L'effet de ce fourneau est tel, que la fumée qu'on fait au milieu de l'atelier se dirige directement vers l'ouverture de la cheminée, et dans les visites que nous avons faites, nous n'avons senti aucune vapeur mercurielle, quoiqu'on travaillât sous nos yeux à décomposer l'amalgame.

L'auteur entre ensuite dans tous les détails qui constituent la partie de l'art dans laquelle on brunit la dorure, on la met au mat, on lui donne la couleur d'or moulu, et d'or rouge; il décrit avec soin toutes ces opérations, en perfectionne quelques-unes, et donne les moyens de se garantir du danger que présente surtout la mise au *mat*.

On trouve encore dans le mémoire un moyen fort simple pour ramasser le mercure qui se volatilise; il consiste à chauffer les pièces couvertes d'amalgame dans une caisse, et à pratiquer un conduit cylindrique sur la paroi opposée à l'ouverture, lequel s'élève au haut de la cheminée et redescend sur un baquet rempli d'eau, où le mercure doit se condenser.

L'auteur termine son mémoire par la description de procédés aussi simples qu'ingénieux : 1° pour enlever l'or de la surface des vieux bronzes et des pièces dorées mises au rebut; 2° pour exploiter les cendres et déchets d'atelier provenant du travail de la dorure sur bronze; 3° pour traiter les eaux du dérochage, les eaux blanches, celles du tonneau à mettre au mat, les cendres de la forge, celles du fourneau à mettre au mat, la boue du baquet à gratte-bosser, la suie des cheminées, les balayures d'ateliers, etc.

En un mot le mémoire qui a été soumis à notre examen nous paraît présenter le traité le plus complet que nous possédions sur l'art du doreur sur bronze : il mérite d'entrer dans la belle collection des arts et métiers qu'on doit à l'Académie, et nous proposons de décerner à l'auteur le prix fondé par M. Ravrio.

Signé THENARD, VAUQUELIN, CHAPTAL, *rapporteur.*

L'Académie approuve le rapport, et en adopte les conclusions.

Certifié conforme à l'original,

Le secrétaire perpétuel, chevalier des ordres royaux de Saint-Michel et de la Légion-d'Honneur,

DELAMBRE.

NOTICE SUR M. RAVRIO.

Antoine-André Ravrio est né à Paris le 23 octobre 1759, et y est mort le 4 décembre 1814. Son père, honnête homme et homme de talent, était fort estimé dans son état. Sa mère, modèle de toutes les vertus, appartenait à la famille Riesner, avantageusement connue dans les arts industriels et libéraux.

Ravrio avait appris à mouler chez son père; il avait dessiné et modelé à l'académie, et avait appris à ciseler sous de très-habiles maîtres; l'art du fabricant de bronzes dorés fut pratiqué par lui dans toutes ses parties, et c'est ainsi que Ravrio est parvenu à rendre son nom célèbre en Europe, par la perfection de ses ouvrages, dans lesquels on admire à la fois la pureté du dessin, un style noble et simple, des compositions ingénieuses, des imitations parfaites de l'antique, et une sûreté de goût à toute épreuve.

Les connaissances variées de Ravrio et ses éminentes qualités, le favorisèrent beaucoup dans ses relations commerciales et dans sa vie privée. Il fut traité en toutes circonstances avec une grande distinction. Son excellent cœur, son obligeance et la gaîté de son caractère faisaient rechercher sa société, et il a joui de l'estime et de l'amitié de tous ceux qui l'ont connu. Livré tout entier à son état, qu'il aimait avec passion, il n'a cultivé les lettres que fort tard et comme délassement. On lui doit cependant plusieurs vaudevilles, qui ont eu un assez grand nombre de représentations, et il a publié, pour ses amis qui les avaient inspirées, deux volumes de poésies diverses, où l'on trouve beaucoup de facilité, de naturel, de gaîté, de sentiment et d'esprit.

Ravrio n'ayant pas eu le bonheur d'élever d'enfant, et voulant perpétuer son souvenir dans l'état qu'il avait exercé avec tant de talent, a légué, en mourant, cet état, son nom et sa fortune à M. Lenoir-Ravrio, dont il a été constamment le bienfaiteur et l'ami. Il avait demandé qu'une simple pierre couvrît sa tombe; mais la reconnaissance lui a élevé un monument plus durable et plus digne de lui dans l'enceinte du cimetière de l'Est, où il a été inhumé. Ravrio s'est occupé du sort des ouvriers doreurs à son heure dernière; il a voulu que l'on remédiât à l'insalubrité de leurs ateliers. Les doreurs sauvés par sa volonté ne verront pas son tombeau sans attendrissement; et tout homme ami de ses semblables dira avec eux : « *Ravrio a laissé après lui, sur la terre, les traces que doit y laisser un homme de bien.* »

PROGRAMME DU PRIX FONDÉ PAR RAVRIO, ET PROPOSÉ PAR L'ACADÉMIE DES SCIENCES.

« *Trouver un moyen simple et peu dispendieux de se mettre à l'abri,* « *dans l'art de dorer sur cuivre par le mercure, de tous les dangers* « *dont cet art est accompagné, et particulièrement de la vapeur mer-* « *curielle.* »

AVANT-PROPOS.

Quand j'eus connaissance de ce programme, j'étais loin de croire l'art du doreur aussi insalubre qu'il l'est réellement. Je m'étonnais de la demande faite par Ravrio. J'ai vu de près ces ateliers, et j'ai compris qu'il ne fallait pas seulement à un mal aussi profond de bons procédés, mais une persévérance puissante pour arriver à le détruire. Les ateliers de doreurs sont rangés dans la troisième classe des établissements insalubres, et peuvent rester sans inconvénient près des habitations particulières. Jusqu'à présent, à défaut de plaintes des voisins, on accordait toutes les autorisations demandées, la plupart même des doreurs travaillaient sans autorisation; mais dès aujourd'hui on n'accorde de permission nouvelle qu'à la condition de construire des appareils salubres :

Bien des résistances toutefois ont entravé mes efforts; malgré des essais tentés à diverses époques, les ouvriers, quoique gravement malades, se refusent encore à des améliorations qu'ils ne comprennent pas (1).

M. de Tingry proposa les gants de vessie, la préparation de l'amalgame en vases clos, la dissolution mercurielle au lieu d'acide nitrique, et construisit un petit appareil qui n'a pas eu de résultats, parce que la ventilation y manquait. On a laissé de côté les procédés de MM. Gosse et Robert Guedin, de Genève, pour une raison semblable; d'autres dispositions inventées par Maquart, Brizé-Fradin et Gosse fils, sont très-incommodes pour les ouvriers. Les moyens que je propose, le vasistas, le retrécissement de l'ouverture de la forge, surtout le fourneau d'appel, sont simples, ne changent rien au mode de travail habituel, et doivent donc, il faut l'espérer, être avec le temps partout adoptés.

J'ai en outre donné une description complète de l'art du doreur, et proposé quelques procédés plus sûrs ou nouveaux. J'espère que mon mémoire sera compris par les chefs d'ateliers et les déterminera à propager l'emploi de ces procédés d'assainissement.

Extrait d'une lettre adressée à M. D'Arcet par le docteur Merat, ancien médecin à l'hôpital de la Clinique, sur les maladies des doreurs.

Le docteur Merat reconnaît toute l'importance des appareils employés par M. D'Arcet à l'assainissement de l'art du doreur, qui feront cesser les accidents graves, et parfois mortels, qu'éprouvent les ouvriers doreurs, et en particulier le *tremblement mercuriel*. Quelques détails sur ces maladies et leur traitement compléteront, dit-il, le beau travail de M. D'Arcet.

Le plus grave de ces accidents est le *tremblement mercuriel*, les autres sont passagers : *cependant les vapeurs acides du dérochage attaquent fortement la poitrine de beaucoup d'ouvriers, et nous paraissent plus dangereuses que les vapeurs mêmes du mercure.* J'ai vu beaucoup de tremblements mercuriels à la Charité.

L'invasion du tremblement est quelquefois subite, quelquefois il commence lentement par les bras, et devient général et convulsif, accompagné d'évanouissements, de délire, etc. La cause unique en est le mercure; tous les ouvriers qui se servent de mercure en sont plus ou moins

(1) Nous rappelons que ce passage a été imprimé en 1818, époque à laquelle M. D'Arcet n'avait pas encore acquis une connaissance parfaite du degré réel d'insalubrité que présentent les ateliers de doreurs au mercure.

affectés. La maladie est presque toujours longue. Il faut plusieurs mois à la guérison généralement assurée; quelquefois on guérit en cessant seulement tout travail.

A la Charité, on le traite par la tisane de salsepareille, de gayac, de sassafras; le soir, de l'extrait de genièvre ou de thériaque: si le tremblement est fort, une potion antispasmodique de tilleul, de menthe et de laudanum.

Des tisanes sudorifiques, des bains chauds, les pilules de musc, réussissent très-bien; avec beaucoup d'exercice au grand air, et la condition surtout de ne pas rentrer à l'atelier avant une guérison complète, on peut aussi guérir.

Une nourriture bonne et saine, le changement de vêtements en quittant le travail, une extrême propreté, sont des précautions indispensables pour éviter toute rechute.

CONSIDÉRATIONS GÉNÉRALES.

Le prix considérable fondé par feu M. Ravrio, fabricant de bronze distingué, et proposé par l'Académie royale des Sciences, exercera une heureuse influence sur l'hygiène des professions insalubres, et servira d'exemple à tant d'artistes qui, comme Ravrio, emploient leur vie entière à perfectionner laborieusement les procédés de leur art, où les sciences apporteraient bientôt les plus utiles lumières s'ils en réclamaient le concours.

J'ai longtemps souffert des funestes effets des mauvais appareils, et je serai heureux si, en propageant les résultats d'une longue expérience, je parviens à joindre mon nom à celui de Ravrio, et si l'opinion favorable de l'Académie des Sciences, et l'estime publique, sont le prix de mon travail.

Le sujet spécial de ce mémoire est la branche de l'art du doreur qui a pour objet d'appliquer l'or, au moyen du mercure, sur le cuivre ou plutôt sur quelques-uns de ses alliages (1).

L'Académie a tracé la marche à suivre : décrire les diverses opérations de l'art du doreur, parler des matières premières employées, examiner ensuite chaque opération, et particulièrement celles qui nuisent le plus à la santé des ouvriers, et y proposer des moyens pratiques de salubrité,

(1) J'appellerai *bronze* l'alliage employé ordinairement par les doreurs.

tel est mon programme. J'y ai ajouté la description des procédés à employer pour tirer parti de tous les déchets d'ateliers.

L'art du doreur n'a pas encore été décrit, et manque à la belle collection des arts et métiers de l'Académie.

Voici la série de ses procédés.

L'objet à dorer, fondu et coulé en bronze, ciselé ou tourné, est recuit, puis *déroché* par l'ouvrier doreur, qui dissout ainsi la surface oxydée, avec de l'acide nitrique ou de l'acide sulfurique faibles; complétement décapé et rendu partout d'un éclat métallique, on le lave à grande eau et on le sèche dans du linge, de la sciure de bois et du son, etc.

L'amalgame d'or et de mercure est ensuite appliqué partout à l'aide d'un pinceau en fils de laiton, dit GRATTE-BOSSE, mouillé d'acide nitrique pur ou contenant un peu de mercure.

On charge davantage les endroits destinés au mat ou à l'or moulu, et moins ceux que l'on doit brunir.

On lave, on sèche et on chauffe pour volatiliser le mercure sans faire rougir la pièce que l'on brosse souvent pour égaliser l'amalgame devenu plus fluide.

L'opération est recommencée autant de fois que l'exige la richesse de la dorure demandée.

On lave dans le vinaigre faible, puis dans l'eau; on sèche à la sciure de bois, et la pièce est prête à recevoir le mat, l'or moulu, le bruni ou l'or rouge.

I. — *De l'alliage employé pour la fonte des pièces qui doivent être dorées. Détermination de l'alliage le plus convenable pour cet objet.*

L'alliage destiné à la dorure est composé par les fondeurs sans principes certains, en suivant seulement les conseils de leur expérience.

Ils y emploient de la *mitraille pendante*, c'est-à-dire des vieux bronzes non dorés ou dédorés, et des débris de cuivre jaune, et ils y ajoutent ce qu'ils croient pouvoir l'améliorer. A défaut de vieux bronzes, on le compose avec environ 75 pour cent de cuivre jaune et 25 de cuivre rouge chargé de soudure et d'étamage.

L'alliage, pour être bon, doit être aisément fusible et bien se mouler sans *vents*, ni *piqûres*, ni *gerçures*, facile à tourner, à ciseler et à brunir. Il doit donner une bonne couleur avec la *patine* de vert antique, recevoir facilement la dorure sans trop en absorber, et présenter de belles nuances au *mat*, au *bruni*, à l'or *moulu* et à l'or *rouge*. Il faut donc un alliage. Les métaux purs se moulent, se cisèlent et se tournent mal, et absorbent trop d'or (voir au tableau n° 1, à la suite de ce mémoire). L'alliage du cuivre et du zinc vaut mieux (expérience 2 du même tableau), mais il se moule mal, se gerce, est trop gras au tour et prend trop d'amalgame; avec plus de zinc il perdrait sa belle couleur jaune.

L'alliage de 20 d'étain et de 80 de cuivre (*Expér. n° 3 et n° 4*) se moule très-bien: mais il se déroche mal, est trop dur au tour, et se dore difficilement.

L'alliage n° 5, de 90 cuivre et 10 étain, qui sert pour les canons, fond aisément, mais se moule moins bien; facile à travailler au tour et au brunissoir, mais d'une couleur trop pâle (1).

Il faut donc des alliages plus compliqués, plus fusibles, plus denses, et prenant moins de retrait que les alliages binaires.

L'expérience n° 6 prouve qu'en ajoutant de l'étain et du plomb à l'alliage de cuivre et de zinc, qui a une belle couleur et se déroche bien, on arrivera à composer, par synthèse, l'alliage auquel les fondeurs tendent presque toujours sans succès.

En effet, les fondeurs emploient ordinairement 75 p. 100 de cuivre jaune composé de :

Cuivre pur.	63, 70
Zinc	33, 55
Étain	2,50
Plomb	0,25
	100.

Et 25 o/o de cuivre rouge chargé d'étamage et de soudure composé à peu près de :

Cuivre pur.	97
Étain	2,50
Plomb.	0,5
	100.

(1) Les alliages binaires de cuivre et d'étain se *dérochent* mal par les procédés actuels où l'acide nitrique oxide l'étain à leur surface. La trempe rendrait ici les alliages moins denses et trop perméables à l'amalgame.

D'où le bronze des fondeurs est composé de environ :

Cuivre pur	72
Zinc	25,20
Étain	2,50
Plomb	0,30
	100

Dans un grand nombre de bronzes dorés anciens et modernes j'ai trouvé l'alliage quaternaire, et même plus compliqué, et d'autres métaux accidentels seulement.

Les frères Keller employaient aussi un alliage composé de :

Cuivre	91,40
Zinc	5,53
Étain	1,70
Plomb	1,37
	100

L'alliage quaternaire est donc le plus avantageux.

Pour déterminer ses meilleures proportions, j'ai étudié le beau travail que le chef de bataillon, Dussaussoy a fait dans le but de trouver l'alliage à employer pour les garnitures d'armes. Il est arrivé à celui de

Cuivre	80
Zinc	17
Étain	3
	100

Comme réunissant le plus la ténacité, la malléabilité, la dureté et la densité; mais, la densité étant surtout importante pour le doreur, j'adopte l'un des alliages suivants :

Cuivre	82
Zinc	18
Étain	3
Plomb	1,5

ou Cuivre.	82
Zinc.	18
Étain..	1
Plomb.	3

qui donne plus de densité et un peu moins de ténacité (1).

La pièce que j'ai coulée avec le premier de ces alliages (n° 7) remplit toutes les conditions voulues.

Les fondeurs devront donc composer leur bronze de toutes pièces avec les métaux purs, puis composer un lingot d'échantillon qu'ils feront analyser et qui leur servira de point de comparaison dans tout leur travail.

II. — *De l'or employé pour préparer l'amalgame.*

L'or employé ordinairement par les doreurs comme *or fin* n'est guère qu'au titre de 995 à 998 millièmes, et même quand ils prennent du ducat de 976 à 983, d'où naissent beaucoup de difficultés. L'or allié à l'argent s'amalgame bien, mais donne une teinte verte que l'on rejette. Allié au cuivre, l'amalgame est grenu, difficile à étendre, et la dorure rougeâtre et pâle.

Il faut employer l'or pur en feuilles ou en lingot, en l'achetant dans les maisons de confiance, et le réduire au marteau en feuilles très-minces, pour en faciliter la dissolution.

La poudre d'or des affinages serait très-bonne, mais en l'achetant on pourrait être trompé sur son titre (2).

III. — *Du mercure qu'emploient les doreurs.*

Le mercure employé pour préparer l'amalgame d'or doit être parfai-

(1) M. Tournon a trouvé un alliage qui emploie un quart de moins d'or que les autres. Il est composé de :

Cuivre.	82,257
Zinc.	17,481
Étain..	0,238
Plomb.	0,024
	100,

(2) On trouve aujourd'hui de l'or à 1,000 millièmes dans le commerce.

tement pur. Sans cela, les métaux étrangers se déposeraient avec l'or à la surface du bronze, et altéreraient la dorure.

Le mercure pur est brillant, ne fait pas la *queue*, c'est-à-dire ne laisse pas de traces après lui en roulant sur du papier, ne donne pas de résidu à la peau de chamois, et passe en entier à la distillation.

S'il est impur, on le passera plusieurs fois à la peau de chamois, en séparant les résidus. On le lavera et on le séchera. Il vaut même mieux le distiller dans une cornue de verre ou de fonte, le laver, le sécher, puis le conserver dans une bouteille bien bouchée.

IV. — *De l'acide nitrique employé par les doreurs.*

L'acide nitrique sert aux doreurs pour *dérocher* ou décaper les pièces, pour laver les pièces dorées avant et après la mise au *mat*, etc. Seul ou avec du mercure, il sert à appliquer l'amalgame. Sa pureté n'est pas utile au décapage; un peu d'acide muriatique dissout même mieux l'étain oxidé à la surface de la pièce. Mais, pour la dissolution mercurielle, la présence des acides sulfurique et muriatique rend les dissolutions troubles et gêne le travail. L'acide nitrique doit donc pour cette opération être pur. On en trouve aisément dans le commerce.

En tout cas, pour le purifier, il faut le faire bouillir seul dans une cornue de verre, munie d'un récipient, jusqu'à ce que l'acide qui passe dissolve complétement le mercure, et ne donne plus de dépôt quand on le verse dans une dissolution de mercure pure et claire. On vide alors le récipient, on diminue le feu, et on distille lentement, pour faire passer dans le récipient presque tout l'acide nitrique qui est dans la cornue.

L'acide muriatique se décompose ou passe le premier, et se trouve ainsi éliminé. L'acide nitrique pur passe ensuite, et il reste dans la cornue un mélange d'acide nitrique et d'acide sulfurique. On réunit ensuite les premières parties distillées avec le résidu de la cornue pour le *dérochage*, et on emploie l'acide pur pour les dissolutions mercurielles, en le ramenant avec de l'eau à la densité convenable. Les vapeurs de la distillation doivent être condensées dans de l'eau chargée de chaux, de potasse ou de soude, ou mieux, envoyées dans la cheminée d'appel, en montant l'appareil sur le foyer même.

V. — *De l'acide sulfurique et de l'emploi de cet acide dans les ateliers de doreurs.*

Cet acide se trouve très-pur dans le commerce. On ne l'emploie affaibli dans quelques ateliers, sous le nom d'*eau seconde*, que pour dérocher. Il serait plus avantageux de l'acheter au sortir des chambres de plomb, à 50°, chargé qu'il est d'une petite quantité d'acides nitrique et muriatique.

VI. — *De l'amalgame d'or et de sa préparation.*

Pour préparer l'amalgame, l'ouvrier pèse l'or réduit en lames très-minces. Il le met dans un petit creuset brasqué ou non avec du blanc d'Espagne gommé, qu'il fait rougir légèrement au milieu d'un feu de charbon de bois, sur la paillasse de la forge; il y verse alors le mercure, et agite avec une baguette de fer. Après quelques minutes, il sent la combinaison achevée, retire le creuset du feu et jette l'amalgame dans l'eau froide, sans doute pour en rendre la cristallisation confuse; enfin, il le lave en séparant à la main par pression et par écoulement, l'excès de mercure.

Cet amalgame est pâteux; on le garde à l'abri de la poussière. Ordinairement on emploie 8 de mercure et 1 d'or. J'ai trouvé divers amalgames de doreurs composés de :

Or.	9 à 11
Mercure.	91 à 89

avec un peu d'argent et de cuivre.

Le mercure est donc en excès, car l'amalgame en proportion définie qui reste dans la peau de chamois, quand on l'y passe, est composé de :

Mercure	33
Or.	67

Quelques ouvriers chauffent le mercure avant de le verser sur l'or; ce que j'approuve. D'autres y mêlent de l'eau.

Le mercure séparé de l'amalgame contient beaucoup d'or, et sert à une nouvelle opération, ou pour les pièces qui n'ont besoin que d'être très-peu dorées.

Cette opération est dangereuse pour les ouvriers. Il faut la faire sous le manteau de la forge, au plus fort courant d'appel. L'ouvrier ne devrait aussi comprimer l'amalgame qu'avec des gants de vessie, au lieu de la main, et se laver les mains avec du savon, après cette opération.

VII. — *De la préparation de la dissolution mercurielle.*

L'amalgame d'or s'applique sur le bronze au moyen de l'acide nitrique, soit pur, soit contenant un peu de mercure.

J'ai trouvé que dans cette dernière composition faite avec l'acide nitrique impur du commerce, la quantité de mercure, beaucoup trop faible, présente presque autant d'inconvénients que l'acide pur, et qu'elle sert seulement à purifier celui-ci de tout acide muriatique et sulfurique, ce qui cause une perte notable aux doreurs.

La dissolution mercurielle saturée et très-étendue d'eau m'a, au contraire, donné les meilleurs résultats.

10 grammes de mercure se dissolvent complétement dans 10 grammes d'acide nitrique pur à 36° ou 1333 de densité. Une seule goutte d'acide muriatique ou sulfurique rendrait la dissolution imparfaite et trouble.

Pour préparer une bonne dissolution de mercure, il faut employer de l'acide nitrique pur, opérer à froid, et étendre ensuite assez sa dissolution encore un peu acide pour qu'elle ne cristallise pas par le refroidissement.

Premier procédé. — On met dans un matras, sous le manteau de la forge au plus fort tirage, 100 grammes de mercure et 110 grammes d'acide nitrique pur à 36° jusqu'à complète dissolution. On les verse dans une bouteille propre avec 5 kil. 500 grammes ou 5 litres et demi d'eau de pluie ou d'eau distillée, en agitant fortement. Toute autre eau donnerait un dépôt.

Second procédé. — On prend une grande bouteille de verre blanc de 6 à 7 litres de capacité. On y met 5 kil. 600 gr. d'eau, et on marque à demeure, sur le verre, la hauteur à laquelle l'eau s'élève. On prend une fiole qui puisse contenir 120 grammes d'acide nitrique. On en met 110, et on marque sur le goulot la hauteur à laquelle s'élève l'acide. On vide la bouteille et la fiole.

Puis on pèse 100 grammes de mercure que l'on met dans la grande bouteille jaugée, on y verse 110 grammes d'acide nitrique pur mesuré dans la fiole. Quand la dissolution, qui a lieu à froid sur la forge, est complète, on remplit la grande bouteille d'eau jusqu'à la marque, en ayant soin de rincer la fiole avec cette eau, pour ne perdre aucune portion du nitrate de mercure. On bouche, on agite, et la dissolution, qui ne coûte que 15 ou 18 centimes le litre, est prête à employer, assez acide pour attaquer le cuivre, mais pas assez pour donner les vapeurs nitreuses si dangereuses aux ouvriers, et pour attaquer la peau des mains. C'est un perfectionnement très-important sous le rapport de la salubrité.

VIII. — *Du recuit des pièces destinées à être dorées.*

La pièce à dorer doit être recuite en sortant des mains du tourneur ou du ciseleur.

Pour cela, on pose la pièce sur la forge, au milieu de charbons de bois allumés ou de mottes à brûler, on la chauffe au rouge cerise, puis on écarte le combustible, et on laisse refroidir lentement au plus fort tirage de la forge. Cette opération, qui dégage des oxides de cuivre et de zinc en vapeur, et des gaz délétères, est très-insalubre.

Il serait bon de mieux envelopper la pièce de charbons, pour diminuer l'oxidation qui altère le fini des pièces.

De plus, le recuit affine la surface du métal en enlevant du zinc, et met à nu du cuivre plus pur qui donne une belle couleur à la dorure, sans changer sensiblement la densité et les qualités qui en résultent.

Les doreurs croient que le recuit nettoie seulement la pièce. S'il est vrai, comme on le pense, que le recuit augmente la beauté de la couleur, en affinant le cuivre, on obtiendrait de bons résultats en trempant les pièces quelques minutes dans la potasse caustique fondue, qui dissoudrait le zinc à la surface, et sans doute l'étain et le plomb.

IX. — *Du dérochage ou décapage de la pièce de bronze recuite.*

Pour enlever la couche d'oxide formée à la surface de la pièce par le recuit, on la trempe dans un baquet rempli d'acide nitrique ou sulfurique très-étendu, dit *eau seconde*, on l'y laisse quelque temps pour attaquer l'oxyde, et on la frotte avec une brosse rude; on lave à l'eau et on sèche. La surface est encore irisée. On trempe ensuite la pièce dans de l'acide nitrique à 36°, et on frotte avec un pinceau à longs poils, dans une terrine. Le métal est alors *blanc* et parfaitement décapé; on le passe dans un bain d'acide nitrique à 36°, mêlé de suie et de sel marin.

Enfin, on lave à grande eau et on sèche à la sciure de bois. Quelques ouvriers couvrent la pièce d'acide nitrique plus concentré avec un pinceau, jusqu'à parfait dérochage, puis passent au bain de suie et de sel. La pièce doit être d'une belle teinte jaune pâle, nette, et grenue, pour bien prendre l'or.

Avec l'acide sulfurique on n'a pas de vapeurs nuisibles aux ouvriers, et on ne risque pas de perdre des pièces par une action trop vive et trop prolongée. Ainsi, quand on décape à l'acide nitrique, procédé qui marche plus vite, il faut le faire sous le manteau de la forge, ou sous une hotte particulière communiquant à la cheminée générale qui y établit un appel suffisant.

L'acide sulfurique est très-bon pour commencer le dérochage, mais non pour le finir. Il dissout le zinc et le cuivre oxydés, mais non pas les oxydes d'étain et de plomb. L'acide nitrique concentré, agit trop vite et trop fortement, et dissout mal les oxydes d'étain et de plomb. Il faut y mêler du sel marin qui donne de l'eau régale et les dissout alors parfaitement. On pourrait essayer l'acide muriatique seul. Un bon procédé consiste à faire bouillir la pièce dans l'acide sulfurique faible, la passer dans de l'acide nitrique, à 35 ou 36°, mêlé de sel marin, de suie de bois; laver et sécher.

X. — *De l'application de l'amalgame sur le bronze bien décapé.*

Pour cette opération, l'ouvrier met l'amalgame d'or dans un plat de terre sans couverte, et d'un grain grossier. Il trempe la gratte-bosse à dorer dans de l'acide nitrique pur étendu d'eau, ou dans la dissolution mercurielle dont j'ai parlé. Puis il l'appuie sur l'amalgame que contient le plat, en la tirant à lui. Les fils de cuivre de la gratte-bosse se chargent facilement d'amalgame, que l'on étend sur la pièce à dorer (1); on renouvelle cette opération jusqu'à ce que la pièce entière soit couverte, en couche bien égale, si la pièce ne doit avoir qu'une couleur, en couches variées si diverses parties doivent être mises au mat, etc.

On lave la pièce, on la sèche, et on la porte au feu pour en volatiliser le mercure. On met de même plusieurs couches successives de dorure, en ajoutant un peu d'acide nitrique à la dissolution mercurielle pour augmenter son action.

(1) L'ouvrier appelle *buis*, l'application de l'amalgame. Il dit : *faire* 1, 2, 3, etc. *buis* sur une pièce; dorer une pièce à 1, 2, 3, etc., buis.

Cette opération est des plus dangereuses pour l'ouvrier.

Quand il emploie l'acide nitrique sur la pièce qu'il tient à la main, il est placé dans une atmosphère de gaz nitreux, et ses mains sont couvertes de dissolutions mercurielles et cuivreuses. Avec la dissolution mercurielle que j'ai conseillée, il n'y a pas de vapeurs nitreuses.

Ainsi, pour rendre cette opération salubre, il faut rejeter l'emploi de l'acide nitrique sans mercure, et en tout cas ne travailler que sur une table surmontée d'une hotte communiquant avec la cheminée de la forge, et au milieu de laquelle on placerait un quinquet si le tirage n'était pas suffisant. L'ouvrier doit porter des gants de vessie ou de taffetas ciré, au moins des gants sans doigts, se laver la bouche, la figure et les mains en sortant de l'atelier, n'y jamais manger, etc.

Les plats de biscuit, avec couverte inattaquable aux acides, éviteraient aux doreurs bien des pertes, et aux ouvriers le contact trop fréquent des liqueurs qui filtrent à travers la mauvaise poterie des plats.

Ce serait une bonne opération que de laver à l'eau pure les pièces couvertes d'amalgame, pour enlever les sels de cuivre que le feu décompose et qui tendent à salir la dorure.

XI.—*De la volatilisation du mercure, en exposant à la chaleur la pièce de bronze couverte d'amalgame.*

La pièce couverte d'amalgame est chauffée lentement sur des charbons ardents, jusqu'au point convenable, pour éviter toute perte d'amalgame, puis prise au moyen de la pincette à longues branches dite *moustache*, placée dans la main gauche sur un gant épais; frottée et frappée à petits coups à l'aide d'une brosse à longs poils qui répartit également la couche d'amalgame.

On la remet au feu et on la traite de même jusqu'à la complète volatilisation du mercure, qui se reconnaît au bruit que fait une goutte d'eau projetée sur la pièce chaude.

On recouvre ensuite d'une nouvelle couche d'amalgame les endroits faibles ou inégaux, et on repasse au feu. Si l'on veut une dorure plus riche, on répète les opérations qui viennent d'être expliquées.

On lave alors la pièce en la frottant avec la gratte-bosse et de l'eau acidulée par le vinaigre; on lave à l'eau et on sèche à la sciure de bois.

Si la pièce doit avoir des parties brunies et d'autres mises au mat, on couvre les premières d'un mélange de blanc d'Espagne, de cassonade et de gomme, délayées dans l'eau, ce qu'on nomme *épargner*. On sèche la pièce et on la chauffe jusqu'au point de noircir l'épargne et d'enlever ainsi le reste du mercure. On laisse refroidir un peu et on passe au *mat*.

Si la pièce doit être toute brunie, on ne la couvre pas d'épargne : on la plonge encore chaude dans l'acide sulfurique étendu d'eau, on lave, on essuie et on donne le bruni.

L'opération du passage à la forge est une des plus dangereuses pour les ouvriers, qu'un mauvais tirage de la cheminée, ou un courant descendant, comme cela a souvent lieu, tient plongés dans l'acide carbonique, l'azote, l'oxide de mercure, les vapeurs de mercure, d'acide nitrique et d'acide nitreux, etc. (1).

Pour perfectionner ce procédé de manipulation, il faut d'abord que la forge ait un bon tirage ; ensuite le gant doit être doublé de vessie ou de taffetas ciré, pour éviter la pénétration du mercure.

Il faut *passer* les pièces couvertes d'amalgame sous le manteau de la hotte sans les en sortir, et en brossant de droite à gauche au lieu de ramener les vapeurs en tirant la brosse à soi. Il faut aussi y laisser refroidir les pièces.

Le travail terminé, l'ouvrier doit de suite prendre toutes les précautions indiquées plus haut.

XII. — *Du bruni, du mat, de la couleur d'or moulu et de la couleur d'or rouge.*

La pièce séparée de tout le mercure, doit recevoir l'une de ces préparations.

Le bruni s'obtient en frottant la pièce avec des brunissoirs d'hématite ou pierre sanguine, trempés dans du vinaigre étendu d'eau et toujours dans le même sens ; on lave à l'eau froide et on essuie au linge fin ; puis on sèche lentement sur de la braise.

Le mat. On épargne les parties qui doivent être *brunies*, s'il y en a ; puis on attache la pièce à une tringle de fer, on chauffe à brunir l'épargne. La pièce prend une belle teinte d'or. On la couvre d'un mélange de sel

(1) Les vapeurs de mercure même à basse température causent de graves accidents. Du mercure laissé sur un poêle occasionna une abondante salivation à Achard et à d'autres personnes. Ces accidents furent plus graves parmi l'équipage d'un navire qui contenait du mercure dans son chargement, etc. Beaucoup d'autres accidents de ce genre ont été depuis constatés par le conseil de salubrité.

marin, de nitre et d'alun liquéfiés dans leur eau de cristallisation (1). On chauffe la pièce de manière à fondre la couche saline, et on la plonge subitement dans l'eau qui enlève les sels et leur dépôt, on passe à l'acide nitrique faible, on lave à grande eau et on fait sécher avec soin.

Le mat agit sans doute en dissolvant une partie de l'or par la combinaison d'acide nitrique et d'acide muriatique qu'il forme. Pour éviter les dangereuses vapeurs de cette opération, il faut placer sous le manteau de la cheminée à grand tirage, le fourneau en forme de mouffle où l'on chauffe la pièce au mat; il faut placer de même le petit fourneau ou poëlon à fondre le mat, et le tonneau plein d'eau où se plongent les pièces. Les vapeurs de la forge au mat sont très-dangereuses, car ce sont en partie des vapeurs de sublimé corrosif mêlées de vapeurs de mercure et d'acide nitrique.

Or moulu. Pour cette couleur la pièce est gratte-bossée moins que pour les autres, chauffée plus fortement, refroidie, puis couverte au pinceau de couleur d'or moulu délayée dans du vinaigre. C'est un mélange de sanguine, d'alun et de sel marin. On chauffe à brunir la couleur et on trempe à l'eau froide; on lave enfin et on sèche à un feu doux.

De la couleur d'or rouge.

La pièce, sortant de la forge, dorée sur *buis* et chaude, est trempée avec un fil de fer dans la *cire à dorer*, formée de cire jaune, d'ocre rouge, de vert-de-gris et d'alun. On la chauffe fortement en enflammant le mélange bien également partout. Quand la flamme s'éteint, on plonge dans l'eau, on lave et on gratte-bosse avec du vinaigre pur. On lave à l'eau, on brunit, on lave et on sèche. Dans cette opération, le zinc du bronze précipite le cuivre du vert-de-gris, et se combine à l'or, dont il diminue le titre et lui donne la couleur de l'or des bijoux à 750 millièmes; tout ce qui attaque l'un des éléments du bronze doré change la nuance de la dorure. La constance de composition du bronze importe donc très-hautement à la constance des nuances de la dorure.

Toutes ces opérations exigent l'observation rigoureuse des précautions de salubrité que j'ai précédemment indiquées.

(1) Ce mélange se trouve dans le commerce, composé à peu près de :

Salpêtre.	40
Alun.	25
Sel marin.	35
	100

XIII. — *Du ramonage des cheminées de doreurs.*

Le ramonage des cheminées de doreurs est lié nécessairement à leurs travaux. J'ai étudié avec soin les dangers qu'il présente et les procédés de salubrité qu'il réclame.

Les maladies des doreurs sont une conséquence prévue de l'état qu'ils exercent; mais on est révolté de voir un ramoneur contracter une maladie grave pour avoir ramoné une cheminée de doreur, sans avoir été prévenu du danger que présente cette opération.

J'ai fait ramoner une cheminée qui avait servi trois ans sans être nettoyée, par un ramoneur de 14 à 15 ans, armé de gants, la tête couverte d'un serre-tête et le visage enveloppé de deux serviettes mouillées et très-lâches.

Des morceaux d'or étaient attachés près de sa bouche au moyen d'un fil. Après l'opération, les serviettes et les habits étaient tout couverts de suie mercurielle, et blanchissaient l'or qu'on y appliquait. Les morceaux d'or placés près de sa bouche ne montraient aucune trace de mercure.

On le fit laver, il but du lait et partit sans avoir ressenti le moindre mal. J'ai regretté depuis de ne lui avoir pas fait changer ses habits imprégnés de suie et de mercure. Il faisait un brouillard épais, et la suie était mouillée : circonstance favorable à un ramonage salubre; ainsi pour ramoner sa cheminée, un doreur doit y envoyer la veille de l'eau en vapeur. Il prendra un ramoneur bien portant et habile, lui mettra un pantalon à pied, une veste ronde et un capuchon faits d'avance en toile serrée, et de plus une éponge mouillée sur la bouche. Le ramonage terminé, on lui ôtera ses habits de travail, il se lavera avec soin, mangera et boira du lait s'il le désire. L'habillement sera immédiatement lavé à grande eau.

XIV. — *Des procédés à suivre pour enlever l'or à la surface des vieux bronzes dorés ou des pièces dorées mises au rebut.*

Les vieux bronzes dorés et hors de service et les bronzes qui se dorent mal ou qui ont des défauts, se vendent à grande perte pour en extraire l'or. Voici les procédés à employer par le doreur pour faire lui-même cette opération.

Ordinairement on couvre deux fois la pièce d'un mélange de soufre, de sel ammoniac et de nitre, ou de borax. On la fait rougir; il se forme un sulfure de cuivre. On plonge la pièce pendant quelques heures dans l'eau acidulée d'acide sulfurique, on la râcle à la gratte-bosse; les écailles recueillies sont fondues au borax et coupellées pour en extraire l'or.

J'ai étudié cette question avec le colonel Dussaussoy.

L'or reste à la surface de l'alliage, par adhésion. En dissolvant le bronze doré par l'acide nitrique, on obtient la feuille d'or toute criblée de trous.

Le meilleur procédé est d'exposer la pièce quelques heures au rouge cerise dans un courant d'air, puis de la plonger dans l'acide sulfurique faible, et gratte-bosser. La pièce peut être de nouveau tournée et mise au vert antique ou en couleur, comme objet commun. On lave et fond l'or au nitre et au borax, et on le coupelle.

Avec le soufre, la sulfuration du zinc, du cuivre même, est difficile. J'ai donc modifié ce procédé. Je saupoudre de soufre la pièce dorée, je la trempe rouge dans une grande masse de soufre en poudre, à plusieurs reprises; le reste de l'opération se fait à l'ordinaire. Ce procédé est plus expéditif que le premier, mais altère plus profondément la pièce.

Pour se garantir des vapeurs et des gaz dégagés par la combustion du charbon, du soufre, du zinc et du cuivre, l'ouvrier doit opérer sur la forge, en plein courant d'air, et prendre les mesures de salubrité déjà indiquées.

XV. — *De l'exploitation des cendres et déchets d'atelier, provenant du travail de la dorure sur bronze au moyen du mercure.*

Les divers déchets qu'on éprouve en dorant au mercure sont considérables. Trois quarts seulement de l'or contenu dans l'amalgame restent sur la pièce. On perd une partie de ces déchets, ou on les vend mal.

Ces déchets sont :

Les eaux du dérochage, les eaux blanches, les cendres de la forge à passer, les brossures du plateau, les cendres du fourneau à mettre au mat, la boue du baquet à gratte-bosser, la suie des cheminées, et enfin les balayures, les ordures et les eaux de lavage de l'atelier.

1° *Eaux du dérochage.*

Elles sont acides et contiennent du cuivre, du fer, du zinc; ce dernier à la longue, et le fer de la pincette, en précipitent une partie du cuivre.

Il faut précipiter le cuivre par du zinc ou de la ferraille, et, si l'eau seconde est préparée par l'acide nitrique, décomposer les nitrates par l'acide sulfurique : on obtient ainsi du sulfate de zinc ou du sulfate de fer.

On lave le cuivre à grande eau, on le sèche et on le vend aux fondeurs.

2° *Eaux blanches.*

Elles proviennent du lavage de la table sur laquelle se fait l'application de l'amalgame, et tiennent du mercure et du cuivre en dissolution, et de l'amalgame mêlé de beaucoup d'ordures en suspension.

Il faut les décanter, laver l'amalgame resté au fond, y ajouter du mercure, passer à la peau de chamois, et employer l'amalgame pâteux, et le mercure séparé, comme on le fait dans la préparation ordinaire de l'amalgame.

On distille le précipité dans une cornue de fonte pour en retirer le mercure; le résidu par le nitrate de potasse et le borax donne l'or.

Si les résidus sont trop pauvres, on les réunira aux cendres de la forge à passer.

3° *Cendres de la forge à passer.*

Les cendres pauvres sont lavées pour séparer l'amalgame et quelques grenailles d'or, puis tournées au mercure. Le résidu en est vendu aux propriétaires des mines de plomb.

Les cendres riches sont tamisées et lavées, puis fondues avec du minium et un peu de résine, et le culot coupellé.

La richesse de ces cendres varie beaucoup.

4° *Des brossures du plateau.*

Mélange d'amalgame, de cendres et de poussière, etc.; on les délaie dans un terrine pleine d'eau et on les traite jusqu'à saturation par l'acide nitrique, versé à plusieurs reprises pour laisser passer l'effervescence produite.

On décante et on traite l'amalgame, très-riche en mercure, comme ci-dessus.

Les ordures surnageantes sont réunies aux balayures; la dissolution peut être réunie aux eaux blanches. L'or de cet amalgame est à bas titre, contenant beaucoup de cuivre.

Pour séparer le cuivre et obtenir l'or plus pur, on traite l'amalgame dans un ballon de verre par l'acide nitrique pur à 36°, qui, par une réaction chimique, dissout le cuivre. L'ébullition est soutenue jusqu'à ce qu'il se dissolve du mercure. L'or est ramené de 960 à 976 et 983 millièmes, et bon alors pour la dorure.

1k,000 de brossures m'ont donné :

Ordures sèches.	0k,400
Amalgame séché. . . .	0 ,586
Contenant or à 960. . .	0,0425

5° *Des cendres du fourneau à mettre au mat.*

Elles contiennent de l'or dissous par le mélange d'alun, de sel marin et de nitre. On les exploite comme celles de la forge à passer.

6° *De la liqueur et du dépôt que contient le tonneau à mettre au mat.*

L'eau contient rarement de l'or, mais le dépôt en contient toujours à l'état d'oxide très-divisé.

Si les eaux contiennent de l'or, on le précipite par du proto-sulfate de fer en excès, et on jette l'eau, à moins de la vendre aux salpêtriers ou aux fabricants d'alun. Ordinairement le dépôt, lavé et séché, est fondu avec du minium et coupellé. On obtient 4g d'or par kilogr. de dépôt. Je propose de laver le dépôt à grande eau, de le traiter par l'acide muriatique, puis par une petite quantité d'acide sulfurique faible ; le résidu, lavé et séché, est fondu comme ci-dessus au minium à forte proportion, pour dissoudre le sulfate de chaux de ce résidu. Le dépôt contient ainsi moins de substances terreuses.

J'ai obtenu par ce procédé 46g d'or fin par kil. de dépôt ainsi traité.

Voici un autre procédé qui donnera l'or par une fonte, sans la litharge et le fourneau à coupelle.

On décompose le sulfate de chaux du dépôt en le faisant bouillir avec un excès de dissolution de sous-carbonate de soude; on traite par l'acide muriatique pour enlever le carbonate de chaux formé; on lave et on fond l'or avec du nitrate de potasse et du borax.

Enfin, on peut obtenir l'or pur par la voie humide et le procédé de M. Vauquelin.

On sature pour cela tout le carbonate de chaux du résidu par l'acide muriatique; puis on ajoute 3 parties d'acide muriatique et 1 d'acide nitrique à 36, on remue plusieurs fois : en quelques jours l'or se dissout. On tire la liqueur à clair, on la traite dans un tonneau ou un vase en grès par un excès de proto-sulfate de fer; l'or déposé est lavé à l'acide sulfurique et l'eau, bien déposé, séché et rougi dans un creuset; il est en poudre et prêt à être employé pour préparer un nouvel amalgame.

Le résidu insoluble est traité une seconde fois à chaud par l'eau régale pour ne pas perdre d'or, et la liqueur acide sert pour traiter une autre portion de résidu.

Dans un atelier de 4 ou 5 ouvriers, le baquet au mat peut rendre 15 grammes d'or par mois.

7° *De la boue du baquet à gratte-bosser.*

Elle contient de l'or détaché par le frottement, des fils de gratte-bosse, du bois de la table, etc. On lave le dépôt et on jette l'eau acide qui surnage, on brûle le bois en le rougissant dans une poêle, et on traite comme nous le dirons pour les vieilles gratte-bosses.

8° *Des vieilles gratte-bosses à dorer.*

Les gratte-bosses se pénètrent d'amalgame et s'usent rapidement. Autrefois on les fondait avec du nitre pour oxider le cuivre et le zinc et retirer l'or très pur; quelques doreurs les affinent à la coupelle. Ce sont des procédés peu avantageux, aussi bien que le traitement par le mercure légèrement chauffé.

Il faut distiller les vieilles gratte-bosses dans une cornue de fonte pour en retirer le mercure.

Les fils sont alors traités deux fois par l'acide nitrique, qui dissout tout, excepté l'or. Le second traitement se fait au bouillon : on lave l'or sur le filtre, on brûle le filtre dans un creuset, et on fond au nitre et au borax.

La dissolution de cuivre est saturée par de vieilles gratte-bosses en excès et à chaud, et peut servir à la fabrication des cendres bleues.

En la distillant dans une cornue, seule ou avec de l'acide sulfurique, on obtient de l'acide nitrique distillé, et en résidu soit des oxides de cuivre et de zinc, qui par le charbon donneront du cuivre jaune, soit une masse qui, dissoute, donnera du sulfate de cuivre et de zinc à séparer par des cristallisations successives.

Les vieilles gratte-bosses contiennent :

Mercure, de.	15	à	20
Or	2	à	3
Cuivre jaune.	83	à	77

Traitement par la voie sèche :

Distiller d'abord pour séparer le mercure;

Mettre le résidu dans un bon creuset avec 6 fois son poids de sulfure de plomb et de limaille de fer et une petite quantité de sel marin décrépité; fondre, laisser refroidir et casser. On trouve au fond un culot de plomb allié à l'or; on le coupelle.

On traite les scories de l'opération par un peu de limaille de cuivre ou de fer pour obtenir un second culot.

9° *De la suie des cheminées de doreurs.*

On mêle quelquefois la suie de la cheminée avec les cendres de la forge à passer, et on les traite avec les cendres tournées au moulin; le plus souvent on les jette. Cependant les ramoneurs sont si gravement affectés que cette suie doit être riche en métaux.

Voici ce que j'ai trouvé : La suie est d'autant plus lourde qu'elle est recueillie plus bas dans la cheminée. L'échantillon pris le plus haut blanchit le cuivre et contient du mercure; lavée à l'eau bouillante, le mercure se rassemble au fond. Par l'acide nitrique, on dissout tout le mercure. Le résidu, brûlé, fondu au plomb et coupellé, donne toujours 2 millièmes de la suie employée *en or pur.* Il faut donc laver la suie à grande eau et la tourner au moulin avec les autres résidus aurifères.

On pourrait aussi la laver, la traiter par l'acide nitrique, filtrer, retirer le mercure de la liqueur, brûler et fondre au plomb le résidu.

10° *Des balayures d'atelier.*

Toutes sont réunies dans un tonneau avec les débris de toute espèce, les cendres de la forge à passer et celles du fourneau à mettre au mat; si elles sont pauvres, on brûle le tout sous le manteau de la forge avec du bois bien sec ou du charbon de bois.

On enlève les pierres et autres substances volumineuses au tamis; on lave les cendres à l'eau pour séparer les grenailles métalliques, et on tourne les cendres au mercure comme à l'ordinaire.

Si ces cendres se trouvaient très-riches, on les pourrait fondre au minium.

J'en ai vu donner $2^g,50$ d'or par kilogramme.

Des moyens de salubrité proposés dans ce Mémoire, et des appareils qui peuvent les procurer (1).

Le but que s'est proposé M. Ravrio, en faisant les fonds du prix mis au concours par l'Académie, étant de rendre l'état de doreur moins nuisible à la santé des ouvriers qui le professent, j'ai cru devoir, pour mieux me conformer aux conditions exigées par le programme, présenter, dans un chapitre à part, les moyens de salubrité que je propose, et les mettre ainsi plus à la portée des ouvriers. Je parlerai ici des appareils propres à assainir les ateliers de doreurs; j'indiquerai les principes sur lesquels repose leur construction, pour qu'on puisse les appliquer sans peine à tous les cas particuliers. Je terminerai en indiquant les différentes précautions que j'ai conseillé de prendre, et en les rappelant dans l'ordre où elles ont été proposées, j'en développerai quelques-unes sur lesquelles il me paraît plus utile d'insister.

Le doreur qui veut monter un atelier doit choisir, s'il le peut, un local assez grand, exposé au nord, bien aéré et bien éclairé. La cheminée de l'atelier doit être large; elle doit avoir au moins cinq ou six mètres de hauteur; le tirage doit en être reconnu bon; elle ne doit être commandée par aucun bâtiment voisin; elle ne doit recevoir dans toute sa hauteur aucun tuyau de poêle ni de cheminée, et doit ne servir que pour l'atelier de doreur, et n'avoir aucune communication avec les autres cheminées de la maison.

Le local étant choisi, il faut bien assurer en tout temps le tirage de la cheminée, et pouvoir même à volonté le rendre plus ou moins rapide; voici les moyens à employer pour arriver à ce but.

Ce qu'on nomme tirage d'une cheminée n'est que l'effet produit par l'ascension de l'air dans le tuyau de cette cheminée; pour que cet effet ait lieu, il faut échauffer convenablement la colonne d'air dans ce tuyau, et laisser affluer dans la pièce où elle se trouve assez d'air du dehors pour pouvoir continuellement remplacer celui qui est entraîné vers la partie supérieure du bâtiment.

(1) Nous donnons ici le chapitre 16 du mémoire de M. D'Arcet, complet, parce qu'il contient les instructions les plus détaillées sur le service et la marche des appareils salubres des doreurs, et qu'il sera indispensable aux architectes ou aux doreurs qui voudront faire construire ou employer ces appareils.

On donne ordinairement de l'air dans les pièces où les cheminées fument, en en ouvrant les portes ou les croisées. Cette méthode introduit dans la chambre une trop grande quantité d'air à la fois, et y forme surtout des courants rapides et irréguliers qui s'opposent souvent à l'effet qu'on veut produire. Il est préférable d'établir à chaque croisée de l'atelier un bon vasistas à soufflet, s'ouvrant en dedans (1), et placé au haut de la croisée. L'air extérieur qui entre dans l'atelier, en passant par ces vasistas, se mélange à l'air le plus chaud qui se trouve toujours vers le plafond, s'échauffe ainsi et n'abaisse point la température du bas de l'atelier. On peut alors en tenir les portes et les fenêtres fermées sans nuire au tirage de la forge ou à la santé des ouvriers doreurs. Par ce moyen, l'air reste calme, et se trouve plus frais en été et plus chaud en hiver que celui qu'ils respirent maintenant en laissant ouvertes les portes ou les croisées de leurs ateliers (2).

Les précautions pour remplacer l'air que le tirage de la cheminée doit emporter au dehors étant prises, il ne s'agit plus que de construire sous la forge un petit fourneau d'appel pour échauffer à volonté, et plus ou moins, la colonne d'air qui se trouve dans la cheminée, ce fourneau d'appel sert pour ainsi dire de gouvernail à tout l'appareil; on peut ne l'allumer que lorsque la forge tire mal, mais il vaut mieux l'allumer tous les jours et utiliser le combustible que l'on y brûle en le plaçant de manière à pouvoir s'en servir pour chauffer le poêlon au mat, ou pour tout autre usage utile à l'atelier. Le but étant d'échauffer l'air contenu dans la grande cheminée, on sent que les parois de la cheminée du fourneau d'appel doivent être assez épaisses pour conserver à la fumée toute sa chaleur. On doit donc construire cette cheminée en briques jusqu'à une certaine hauteur, et la terminer par un tuyau en tôle de dix à douze

(1) Si on peut tirer de l'air d'une cave, il ne faut pas négliger de le faire; il faudra alors le conduire au moyen d'une gaîne en bois jusqu'à 40 ou 50 cent. du plafond. Cet air paraîtra chaud en hiver et frais en été. On pourra en régler l'arrivée au moyen d'une clé adaptée à la gaine en bois. On pourra encore profiter en hiver de l'air que l'on peut tirer du dehors et l'échauffer en le faisant passer à travers les bouches de chaleur du poêle destiné à chauffer l'atelier.

(2) Les ouvriers doreurs accoutumés à vivre dans des ateliers remplis de mercure en vapeur et de gaz délétères, et à ne chercher d'autre remède au mal qu'en introduisant beaucoup d'air dans leurs ateliers, se décident avec peine à se servir de vasistas et à tenir les portes et fenêtres fermées. J'ai trouvé de fortes oppositions de ce côté; mais l'expérience prouvera bientôt aux doreurs que leur forge ira d'autant mieux que l'air de l'atelier sera plus calme; ils sentiront alors qu'en assurant bien le tirage de leur cheminée au moyen des vasistas et d'un fourneau d'appel, ils peuvent faire comme nous faisons dans nos appartements, où nous fermons tout en été pour éviter les grandes chaleurs, et en hiver pour nous garantir du froid.

centimètres de diamètre, afin de diminuer le moins possible l'ouverture de la cheminée de la forge. Ce tuyau en tôle doit monter dans la grande cheminée jusqu'à deux mètres au moins au-dessus de l'atelier.

Le fourneau d'appel doit être construit pour y brûler du charbon de terre, ce qui donne une grande économie lorsqu'on s'en sert pour chauffer le poêlon au mat. Ce fourneau doit être placé de manière à porter le plus directement possible la fumée au centre du tuyau de la grande cheminée; il peut donc être construit, selon les localités, en dehors de la forge, ou sous sa paillasse.

On voit, d'après ce qui vient d'être dit, que le poêle d'un atelier de doreur, en le supposant assez grand et garni de bonnes bouches de chaleur, peut remplacer en hiver les vasistas et le fourneau d'appel; car l'air chaud que donneront les bouches de chaleur peut fournir au tirage de la cheminée, et le tirage peut être bien établi au moyen du tuyau de poêle, qui devra alors être placé dans la cheminée de la forge, et y être terminé par un coude.

Il est évident que le tirage de la forge sera d'autant plus rapide à l'ouverture de cette forge où l'ouvrier travaille, que cette ouverture sera plus petite, par rapport à la largeur du tuyau de la cheminée. L'expérience a prouvé qu'on pouvait la réduire, sans gêner le travail des ouvriers, à 40 ou 50 centimètres de hauteur. On peut rétrécir cette ouverture, soit avec une languette en plâtre, soit avec un châssis en fer ou en bois, garni de carreaux de verre, comme on le voit pl. 12.

Ces derniers châssis peuvent être fixes ou mobiles en dedans de la forge, ou ce qui est mieux, s'abaisser ou se hausser verticalement au moyen de contre-poids; il faut en outre garnir l'ouverture de la forge de rideaux en toile qui servent à fermer, quand on le peut, la partie de l'ouverture où l'on ne travaille pas, ce qui donne le moyen d'accélérer la vitesse du courant d'air du côté où l'on se sert de la forge.

On voit la disposition de ces rideaux dans la même planche; j'en recommande bien l'usage; les ouvriers doreurs s'y accoutumeront, et y trouveront le grand avantage de régler, comme ils le voudront, le tirage de leur cheminée, de le rendre d'autant plus fort qu'ils auront à faire sur la forge une opération plus dangereuse, et de le supprimer tout à fait, à volonté, en fermant ces rideaux pendant la nuit et les jours où l'on ne travaille pas à la forge.

Presque toutes les cheminées des villes sont rétrécies par le haut, au moyen de mitres ou de tuyaux de tôle de différentes formes. Ces constructions nuisent souvent au tirage des cheminées; il faudra donc, dans les cas difficiles, enlever ces constructions et les remplacer par une simple feuille de tôle placée horizontalement, à 30 ou 40 centimètres au-dessus de l'ouverture de la cheminée. On pourra essayer encore l'usage d'une gueule de loup, d'une bascule turque, et en venir même, dans certains cas, à l'emploi de la roue horizontale du tourne-broche à fumée.

Jusqu'ici nous n'avons parlé de la forge que sous le rapport du courant d'air qu'il faut y établir; nous allons maintenant nous occuper de sa distribution. L'ouvrier doreur devant faire, sous le manteau de cette forge, toutes les opérations insalubres dont il est chargé, a besoin qu'elle soit divisée par cases, afin de pouvoir toujours faire la même opération dans le même endroit, et pour ne point tacher de mercure les pièces de bronze dont la dorure est achevée.

Une forge complète de doreur doit se composer de six compartiments, séparés au moins par une languette de plâtre, mais communiquant toutes avec la cheminée principale, et se trouvant ainsi sous l'influence du fourneau d'appel, qui commande le tirage de cette cheminée.

On voit pl. 12 l'élévation et les coupes d'une forge de doreur complète.

Ce qui suit servira à bien faire comprendre ces dessins, dont on trouvera d'ailleurs la description à la fin de ce mémoire.

La construction de l'atelier étant terminée, et toutes les précautions indiquées plus haut étant prises, il me reste à dire de quelle manière le doreur doit y conduire son travail.

En entrant le matin dans l'atelier, il doit en ouvrir les vasistas et essayer la forge avec une motte allumée, avec une chandelle ou un morceau de papier gris donnant de la fumée, pour s'assurer si le courant d'air qui y est établi est ascendant; si le tirage est bon, l'ouvrier peut se servir de la forge sans danger; s'il trouve, au contraire, que le tirage de la forge est mauvais, et que l'air extérieur rentre par le tuyau de la cheminée dans l'atelier, il doit alors allumer le fourneau d'appel pour rétablir le courant d'air dans le sens convenable. Aussitôt que cet effet sera produit, ce dont il s'assurera en essayant la forge comme nous l'avons dit plus haut, il pourra sans crainte commencer son travail et le continuer en évitant, par les mêmes moyens, ces bouffées de fumée qui ramènent souvent dans les ateliers de doreurs, tels qu'ils sont construits maintenant, le mercure en vapeur et les gaz délétères qui y détruisent si promptement la santé des ouvriers.

Je vais maintenant parler des opérations que l'ouvrier doreur est chargé d'exécuter. Il doit recuire les pièces de bronze sous le marteau de la forge en *a*, fig. 1, 2 et 4; les vapeurs nuisibles que donne cette opération sont alors entraînées dans la cheminée générale, au moyen du courant ascendant que le fourneau d'appel y établit. L'ouvrier peut accélérer le courant d'air à volonté en augmentant le feu dans le fourneau d'appel *p*, ou en fermant en tout ou en partie, l'ouverture de la forge, au moyen des rideaux *h*.

Le recuit terminé, l'ouvrier doit dérocher les pièces de bronze, en les mettant tremper dans un baquet rempli d'acide sulfurique faible ou d'eau seconde, et en plaçant ce baquet en *b*, fig. 1 et 3, sous la paillasse de la forge à recuire dont je viens de parler (1), les vapeurs nuisibles qui se dégagent lors du recuit montent au moyen du tirage général par la petite cheminée qui couvre ce fourneau, passent à travers la forge *a* et se rendent dans la grande cheminée. On peut encore augmenter la vitesse de l'aspiration en fermant l'ouverture de cette case au moyen d'un châssis ou d'un rideau.

Les pièces dérochées doivent être blanchies en les frottant sous la forge *b* avec le mélange d'acide nitrique, de sel et de suie dont j'ai parlé au chapitre IX.

On doit encore se servir de cette forge pour préparer la dissolution mercurielle, pour distiller l'acide nitrique et l'amalgame passé à la peau de chamois, pour pratiquer toutes les opérations qui ont pour but de préparer ou de purifier les matières premières que le doreur emploie, et pour exploiter les déchets d'atelier.

L'ouvrier, avant de préparer son amalgame sous le manteau de la forge à passer, en *c*, doit bien s'assurer du tirage de cette forge : s'il est trop faible, il doit allumer du feu au fourneau d'appel et fermer les rideaux placés à l'ouverture de cette forge; il doit poser le creuset dans lequel se prépare l'amalgame au milieu de la paillasse, et doit y agiter l'or et le mercure avec une tige de fer courbée, en la tenant avec la main droite, couverte d'un gant de vessie, ou de taffetas ciré, et sans entrer la main sous la forge (2).

(1) J'ai fait arranger chez M. Delaunay, doreur à Paris, une forge à recuire où le baquet à dérocher se trouve placé en dedans de la forge et au niveau de son sol. On couvre le baquet avec une feuille de tôle un peu épaisse ou avec une plaque de fonte lorsqu'on veut allumer le feu sur toute la longueur de la forge; ce baquet se vide à volonté et se nettoie au moyen d'un robinet placé sur le devant, en passant à travers la maçonnerie. Cette disposition du baquet à dérocher est très-salubre, et laisse libre la place qu'il occupe ordinairement dans l'atelier.

(2) L'ouvrier chargé de préparer l'amalgame pourrait encore faire cette combinaison dans

La combinaison de l'or et du mercure étant achevée, l'ouvrier doit laver l'amalgame comme il le fait ordinairement; mais il ne devrait le comprimer qu'en le pressant avec ses doigts, garnis de gants de vessie, de taffetas ciré ou de peau épaisse, ou, ce qui serait mieux, en le serrant dans un nouet de peau de chamois.

L'ouvrier doreur ne doit appliquer l'amalgame sur la pièce de bronze, qu'en faisant usage de la dissolution mercurielle dont j'ai donné la composition, chap. VII, et il doit en outre pratiquer cette opération sur une table surmontée d'une hotte en planches ou en osier doublée de papier et communiquant avec la grande cheminée au moyen d'un tuyau de poêle coudé. Si le tirage de cette hotte ne paraissait pas assez rapide, il faudrait l'accélérer en allumant au centre un bon quinquet.

L'ouvrier doreur qui persistera à vouloir employer de l'eau forte pure au lieu de dissolution mercurielle, devra surtout prendre les précautions que je viens d'indiquer. Dans tous les cas, l'ouvrier devrait se couvrir les mains de gants faits avec de la vessie, du taffetas ciré ou de bonne peau, pour appliquer l'amalgame sur le bronze; il éviterait ainsi les causes d'insalubrité qui naissent du contact continuel de la dissolution métallique et de l'amalgame sur la peau.

Le tirage de la forge étant bien établi, l'ouvrier y porte la pièce en *c*, fig. 1, 2 et 4, pour passer au feu, et en volatiliser le mercure. Il doit alors avoir soin de la brosser en allongeant les bras sous le manteau de la forge, surtout s'il fait agir la brossse en revenant sur lui-même, ce qui peut, malgré le courant d'air, ramener du mercure vaporisé autour de sa figure, et dans l'atelier. L'ouvrier a ordinairement la main gauche garnie d'un gant épais; il devrait le faire doubler en vessie ou en taffetas ciré, et devrait mettre un gant de vessie à sa main droite : cette précaution devient surtout nécessaire s'il veut suivre le conseil donné plus haut, et ne pas passer la pièce sur le devant de la forge, parce qu'alors ses mains se trouveront beaucoup plus exposées aux vapeurs mercurielles.

J'insiste beaucoup pour changer de méthode en brossant la pièce de bronze chargée d'amalgame; l'opération ne serait plus nuisible si on

une fiole ou dans un matras. M. de Tingry, qui a proposé ce moyen, comme nous l'avons déjà dit, a trouvé, en l'appliquant dans un atelier de doreur, à Genève, que l'on évitait ainsi le dégagement des vapeurs mercurielles qui sont si insalubres, qui occasionnent la perte de plus du quart du mercure employé, et rendent très-incertain sur le dosage de l'amalgame.

l'exécutait comme nous venons de l'indiquer, et surtout si l'ouvrier brossait la pièce en faisant aller la brosse de gauche à droite, et de droite à gauche sans la ramener sur lui, ce que j'ai facilement et souvent fait exécuter devant moi.

L'ouvrier doreur ayant fini de passer les pièces qu'il a à dorer, doit les bien laisser refroidir sous le manteau de la forge à passer, en les couvrant d'une feuille de papier pour qu'il ne tombe pas dessus des gouttelettes de mercure. Son ouvrage étant fini, il doit aussitôt se laver avec soin les mains, la figure et la bouche; il ne doit pas surtout manger en faisant cette opération, qui est une des plus dangereuses de l'art qu'il professe.

Lorsque l'ouvrier met au mat la pièce de bronze dorée, il donne encore naissance à des vapeurs qu'il doit éviter avec soin de respirer, si la forge tire mal.

L'opération de la mise au mat est extrêmement dangereuse, parce que, dans ce cas, le courant descendant ramène dans l'atelier du mercure en vapeur et des acides dus à la décomposition des substances salines qui forment le mat; il se produit alors dans l'atelier des sels mercuriels qui ont l'action la plus nuisible sur l'économie animale, et qui malheureusement, étant réduits en vapeur et à l'état naissant, sont d'autant plus facilement absorbés par l'ouvrier qui les respire.

L'opération de la mise au mat se pratique en *k*. Le fourneau d'appel étant utilisé pour chauffer le poêlon au mat, comme on le voit en *p*, le doreur est toujours assuré d'opérer sous l'influence d'un bon courant d'air, qu'il peut d'ailleurs accélérer à volonté en fermant les rideaux des parties de la forge où l'on ne travaille pas (1); il se dégage encore quelques vapeurs nuisibles, ou au moins désagréables, lorsque l'ouvrier plonge dans l'eau la pièce qu'il retire du fourneau à mettre au mat. Le tonneau où se fait cette opération doit donc être placé sous l'influence d'un courant d'air dirigé vers la cheminée de la forge, comme on le voit en *e* : si la forge tire bien, les ouvriers doreurs peuvent éviter tous les inconvénients dont nous venons de parler : ils

(1) On doit chauffer avec du coke ou charbon de terre épuré, l'espèce de fourneau dont l'ouvrier doreur se sert pour mettre au mat les pièces de bronze dorées, et qui consomme ordinairement une très-grande quantité de charbon de bois; le courant d'air rapide que l'on peut établir sous la forge, évite toute odeur, et l'ouvrier trouve dans l'emploi de ce combustible une grande économie, et plus de facilité pour régler son travail. Quant au fourneau d'appel, l'ouvrier ne doit le chauffer qu'avec du charbon de terre ordinaire.

ne doivent donc pas hésiter à y entretenir l'aspiration convenable, et à faire usage de ce grand moyen de salubrité.

Les précautions que nous venons d'indiquer pour mettre les pièces dorées au mat, doivent être de même prises lorsqu'on les met en or moulu, ou lorsqu'on leur donne la couleur d'or rouge ; car l'on a à craindre, dans la pratique de ces procédés, l'absorption des sels mercuriels, des sels à base de cuivre et des oxides de ces métaux. Je ne puis que bien recommander l'emploi des moyens de salubrité indiqués plus haut et que j'ai toujours vu réussir.

Lorsque les pièces dorées ont été mises au mat et sont terminées, l'ouvrier a l'habitude de les faire chauffer, de les tremper dans l'eau seconde pour en enlever l'épargne qui peut y adhérer, et pour les bien nettoyer : il les lave ensuite à l'eau chaude et les fait sécher sur un réchaud rempli de braise allumée; ce réchaud répandant des gaz délétères dans l'atelier, doit en être éloigné; on doit le placer sous le manteau de la forge a recuire en *a* ou sous une petite hotte particulière, afin que les globules de mercure qui se trouvent dans la cheminée de la forge ne retombent pas sur les pièces dorées (1). On pourrait encore remplacer ce réchaud par une étuve convenablement construite, et qui pourrait servir de poêle à courant d'air en hiver; je crois même qu'un quinquet qui éclairerait l'atelier, suffirait pour échauffer assez fortement une plaque de tôle oxidée ou vernie, ou une feuille de cuivre sur laquelle on poserait les pièces dorées que l'on veut faire sécher. L'ouvrier, qui a continuellement la tête penchée sur le réchaud, a grand intérêt à employer un de ces moyens de salubrité, qui sont d'ailleurs si simples, que je ne crois pas utile de les mieux développer : il en est de même pour les précautions que j'ai indiquées au sujet du ramonage des cheminées de doreurs. Le chapitre qui contient les détails de cette opération ne laisse, je crois, rien à désirer.

Quelques personnes ont pensé que si l'on pouvait supprimer l'emploi du mercure dans l'art du doreur sur bronze, on détruirait par cela seul l'insalubrité des ateliers où se pratiquent les opérations de cet art. Cette idée n'est point exacte, car l'insalubrité de ces ateliers doit être attribuée à plusieurs causes. On a fait bien des tentatives pour remplacer le mer-

(1) On pourrait cependant, en adoptant le plan que je propose, faire sécher les pièces de bronze dorées sur la plaque de fonte du fourneau d'appel, en ayant soin de les y poser entre deux feuilles de bon papier, et en ne chauffant la plaque qu'au degré convenable pour ne pas brûler ce papier.

cure, mais elles n'ont point eu de succès, et on le conçoit facilement lorsqu'on examine avec soin les procédés de la dorure au moyen de l'amalgame.

Ces procédés, dus à des hasards heureux, ou à cette série de succès et de revers que l'on nomme pratique, et qui conduit les arts peu à peu à leur perfection, ne laissent à désirer que d'être moins insalubres; ils remplissent complétement et économiquement le but que l'on se propose; les résultats en sont parfaits. Je ne pense donc pas qu'il faille changer ces procédés. En supposant même qu'on parvînt à faire mieux, par d'autres moyens, ce ne serait point la génération actuelle qui profiterait de cette amélioration, parce que les ouvriers ne changent pas facilement, et à tous coups, de méthode; la routine s'oppose à ces secousses, même lorsqu'elles doivent être utiles. On voit donc qu'il faudrait encore, dans ce cas, penser à perfectionner les appareils; à plus forte raison doit-on s'efforcer de le faire, puisque nous n'avons maintenant aucune espérance de dorer sur le bronze solidement, et comme le demande le commerce, sans faire usage de l'amalgame.

J'ai dit que les ouvriers doreurs devaient se laver avec soin en sortant de l'atelier, qu'ils ne devaient jamais y prendre leurs repas, et qu'il leur serait même avantageux de suivre un régime approprié au genre de dangers qui les entourent; j'ajouterai qu'ils devraient changer d'habits en entrant dans l'atelier, et passer un sarrau de toile attaché autour des poignets et fixé autour du corps au moyen d'une ceinture; ce serait l'habit de travail qu'ils quitteraient en sortant pour reprendre leurs vêtements, serrés pendant ce temps dans une armoire éloignée des ordures, et surtout des vapeurs de l'atelier.

Je suis convaincu que ces précautions réunies, sont plus que suffisantes pour rendre l'état de doreur aussi peu insalubre que les états ordinaires. On voit que, dans le cours de ce travail, j'ai principalement adopté les moyens de salubrité qui dépendent de la perfection des ateliers et des outils (1), je n'ai indiqué que le moins possible les précautions de nature à gêner le travail, parce que ces moyens seraient souvent en opposition avec les besoins de l'ouvrier, qu'ils nuiraient à la perfection de l'ouvrage

(1) Il n'est question ici que des précautions à prendre dans les ateliers de doreurs. Lorsqu'il faut dorer des pièces de grandes dimensions, comme une statue, un grand vase, etc., les forges ordinaires de doreurs ne se trouvant pas assez grandes, on est obligé de dorer en plein air; c'est alors que l'ouvrier doit s'isoler autant que possible, en travaillant dans un courant d'air, en se tenant au-dessus du vent, en s'attachant une éponge mouillée sur la bouche et le nez, en

ou à la rapidité de l'exécution, et surtout parce que les ouvriers ne les adopteraient point; car il est de fait que l'ouvrier français préfère toujours le moyen expéditif et simple, quoique dangereux, au moyen plus salubre, mais plus compliqué. L'amour-propre lui fait d'ailleurs rejeter l'usage des précautions les plus ordinaires; il est peu d'ateliers où on ne se moque de l'ouvrier qui soigne sa santé, et les choses y arrivent ordinairement au point qu'il est bientôt obligé de faire comme ses camarades, et de refuser les moyens de salubrité qui lui sont offerts. Il faut donc rendre, autant que possible, ces moyens indépendants de sa volonté, et éviter ainsi les causes de l'opposition due à la routine, car c'est, je crois, le seul obstacle qui reste à vaincre pour atteindre le but proposé.

mettant un masque avec des yeux de verre, et se couvrant les mains avec de bons gants, etc., etc. Ces moyens qui ont été proposés depuis longtemps, mais surtout dans ces dernières années, par M. Gosse, de Genève, par M. Brizé-Fradin, etc., peuvent être alors employés avec grand avantage. L'ouvrier doit surtout éviter de respirer l'air chargé de gaz délétères, et de mercure en vapeur; il doit en outre prendre toutes les précautions de salubrité que nous avons indiquées plns haut.

TABLEAU N° 2.

Expérience complète faite sur trois patères en alliage ordinaire, en les pesant après chacune des opérations que pratique l'ouvrier doreur.

NUMÉROS.	PATÈRES ciselés.	PATÈRES recuits.	PATÈRES dérochés à blanc.	PATÈRES dorés sur buis.	PATÈRES gratte-bossés.	PATÈRES mis au mat.	PATÈRES avec filets brunis.	OBSERVATIONS.
1	gr. 147,650	gr. 147,660	gr. 147,010	gr. 147,610	gr. 147,610	gr. 147,330	gr. 147,320	On peut conclure des expériences rapportées dans ce tableau: 1° Que le recuit augmente le poids de la pièce, et que par conséquent il y a oxidation du métal, ce qui peut être désavantageux; 2° Que le dérochage en diminue le poids; 3° Que le gratte-bossage diminue aussi le poids de la pièce dorée sur buis; 4° Que la mise au mat attaque fortement la pièce et en diminue beaucoup le poids; 5° Que l'opération du bruni ne change pas sensiblement le poids des pièces de bronze dorées.
2	142,600	142,650	142,000	142,690	142,680	142,450	142,445	
3	162,430	162,430	162,040	162,700	162,690	162,500	162,500	

TABLEAU N° 1.

Numéros d'ordre.	SUBSTANCES MÉTALLIQUES seules ou alliées. Cuivre.	Zinc.	Étain.	Plomb.	Pesanteurs spécifiques.	OPINION du fondeur.	OPINION du ciseleur.	OPINION du tourneur.	OPINION du doreur.	POIDS des pièces avant la dorure.	POIDS des pièces après la dorure.	QUANTITÉS d'or que les pièces ont reçues.	OBSERVATIONS.
1	100	....	....	....	8,700	Difficile à fondre et coulant pâteux.	Trop mou, graissant l'outil.	*Idem.*	Employant trop d'or.	137,150	137,820	gr. 0,670	[1] L'alliage n° 4 est l'alliage n° 3 soumis à la trempe.
2	70	30	....	....	8,443	Coulant trop pâteux.	Bon, mais un peu mou.	*Idem.*	Bon.	142,660	143,110	0,450	[2] Les alliages n° 9, *a* et *b*, m'avaient été remis par M. Dussaussoy, comme bronzes trouvés très-bons par M. Thomire. Les alliages n° 10, *a* et *b*, m'ont été remis de même, mais comme échantillons de bronzes trouvés mauvais.
3	80	....	20	....	8,940	Très-facile à fondre et coulant parfaitement.	Très-mauvais, très-sec et très-cassant.	Mauvais et trop dur à couper.	Mauvaise couleur se dérochant mal; l'amalgame s'y applique trop difficilement.	159,800	160,260	0,460	[3] Analyse de l'alliage employé par les frères Keller.
4[1]	80	....	20	....	8,940	Un peu meilleur que le n° 3.	*Idem.*	*Idem.*	De même qu'au n° 3.	148,164	148,930	0,766	[4] Alliage proposé par M. Léonard Tournu. La boîte n° 4 contient les huit premiers échantillons cités dans ce tableau. On voit que les pièces nos 1, 4 et 5, sont celles qui ont absorbé le plus d'amalgame; ce sont les patères fondus en cuivre rouge, en alliage de cuivre et d'étain soumis à la trempe, et en métal à canon, ce qui s'accorde bien avec l'opinion des ouvriers doreurs.
5	90	....	10	....	8,780	Coulant un peu difficilement.	Assez bon.	Assez bon.	Mauvaise couleur, mais assez bon du reste.	141,604	142,315	0,711	On ne peut pas, au reste, beaucoup compter sur les résultats consignés dans ce tableau, à cause des erreurs qui peuvent naître
6	63,70	33,55	2,5	0,25	8,595	Bon alliage.	Bon.	Très-bon.	Très-bon, belle couleur.	148,857	149,420	0,583	1° De la dissolution du bronze lorsqu'on passe la pièce au mat;
7	82	18	3	1,5	8,215	Très-bon alliage.	Très-Bon.	Très-bon.	Très-bon, très-belle couleur.	143,987	144,625	0,638	2° Des inégalités dans l'application de l'amalgame;
8	64,45	32,44	0,25	2,86	8,542	Très-bon alliage, comme le n° 6.	*Idem.*	*Idem.*	*Idem.*	147,040	147,640	0,600	3° Du peu d'or que l'on met sur chaque pièce, et qui, en augmentant à peine son poids, rend les différences trop peu sensibles. On voit cependant que le doreur peut employer, sans grand inconvénient, le cuivre rouge et presque tous les alliages de cuivre, d'étain, de zinc et de plomb; mais qu'il n'en est pas de même du fondeur, du ciseleur, du tourneur et du brunisseur, qui ont besoin de trouver certaines propriétés dans l'alliage qu'ils emploient; il faut donc choisir entre tous les alliages celui où les qualités nécessaires se trouvent réunies dans la proportion la plus convenable pour satisfaire le mieux possible à toutes les conditions.
9[2]	*a*... 70,90	22,05	2,00	5,05	8,392								
	b... 72,43	22,75	1,87	2,95	8,275								
10	*a*... 70,19	26,21	1,41	2,19	8,249								
	b... 69,87	26,95	1,53	1,65	8,262								
11[3]	94,40	5,53	1,70	1,37	......								
12[ ]	82,257	17,481	0,238	0,024	......								

RAPPORT

Fait à la société d'encouragement pour l'industrie nationale, au nom du Comité des arts chimiques, sur un ouvrage de M. D'Arcet, ayant pour titre : Mémoire sur l'art de dorer le bronze, au moyen de l'amalgame d'or et de mercure, par M. Mérimée.

Messieurs, il ne m'a pas été possible, jusqu'à ce jour, de m'acquitter de l'obligation contractée, il y a quelques mois, de vous rendre compte de l'ouvrage dont notre collègue, M. d'Arcet, vous a fait hommage, sous le titre de *Mémoire sur l'art de dorer le bronze, au moyen de l'amalgame d'or et de mercure.* Ce retard, indépendant de ma volonté, a été heureusement réparé par l'insertion dans le bulletin n° CLXIX, dix-septième année, page 207, du rapport de notre président (M. le comte Chaptal) sur le mémoire de notre collègue.

D'après un pareil rapport vous avez été à portée d'apprécier tout le mérite d'un travail entrepris dans des vues philanthropiques, et couronné de la manière la plus honorable par l'Académie des sciences. Ainsi, sous ce point de vue, ma tâche se trouve remplie; mais depuis l'époque du rapport, depuis même la publication de l'ouvrage, on a obtenu des résultats importants aux progrès de notre industrie ; et, d'après cette considération, je crois devoir vous les faire connaître.

Vous savez mieux que personne, Messieurs, qu'il est souvent plus difficile de faire adopter un procédé nouveau ou un perfectionnement utile, que d'en faire la découverte. Cette observation est vérifiée d'une manière frappante dans la circonstance présente. La question qui fait le sujet du prix proposé par feu M. Ravrio, était depuis longtemps résolue par notre collègue.

Au moyen d'une disposition très-simple, il avait fait disparaître du laboratoire d'essais, à la Monnaie, les vapeurs délétères qui le remplissaient auparavant, et avaient gravement compromis sa santé.

Ainsi, un pareil concours, qui ne lui présentait aucunes nouvelles recherches à faire, devait lui paraître fort au-dessous de ses talents; mais en se pénétrant mieux de l'intention du testateur, il vit que, pour la remplir complétement, il fallait non-seulement trouver les moyens propres à conserver la santé des ouvriers, mais qu'il fallait surtout les faire adopter dans tous les ateliers de doreurs. Prévoyant alors les difficultés qu'il aurait à surmonter dans une pareille entreprise, il a eu besoin, pour s'y dévouer, de tout son courage et de son amour de l'humanité.

J'ai été, ainsi que plusieurs de nos collègues, témoin d'une des expériences les plus concluantes en faveur des moyens préservatifs de M. D'Arcet.

M. Delaunay, fabricant de bronzes, rue du Faubourg-du-Temple, n° 1, avait à dorer une pièce d'une dimension extraordinaire : s'il eût été réduit à opérer suivant les anciens procédés, il eût établi son opération en plein air, et relayé ses ouvriers le plus souvent possible. Ainsi, en supposant que le vent eût soufflé constamment dans la même direction, et que les vapeurs n'eussent pas atteint les travailleurs, elles eussent été nécessairement poussées vers quelques maisons voisines, et les habitants en auraient été plus ou moins incommodés.

Avec l'appareil de M. D'Arcet, l'opération s'est faite, comme à l'ordinaire, dans l'atelier, sans incommoder personne, et il était si évident pour les ouvriers qu'ils ne pouvaient respirer les vapeurs meurtrières, que tous s'offrirent à l'envi pour un travail auquel ils n'auraient participé qu'avec une extrême répugnance, parce que, de quelque manière qu'il eût été conduit, la plupart de ceux qui l'auraient suivi en auraient reçu de fâcheuses atteintes.

Dans la joie qu'ils ressentirent de se voir délivrés d'un danger jusqu'alors inséparable de leur profession, ils résolurent de célébrer à l'instant même, par un toast à leur libérateur, cet événement inespéré, et prièrent leur maître d'écrire à M. D'Arcet pour lui rendre compte du succès de l'opération et lui exprimer leur reconnaissance.

Il est aisé de concevoir combien notre collègue dut être sensible à cet élan de reconnaissance. Il méritait, par son dévouement et sa constance, de rencontrer partout les mêmes dispositions; dès-lors la tâche qu'il s'était imposée ne lui eût offert qu'une succession de jouissances; mais il n'en a pas été ainsi; il a eu souvent à lutter contre la prévention, l'ignorance, l'avarice, ou l'égoïsme, et la lutte n'est pas terminée; car, il faut le dire, il se trouve encore de grands établissements où l'on semble ignorer qu'il existe des moyens de préserver les ouvriers des dangers auxquels ils sont journellement exposés.

Il serait trop pénible de croire que l'indifférence des fabricants pour la santé de leurs ouvriers, tient à ce qu'ils n'en partagent pas les dangers, et qu'ils peuvent aisément remplacer les hommes qui succombent.

Cependant, on ne trouve aucune bonne excuse à cette coupable négligence. Faudra-t-il recourir à l'autorité pour les contraindre à ménager la santé de leurs semblables, puisqu'ils paraissent sourds à la voix de l'humanité ?

Malgré ces obstacles, la tâche que M. D'Arcet s'est imposée, et qu'il poursuit avec persévérance, sera bientôt achevée. On compte déjà plus de soixante ateliers de doreurs où les moyens de salubrité sont en usage; et probablement, d'ici à quelques mois, on ne verra plus dans nos hôpitaux un seul ouvrier atteint de l'affreuse maladie produite par les émanations mercurielles.

L'appareil imaginé pour assainir les ateliers de doreurs se rattache à un principe fécond en applications utiles. C'est le même que notre collègue a employé dans la construction de l'appareil fumigatoire établi à Saint-Louis. C'est aussi par ce moyen qu'il a rendu inodores les lieux d'aisances de la rue des Filles Saint-Thomas, vis-à-vis la rue des Colonnes, et une des fosses de l'hôpital Saint-Louis. Ces applications si utiles ne peuvent manquer de perfectionner l'art du fumiste.

J'ai vu une construction semblable à celle de la cheminée des ateliers de doreurs, employée avec le plus grand succès dans une cuisine, et je regarde cette application comme une des plus heureuses, parce qu'elle tourne au profit de la classe moyenne de la société, dont il est important d'augmenter le bien-être. Les riches ne sont jamais embarrassés de se procurer leurs aises.

Dans beaucoup d'habitations, la cuisine se trouve près de la pièce où l'on mange, ou si elle est éloignée, le service en devient plus embarrassant. Au moyen de l'appareil de M. D'Arcet, jamais l'odeur de la cuisine ne peut se répandre au dehors des fourneaux. Il serait dans la salle à manger même, qu'on ne s'en apercevrait pas.

Vous croirez sans peine, Messieurs, que M. Lenoir-Ravrio, héritier du nom et de la fortune de M. Ravrio, son bienfaiteur et son ami, et dont les beaux magasins, établis rue des Filles-Saint-Thomas, excitent l'attention générale par la richesse des objets qu'ils renferment, n'a pas manqué d'adopter les procédés de M. D'Arcet. Aussi a-t-il fait construire chez lui la forge de doreur la plus complète qu'on connaisse, et la plus propre à servir de modèle à toutes celles que l'influence de son exemple pourrait faire adopter par la suite. Cette considération nous engage à vous proposer de faire lever les plans de cet appareil, et d'en publier la gravure dans votre bulletin, accompagnée d'une description détaillée.

Une pareille publication sera sans doute accueillie avec intérêt.

Je crois aussi, Messieurs, entrer pleinement dans vos vues, en vous proposant non-seulement de remercier notre collègue d'avoir enrichi la bibliothèque de la Société d'un ouvrage éminemment utile, mais surtout d'applaudir au zèle persévérant qu'il a développé pour faire adopter ses moyens préservateurs; car c'est particulièrement à ce zèle qu'on devra l'accomplissement du vœu philanthropique de M. Ravrio.

Adopté en séance, le 18 novembre 1818.

Signé : MÉRIMÉE, *rapporteur.*

Assainissement des ateliers de dorure par la voie humide. (1842.)

Depuis l'époque du travail qui précède, l'art du doreur sur bronze a éprouvé une immense révolution.

Les procédés de dorure par la voie humide, et les procédés galvaniques qui servent à argenter, dorer, platiner les autres métaux, ont réduit d'une manière si extraordinaire les prix de revient de la dorure, multiplié et varié si largement les ressources et les produits de cette industrie, qu'elle envahit, au moins en très-grande partie, l'ancien travail par le mercure, mais sur une échelle bien autrement grande.

On avait espéré, dans les premiers moments, que les procédés par la voie humide et sans mercure rendraient désormais cette industrie tout à fait salubre; on a reconnu promptement qu'il en était autrement, et que les vapeurs nitreuses dégagées dans le dérochage des pièces et dans la dissolution des métaux, au milieu de la fabrication la plus active, étaient plus dangereuses encore que celles du mercure (1).

M. D'Arcet, dans un rapport fait à M. le préfet de police, en 1842, sur

(1) L'on verra, par ce qui suit, que M. Mérat qui, en 1818, avait bien voulu joindre un très-bon chapitre d'hygiène à mon mémoire sur l'art du doreur, pensait déjà, ainsi que moi, que l'insalubrité de cet art devait être attribuée plutôt à l'action des vapeurs acides qu'au mercure vaporisé : voici, en effet, la phrase qui se trouve dans la lettre de M. Mérat, faisant partie du volume imprimé il y a vingt-quatre ans, page 28, et dont un extrait se trouve page 61 de ce volume.

« Les autres accidents qu'éprouvent les doreurs sont passagers; cependant les vapeurs acides « qu'ils respirent dans le *dérochage* sont fort insalubres et attaquent la poitrine de beaucoup de « ces ouvriers, surtout de ceux qui l'ont délicate; elles causent de la toux, de la sécheresse, de « l'irritation à la gorge et aux poumons; en un mot, *elles sont peut-être plus nuisibles encore que les* « *vapeurs mercurielles, quoiqu'elles effraient moins ces artisans.* »

Voici, en outre, la note que j'ajoutai au bas de la même page et au sujet du passage qui vient d'être cité.

« Ce que j'ai dit à ce sujet dans les chapitres 9, 10 et 16, et surtout à la page 145, prouve coml'assainissement des ateliers de dorure par la voie humide, et enparticulier de celui de M. Élambert, dit :

« Le procédé de dorure par la voie humide a pris un grand développement depuis deux ans ; les ateliers où on le pratique et les ouvriers qui en font usage se multiplient ; ce nouveau procédé reçoit chaque jour des perfectionnements, et tout annonce que ses produits, par leur variété, par leur bel aspect et par leur bas prix, lutteront avec grand avantage contre ceux des ateliers où l'on dore au moyen du mercure. L'introduction du procédé de dorure par la voie humide, dans la pratique de l'art du doreur sur métaux, opère donc une véritable révolution dans cette industrie, et, comme il est certain, maintenant, que ce nouveau procédé l'emportera, dans la plupart des cas, sur l'ancien, il est utile d'examiner, dès à présent, quelles seront les conséquences de cette innovation, sous le rapport de la salubrité, afin de pouvoir, dès l'origine, prendre s'il en est besoin, les meilleures mesures pour l'assainissement des nouveaux ateliers de doreurs.

« Les publications où il a été rendu compte des premiers succès obtenus dans l'application de la dorure par la voie humide ont été faites sous l'influence de sentiments généreux, inspirés par la contemplation des produits nombreux et brillants d'une nouvelle industrie ; mais en étudiant les procédés de cette industrie plus froidement, ou en s'en rapportant à l'expérience acquise, on est forcé de reconnaître que l'on avait été trop loin en proclamant que le nouveau procédé de dorure faisait tout naturellement, en faveur de la santé des doreurs, bien plus que n'avait pu faire l'application de la ventilation forcée pour l'assainissement des ateliers où la dorure est opérée par le moyen du mercure. Ce qu'a obtenu la noble conduite de M. Ravrio, pour la conservation de la santé des ouvriers doreurs, n'est point devenu inutile pour ceux de ces ouvriers qui adoptent les nouveaux procédés, et je pense qu'il est au contraire vrai de dire, qu'en faisant abstraction de tout moyen d'assainissement, les procédés de dorure par la voie humide sont plus insalubres que celui où l'on emploie le mercure, et par conséquent tout ce qui est fait

« bien j'avais senti l'importance des précautions dont parle M. le docteur Mérat. L'expérience « m'a prouvé que les gaz délétères provenant du dérochage, de l'application de l'amalgame et du « réchaud à sécher, *étaient la cause de maladies bien plus dangereuses que ne l'est le tremblement mercuriel ;* aussi ai-je fortement insisté dans mon mémoire, et auprès des ouvriers, pour qu'on fît « toujours ces opérations sous la forge et sous l'influence d'un bon courant d'air. »

(*Note de M. D'Arcet*. — 1842.)

pour assainir les anciens ateliers de doreurs devra être, à plus forte raison, ordonné et appliqué dans les ateliers où l'on voudra dorer par la voie humide.

J'espère que ce qui suit ramèneratout lecteur à cette opinion.

On avait exagéré le mal que produirait l'emploi du mercure dans les ateliers de doreurs; des recherches suivies, faites dans les hôpitaux, m'avaient prouvé ce fait, que j'ai signalé, en 1821, dans mon mémoire sur la construction des cuisines salubres : aussi est-il arrivé que l'assainissement de ces ateliers a été en très-grande partie obtenu, bien qu'on n'y ait adopté que fort imparfaitement les moyens de salubrité que j'avais indiqués dans mon Art du doreur, couronné par l'Académie des Sciences en 1818 : en effet, la substitution du nitrate de mercure à l'acide nitrique, autrefois employé, pour appliquer l'amalgame d'or sur le bronze; le rétrécissement de l'ouverture antérieure des forges à passer et à mettre au mat; quelques faibles moyens d'appel, et quelques soins de propreté, ont suffi pour rendre le tremblement mercuriel si rare, qu'en quatre années de service à la Charité et à l'Hôtel-Dieu, en qualité d'interne, mon fils n'en a observé que deux cas qui ne présentaient même pas de gravité.

Les anciens ateliers de doreurs étaient rendus bien plus insalubres par les vapeurs acides provenant, soit de l'opération du dérochage, soit de l'application de l'amalgame sur le bronze, et de la mise au mat, que par le contact du mercure et des vapeurs mercurielles; or, dans le procédé de dorure par la voie humide, l'ouvrier a non-seulement à recuire et à dérocher les pièces plus fortement que dans l'ancien procédé, mais il faut aussi qu'il les mette au mat, et il doit, en outre, par la nature de son travail, opérer très en grand, et surtout employer l'eau régale et l'acide nitrique à haute dose pour dissoudre l'or, le platine et l'argent dont il doit recouvrir les surfaces du bronze; aussi est-ce un fait déjà reconnu par les ouvriers, que les nouveaux ateliers de doreurs sont plus insalubres que les anciens. L'on était, il est vrai, plus frappé par la vue de quelques ouvriers atteints presque subitement, et tremblant de tous leurs membres, que par l'altération graduelle de la santé, et la mort lente des hommes obligés de vivre dans des ateliers peu spacieux, et continuellement remplis de vapeurs acides très-délétères : voilà d'où vient que l'emploi du mercure a été présenté comme étant presque la seule cause de l'insalubrité des anciens ateliers de doreurs. C'était là une erreur, et il fallait la réfuter dans l'intérêt de l'adoption des nouveaux procédés de dorure, car sans cela il aurait fallu attendre pour assainir les nouveaux ateliers de doreurs, qu'une fatale expérience vînt en démontrer l'absolue nécessité : mais tout est prêt pour obtenir l'assainissement de ces ateliers à leur origine et lors de leur construction, car les travaux faits pour répondre aux vœux philanthropiques de Ravrio, loin de devenir inutiles, comme cela a été dit, suffiront et au-delà bien certainement pour détruire l'insalubrité des opérations qu'ont à pratiquer les doreurs par la voie humide : j'ai cru devoir saisir l'occasion qui se présentait ici de publier ces observations et de rétablir les faits, afin d'empêcher l'opinion de s'égarer dans une question où il s'agit d'un art nouveau et de la santé d'une classe nombreuse d'ouvriers. »

En conséquence, M. D'Arcet proposa et il a été arrêté, que l'emploi des appareils de ventilation prescrit pour les ateliers de dorure par le mercure seraient exigés dorénavant pour les ateliers par la voie humide.

M. Élambert les a déjà appliqués complétement dans ses grands ateliers, avec les plus heureux résultats pour les ouvriers et aussi pour les voisins, dont les plaintes unanimes d'abord, ont aujourd'hui complétement cessé.

Description de la forge de doreur, construite dans l'atelier de M. Lenoir-Ravrio, rue des Filles-Saint-Thomas, n° 19.

Pl. 12, fig. 1. Élévation générale de la forge de doreur, vue de face.

a, forge à recuire.

b, baquet à dérocher.

c, forge à passer. On y volatilise tout le mercure qui a servi à dorer.

d, forge où l'on met au mat les pièces dorées. En enlevant la plaque de fonte qui sépare ces deux dernières forges, on a le moyen de pouvoir dorer sans danger de très-grandes pièces.

e, tonneau dans lequel se trempent les objets mis au mat.

f, forge où l'on fait sécher les pièces de bronze dorées, lorsqu'elles sont achevées et lavées avec soin.

gg, cases réservées sous la forge à dorer, pour y mettre en magasin, du charbon, du bois, ou tout autre objet.

hhh, rideaux servant à fermer, en tout ou en partie, l'ouverture de la forge à recuire *a*, la niche où se trouve placé le tonneau au mat, et la forge à sécher *f*.

ii, châssis vitrés fixes, destinés à rétrécir, par le haut, l'ouverture de la forge *a*, et la forge à sécher *f*; les rideaux *hhh*, servent à couvrir le reste de l'ouverture de ces forges et à enfermer, à volonté, le tonneau *e*.

k, fourneau à mettre au mat.

l, partie du fourneau d'appel, où l'on met chauffer le poêlon au mat.

m, foyer de ce fourneau.

n, cendrier.

La fig. 5 représente une coupe verticale du fourneau *l*, et la fig. 6 une coupe horizontale, prise au-dessus de la grille *r*; *s* est la grille du fourneau d'appel.

On voit que le charbon placé sur la grille *r*, brûle à flamme renversée, comme dans les alandiers des fours à porcelaine; tandis que le bois, le coke ou le charbon de terre, se brûlent sur la grille *s* par le procédé ordinaire. Les gaz produits par la combustion sur ces deux grilles, se réunissent dans le passage voûté *t*, et se rendent dans la cheminée du fourneau d'appel *u*, d'où ils passent dans la cheminée générale de la forge : de là ils vont en *x*, fig. 4, porter de la chaleur et déterminer le tirage qui rend tout l'appareil salubre.

o, bouches de tôle fermant une ouverture réservée dans le bas du fourneau d'appel : cette ouverture sert à introduire le col du matras dans lequel on prépare la dissolution mercurielle, nommée *gaz*, employée pour dorer. On prépare aussi au-dessous de cette fente l'amalgame d'or et de mercure, et on évite ainsi les vapeurs délétères qui se dégagent dans le cours de ces deux opérations. Ces vapeurs sont rapidement entraînées au dehors par suite de la grande aspiration qui s'établit dans la cheminée du fourneau d'appel.

p, fourneau destiné à chauffer une plaque de fonte placée horizontalement sous la forge *f*. C'est sur cette plaque que l'on fait chauffer l'eau pour laver les pièces dorées, et que l'on fait sécher les mêmes pièces après le lavage, en les plaçant entre deux feuilles de papier, ou de carton mince, etc.

La fig. 7 est une coupe verticale, et la fig. 8 une coupe horizontale de ce fourneau; elles suffisent pour en bien indiquer le système de construction. Le fourneau à sécher sert aussi de fourneau d'*appel*, puisqu'il est construit de la même manière que celui *l*, où l'on fait chauffer le poêlon au *mat*. Les lettres o', u', x' désignent, dans les fig. 4, 7 et 8, les mêmes objets que les lettres *o*, *u*, *x* dans les fig. 1, 2 et 3.

zz, grands châssis mobiles verticalement, et tenus en équilibre par les contre-poids *v*. Ces châssis ferment plus ou moins, et même tout-à-fait, les ouvertures des forges *c* et *d*. On a ainsi le moyen d'y accélérer, autant qu'on le désire, le courant d'air, et, en abaissant entièrement les châssis, on peut rendre extrêmement rapide le passage de l'air à travers les autres forges, ce qui est utile lorsqu'on y pratique des opérations dangereuses.

On voit, fig. 4, que les cinq forges sont séparées les unes des autres par des languettes qui s'élèvent au-dessus du plafond de l'atelier; on y voit aussi que les tuyaux *uu'* des fourneaux d'*appel* montent un peu plus haut que ces languettes, et qu'ils commandent ainsi le *tirage* des forges lorsqu'ils portent dans la grande cheminée de la chaleur, laquelle, en dilatant l'air, établit le courant ascendant dont on a besoin.

Fig. 2. Plan général de la forge de doreur, pris au-dessus de l'âtre. On y voit, en *y*, la petite cheminée qui entraîne, sous la hotte de la forge *a* et de la cheminée commune, les vapeurs qui se dégagent pendant le dérochage des pièces de bronze recuites, opération qui se pratique dans le baquet *b*, fig. 1. La lettre *l* indique ici la grille *r*, fig. 5, du fourneau sur lequel se pose le poêlon au *mat*.

Fig. 3. Plan de la forge, pris à 2 centimètres au-dessus du sol de l'atelier.

Fig. 4, 5, 6, 7 et 8. La description de ces figures est comprise dans l'explication de la fig. 1, à laquelle elles servent de complément; les mêmes lettres y désignent les mêmes objets.

Nous allons terminer cette description en indiquant le principe sur lequel repose la construction des nouvelles forges de doreur, et la manière de s'en servir avec avantage.

L'ouverture des forges ordinaires est presque toujours hors de proportion avec la largeur de la cheminée; tout l'air qui entre dans cette ouverture ne pouvant sortir par la cheminée, une partie est refoulée dans l'atelier et y ramène les vapeurs mercurielles dont il s'est chargé.

Les anciennes forges fument aussi très-souvent, parce que les ateliers renferment d'autres cheminées ou d'autres ouvertures qui, aspirant l'air plus fortement que la cheminée de la forge, obligent l'air extérieur à descendre par cette cheminée et à entrer dans l'atelier en passant à travers la forge, où il se charge encore de vapeurs mercurielles.

Enfin, il existe des ateliers trop exactement clos, où le courant d'air ascendant ne peut pas bien s'établir, faute d'air extérieur pour l'alimenter.

Il se forme alors dans la cheminée deux courants, l'un ascendant, qui entraîne l'air de l'atelier, et l'autre descendant, qui ramène par la cheminée de l'air extérieur chargé de vapeurs délétères.

Voici les différents procédés employés pour remédier à ces inconvénients : Il faut d'abord rétrécir autant que possible, au moyen des châssis vitrés fixes ou mobiles *ii*, *zz*, et des rideaux *hhh*, l'ouverture de la forge; on doit ensuite élargir la cheminée, dont on débarrassera l'extrémité supérieure en enlevant les mitres, les gueules de loup, les tuyaux de tôle que l'on a l'habitude d'y placer, et en les remplaçant par une simple tôle posée horizontalement, de manière à garantir la cheminée de la pluie.

Il faut faire établir à l'une des fenêtres de l'atelier un ou deux bons vasistas à soufflet, prenant autant qu'il est possible l'air au nord, et le portant au haut de l'atelier et près du plafond. La grandeur de ces vasistas devra être proportionnée à la surface de l'ouverture de la forge ; plus il seront grands, plus la forge *tirera*.

Ces précautions étant prises, il suffit pour assurer le tirage constant de la forge, de porter un courant d'air chaud, à une certaine hauteur, dans la cheminée, surtout les jours où, par des dispositions atmosphériques particulières, le *tirage* est trop faible ou même incertain. On produit à volonté cet effet, au moyen du fourneau d'*appel* dont nous avons parlé en détail dans la description des figures.

Lorsqu'une forge de doreur est construite d'après ce principe, l'ouvrier doit, le matin, avant de commencer son travail, examiner si la cheminée *tire* bien, ou si le *tirage* est faible, nul ou incertain, il l'établit de suite en allumant le fourneau d'*appel*, et il peut alors travailler à la forge sans danger. Le fourneau d'*appel* est donc, pour ainsi dire, le gouvernail de cet appareil. On reconnaît s'il faut y faire du feu, en présentant à la forge un cigare allumé, ou un corps combustible donnant de la fumée et de l'odeur. La direction de la fumée indique alors quel est le *tirage* de la forge, et s'il faut ou non avoir recours au vasistas et au fourneau d'*appel*. L'expérience a prouvé qu'en se servant de ces moyens, il n'est pas de forge qu'on ne puisse rendre salubre, de cheminée qu'on ne puisse empêcher de fumer, et de latrine qu'on ne puisse complétement désinfecter.

FOURNEAUX DE CUISINE SALUBRES.

Rapport du Conseil de Salubrité, sur les fourneaux de cuisine salubres et économiques, adressé à M. le comte Anglès, ministre d'État, préfet de police.

Paris, le 19 octobre 1821.

Monsieur le Comte,

M. D'Arcet a donné connaissance au Conseil de Salubrité d'un Mémoire extrêmement intéressant, relatif à la construction d'une cuisine qui ne présente aucun inconvénient sous le rapport de la salubrité. Il n'y a pas d'exagération à affirmer que, de tous les arts, il n'y en a pas, peut-être, qui présente plus de dangers pour la santé que l'*art culinaire*. Ces dangers sont d'autant plus graves qu'ils sont presque inaperçus, et qu'ils se reproduisent chaque jour et dans toutes les classes de la société. C'est donc avoir rendu un immense service que de les avoir fait disparaître, et le Conseil pense que Votre Excellence s'associera à une action éminemment philanthropique, en contribuant à donner la plus grande publicité possible aux procédés indiqués par M. D'Arcet. Le Conseil vous propose, en conséquence, d'ordonner l'insertion du Mémoire de M. D'Arcet dans les *Annales de l'industrie*.

Nous sommes avec respect, Monsieur le Comte,

Vos très-humbles et très-obéissants serviteurs,

(*Suivent les signatures des membres présents du Conseil de Salubrité.*)

Approuvé par nous, ministre d'État, préfet de police,

Pour le ministre d'État, préfet de police, en congé,

Par autorisation,

Le secrétaire général,

Signé Fortis.

Description d'un fourneau de cuisine construit de manière à pouvoir y préparer toute espèce d'aliment sans être incommodé par la vapeur du charbon, par la fumée du bois, ou par l'odeur désagréable qui se répand ordinairement dans les cuisines, lorsqu'on y fait griller de la viande ou du poisson, lorsqu'on y emploie de la friture, ou lorsqu'on y brûle des os, des plumes, des arètes, etc., etc. (1).

Lorsque je concourus, en 1818, pour le prix fondé par M. Ravrio, et présenté par l'Académie des Sciences, je reconnus, en recherchant quelle était l'influence que pouvaient avoir les différents états ou métiers sur la santé de l'homme, et en m'occupant de l'assainissement des ateliers de doreurs, que l'insalubrité de nos cuisines était la cause d'accidents beaucoup plus fréquents et peut-être plus graves que ne le sont ceux que les doreurs éprouvent dans les ateliers mal construits, et je pensai dès lors à remédier à cet inconvénient, qui pèse sur un si grand nombre d'individus. Tout le monde sait, en effet, que ce ne sont pas seulement les cuisinières qui y sont exposées, mais que, dans les appartements où la cheminée de la cuisine tire mal, ou moins fortement que d'autres cheminées voisines, les gaz délétères et les odeurs désagréables passent de la cuisine dans les autres pièces, et nuisent ainsi à la santé et au repos de toute la famille.

M. Péligot, membre de la commission administrative des hôpitaux de Paris, ayant à faire construire une cuisine dans un appartement où il n'y en avait pas, me consulta à ce sujet, et fit exécuter le plan que je lui indiquai. Depuis il a eu occasion de faire construire d'autres cuisines salubres. J'en ai fait établir aussi un assez grand nombre, et étant très-satisfait de ce système de construction, qui est en activité depuis deux ans dans ma maison aux Thernes, j'ai pensé qu'il serait utile de publier la description de ces cuisines salubres, et de mettre ainsi les architectes à même d'étudier et d'adopter ce genre de construction, et de faire jouir leurs clients des avantages certains qu'il peut procurer.

L'insalubrité des cuisines est due à deux causes : la première se trouve dans l'usage où l'on est de ne pas construire les fourneaux de cuisine

(1) Ce fourneau, construit pour la première fois en 1821, a été publié dans les *Annales de l'industrie nationale et étrangère*, t. 4, p. 35, par ordre de M. le préfet de police.
La description a été réimprimée chez Bachelier, en 1828.

sous le manteau de la cheminée, et de laisser répandre librement la vapeur du charbon dans la pièce; la seconde provient du faible tirage des cheminées de cuisine, effet qui a lieu soit par suite du mauvais rapport établi entre les ouvertures des manteaux des cheminées et la capacité de leurs tuyaux, soit parce qu'il s'y établit un courant d'air descendant commandé par le tirage plus fort d'une cheminée voisine, ou par l'ascension de la couche d'air échauffée le long d'un mur voisin exposé au midi, couche d'air qui aspire celui de la cuisine, en montant et en passant rapidement devant les croisées ou les portes de cette pièce.

Pour rendre les cuisines salubres, il suffisait donc de construire tous les fourneaux sous le manteau de la cheminée, et de pouvoir y établir à volonté, en tout temps, un tirage convenable, et dont on pût accélérer la vitesse selon le besoin. La description du fourneau de cuisine salubre dont on donne ici les plans va faire comprendre facilement les moyens employés pour arriver au but proposé.

Pl. 13. *Description de la cuisine construite aux Thernes.*

Fig. 3. Plan général de la cuisine.

a, réunion de tous les fourneaux sous le manteau de la cheminée.

b, four à pâtisserie, dont la fumée se rend sous le manteau général.

c, évier.

d, table de cuisine.

e, billot.

f, fontaine.

g, buffet.

h, *h*, portes de la cuisine et de la cave.

j, *j*, croisées.

k, fourneau surmonté d'une chaudière dans laquelle on fait chauffer de l'eau pour un bain, pour un savonnage, pour cuire en grand des légumes, soit à la vapeur, soit dans l'eau bouillante, etc., etc. Ce fourneau a un tuyau de tôle *l* qui porte sa fumée dans la cheminée générale, et qui peut servir à y faire *appel.*

m, tournebroche placé au-dessus de la chaudière *k*.

Ce tournebroche peut communiquer le mouvement à la broche que l'on place devant la cheminée A, fig. 1 et 2, et aux broches des *cuisinières* placées en avant des coquilles à rôtir B B.

Nous allons maintenant entrer dans tous les détails nécessaires pour bien faire entendre la construction de la partie de ce plan indiquée dans cette fig. 1 par la lettre *a*.

Fig. 4. Plan général du fourneau de cuisine construit sous le manteau de la cheminée, et dont l'ensemble est indiqué par la lettre *a*, fig. 3.

C, réunion de six réchauds de grandeur différente.

D, fourneau long pour placer une poissonnière. On peut en diminuer à volonté la capacité en y plaçant en travers soit un morceau de brique, soit une plaque de fonte entaillée de manière à pouvoir servir de cloison et séparer le fourneau en deux autres fourneaux plus petits.

On voit en E, F, G le plan et deux élévations des tampons en tôle E, fig. 1re, qui servent à fermer les cendriers des fourneaux C et D, fig. 4. Ces mêmes cendriers se ferment encore plus facilement en garnissant leur ouverture avec une porte à tirette en fonte ou en tôle, disposée comme on le voit en H, fig. 7.

I, I, I, I représentent les plans des couvercles en tôle qui servent à couvrir et à fermer à volonté les réchauds C et D : on en voit les coupes en J, J, J. En plaçant ces couvercles sur les réchauds, le dessus du fourneau est alors de niveau et peut servir de table; on peut en outre placer sur ces couvercles des plats pour les entretenir chauds, etc. En mettant ces couvercles et en fermant, au moyen des tampons E ou des tirettes H, les cendriers des fourneaux, le feu est étouffé facilement dans les fourneaux mêmes, ce qui évite la peine d'employer un étouffoir pour cet usage.

K, K, K, K sont les plans des grilles qui se placent dans les fourneaux C et D. Il faut avoir de ces grilles de rechange avec les barreaux plus ou moins écartés, ce qui procure l'avantage de pouvoir brûler plus ou moins de charbon dans chaque fourneau, selon l'opération qu'on aurait à y faire. On voit en L, fig. 8, deux de ces grilles dont on se sert dans ma cuisine pour faire sur le fourneau potager des préparations qui exigent les unes très-peu et les autres beaucoup de feu.

B, B, fig. 4, coupe horizontale des deux coquilles à rôtir. On les voit de face et sous les mêmes lettres à la fig. 1re, et en coupe verticale en B, fig. 2.

M, fig. 4, plaque de fonte qui couvre l'espace où circule la fumée du four N, fig. 1re, avant qu'elle ne se rende par le tuyau de tôle P dans la cheminée générale. Quand le four fonctionne, cette plaque prend une température assez élevée pour y faire chauffer de l'eau ou pour y entretenir des plats chauds, etc., etc. Elle sert de table lorsqu'on n'allume pas de feu dans le foyer du four. Nous expliquerons plus bas, en parlant de la construction du four, la disposition des conduits que recouvre cette plaque de fonte.

Q, fig. 4, plan du fourneau potager d'Harel, encastré dans la maçonnerie (1).

P, fig. 4, tuyau du foyer servant à chauffer le four N et la plaque de fonte M, fig. 4 et 6.

R, fig. 4, tuyau du fourneau potager d'Harel.

l, tuyau du fourneau de la chaudière *k*, fig. 3.

A, place réservée entre les parties élevées M et C du fourneau. Le fond de cette partie du dessous du manteau est de niveau avec le sol de la cuisine; on peut à volonté y allumer le feu sur le sol, suivant l'usage ordinaire. Cet espace représente ainsi la cheminée d'une cuisine ordinaire, devant laquelle on peut mettre la broche ou le pot au feu, dans laquelle on peut balayer les ordures de la cuisine et allumer du feu en hiver pour chauffer la cuisinière, etc., etc. Cet âtre ne doit avoir que le moins de largeur possible; il suffit de pouvoir y pendre à la crémaillère un chaudron ordinaire, ou placer devant, en cas de besoin, la broche ou l'ustensile en ferblanc connu sous le nom de *cuisinière*.

Lorsqu'on ne veut pas se servir de cette petite cheminée, on en ferme l'ouverture supérieure, en la couvrant avec une plaque de tôle de la même grandeur, et qui se place sur deux tringles en fer, qui sont indiquées en *n*, *n*, fig. 1, 2 et 4. Cette plaque de tôle peut aussi se placer sur les tringles de fer *p*, *p*, à moitié hauteur du fourneau fig. 1 et 2. On a ainsi le moyen d'établir le foyer de la partie A à trois hauteurs différentes, suivant ce que la cuisinière doit y préparer. Nous citerons quelques exemples pour mieux faire comprendre la disposition dont nous parlons.

Le feu doit s'allumer au niveau du sol, lorsque l'on veut faire chauffer de l'eau ou cuire des légumes dans le chaudron que l'on suspend à la crémaillère T, fig. 1re, lorsqu'on veut faire rôtir de la viande sans employer les coquilles à rôtir dont nous parlerons plus bas, lorsqu'on veut faire du feu, en brûlant du bois, pour échauffer la cuisine en hiver, etc., etc.

(1) Je n'entre ici dans aucun détail sur la construction et l'usage de ce fourneau, parce que M. Liré, successeur de la fille de M. Harel, rue de l'Arbre-Sec, n° 42, vend, avec ce fourneau, une petite brochure à laquelle je renvoie le lecteur, et où il verra exposés, sans charlatanisme, tous les avantages que peut procurer l'usage de ce fourneau potager.

On doit placer la plaque de tôle sur les tringles *p*, *p*, à moitié hauteur de la petite cheminée A, lorsqu'on veut faire une friture, une omelette, mettre le pot au feu ou cuire des légumes sans employer le fourneau potager Q, fig. 4, etc., etc. La cuisinière travaille facilement à cette hauteur, sans être gênée, sans se tenir courbée, et avec moins de fatigue.

La plaque de tôle doit enfin se placer au haut de la petite cheminée A, sur les tringles *n*, *n*, fig. 1, 2 et 4, lorsqu'on ne se sert pas de cette cheminée ou lorsqu'on veut faire des préparations qui donnent ordinairement beaucoup de fumée et de mauvaise odeur, telles que le grillage des côtelettes, la friture du poisson, le chauffage des fers à repasser, etc., etc. En faisant ces préparations sur la plaque de tôle placée ainsi au niveau des parties C et M, fig. 4, du fourneau, et en fermant convenablement les rideaux U, U, fig. 1 et 2, le courant d'air accéléré ascendant qui s'établit dans la cheminée, y entraîne tous les gaz délétères, et empêche la mauvaise odeur de se répandre dans la cuisine, et de là dans les autres pièces de l'appartement.

C'est en plaçant ainsi la plaque de tôle de niveau avec les parties C et M, fig. 4, du fourneau, qu'on peut y accélérer davantage le courant d'air ascendant; il faut donc maintenir cette disposition dans les cas difficiles. On peut d'ailleurs allumer du feu sur le sol de la petite cheminée A, sans enlever cette plaque de tôle ainsi placée, car il suffit de la tirer un peu en avant pour que la fumée puisse passer entre la plaque et le mur, et se rendre dans le tuyau de la cheminée sans se répandre dans la pièce.

La cuisinière peut donc tirer un grand parti de la petite cheminée A, et pour cela, il lui suffit de placer et déplacer avec intelligence la plaque de tôle, ce qui lui donne le moyen d'établir le feu à la hauteur où elle en a besoin, et d'y travailler en ne se gênant juste que ce qui est indispensable pour chaque espèce d'opération qu'elle doit faire.

Fig. 1re. Élévation géométrale du fourneau de cuisine.

B, B, vue de face des deux coquilles à rôtir devant lesquelles on peut faire tourner la broche, au moyen de la main ou d'un tournebroche ordinaire (1).

P, tuyau du four N, dont on règle le tirage au moyen d'une clef ou soupape ordinaire.

(1) Il est inutile d'entrer dans de plus longs détails à ce sujet: tout le monde connaît aujourd'hui l'avantage que procure l'emploi de ces coquilles à rôtir; on en trouve d'ailleurs la description et l'usage dans le petit ouvrage dont nous avons parlé plus haut, page 107.

R, petit tuyau du fourneau potager. Une clef sert à y diminuer à volonté la vitesse du courant d'air ascendant, afin de ne pas faire trop de feu sous la marmite placée sur ce fourneau; l'air chaud porté dans la cheminée générale par ces tuyaux P et R, y fait appel et sert à y établir en cas de besoin le tirage convenable.

A, vue de face de la petite cheminée dont nous avons parlé plus haut très en détail, et dans laquelle on peut, à volonté, établir le foyer à trois hauteurs différentes, sur le sol de la cuisine, sur la plaque de tôle placée sur les tasseaux *p*, *p*, ou sur les autres tasseaux placés en *n* et *n*, de niveau avec le reste du fourneau. On y voit la crémaillère T et la plaque de fonte qui, placée verticalement contre le gros mur, forme le fond de cette petite cheminée; la crémaillère T reste en place et s'applique contre le mur, lorsqu'on pose la plaque de tôle sur les tasseaux *n* et *n*.

N, porte du four. Le foyer de ce four est en V, et son cendrier en X. Nous reviendrons sur la construction de ce four, en décrivant les fig. 5, 6 et 9.

S, portes du foyer et du cendrier du fourneau potager d'Harel, vu en plan en Q, fig. 4, et en coupe en Q, fig. 5.

U, U, rideaux qui peuvent, à volonté, servir à fermer en tout ou en partie l'ouverture qui se trouve entre le bas du manteau de la cheminée et la partie supérieure du fourneau de cuisine.

Ce sont ces rideaux qui servent, pour ainsi dire, de gouvernail à ce système de construction : plus ils sont fermés plus le courant d'air ascendant devient rapide dans le tuyau de la cheminée, et moins les gaz délétères et les odeurs désagréables peuvent se répandre dans la cuisine (1). Une cuisinière soigneuse doit se servir de ces rideaux pour établir sous le manteau, sans se gêner en rien, le courant d'air convenable. Nous

(1) On pourrait produire le même effet en se servant, pour rétrécir à volonté l'ouverture antérieure des cheminées de cuisine, soit d'un châssis vitré, se mouvant de haut en bas et de bas en haut au moyen de deux contre-poids ou de deux crémaillères, soit d'un rideau monté en store et pouvant s'abaisser ou se relever à volonté. J'ai employé l'un et l'autre de ces procédés pour l'assainissement des forges de doreurs. M. Péligot a plusieurs fois fait usage des châssis vitrés mobiles. Ces différents moyens sont bons, mais je préfère l'emploi de simples rideaux montés sur des tringles ordinaires; en s'en servant, on dépense beaucoup moins d'argent pour l'établissement de l'appareil, et l'on peut diminuer l'ouverture de la cheminée d'une manière peut-être plus convenable pour le service qu'on doit y faire. Au reste, on sait que, dans les cheminées à la prussienne et à la Désarnod, l'ouverture antérieure se rétrécit à volonté au moyen de plaques de tôle ou de fonte, mobiles dans le sens vertical, et l'on trouve dans l'usage de ces cheminées une preuve bien convaincante de la bonté du système de construction dont nous nous occupons.

reviendrons sur cet objet en parlant des précautions à prendre pour tirer tout le parti possible de cet appareil.

On charge le bas de ces rideaux en y fixant dans le replis de l'ourlet quelques balles de plomb, afin d'empêcher le courant d'air d'entraîner les rideaux dans la cheminée et sur le fourneau de cuisine, où ils pourraient se détériorer et même prendre feu (1). Ces rideaux, garnis d'anneaux en cuivre et montés sur deux tringles, peuvent se fermer en totalité lorsqu'on ne se sert pas du fourneau. On évite ainsi d'échauffer la cuisine en été, et on lui donne un air d'arrangement et de propreté qu'elle n'aurait pas sans cela.

n, *n*, *p*, *p*, tasseaux sur lesquels la plaque de tôle se place à différentes hauteurs dans la petite cheminée A.

T, crémaillère qui sert à suspendre un chaudron au-dessus du feu. Cette crémaillère peut toujours rester en place, parce qu'elle s'applique contre le mur quand la plaque de tôle est posée sur les tasseaux *n*, *n*.

V, foyer du four.

X, cendrier de ce foyer.

Y, charbonnier pouvant facilement contenir une voie de charbon.

q, rable pour retirer la brise du four.

r, pelle employée pour le service du four.

Fig. 2, coupe verticale du fourneau sur le milieu du foyer A, fig. 4.

B, coupe de la coquille à rôtir B, fig. 1. Cette coupe ne doit pas paraître dans cette élévation; nous la faisons entrer dans ce dessin pour donner le profil d'une de ces coquilles à rôtir.

P, tuyau de tôle du four.

R, tuyau de tôle du fourneau potager.

A, petite cheminée ordinaire de cuisine.

U, rideaux servant à fermer l'ouverture du fourneau. La languette au bas de laquelle les rideaux U, U, sont attachés, est montrée ici en coupe.

n, *p*, tasseaux en fer sur lesquels on place à volonté la plaque de tôle dont nous avons parlé en décrivant les fig. 1 et 4.

Z, croisée servant à éclairer l'intérieur de la cheminée et du fourneau.

O, soupape servant à fermer à volonté le haut de la cheminée au-dessus

(1) On pourrait facilement rendre ces rideaux incombustibles, en les trempant dans une dissolution saline convenable. Jusqu'à présent aucun accident n'est arrivé; il sera cependant bien de prendre la précaution dont nous parlons ici, et qui n'est ni dispendieuse ni difficile. On trouvera tous les renseignements nécessaires pour rendre les toiles incombustibles, dans les *Annales de l'Industrie nationale et étrangère*, tome 4, pages 61 et 113.

des trois tuyaux de tôle, P, R, fig. 1, et L, fig. 1 et 4. En fermant cette soupape en hiver, lorsque tout le feu est éteint dans les différents fourneaux, on oblige la chaleur accumulée dans le massif du fourneau à se répandre dans la cuisine et à en élever la température.

Fig. 5, 6 et 9, détails de la construction du four N,

Fig. 9, plan des circulations que la fumée du four est obligée de suivre sous la plaque de fonte M, fig. 4, avant d'arriver au tuyau de tôle P.

La fumée, après avoir échauffé le dessous et le dessus du four, passe sous la plaque de fonte par les trous inégaux en diamètre *v*, *x*, *y*, qui servent à la répartir également sur le dessus du four; elle se divise alors en deux parties, et suit les deux passages inégaux en largeur *s* et *u*, qui la distribuent également sous la plaque de fonte M, fig. 4; elle passe ensuite en *e'*, et se rend enfin dans le tuyau de tôle P, fig. 1, 2 et 4.

Fig. 5, coupe verticale du côté M du fourneau, selon la ligne *a'*, *b'*, du plan, fig. 4.

Q, coupe du fourneau potager.

M, coupe de la plaque de fonte et des conduits qu'elle recouvre.

N, coupe du four en tôle. Ce four est posé sur une plaque de fonte de mêmes largeur et longueur supportée par des sommiers en fer. Le four est carrelé avec des briques de 3 à 4 centimètres d'épaisseur, qui servent à en régulariser la chaleur.

V, foyer du four.

X, cendrier de ce foyer.

Fig. 6, coupe verticale du four, selon la ligne C' D', du plan, fig. 4.

v, *x*, *y*, coupe des trous inégaux par lesquels la fumée passe de dessous le four sous la plaque de fonte M.

N, coupe du four en tôle : on perce en *z* un petit trou qui sert à établir dans le four un léger courant d'air nécessaire pour bien rôtir la viande, et lui donner la couleur et la saveur ordinaires de la viande rôtie devant le feu.

Fig. 11. Vue perspective de la cafetière-porte dont il est parlé dans la description du fourneau potager publiée par M. Harel. Ce petit ustensile est fort commode; mais il doit être fait en cuivre et non en ferblanc; sans cette précaution, il se dessoude facilement, et est souvent mis hors de service. Cette cafetière se met à la place de la porte du foyer du fourneau potager, et l'on a ainsi toute la journée une cafetière pleine d'eau bouillante à sa disposition. La fig. 14 représente sur une plus grande échelle cette cafetière en plan et en élévation.

Fig. 10. Vue perspective du haut du tuyau de la cheminée de cuisine. En principe, cette cheminée doit avoir intérieurement les plus grandes dimensions possibles; il ne faut par conséquent point y gêner le passage de la fumée; on doit donc enlever de dessus cette cheminée la mitre qui s'y trouve ordinairement, et en couvrir la partie supérieure d'un petit toit en tôle, comme on le voit dans cette figure, en conservant au tuyau de cheminée toute l'ouverture qu'il peut avoir; on empêchera ainsi la pluie de tomber dans la cheminée et d'y gêner le travail de la cuisinière.

CONCLUSIONS.

Après avoir donné la description des figures de cette planche, et être entré à ce sujet dans beaucoup de détails, il ne nous reste qu'à indiquer les précautions à prendre pour obtenir constamment de ce système de construction les avantages que nous lui trouvons. Voici l'*instruction* que nous croyons devoir joindre ici pour faciliter aux cuisinières l'usage de ce genre de cheminée.

La cuisinière, en se levant, commence ordinairement par allumer du feu; elle le fait, soit en battant le briquet, soit en cherchant dans la cendre relevée ou mise la veille en tas, quelques morceaux de braise non éteints. Elle doit allumer son feu, soit au niveau du sol, sur l'âtre même de la petite cheminée A, soit, ce qui vaudrait mieux, sur la plaque de tôle placée au haut de la petite cheminée A, sur les tasseaux de fer *n*, *n*. Dans tous les cas, si elle s'aperçoit que la cheminée fume, elle peut de suite empêcher cet inconvénient en ouvrant le vasistas qui doit être placé à une des fenêtres de la cuisine, ou dans tout autre endroit de cette pièce, de préférence au nord ou au levant. Elle doit fermer en même temps les rideaux à droite et à gauche de la cheminée A, pour rétrécir autant qu'elle pourra l'ouverture de la cheminée, et elle pourrait même, comme remède extrême et infaillible, allumer un peu de feu sous la chaudière *k*, fig. 1, au fourneau potager Q, fig. 4, ou sous le four N, fig. 1.

Il est évident que l'air chaud porté par les tuyaux L, P, R, de ces trois fourneaux, vers le haut du manteau de la cheminée, y dilatera la masse d'air, et y établira un tirage d'autant plus fort, que l'ouverture de la cheminée sera plus rétrécie par les rideaux et que le vasistas donnera plus d'air dans la cuisine. L'emploi convenable de ces mêmes moyens rendra constamment la cheminée salubre, et s'opposera au retour de toute mauvaise odeur et de tout gaz délétère dans l'intérieur de la pièce.

Une fois le courant d'air ascendant bien établi dans la cheminée, la cuisinière travaillera devant son fourneau sans être fatiguée par l'odeur du charbon, et elle ne *s'échauffera* point, comme cela arrive ordinairement les jours de grand dîner; sa tête ne sera pas exaltée, ainsi qu'on le remarque souvent, ce qui est aussi nuisible à la santé de la cuisinière que désagréable pour les domestiques de service autour d'elle, et même pour les maîtres et leurs enfants, qui souvent, ces jours-là, n'osent pas entrer dans la cuisine, soit afin d'éviter tout sujet de querelle, soit pour ne point avoir le chagrin d'y trouver la cuisinière hors d'elle-même, ayant le visage rouge et bouffi, les yeux hors de la tête, la figure couverte de sueur, et n'indiquant que trop le malaise général qu'elle éprouve.

Plus l'intérieur de la cheminée sera échauffé, plus le tirage sera fort, et plus les rideaux pourront rester ouverts; c'est ce qui arrive, et ce qui sera fort utile les jours de grand dîner.

La cuisinière doit ouvrir le moins possible les fenêtres et les portes de la cuisine; elle aura ainsi à vaincre une ancienne habitude: elle ouvrait tout, dans l'ancien système de construction, parce qu'elle était obligée, pour ne pas étouffer, de faire entrer beaucoup d'air dans sa cuisine, pour y rendre moins nuisibles et la fumée et les gaz délétères qui la remplissaient; mais dans notre système de construction, le tirage est régulier; il n'y a aucune vapeur dans la pièce; l'air neuf fourni par le vasistas, par les fentes des fenêtres et des portes, traverse continuellement la cuisine et suffit au tirage de la cheminée; elle risquerait, en ouvrant les portes et les fenêtres, ou en agitant trop fortement l'air dans la cuisine, de nuire au tirage et de perdre les avantages que peut donner une cheminée de cette espèce lorsque l'usage en est bien réglé. Au reste, la cuisinière s'apercevra bientôt qu'elle n'aura pas besoin d'un tel remède, et s'accoutumera facilement à se conduire, sous ce rapport, dans sa cuisine, comme elle ferait dans toute autre pièce d'un appartement.

Une telle cuisine est en hiver aussi chaude, et en été aussi fraîche que possible, parce qu'il doit n'y passer que la quantité d'air nécessaire pour obtenir, sous le manteau de la cheminée, le tirage convenable. On peut d'ailleurs échauffer la pièce en hiver, en y plaçant un poêle ou en faisant du feu dans la cheminée A, qui peut alors servir comme de cheminée d'appartement.

En été, la cuisine s'entretiendra fraîche en y introduisant, lorsque cela se pourra, de l'air pris dans la cave, mais surtout en tenant les volets entr'ouverts et les rideaux des fenêtres fermés, comme on le fait dans les autres pièces de l'appartement.

En hiver, lorsqu'il ne fera pas assez froid pour allumer du feu le soir, une cuisinière soigneuse aura l'attention, après avoir bien éteint tous ses fourneaux et fermé les clefs des trois tuyaux L, P, R, de fermer aussi la trappe O, qui est en haut du manteau, dans l'intérieur de la cheminée. En ouvrant alors les rideaux, toute la chaleur accumulée pendant le jour dans le massif du fourneau se répandra dans la pièce, et servira à l'échauffer suffisamment. En été, au contraire, elle devra, lorsque son travail sera terminé et ses fourneaux nettoyés, fermer exactement les deux rideaux et laisser les trappes O et les clefs des tuyaux L, P, R, ouvertes, pour que l'air échauffé, en passant sur les fourneaux, s'en aille au dehors en montant par le tuyau de la cheminée, et soit remplacé dans la pièce par de l'air plus frais pris dans la cave, ou fourni par le vasistas, qui doit être, comme nous l'avons dit, placé, autant que possible, au nord ou au moins au levant.

Nous n'avons insisté, dans tout ce qui précède, que sur la salubrité attachée au mode de construction dont nous nous occupons; il faut cependant, avant de terminer, dire un mot de l'économie qu'il procure, et prouver ainsi que l'usage de ce fourneau de cuisine est aussi avantageux au chef de famille, dont il peut économiser l'argent, qu'à la cuisinière, dont il n'altérera ni le caractère ni la santé.

L'économie est ici évidente; elle ne peut pas être contestée, puisqu'elle résulte de la réunion de toutes les économies produites par l'emploi de moyens connus depuis longtemps, bien appréciés, mais rarement rassemblés dans la même cuisine : tels sont le fourneau potager, la coquille à rôtir, les fourneaux de cuisine servant à volonté d'étouffoir, la *cafetière-porte;* telle est la suppression presque totale du foyer ordinaire, où le combustible brûlé à l'air libre produit si peu d'effet; et tel est encore l'emploi du four et de la chaudière, sous lesquels on substitue au feu de bois le feu économique du charbon de terre, et sous lesquels le combustible brûlé dans un foyer fermé peut donner le *maximum* d'effet utile, ce qui est loin d'arriver dans les cheminées ordinaires de nos cuisines.

Nous voici arrivés à la fin de ce petit travail; je désire qu'il soit utile aux personnes qui souffrent par suite de la mauvaise construction de leurs cheminées de cuisine; j'espère qu'elles y trouveront les mêmes avantages que moi, et que je n'aurai pas à m'excuser de l'avoir entrepris. S'il le fallait, il me suffirait sans doute, pour me justifier, de rappeler qu'il est ici question d'assainir une espèce d'atelier, de conserver la santé aux nombreuses personnes qui sont obligées d'y passer leur vie, et qui y trouvent presque toujours le germe des maladies qui leur rendent, à un certain âge, le caractère désagréable, qui finissent par détruire leur santé, et les forcent si souvent à changer d'état sur la fin de leurs jours.

Marmites à bain-marie pour la confection du bouillon. (1)

M. D'Arcet, pendant le cours de ses travaux sur l'emploi de la gélatine, et l'examen qu'il fit de la préparation du bouillon dans les hôpitaux, dès l'année 1814, avait reconnu l'extrême facilité avec laquelle cette substance, et les matières azotées qui constituent presque entièrement la partie nutritive du bouillon, se décomposent et se transforment en ammoniaque et en acide carbonique sous l'action d'une ébullition rapide, et d'une température élevée produite par l'excès de profondeur des marmites.

On savait aussi depuis longtemps que le pot au feu de ménage fait en petit, et lentement *mitonné* sur un feu couvert, est aussi parfait que le bouillon d'hôpital est mauvais, préparé en grand dans des marmites profondes, et avec une ébullition violente et inégale.

Ce sont de vieilles réputations toutes contraires, que celles du *bouillon de ménage* et du *bouillon d'hôpital.*

Depuis l'établissement de son fourneau de cuisine, M. D'Arcet pensa qu'au moyen d'un bain-marie peu profond, on obtiendrait en grand la lenteur d'ébullition et la régularité parfaite de température nécessaires à la conservation de la gélatine, et de tous les principes azotés et aromatiques auxquels le bouillon doit ses qualités nutritives et savoureuses.

Quelques essais en petit lui donnèrent les meilleurs résultats, qui furent confirmés par l'application faite de ce procédé à de grandes marmites, au moyen de l'ajustement d'une chemise intérieure dans la chaudière primitivement employée à la confection du bouillon, et qui devient ainsi un véritable *bain-marie.*

La fig. 16, *pl.* 13, en montre les dispositions.

e'. Est un foyer à feu direct.

f', l'ancienne marmite servant aujourd'hui de double-fonds ou de *bain-marie*, et maintenue constamment pleine d'eau; procédé qui transmet à la marmite intérieure *g'*, une température toujours égale.

(1) Cet article est de l'Éditeur.

g', marmite intérieure chauffée au bain-marie, et dans laquelle se prépare le bouillon; elle est ajustée sur la chaudière *f'* par un collet *i'*. Des précautions sont prises pour laisser échapper le peu de vapeur qui se forme, entretenir le fonds plein d'eau, etc.

h', maçonnerie du fourneau.

k', couvercle de la marmite.

Depuis cette époque, M. Grouvelle, sur les conseils de M. D'Arcet, a monté pour la Compagnie hollandaise un grand bain-marie, où l'on confectionnait à chaque opération 1,200 litres de bouillon avec une dépense de 4 fr. de houille, au lieu de 36 fr. de charbon de bois que la Compagnie consommait précédemment. Les résultats bien remarquables de ce bain-marie sont constatés dans la lettre suivante, adressée par M. Van Coppenaal, administrateur de la Compagnie hollandaise, à M. Grouvelle : « *L'expérience nous a appris à conduire l'appareil de manière à en bonifier les produits, et depuis un mois nous commençons à obtenir avec la même quantité de viande et de légumes que par le passé, non-seulement une qualité de bouillon beaucoup meilleure, et surtout plus régulière, mais un produit en quantité beaucoup plus considérable.* »

M. Grouvelle a construit alors des fourneaux de cuisine à bain-marie complets, avec four à rôtir, plaque allemande, etc., où il employa la vapeur produite par le bain-marie à faire écumer rapidement le pot au feu, à chauffer de l'eau, à mettre et maintenir au gros bouillon les marmites dans lesquelles on fait cuire les gros légumes, etc.

Dans les colléges et les hôpitaux où ces fourneaux ont été montés, on a partout constaté les résultats déjà obtenus par la Compagnie hollandaise. A l'hôpital de Senlis, par des expériences spéciales, on a de plus reconnu d'importantes améliorations dans la cuisson des légumes, comme le constate l'extrait suivant du certificat délivré par les administrateurs de cet hospice, le 26 octobre 1840 : « *Quant aux mets apprêtés au bain-marie, nous avons déjà reconnu que le bouillon est excellent et supérieur à celui qu'on obtenait précédemment au feu direct, et que la quantité en est plus grande; que la viande, cuite dans le bouillon, perd* 10 *à* 12 *pour* 100 *de moins qu'elle ne perdait à feu nu ; que les légumes secs cuits au bain-marie augmentent de qualité, et rendent* 20 *pour* 100 *de plus que par la cuisson ordinaire ; le riz va jusqu'à* 25 *pour* 100. »

M. Grouvelle a depuis ajouté au fourneau de cuisine salubre de M. D'Arcet un *petit fourneau à bain-marie*, qui donne d'excellent bouillon (1).

Ph. G.

(1) Chez M. Cadet Gassicourt, à Paris.

SOUFROIRS SALUBRES.

CONSEIL DE SALUBRITÉ.

Instruction sur les soufroirs, approuvée le 24 mai 1821, par M. le Ministre d'État, Préfet de police (1).

Les *soufroirs* sont ordinairement de simples chambres, de petits cabinets, des coffres en bois se fermant bien, et dans lesquels on expose les tissus de laine, de soie ou de paille, et d'autres substances que l'on veut blanchir, à la vapeur du soufre en combustion. Le soufre est placé dans un vase posé sur le sol de la chambre, et de manière à ne pas s'exposer à mettre le feu aux marchandises enfermées dans le *soufroir*. Après l'avoir allumé, l'ouvrier se retire et ferme la porte exactement.

Le soufre brûle et s'éteint bientôt : l'acide sulfureux formé se répand dans la pièce, et produit sur les tissus ou sur les substances qui y sont exposées l'effet particulier à obtenir et que tout le monde connaît. On laisse le *soufroir* fermé pendant le temps convenable, après quoi l'on en ouvre les portes et les croisées pour laisser échapper dans l'air l'acide sulfureux et les gaz délétères dont le *soufroir* est plein, et qui causeraient l'asphyxie ou la mort de l'ouvrier qui y pénétrerait sans avoir pris cette précaution.

En suivant une opération de *soufrage*, il est facile de reconnaître que les plaintes portées à l'autorité contre les *soufroirs*, proviennent de ce que ces ateliers répandent dans l'air l'acide sulfureux qu'on y a produit.

Cette émission dangereuse a lieu, 1° dans le moment où le soufre enflammé échauffe l'air de la pièce, le dilate, et oblige une partie des gaz

(1) Cette instruction rédigée en 1821, a été publiée au nom du Conseil de Salubrité, et par ordre de M. le préfet de police, dans les *Annales de l'Industrie nationale et étrangère*, tome 3, p. 5, et tirée à part.

M. le préfet de police en a fait imprimer une seconde édition en 1835.

à sortir par les fentes des portes et des fenêtres; 2° lorsqu'on ouvre la porte et les fenêtres du *soufroir* à la fin de l'opération, et avant d'y entrer pour en retirer les marchandises passées au soufre. Il est évident qu'un bon système de *ventilation* (1) doit suffire pour obvier à l'inconvénient dont on se plaint. Les moyens d'absorption sont ici inadmissibles, et nous n'avons pas hésité à adopter le mode de construction dont nous allons donner le détail en expliquant les figures du plan que nous joignons à ce rapport.

Nous proposons d'assainir les *soufroirs* et les habitations voisines en construisant ces ateliers de telle manière que l'air puisse y être renouvelé à volonté, et les gaz délétères qui s'y forment et qu'on ne pourrait impunément respirer, rejetés à une grande hauteur au-dessus des toits. On arrivera à ce but en se conformant exactement à l'instruction suivante.

INSTRUCTION.

Pl. 14, fig. 1re. *Plan général d'un soufroir construit sur de grandes dimensions* (2).

Ce plan peut donner l'idée d'un *soufroir* convenable dans un grand établissement. Il nous servira à faire bien entendre le principe sur lequel doivent être construits les *soufroirs* de toutes les dimensions.

A, grand *soufroir* pouvant servir à passer au soufre les couvertures de laine, les schalls, les draps, etc., etc.

Ces objets doivent y être suspendus sur des perches ou sur des cordes placées de manière à utiliser, le mieux possible, le local. Le sol de cet atelier doit être dallé avec une pente convenable pour faire écouler au dehors l'eau qui dégoutte des étoffes mouillées que l'on passe au soufre.

C C, sont les vases où l'on fait brûler le soufre. Le nombre peut en être

(1) Les mots *ventilation* et *ventiler* que nous avons employés dans ce rapport, sont pris dans une acception différente de celle qui est en usage dans la langue française. Nous les avons adoptés parce qu'ils nous ont paru exprimer, mieux que par une périphrase, ce que nous avions intention de faire connaître. Le mot *ventiler*, dans le sens que nous lui donnons, signifie employer des moyens artificiels pour établir un courant d'air qui puisse renouveler et assainir celui qui est renfermé dans un lieu clos. *Ventilation* désigne cette même action.

(2) Pour abréger les descriptions, nous avons désigné les mêmes objets par les mêmes lettres. Les majuscules sont consacrées à indiquer les parties du grand *soufroir*; les lettres italiques sont employées pour les petits *soufroirs*.

augmenté à volonté, en ayant soin de les placer de manière à répandre le plus également possible l'acide sulfureux dans la pièce.

I, K, indiquent deux croisées qui servent à éclairer l'intérieur du *soufroir*. Beaucoup de *soufroirs* n'en ont pas, mais il est utile d'en pratiquer lorsque la localité le permet. Les châssis de ces croisées doivent être fixes, ou clore exactement. Si cela n'était pas, il faudrait coller du papier sur tous les joints.

On voit en E la porte d'entrée du *soufroir*. Cette porte doit fermer hermétiquement : pour obtenir cet effet, il faut en garnir les joints avec des morceaux de peau de mouton couverts de leur laine, ou avec de la lisière de drap. Cette porte est percée à sa partie inférieure d'une petite ouverture G, de dix ou douze décimètres carrés, qui se ferme à volonté, en tout ou en partie, au moyen d'une petite porte à coulisse. Celle-ci se tient élevée ou abaissée au point convenable par une crémaillère en fer qui se fixe à un clou à crochet placé au-dessus dans la grande porte E. On distingue bien cette disposition en G (*fig.* 2).

F, indique l'ouverture par laquelle l'acide sulfureux et les gaz délétères doivent sortir du *soufroir*, soit dans le premier moment de la combustion, soit pour y renouveler l'air avant que d'y entrer. Cette ouverture F, doit être d'un tiers plus grande que la chatière pratiquée à la porte E : il faudrait par conséquent ici lui donner 14 ou 16 décimètres carrés d'ouverture; elle se ferme comme la chatière G, avec une porte à coulisse qui se manœuvre du dehors du *soufroir*, au moyen d'une corde bien graissée et passant sur des poulies de renvoi placées convenablement. Cette disposition est indiquée en H (*fig.* 2). Cette corde est terminée au dehors du *soufroir* par un anneau qui s'accroche à des clous placés en échelons et à différentes hauteurs, de manière à donner le moyen d'ouvrir la porte F au degré que l'on juge convenable.

D, grande cheminée destinée à conduire les gaz au-dessus du toit de la maison, et à la plus grande élévation possible. Elle doit avoir au moins 30 ou 35 décimètres carrés de section horizontale, c'est-à-dire, former un rectangle de 4 décimètres et demi, sur 6 décimètres et demi ou 5 décimètres, sur 7 de côté (1). L'ascension des gaz, dans ce tuyau de cheminée, est toujours forcée au moyen du fourneau d'appel B, qui peut être celui d'un poêle ordinaire, comme on le voit (*fig.* 2), ou celui du fourneau

(1) En général, cette cheminée d'appel doit être assez grande pour que tous les courants d'air que l'on veut y faire passer puissent y monter à la fois sans se gêner.

d'une chaudière qui serait utilisée pour le travail de la fabrique. Il suffit que le tuyau du fourneau d'appel soit placé comme on le voit en M : il doit être garni d'une clef ou soupape N, pour en fermer l'ouverture lorsqu'on ne se sert pas de ce fourneau.

La cheminée D ne doit servir qu'au *soufroir* et au fourneau d'appel, et ne communiquer ni avec des poêles, ni avec d'autres cheminées aux étages supérieurs. Il n'y faut point placer de mitres, mais bien lui conserver toute l'ouverture qu'elle a vers le haut, et la couvrir seulement d'un toit en tôle, fig. 7 et 10, pour empêcher la pluie d'y pénétrer.

Si l'on n'a point une cheminée entière à sa disposition, et que l'on soit obligé de se servir d'une partie d'une cheminée voisine, il faut y prendre dans toute la hauteur un espace au moins égal en surface horizontale aux ouvertures réunies de la porte F, et du tuyau M du fourneau d'appel (1), enfermer cet espace au moyen d'une languette ou d'une poterie montante dans toute la hauteur de la cheminée, et le continuer même en poterie à deux mètres au-dessus de la tête de cette cheminée, comme nous l'avons montré en plan et en élévation aux fig. 8 et 9.

Nous venons de décrire les différentes parties dont un bon *soufroir* doit, selon nous, se composer pour être salubre et ne pas donner lieu aux plaintes des habitants établis dans son voisinage; nous allons maintenant indiquer les précautions que l'on doit prendre pour bien conduire cet appareil.

Pour se servir du *soufroir*, il faut s'assurer que les fenêtres sont bien calfeutrées, placer les tissus à exposer à la vapeur du soufre sur les perches ou sur les cordes du *soufroir*, et faire un peu de feu dans le poêle ou dans le fourneau d'appel B. Cela terminé, l'ouvrier mettra la quantité de soufre jugée nécessaire dans les vases C destinés à cet usage, et qu'il placera de manière à répandre le plus également possible l'acide sulfureux dans la pièce, sans risquer de mettre le feu aux tissus ou d'en trop échauffer une partie. Il allume le soufre, ferme aussitôt la porte d'entrée E, ainsi que la chatière G, et lève au contraire la porte de l'ouverture F, en tirant convenablement la corde qui y correspond et qui passe sur la poulie H, fig. 2; il accroche cette corde à un clou pour tenir la porte F ouverte.

L'air du *soufroir* s'échauffe, se dilate, et l'augmentation de volume en

(1) C'est-à-dire, par exemple, que, si la porte F a 1 décimètre carré d'ouverture, et le tuyau du fourneau d'appel 1 décimètre carré, il faudra donner au moins 2 décimètres carrés à la petite cheminée qu'on pratiquera dans la grande.

force une partie à passer par la porte F, pour s'élever dans le tuyau de cheminée D, où le courant ascensionnel, déterminé par le fourneau d'appel, l'oblige d'ailleurs à monter. On évite ainsi l'émission de l'acide sulfureux qui, dans les *soufroirs* ordinaires, se fait sentir autour de la pièce, au commencement et même pendant le cours de chaque opération. Au bout de quelques minutes, après que tout le soufre est bien allumé et l'équilibre établi, la porte F est presque entièrement fermée en lâchant la corde L fig. 2, qui sert à l'élever ou à la baisser à volonté, et tout l'appareil est laissé en cet état le temps convenable pour que l'opération soit complète (1). Lorsqu'elle est terminée et que l'on veut ouvrir le *soufroir* pour en retirer les marchandises, il ne reste qu'à prendre les précautions suivantes.

Avant d'ouvrir la porte d'entrée E, du *soufroir*, il faut allumer un peu de feu dans le fourneau d'appel B : ouvrir entièrement la porte F, et élever un peu celle de la chatière G. Élever ensuite de plus en plus et de quart d'heure en quart d'heure cette dernière porte ; la laisser enfin toute ouverte pendant le temps que l'expérience montrera nécessaire.

Le courant ascensionnel, déterminé dans le tuyau de cheminée D par le fourneau d'appel B, oblige l'air atmosphérique à pénétrer dans le *soufroir* par la chatière G. Cet air se mélange avec les gaz délétères et les entraîne au dehors avec lui, en passant par l'ouverture F et par le tuyau D, qui leur donne issue à une grande hauteur et au-dessus des toits. Cet écoulement continuel rend bientôt l'air du *soufroir* respirable. Lorsqu'il ne sent plus l'acide sulfureux, et que l'on peut pénétrer dans le *soufroir* sans danger, on ouvre la porte d'entrée E, et on travaille alors dans le

(1) Nous ferons remarquer que le but proposé dans cette partie de l'opération, est d'empêcher l'acide sulfureux de sortir du *soufroir* par les petits joints de la porte E et la chatière G. Ce résultat s'obtient en ne fermant pas tout à fait la petite porte F ; il suffit qu'elle puisse donner passage à une masse d'air un peu plus considérable que celle qui peut sortir du *soufroir* par les joints de la porte E et de la chatière G, pour que, le tirage étant bien établi dans la cheminée D, ce soit toujours l'air atmosphérique qui tende à entrer par les joints dans le *soufroir*, ce qui le rend complétement inodore. Cet effet s'obtient en faisant passer continuellement à travers le *soufroir* un petit courant d'air ; mais l'économie exige que ce courant d'air soit le plus faible possible : c'est pour cela que nous recommandons de bien calfeutrer les croisées et de faire clore les portes le plus exactement que l'on pourra. Pour bien utiliser cette espèce de *lut d'air* ou de *fermeture aérienne*, il faut que la porte de l'ouverture F close mal ou soit conservée entr'ouverte, et qu'au contraire la porte E du *soufroir* et la chatière G, sans être exactement closes, le soient le mieux possible. On augmente à volonté la vitesse de ce courant d'air, en ouvrant davantage la porte F, et en augmentant le feu du fourneau d'appel. Plus le courant d'air est rapide, plus l'acide sulfureux est repoussé dans l'intérieur du *soufroir*, et plus l'appareil devient inodore.

soufroir sans y être incommodé, et comme dans un atelier ordinaire. En laissant les portes E et F ouvertes et le fourneau d'appel allumé, la *ventilation du soufroir* continue, et l'odeur que portent avec eux les tissus qui ont été exposés à la vapeur sulfureuse est diminuée d'autant. Le *soufroir* est ainsi vidé avec le moins de gêne possible pour l'ouvrier et sans inconvénient pour les voisins de la fabrique.

Nous avons cru devoir joindre, au plan du *soufroir* que nous venons de décrire, les plans de trois autres *soufroirs*, allant en diminuant de grandeur et formant une série d'appareils construits suivant le même système de *ventilation*, et présentant au manufacturier l'avantage de pouvoir toujours se servir d'un *soufroir* salubre dont la capacité soit en bon rapport avec la quantité de marchandises qu'il doit y traiter (1). Nous donnons en *a* fig. 1, deux de ces *soufroirs* qui sont adossés à la cheminée D, et qui sont construits et se conduisent absolument comme le *grand soufroir* A, dont nous avons parlé plus haut (2). Le *soufroir a*, à droite de la ligne X Y, étant fort petit, peut être fait tout en bois comme une caisse ou comme une armoire. Le sol doit alors en être carrelé et les côtés garnis en tôle jusqu'à 4 décimètres de hauteur, pour éviter tout danger d'incendie.

La boîte que l'on voit (fig 3), représentée en perspective, est aussi construite sur les mêmes principes de *ventilation*. Elle doit être carrelée et garnie de tôle à sa partie inférieure, comme nous venons de le dire en parlant du *petit soufroir a* (fig. 1) : il doit y avoir par-dessus ou par côté

(1) Nous ne parlons ici que du rapport qui doit exister entre le cube du *soufroir* et la quantité de marchandises que l'on y expose à la vapeur du soufre enflammé ; il est un autre rapport qu'il pourrait être utile de bien établir : ce serait celui qui doit exister entre le volume d'air renfermé dans le *soufroir* et la quantité de soufre qu'on veut y brûler. Les *soufroirs* que nous avons été à même d'examiner, nous ont prouvé que l'on en avait fixé les dimensions au hasard et sans établir préalablement ce dernier rapport. Il faudrait, pour cela, commencer par reconnaître si pour bien passer au soufre des tissus de laine ou de soie, il faut qu'il reste de l'air non décomposé dans l'appareil, et par fixer, si cela était, la quantité d'oxigène qui doit rester dans le mélange des gaz mis en contact avec les substances qu'on veut blanchir, etc.

(2) Si l'on adoptait cette disposition de trois *soufroirs* adossés à la même cheminée d'appel, il faudrait avoir soin de donner à cette cheminée des dimensions telles, en largeur et en profondeur, que la section horizontale de cette cheminée eût au moins un tiers en sus de la somme des trois ouvertures F, *f*, *f*, qui communiquent toutes dans la grande cheminée D (fig. 1) des trois *soufroirs*, afin de pouvoir, en cas de besoin, travailler dans les trois appareils également bien à la fois. Il est inutile d'ajouter que, si l'on ne se servait pas d'un ou de deux de ces *soufroirs*, il serait bon de tenir bien fermées toutes les portes et chatières des appareils qui ne serviraient pas, parce qu'alors la cheminée d'appel D établirait un tirage d'autant plus rapide sur la partie de l'appareil dont on ferait usage, qu'il y aurait un moins grand nombre d'autres issues ouvertes.

une porte *e*, à coulisse, ou une porte ordinaire. La fig. 4 représente une boîte dont le dessus s'ouvre à charnière, et la fig. 3 indique un dessus de boîte s'ouvrant à coulisse. Dans tous les cas on doit coller du papier gris sur tous les autres joints de cette boîte, afin de la rendre bien close. La petite porte chatière doit toujours être pratiquée, comme on le voit dans la fig. 4, à la partie inférieure d'une des faces verticales. Cette porte, placée ainsi, sert à *ventiler* au besoin la boîte et y placer le petit vase dans lequel on fait brûler le soufre.

Le tuyau de tôle *d*, destiné à donner écoulement au dehors à l'acide sulfureux, etc., doit être garni d'une clef ou soupape *n*. L'extrémité de ce tuyau se place comme on le fait ordinairement pour les tuyaux de poële, soit dans le tuyau d'une cheminée ordinaire, soit en le faisant sortir au dehors à travers le carreau d'une croisée. Il faut avoir soin, dans les deux cas, de le terminer par un coude et un bout de tuyau vertical, comme on le voit en *d* (*fig.* 4), et de couvrir ce tuyau d'un chapeau en tôle, s'il doit être exposé au vent ou à la pluie. Ce tuyau remplace la grande cheminée D des *soufroirs* A, et *a*, *a* (fig. 1), et sert comme elle à rendre le *soufroir* salubre.

Pour déterminer l'appel convenable dans ce tuyau de tôle, il suffit d'y engager, à la partie inférieure et par un trou fait exprès, la cheminée en verre d'une lampe d'Argant, à double courant d'air, comme on le voit en *b* (fig. 6). Cette lampe remplace le fourneau d'appel B (fig. 1), et sert à déterminer à volonté et au degré convenable l'entrée de l'air atmosphérique dans la boîte, par les joints de la porte, ou par la chatière *g*, ou par la porte *e*, et à régler la sortie des gaz délétères contenus dans le *soufroir* lorsque l'opération est terminée.

Ce dernier appareil est très-simple et peu coûteux : il convient surtout aux blanchisseuses de bas de soie, et à tous ceux qui n'exercent pas leur état en grand. Nous les invitons d'autant plus à en faire usage, que c'est principalement dans cette branche d'industrie que les *soufroirs* sont le plus mal construits, et que l'acide sulfureux cause les plus grands accidents.

Nous ne parlerons pas avec plus de détail de ce petit appareil ; on en concevra tout l'avantage, et l'on apprendra facilement à en tirer le plus grand parti possible, en lisant avec soin ce que nous avons dit au sujet du grand *soufroir* A.

La fig. 2 représente une coupe verticale du *soufroir* A, selon les lignes X Y (fig. 1), vue du point I. L'explication de cette figure se trouve comprise dans la description de la fig. 1; nous ne pensons pas qu'il soit nécessaire d'y rien ajouter. Il en est même de la description des fig. 3, 4, 5, 6, 7, 8, 9 et 10, dont il a été suffisamment parlé plus haut.

D'ARCET, *rapporteur*.

Vu et approuvé la réimpression de l'instruction qui précède.

Paris, 25 juin 1835.

Le Conseiller d'État, Préfet de Police,

GISQUET.

EMPLOI DES CORPS GRAS

COMME HYDROFUGE.

De l'emploi des corps gras comme hydrofuge, dans la peinture sur pierre et sur plâtre, dans l'assainissement des lieux bas et humides, dans les citernes et réservoirs destinés à contenir les liquides; pour la conservation des statues et bas-reliefs exposés aux injures de l'air; par MM. D'Arcet et Thénard (1).

Les observations dont se compose ce mémoire furent commencées en 1813, à l'époque où M. Gros entreprit de peindre la coupole supérieure de l'église de Sainte-Geneviève. La surface de cette coupole venait d'être préparée à la manière d'une toile : on avait imprégné la pierre d'une couche de colle forte, puis on l'avait recouverte de blanc de plomb délayé dans l'huile siccative.

Craignant que cette préparation ne fût pas solide, M. Gros vint nous consulter; nous n'hésitâmes pas un seul instant à déclarer qu'elle était loin d'offrir toute la sécurité désirable; l'humidité, avec le temps, pouvait agir sur la colle, et le tableau s'altérer.

Quelques réflexions suffirent pour nous convaincre qu'il fallait faire pénétrer dans la pierre un corps gras qui serait liquéfié par la chaleur, et qui, par le refroidissement, se solidifierait et boucherait tous les pores. Fortifiés dans cette idée par la certitude où nous étions que les anciens faisaient quelquefois fondre la cire sur des murs qu'ils voulaient peindre, nous fûmes naturellement conduits à essayer un enduit de cire jaune et d'huile de lin lithargirée. Des essais tentés sur des pierres semblables à celles de la coupole, nous prouvèrent que nous réussirions au-delà de nos espérances en composant cet enduit d'une partie de cire et de trois

(1) Ce mémoire, lu à l'Académie des Sciences, par MM. D'Arcet et Thénard, avait été commencé en 1813. Il a été publié dans les *Annales de chimie et de physique*, t. 32, p. 24; en 1828, dans le *Recueil industriel* de M. de Moléon. Il a eu en outre plusieurs éditions.

parties d'huile cuite avec un dixième de son poids de litharge : l'imbibition avait lieu facilement à chaud; elle s'étendait à volonté dans les échantillons sur lesquels nous opérions, à la profondeur de 9 à 14 millimètres; l'enduit, par le refroidissement, se solidifiait, et prenait, en six semaines à deux mois, une dureté considérable.

Dès lors nous proposâmes d'en faire usage pour la coupole, et d'exécuter l'opération comme il suit :

La coupole devait être grattée au vif, pour enlever le fond de colle et de blanc de plomb dont elle était couverte; on devait ensuite, au moyen d'un grand réchaud de doreur (1), chauffer successivement et fortement tout l'intérieur de la coupole, en opérant sur un mètre carré à la fois, et y appliquer le mastic à la température de 100 degrés environ, avec de larges pinceaux. A mesure que la première couche serait imbibée, elle devait être remplacée par une seconde, et ainsi de suite jusqu'à ce que la pierre refusât d'en absorber. Pour faciliter l'absorption, la pierre, dans le cours de l'imbibition, devait être chauffée de temps à autre une à deux fois, suivant sa porosité. Dans tous les cas, la chaleur devait être aussi élevée que possible, sans être portée toutefois au point de carboniser l'huile. Enfin, les murs étant imprégnés d'enduit, bien unis et bien secs, ils devaient être recouverts de blanc de plomb délayé dans l'huile, et c'est sur cette couche blanche qu'on devait peindre.

Notre projet fut approuvé; M. Rondelet se chargea de l'exécuter, et mit bientôt M. Gros à même d'exécuter un nouveau chef-d'œuvre, qui, reposant sur une base aussi solide, n'éprouvera par la suite d'autre altération que celle que les couleurs pourront recevoir de l'air et de la lumière.

Des gouttelettes d'eau, semblables à celles de la rosée, et qui couvraient, presque tous les matins, en nombre infini, les voûtes de la coupole, donnèrent d'abord de l'inquiétude à l'auteur du tableau. Pour nous, nous n'en avions aucune, et l'auteur lui-même commença à se rassurer lorsqu'il vit ces gouttelettes paraître et disparaître sans laisser la moindre altération. Aujourd'hui, plus de quinze années d'épreuves suivies ont dissipé toutes les craintes (2).

(1) On trouvera à la fin de cet article la description et la figure de cette espèce de réchaud.

(2) Voici la lettre écrite à ce sujet par M. le baron Gros, à MM. Thénard et D'Arcet.

Messieurs,

Ayant appris que vous faites réimprimer la Notice sur l'emploi des corps gras, dont on a fait une application à la coupole que j'ai peinte à l'église de Sainte-Geneviève, je suis bien aise de

L'enduit de cire et d'huile ne met pas seulement la peinture à l'abri de l'humidité, il prévient encore l'*embu*, par l'impossibilité où se trouve l'huile d'être absorbée, et dispense le peintre de vernir son tableau, avantages dont il est facile de sentir tout le prix.

L'épreuve de notre enduit, faite sur la coupole supérieure de Sainte-Geneviève, avait eu trop de succès pour que nous ne désirassions pas de voir préparer de la même manière les quatre pendentifs qui appartiennent à la grande coupole ou coupole intérieure de la même église, et que M. Gérard doit peindre incessamment. Aussi, ce célèbre peintre a-t-il accepté avec le plus grand empressement la proposition que nous lui en avons faite. L'enduit, sous notre direction, a été appliqué par M. Belot avec des soins qui ne laissent rien à désirer, et tels que, encore bien que la pierre soit extrêmement dure, il a pénétré de $3^{\text{mil.}},5$ à $4^{\text{mil.}},5$.

Il était naturel que nous cherchassions à savoir si l'enduit de cire et d'huile pourrait s'appliquer sur le plâtre comme sur la pierre, le durcir, lui donner la faculté de résister à l'eau, et le conserver. De nombreuses expériences furent faites dans ce dessein, et la preuve nous est acquise que, sous ce point de vue, il sera d'une grande utilité; on en jugera par les échantillons que nous mettons sous les yeux de l'Académie. L'un est un bas-relief, et l'autre un portrait, tous deux à moitié imprégnés d'enduit; on les a placés sous des gouttières pendant très long-temps, et l'on voit que toute la partie de plâtre pur a été fortement attaquée, rongée, dissoute, tandis que celle qui était imprégnée d'enduit n'a souffert aucune altération. Le procédé d'application est ici le même que pour la pierre; nous remarquerons seulement que le feu doit être ménagé, autrement le plâtre se cuirait et perdrait de sa solidité; il supporte aisément de 100 à 120 degrés de chaleur; mais on ne l'exposerait pas vainement à 145 degrés. D'ailleurs, il s'imbibe facilement, et l'opération ne présente point d'obstacles.

Maintenant que l'on connaît le procédé d'imprégner les pierres et le plâtre de l'enduit de cire et d'huile cuite, nous allons parler des autres applications que nous avons faites ou que l'on peut faire de cet enduit, soit qu'on l'emploie tel que nous en avons donné la composition, pour des ouvrages précieux où l'économie de la cire doit être comptée pour

profiter de cette occasion pour renouveler l'assurance que les procédés employés résistent depuis plus de quinze ans sans la moindre altération, et que j'ai toujours à me louer de l'obligeance que vous avez eue de vouloir bien vous en occuper.

J'ai l'honneur, etc. *Signé* baron Gros.

peu de chose, soit qu'on remplace la cire par la résine, et qu'on forme alors l'enduit d'une partie d'huile lithargirée et de deux à trois parties de résine, comme quand il s'agit de garantir un mur de l'humidité.

Assainissement des appartements ou lieux bas et humides.

La Faculté des Sciences possède à la Sorbonne deux salles dont le sol est de plusieurs pieds au-dessous de celui des maisons voisines, du côté du levant et du midi. Les murs, à cette exposition, sont très-salpêtrés. On crut devoir les couvrir de plâtre, il y a quelques années, dans l'espérance de rejeter les sels au dehors; mais les sels traversèrent la couche de plâtre qu'on leur avait opposée, et reparurent bientôt dans l'intérieur, entretenant une telle humidité que le plâtre perdit de sa consistance, et que le local devint inhabitable, même en été. C'est sur ces deux salles que notre expérience fut tentée. Nous allons la décrire telle qu'elle a été faite.

L'enduit a été composé d'une partie d'huile de lin cuite avec $\frac{1}{10}$ de son poids de litharge et de deux parties de résine. Celle-ci a été fondue dans l'huile lithargirée, en employant une chaudière de fonte et ménageant le feu. D'abord la matière s'est boursouflée fortement; mais ensuite elle est restée en fusion tranquille; parvenue à ce point, on l'a laissée refroidir pour la fondre de nouveau et s'en servir au besoin (1).

Les murs, étant très-humides, ont dû être séchés avec le réchaud de doreur. Celui dont nous avons fait usage avait 5 déc. de largeur sur 4 de hauteur, en sorte que nous séchions à la fois une surface de 20 déc. carrés. Il portait de chaque côté, à la partie supérieure, antérieure et latérale, deux anneaux à demi fermés qui servaient à l'accrocher à une tringle de fer horizontale, de 16 déc. de long. Les deux bouts de cette tringle étaient reçus dans des entailles à crémaillère, qu'on avait faites sur les bords de deux planches verticales, éloignées l'une de l'autre de 15 déc., et unies entre elles par deux traverses, l'une supérieure et l'autre inférieure. Ces planches qui, avec leurs traverses, formaient une espèce de châssis facile à transporter, avaient presque la hauteur des salles, environ 32 déc. On les plaçait à distance convenable du mur; mais comme le fourneau tendait à s'en rapprocher par trop dans la partie inférieure,

(1) Le boursouflement qui a lieu exige que l'on ne fasse fondre la résine dans l'huile que par portions, afin que la matière ne s'élève pas au-dessus des bords de la chaudière.

on l'en tenait éloigné au moyen de deux petites broches vissées près des extrémités de la grille, c'est-à-dire au bas du fourneau et sur ses côtés. D'ailleurs ce fourneau, par-derrière, était muni de deux poignées, au moyen desquelles on le faisait mouvoir ou glisser sur les tringles très-commodément.

D'après ce qui précède, il est facile de voir comment l'opération se faisait. L'appareil, c'est-à-dire le fourneau, la tringle et les supports à crémaillère, ou le châssis, était placé devant une partie du mur, et y restait jusqu'à ce que cette partie fût enduite. Elle se partageait, pour le travail, en huit bandes horizontales qui avaient chacune la hauteur du fourneau (4 décimètres), et trois fois sa largeur (15 décimètres). On commençait par sécher les plâtres, et quand ils étaient bien secs, on les chauffait de nouveau et successivement pour y faire pénétrer le mastic, comme nous l'avons dit précédemment. C'était la bande supérieure qu'on enduisait d'abord. A cet effet, lorsque le premier espace qu'on voulait enduire, espace égal à la surface du fourneau ou au tiers de la bande, était convenablement chaud, on déplaçait le fourneau en le faisant glisser sur la tringle qui lui servait de support, et pendant qu'un second espace était chauffé, on appliquait le mastic en fusion parfaite sur le premier : seulement, si le mastic ne s'absorbait pas bien, on l'exposait à l'action du feu en rapportant le fourneau et le tenant à distance convenable ; dès lors, des bulles d'air se dégageant en grand nombre, l'absorption avait lieu en très-peu de temps. On continuait ainsi d'appliquer le mastic jusqu'à ce que le plâtre refusât de s'en imprégner. Cinq fortes couches furent absorbées ; la sixième ne le fut qu'en partie et forma à la surface du mur un léger glacis qui finit par prendre beaucoup de dureté.

La bande supérieure étant enduite de mastic, on descendait le fourneau et la tringle d'environ 4 décimètres ; on faisait sur la nouvelle bande, et par suite sur toutes les autres bandes, ce qu'on avait fait sur la première.

La surface totale était de 94 mètres carrés. La dépense, non compris la main-d'œuvre, fut de 80 centimes par mètre carré ; elle serait moindre sur la pierre, par la raison toute simple qu'il y aurait moins d'enduit absorbé. Les plâtres sont devenus durs en peu de temps ; l'ongle aujourd'hui ne les raie que difficilement. Dans deux endroits, ils avaient été trop chauffés ; on les a refaits. S'ils étaient trop salpêtrés, le mastic n'y pénétrerait qu'avec peine, et pourrait même se détacher au bout de quelque temps sous forme de plaques ; dans ce cas il faudrait les remettre à neuf : l'opération sur les plâtres neufs et secs réussit toujours très-bien.

On pourrait encore, et c'est peut-être ce qu'il y aurait de mieux à faire pour les lieux extrêmement salpêtrés, détruire les plâtres, unir le mur à la hachette, le *jointoyer*, le couvrir d'enduit, et mettre par-dessus un papier sur toile.

Rien ne s'opposerait à ce que, dans les rez-de-chaussée, l'on se mît aussi à l'abri de l'humidité du sol : là où les salles devraient être parquetées, l'on ferait une aire en plâtre que l'on enduirait de mastic, et sur laquelle le parquet serait posé au moyen de lambourdes ; et là où il devrait y avoir des dalles ou des carreaux, ce seraient les carreaux eux-mêmes ou les dalles qui seraient enduits. Si ce procédé ne paraissait pas suffisant, il en est un autre qui serait infaillible pour les salles parquetées et chauffées par un poêle ; ce serait de construire une aire, comme nous venons de dire, et de se servir de l'air de la chambre pour alimenter le poêle, mais en le faisant circuler auparavant sous le parquet. D'ailleurs on tirerait de l'air du dehors, qui se rendrait, comme à l'ordinaire, dans les bouches de chaleur, et de là dans la chambre.

Préparation des plafonds qui doivent être peints.

On sait que la peinture sur les plafonds en plâtre se détériore peu à peu. Nous sommes convaincus qu'en les imprégnant d'un enduit de cire et d'huile lithargirée, comme nous l'avons fait pour la coupole et les pendentifs, on les conserverait presque autant que s'ils étaient de pierre, et que les couleurs n'éprouveraient pas plus d'altération que sur la toile. On pourra nous objecter sans doute qu'il y aura de l'humidité transmise par la partie supérieure ; qu'elle diminuera peu à peu la cohérence du plâtre, et finira par le détacher en morceaux ; mais nous répondrons que nous pouvons faire pénétrer l'enduit à une grande profondeur, et que le plâtre prend une si grande dureté qu'il imite la pierre. Cela est si vrai que l'angle de la tablette d'une cheminée, au laboratoire des essais de la Monnaie, ayant été cassé, on a pu remplacer le morceau par du plâtre imprégné après coup d'enduit à la cire. L'opération est faite depuis quinze ans, et cependant le morceau rapporté, quoique exposé à un frottement continuel, ne paraît pas usé, et fait si bien corps avec la tablette de pierre de liais, que les joints ne s'aperçoivent pas. Ainsi, dans la préparation des plafonds, et surtout des plafonds voûtés, le plâtre, durci par l'enduit, prendrait tant de solidité qu'il résisterait sans doute à de petites quantités d'eau transmises par les parties extérieures ; et nous avons tout lieu de croire que si le plafond de la salle des Antiques, peint par Barthélemy, en l'an X, eût été imprégné d'enduit, il existerait encore aujourd'hui; tandis qu'il a été détruit en 1820 par une infiltration d'eau provenant de la salle au-dessous de laquelle il était placé.

Statues et bas-reliefs en plâtre, rendus inaltérables à l'air.

Puisque le plâtre imprégné d'enduit de cire et d'huile lithargirées n'est altéré, du moins pendant plusieurs mois, ni par la pluie ni par les courants d'eau, ni par l'eau tombant des gouttières, on voit le parti qu'on en peut tirer pour faire des statues et des bas-reliefs en plâtre qui résisteraient probablement aux injures de l'air; et si, d'un autre côté, nous faisons remarquer que cet enduit peut être uni à du savon de cuivre et de fer, si nous ajoutons qu'il remplit tous les pores du plâtre sans rien laisser à la surface, sans former d'épaisseur, sans empâter les finesses de la gravure et sans rendre *flous* les traits qui y sont sculptés, on en conclura qu'il est possible de se procurer à bas prix (1), pour orner nos monuments, et peut-être nos jardins, de belles statues de plâtre, qui auront la couleur du bronze, et qui seront bien préférables à celles que l'on peint avec les couleurs à l'huile. Les modèles que nous présentons à l'Académie lui feront sans doute partager notre opinion. L'exécution n'offre aucune difficulté.

On prend de l'huile de lin pure, on la convertit en savon neutre au moyen de la soude caustique; on ajoute ensuite une forte dissolution de sel marin, et l'on pousse la cuisson jusqu'au point de donner une grande densité à la lessive, et d'obtenir le savon nageant en petits grains à la surface de la liqueur. Le tout est mis sur un carrelet, et quand le savon est bien égoutté, on le soumet à la presse pour en exprimer le plus de

(1) Les différentes opérations que nous avons eu occasion de faire nous ont prouvé que le plâtre sec, pénétré de composition, en absorbait environ 30 centièmes de son poids, et qu'il fallait au plus 2,500 grammes de composition pour préparer à $0^{m},012$ de profondeur une table en plâtre, ayant 1 mètre carré de superficie.

Nous avons en outre reconnu que le kilogramme de composition prête à être employée ne revenait au plus qu'à 4 francs; nous allons appliquer ces données à l'évaluation approximative de la somme qu'il faudrait dépenser pour obtenir un plâtre de la *Vénus de Médicis* parfaitement préparé.

M. le comte de Clarac, conservateur des Antiques du Musée royal, ayant eu besoin de connaître la surface développée de cette statue, la fit calculer par trois méthodes différentes, et ar-

lessive possible. Alors on le fait dissoudre dans de l'eau distillée, et l'on passe la dissolution chaude à travers un linge fin. D'un autre côté, on fait dissoudre dans l'eau également distillée un mélange de 80 parties de sulfate de cuivre et de 20 de sulfate de fer du commerce ; on filtre la liqueur, et après en avoir fait bouillir une partie dans un vase de cuivre bien propre, on y verse peu à peu de la dissolution de savon, jusqu'à ce que la dissolution métallique soit complétement décomposée. Ce point de décomposition étant atteint, une nouvelle quantité de dissolution de sulfate de cuivre et de fer doit être versée dans le vase, la liqueur agitée de temps en temps, et portée à l'ébullition. De cette manière, le savon, sous forme de flocons, se trouve lavé dans un excès de sulfate; après quoi il doit l'être successivement à grande eau bouillante et à l'eau froide; puis il est pressé dans un linge pour l'essuyer et le sécher le plus possible, et c'est dans cet état que l'on s'en sert comme il va être dit.

On fait cuire 1 kilogramme d'huile de lin pure avec 250 grammes de litharge pure en poudre très-fine. On passe le produit dans un linge et on le laisse déposer à l'étuve; il se clarifie assez promptement.

Cela fait, on prend:

Huile de lin cuite.	300 grammes.
Savon de cuivre et de fer.	160
Cire blanche pure.	100

riva à ce résultat, que la surface de la Vénus de Médicis développée était de 2 mètres carrés, 4,647*.

Il faudrait donc, pour pénétrer complétement cette statue, en lui supposant partout une épaisseur de 0^{m},012, employer au plus 6 kilogrammes de composition.

Voici à peu près ce que coûterait un plâtre de la Vénus de Médicis, préparé par le procédé dont il est question.

Un plâtre de la Vénus, bien préparé, se vend	100 francs.
6 kilogr. de composition, à 4 fr. le kilogr. . .	24
1 hectolitre de coke pour chauffer l'étuve ou pour le service du réchaud de doreur. . . .	4
2 journées de deux ouvriers peintres, à 5 fr. chaque.	20
Menus frais, pinceaux, linge, coton, etc. . .	2
Cette statue, en plâtre, bien préparée, reviendrait donc au plus à.	150 francs.

Une copie de cette statue, en marbre, coûterait 7 ou 8,000 fr.; une copie de bronze reviendrait à peu près au même prix : elle coûterait encore de 2,000 à 2,400 fr. en la faisant faire en pierre tendre ordinaire.

* *Voyez* l'ouvrage intitulé: *Musée de Sculpture antiq. et mod.*, p. 84.

On fait fondre le mélange à la vapeur ou au bain-marie, dans un vase de faïence; on le tient fondu, pour laisser dégager le peu d'humidité qui s'y trouve; on fait chauffer le plâtre jusqu'à 80 ou 90 degrés centigrades, dans une étuve, puis on l'en retire et l'on y applique le mélange fondu.

Lorsque le plâtre se refroidit assez pour que le mélange n'y pénètre plus, on le remet à l'étuve, on le chauffe de nouveau à 80 ou 90 degrés, et l'on continue d'y appliquer la couleur grasse, jusqu'à ce qu'il en ait absorbé assez. Le plâtre est alors encore remis à l'étuve pendant quelques instants, pour qu'il ne reste pas de couleur à sa surface, et pour que toutes les finesses de la sculpture paraissent et ne soient pas empâtées. A cette époque, on le retire de l'étuve, on le fait refroidir à l'air, on l'y laisse exposé dans un endroit couvert pendant quelques jours, ou plutôt tant qu'il n'a pas perdu l'odeur de la composition; on le frotte avec du coton ou un linge fin, et le travail est fini.

Si les pièces à préparer étaient petites, il faudrait les tremper dans la composition fondue, les retirer, les secouer et les essuyer par-dessous pour faire pénétrer la composition qui se trouverait à la surface opposée : le même effet serait produit en présentant cette surface devant un feu clair.

Si les pièces à préparer étaient trop grandes, on aurait recours au réchaud de doreur.

En mettant de l'or en coquille sur les points culminants du plâtre, et préparant ensuite le plâtre, comme il vient d'être dit, on obtiendrait la patine antique avec le bronze métallique apparent dans les endroits saillants.

Une plus grande quantité de savon de fer dans l'enduit procurerait facilement la patine rougeâtre que présentent certains bronzes.

Le savon de fer seul donnerait une teinte rouge-brun; les savons de zinc, de bismuth et d'étain, imiteraient le marbre blanc.

On pourrait teindre les plâtres avec des dissolutions alcooliques ou aqueuses de substances colorantes, et appliquer sur ces plâtres teints les savons métalliques : il en résulterait un grand nombre de nuances différentes.

Dans tous les cas, de l'huile de lin cuite pourrait être coulée dans l'intérieur des statues pour les rendre plus imperméables à l'humidité, et pour employer moins de composition colorée.

Nous n'avons pas fait d'autres épreuves que celles que nous venons de rapporter; mais elles suffisent pour nous convaincre que l'on pourra employer avec économie l'enduit de résine ou de cire et d'huile de lin lithargirée, pour préserver de l'humidité les rez-de-chaussée et les prisons; pour empêcher les réservoirs et les citernes de fuir; pour s'opposer aux infiltrations des voûtes et des terrasses, pour contenir l'eau dans le plâtre, qui prend si aisément toutes les formes que l'art veut lui donner; pour enduire les statues de plâtre ou de pierre tendre, les médailles en plâtre et beaucoup d'autres objets, tels que vases, bas-reliefs, colonnes, mitres de cheminées, corniches, entablements, etc.; enfin pour conserver les grains dans les *sylos:* applications importantes dont la société, si nous ne sommes pas dans l'erreur, tirera un grand parti.

Description du réchaud du doreur (1).

Cet ustensile, que nous avons cité plus haut, étant d'un fréquent usage, et ayant plusieurs applications utiles, nous allons en donner la description d'après la planche 14, où le réchaud est représenté sous plusieurs aspects.

Dans le réchaud du doreur, le combustible brûle appuyé sur une grille placée verticalement, à peu près comme cela se pratique dans les coquilles à rôtir et dans le fourneau du fabricant de cire à cacheter. On l'emploie le plus souvent à chauffer au degré qu'on veut des surfaces verticales ou peu inclinées à l'horizon, mais on s'en sert aussi pour chauffer ou sécher des surfaces horizontales, telles que les planchers ou les plafonds, etc.

La fig. 11, pl. 14, représente le réchaud vu de face; les fig. 12 et 13 le montrent de côté, et la fig. 14 par derrière. Le couvercle A, B, s'ouvre au moyen de la poignée C, et tourne sur les deux charnières D.

Les lettres E, E, E, désignent ici six barreaux en gros fil de fer qui servent à retenir le charbon dans l'intérieur du réchaud. Les bouts de ces barreaux sont projetés sur le côté des fig. 12 et 13, où l'on voit leur diamètre.

Le bas du réchaud est fermé par la tôle F, G, qui forme, dans cet endroit, une espèce de cendrier ou de réservoir H pour les cendres.

Lorsqu'on veut faire usage de cet ustensile, on lève le couvercle A, B, on remplit le réchaud de charbon *allumé*, on ferme le couvercle, et l'on s'en sert en le portant au moyen du manche I, qu'on voit dans les fig.

(1) La description de ce fourneau a été faite plusieurs fois. Elle a été insérée dans le *Journal des connaissances usuelles*, tome 3, page 256.

13 et 14. Ce manche est fixé au réchaud perpendiculairement, comme dans la fig. 12, ou d'une manière inclinée, comme dans la fig. 13, selon le travail qu'on a à exécuter.

La fig. 14 représente le réchaud vu par derrière. A B est la ligne postérieure du couvercle, et D, les deux charnières; C, la poignée du couvercle; K, la plaque circulaire ou elliptique destinée à empêcher la chaleur de se communiquer à la main de l'ouvrier, lorsque, au moyen du manche I, il transporte le fourneau. On voit en K K, fig. 12, la position de cette plaque placée entre le fourneau et la main de l'ouvrier.

La fig. 12 représente une vue de côté, comme la fig. 14, excepté que le réchaud est ici garni d'un manche I placé horizontalement, et de la plaque en tôle K.

On peut brûler, dans le réchaud du doreur, soit du charbon de bois, soit du coke. Le feu s'y entretient comme dans les autres fourneaux. On s'en sert en le présentant et en le promenant convenablement en face et autour des objets que l'on veut dessécher ou élever à une certaine température. On conçoit que la quantité de combustible, la distance, le plus ou moins de perpendicularité, sont autant de moyens mis à la disposition de l'ouvrier pour remplir le but qu'il veut atteindre.

On construit des réchauds de toutes grandeurs, et on leur donne des formes exigées par les travaux différents auxquels ils peuvent être appliqués.

Dans la fig. 1re, la ligne A B est supposée avoir 50 centimètres; ainsi, on peut en déduire les dimensions des autres parties du fourneau.

ASSAINISSEMENT DES FOSSES D'AISANCES.

RAPPORT DU CONSEIL DE SALUBRITÉ

SUR LA

CONSTRUCTION DES LATRINES PUBLIQUES,

ET SUR L'ASSAINISSEMENT DES LATRINES ET DES FOSSES D'AISANCES (1),

PRÉCÉDÉ

D'UN RAPPORT REMIS A MONSIEUR LE DAUPHIN
PAR UN MEMBRE DE LA SOCIÉTÉ ROYALE POUR L'AMÉLIORATION DES PRISONS,
LEQUEL A ÉTÉ CHARGÉ PAR MONSEIGNEUR D'EN DONNER CONNAISSANCE
AU CONSEIL GÉNÉRAL.

RAPPORT *remis à Monsieur le Dauphin, président, par un membre de la Société; lequel a été chargé par Monseigneur d'en donner connaissance au Conseil général.*

Ce Rapport a été entendu dans la séance tenue chez M. le ministre de l'intérieur, le 13 décembre 1824, et présidé par lui. Le Conseil en a ordonné l'impression.

Monseigneur.

Dans les jouissances offertes au pouvoir, vous en avez préféré une à toutes les autres, c'est le soulagement des malheureux, et parmi les

(1) La première instruction, rédigée par M. D'Arcet, au nom du Conseil de Salubrité, a été

malheureux que vous soulagez, les prisonniers vous ont paru d'autant plus dignes de votre sollicitude, que tous ne sont pas coupables, et que la pitié est due à ceux même qui ont mérité leur malheur.

Un article des statuts que le feu Roi a donnés à la Société Royale, est ainsi conçu : « Les sommes provenant, soit des souscriptions des mem-« bres de la Société, soit des dons et legs qui pourront leur être faits, se-« ront exclusivement affectées à l'amélioration des prisons du Royaume.»

Permettez, Monseigneur que je répète ce que vous avez dit à la lecture de cet article :

« Voilà notre règle pour la distribution des soulagements. Trouvons « une amélioration à laquelle tous les prisonniers puissent participer, « un genre de secours qui puisse être réparti d'une manière à peu près « égale entre tous les départements du Royaume.» (1)

Ces paroles ont été entendues, et la Société Royale a, sous votre Présidence et dans la dernière séance, accueilli une proposition faite pour assainir les prisons de toute la France. M. D'Arcet, membre de l'Académie royale des Sciences, a appliqué à l'assainissement de nos maisons d'habitation, de nos fabriques et de nos hôpitaux, le fourneau d'appel dont l'usage dans les prisons vous est proposé. Grâce à ce savant, la plus difficile partie de notre tâche est remplie. Dans plusieurs, les fosses d'aisances causent une infection insupportable. Vous avez pris connaissance des moyens proposés pour y remédier, ainsi que des expériences déjà faites. Aucun détail, Monseigneur, ne vous a paru abject et indigne de votre attention dans une proposition qui avait pour objet de garantir les prisonniers d'une peine à laquelle la loi ne les a point condamnés.

La Société Royale ayant adopté cette proposition, et autorisé la dé-

publiée en 1822, dans les *Annales de l'Industrie nationale et étrangère*, t. 7, p. 51. C'est elle qui forme les trois premiers chapitres du travail que nous donnons ici. Elle a été réimprimée à part, en 1825, en une brochure in-4°, avec des planches et un chapitre de plus, par ordre du Conseil général de la Société royale des prisons. Ce chapitre contient les détails des appareils spéciaux à construire pour établir une ventilation forcée et régulière dans les grandes fosses des latrines de prisons, d'hôpitaux, et on trouvera dans le rapport de M. de Marbois et l'avertissement qui l'accompagne, les motifs de cette réimpression. Le rapport qui suit ce premier mémoire sur la vidange des fosses d'aisance, est de 1830. Il a été publié dans le *Recueil industriel et manufacturier* de M. de Moléon, t. 15, no 44, p. 65, avril 1830.

Le petit travail sur les latrines à l'usage des camps, a été publié en 1834, dans les *Annales d'hygiène*, t. 12, p. 390, no d'octobre. Enfin, on trouvera dans la description des figures de la pl. 17, une disposition de fosse favorable à l'emploi des matières fécales dans l'agriculture.

(1) Le duc d'Angoulême, président de la société, avait pour sa souscription donné une somme de 80,000 francs.

pense jusqu'à la somme de 100,000 fr., il était à désirer pour les prisonniers que le travail fût promptement exécuté, et qu'une détermination qui avait pour but le soulagement des malheureux, une détermination prise en séance générale de la Société, et approuvée par son auguste Président, ne demeurât pas sans effet, et le fonds accordé sans emploi.

J'avais visité des prisons où j'avais observé que l'infection était à un haut degré; je crus devoir y faire construire quelques fourneaux d'appel.

J'entrai en correspondance avec MM. les Préfets et Sous-Préfets des départements qui avaient formé mon arrondissement. Ils m'apprirent que dans beaucoup de prisons, des courants d'eau pourraient obvier efficacement à l'infection, et que les fourneaux d'appel y étaient moins utiles; mais on en demandait pour plusieurs autres. Les besoins de la maison centrale de Gaillon à cet égard m'étaient connus: elle renferme douze cents prisonniers. M. Durand, directeur, homme recommandable par son zèle et sa capacité, m'écrivit le 27 août 1824 :

« La disposition provisoire de la maison ne permet point l'établissement « de baraques et de fosses inodores dans les préaux des femmes, à cause « des communications qu'elles pourraient avoir avec les hommes, dont « les ateliers les avoisinent. Il a fallu conserver dans ce quartier l'usage « des fosses d'aisance, et, malgré toute la propreté qu'on y fait tenir, il « s'en exhale une odeur très-forte, qui se répand dans tout le quartier, et « en rend l'habitation très-désagréable.

« Il en est de même pour les infirmeries, soit des hommes, soit des « femmes. L'on ne peut obliger les malades à sortir pour aller pourvoir à « leurs besoins dans des baraques établies sur les préaux; il a donc fallu « conserver une fosse d'aisance dans chaque infirmerie, et les inconvé« nients signalés s'y font également sentir. »

A la réception de cette lettre j'envoyai à Gaillon les appareils nécessaires à quatre fosses. M. Aubert, architecte, et un poêlier-fumiste s'y rendirent en même temps. M. Durand m'informe par la lettre suivante du résultat de l'épreuve.

A Gaillon, le décembre 1824.

« J'ai tardé à vous rendre compte de l'effet obtenu dans cette maison, de l'établissement de quatre fourneaux d'appel, parce que j'ai voulu m'assurer, par une expérience soutenue, du résultat du nouveau procédé. Je ne puis assez vous en faire l'éloge : il me paraît démontré qu'au moyen de ces fourneaux, toute odeur provenant des fosses est neutralisée. Le succès me paraît devoir être complet, pourvu que l'on tienne en état constant de propreté les cabinets où sont placés les siéges; l'on aura résolu par là le problème concernant la désinfection des fosses d'aisance. Il n'en serait pas ainsi, si l'odeur provenait de la malpropreté des cabinets; car le fourneau n'agissant pas, ou du moins bien faiblement, sur l'extérieur des fosses, toute infection, dont les éléments seraient extérieurs à ces fosses, résisterait au procédé. L'on ne peut espérer que des cabinets journellement fréquentés par près de cinq cents individus, soient tenus aussi proprement que ceux des maisons particulières. J'ai la confiance, cependant, d'avoir obtenu, sous ce rapport, la plus grande perfection possible, par un système particulier de surveillance que j'ai établi dans cette partie. En un mot, avec de la propreté et le procédé dont nous serons à jamais redevables à la Société royale et au Conseil de salubrité, l'on n'aura plus à se plaindre de l'infection des latrines dans cette maison.

« Le Directeur de la Maison centrale de détention de Gaillon,

Signé DURAND.

Ainsi, nous sommes assurés que les quatre fosses n'exhalent plus leur infection qu'au-dessus des combles de l'édifice; et la dépense pour chacune a été, ainsi que je l'avais annoncé, de la somme de 325 francs; les voyages de l'architecte, du fumiste, et le transport des poêles sont compris dans cette somme: ailleurs, ils pourront être achetés sur les lieux, et chaque fourneau pourra ne coûter que de 200 à 252 francs; peut-être moins.

Mais, pour plus entière conviction, il importait que les expériences fussent faites à Paris, sous les yeux des personnes en autorité, et que la Société pût en avoir une parfaite connaissance; plusieurs prisons de Paris en offraient l'occasion.

La Grande-Force, où les hommes sont détenus, éprouve dans quelques pièces l'infection à laquelle il s'agit de remédier; et elle y est à un haut degré. Celle de la prison des femmes est encore plus insupportable. On a peine à concevoir ce qu'ont à souffrir cent cinquante à deux cents femmes réunies au sein de ces exhalaisons méphitiques.

Les fourneaux nécessaires ont été commencés : ils seront finis dans la semaine.

Le Conseil, dans le cours de ses travaux, a souvent recommandé qu'on prît le plus grand soin de purifier l'air des prisons. Je n'ai rien à lui apprendre touchant les conséquences funestes qu'entraîne un air corrompu; et cependant, je crois devoir consigner, dans le rapport que j'ai l'honneur de lui faire, une observation particulière qui résulte d'une expérience de plusieurs années. La prison de Clermont (Oise) est divisée en deux parties. L'une, occupée par les hommes, est dans une exposition malsaine et voit le nord ; la mortalité y est annuellement au terme moyen d'un prisonnier sur seize, et on voit souvent les plus robustes succomber. On respire un meilleur air dans le quartier des femmes, et la mortalité n'y est que d'une personne sur quarante-trois, pendant la même durée d'une année.

On peut encore citer le résultat obtenu, à l'hôpital Saint-Louis: d'après les avis du Conseil de Salubrité, la désinfection des latrines y a rendu les salles également salubres dans toutes leurs parties, tandis que, avant cette opération, on était obligé d'éloigner des portes des lieux d'aisance, les lits des malades. On peut aussi rappeler les succès obtenus au laboratoire de la Monnaie, dans les ateliers de doreurs, dans les fabriques de bleu de Prusse, de ferblanc, de cendres gravelées, dans les cuisines, dans les soufroirs, dans la construction des appareils fumigatoires à l'usage des hôpitaux, etc., etc. C'est surtout à l'obligeance constante de M. D'Arcet, qu'on doit ces succès généralement obtenus.

Je ne crois pas qu'on puisse, avec une dépense de 100,000 francs, procurer une amélioration plus utile et plus générale que celle dont il s'agit. Une multitude de prisonniers que l'infection tourmentait pendant le jour et jusque dans leur sommeil, auront leur part dans le bienfait. Les personnes que la charité et la bienveillance conduiront dans ces maisons, y prolongeront leurs visites avec moins d'inquiétude et sans dégoût.

La correspondance ferait connaître à M. le Ministre de l'Intérieur le nombre de prisons pour lesquelles le fourneau d'appel serait demandé.

Il conviendrait en même temps de faire lithographier les plans, coupes et élévations du fourneau; et de faire imprimer le Mémoire d'explication que le Conseil de Salubrité a bien voulu se charger de rédiger. Ces pièces seraient adressées en nombre suffisant à tous les Préfets. On leur ferait connaître en même temps le nombre de fourneaux qui pourraient leur être accordés, et la dépense serait faite dans les limites déterminées par la Société et suivant la répartition faite par le Ministre, entre les départements. Les Préfets seraient autorisés à lui adresser les mémoires de leur dépense respective. Ces mémoires seraient par lui transmis au trésorier bénévole : celui-ci les ferait viser par deux commissaires à ce autorisés par le Conseil-général et ferait parvenir la somme nécessaire, soit en un mandat sur le receveur général, ou de toute autre manière.

Monseigneur, la Société royale n'avait pu jusqu'à ce jour étendre son action à toutes les prisons; mais ses efforts ont eu dans beaucoup de départements, les plus heureux résultats. Ses mémoires, ses écrits, sont lus avec intérêt par beaucoup de personnes. Votre nom auguste accompagne tous ses actes et leur donne une grande autorité. Plusieurs départements ont voté des fonds considérables, et des constructions nombreuses y ont été faites. L'ancienne Normandie en rend témoignage dans presque toutes ses villes. Les prisonniers ont été classés par âges, par sexes, et suivant les délits et les cas particuliers.

Les soins de la propreté ont succédé à une extrême négligence. Les soupes ont été introduites, les entreprises pour le coucher, les vêtements et autres fournitures, ont été mieux surveillées. Le travail a été animé dans les grandes prisons. Le Gouvernement veut qu'on y apporte toute l'attention nécessaire, et vous observez nos travaux avec un intérêt dont cette séance même est une preuve. Beaucoup de prisonniers, cependant, attendent encore les secours de la sollicitude de la Société, et l'assainissement des lieux où ils sont enfermés fera cesser un tourment, qui, dans quelques prisons, est insupportable. Le Roi, qui nous continue la protection dont nous a honorés son auguste prédécesseur, apprendra avec satisfaction ces heureux résultats de la sollicitude de son Fils pour le soulagement des malheureux.

MARBOIS.

AVERTISSEMENT.

L'instruction suivante a été rédigée par le Conseil de Salubrité en 1822, et publiée dans les *Annales de l'Industrie nationale et étrangère*, Le Conseil général des Prisons ayant le désir d'appliquer à la désinfection des latrines des prisons, les procédés qui y sont exposés, S. Exc. le ministre de l'Intérieur a engagé le Conseil de Salubrité à revoir son travail, et à y donner les développements nécessités par l'application plus étendue qu'il s'agit d'en faire. Le Conseil de Salubrité avait recommandé, dans sa première instruction, de profiter des moyens d'appel naturels, c'est-à-dire de ceux qui n'occasionnent aucune dépense, et n'avait fait qu'indiquer l'emploi des fourneaux d'appel spéciaux, ou seulement destinés à établir dans les latrines la ventilation convenable. Le but du conseil avait été, non-seulement d'opérer cette ventilation le plus économiquement possible, mais encore d'en assurer la continuité et le succès, en ne la rendant pas dépendante de l'exactitude des ouvriers ou des domestiques. Une circonstance nouvelle s'est présentée; la disposition des prisons ne permet pas toujours de profiter d'un foyer déjà établi; il a donc fallu entrer dans de plus grands détails, relativement à la construction des fourneaux d'appel spéciaux. Le conseil de salubrité, en revoyant sa première instruction, et en y ajoutant les développements demandés par le conseil général des prisons, s'est surtout attaché à mettre les procédés qu'il expose, et les moyens d'exécution qui s'y rattachent, à la portée des constructeurs les moins instruits.

LETTRE *adressée à M. Delavau, Conseiller d'état, Préfet de Police, etc., par le Conseil de Salubrité (en 1822).*

Monsieur le Préfet,

Les latrines publiques, dont l'utilité ne peut être contestée, avaient excité, jusqu'à présent, des réclamations vives et fondées, de la part des voisins de ces établissements. Ces latrines, très-commodes pour les passants, avaient en effet de graves inconvénients pour les habitants des maisons environnantes; les exhalaisons désagréables et insalubres qu'elles répandaient n'étaient point supportables, et l'autorité se trouvait dans l'alternative ou de s'opposer à la construction de latrines utiles au public, ou de nuire aux habitants dans le voisinage desquels on demandait à les établir. Le Conseil de Salubrité fut chargé de concilier des intérêts si opposés, et d'indiquer le moyen de pouvoir, sans inconvénients, augmenter le nombre des latrines publiques dans les grandes villes. Ce problème a été complétement résolu en 1816. Les latrines de l'hôpital Saint-

Louis et les latrines publiques établies chez M. Chénié, rue des Filles Saint-Thomas, en face de la rue des Colonnes, ont été construites d'après les indications données par le Conseil, et ont depuis servi de modèle. En exigeant que le système de construction qui y a été employé soit suivi lors de la formation de nouveaux établissements de ce genre, l'autorité peut maintenant accorder autant de permissions qu'il en sera demandé, et contribuer ainsi, sans aucun inconvénient, à la commodité des habitants, sans nuire à la salubrité de la ville.

Les avantages évidents qui résultent du système de construction dont nous parlons, et les heureux résultats obtenus en ce genre depuis 1816, ont déterminé votre prédécesseur à demander au Conseil de Salubrité un rapport sur cette affaire, et à l'inviter à traiter la question générale de l'assainissement des latrines et des fosses d'aisances, afin de mettre l'autorité à même de pouvoir prescrire l'application de ces moyens dans toutes les circonstances où elle se trouve consultée. C'est ce rapport, Monsieur le Préfet, que nous avons l'honneur de vous présenter.

Nous sommes, avec respect, Monsieur le Préfet,

Vos très-humbles et très-obéissants serviteurs.

Les Membres composant le Conseil,

S. Bérard, *Maître des requêtes, Vice-Président*; E. Pariset, *Secrétaire*; J.-J. Leroux; Deyeux; Huzard; Dupuytren; Petit; D'Arcet, *Rapporteur*; Marc; Girard; Pelletier; Huzard, fils, *Adjoint*; le Dr Juge, *Membre honoraire*.

Instruction *du Conseil de Salubrité, sur la construction des latrines publiques, et sur l'assainissement des latrines et des fosses d'aisances.*

Tout le monde sait qu'il est peu de maisons qui ne soient plus ou moins infectées par la mauvaise odeur qui s'exhale des latrines, et que les gaz délétères qui se dégagent des fosses d'aisances présentent une cause puissante d'insalubrité que l'on doit éloigner avec soin des habitations.

Beaucoup de moyens, plus ou moins avantageux, ont été proposés sur cette question, mais presque tous incomplets, trop compliqués, nécessitant trop de soins ou de dépenses; et il est de fait que jusqu'ici les architectes ont négligé le moyen le plus simple, le plus sûr, le moins coûteux et le plus indépendant de la volonté de l'ouvrier, d'assainir, sous ce rapport, nos habitations.

Ce moyen bien connu, appliqué depuis long-temps à l'assainissement des galeries des mines, et tant de fois proposé pour renouveler l'air dans les hôpitaux, dans les puits et puisards infectés, etc., consiste dans l'application de la ventilation par le moyen de l'échauffement de l'air. Mais, pour obtenir le succès désirable, il faut établir une ventilation forcée et continue, ce qui n'a pas été pratiqué jusqu'à présent. Nous allons reprendre les choses de plus haut, et entrer à ce sujet dans tous les détails que nous croirons nécessaires pour faciliter l'adoption de ce moyen d'assainissement, et pour en populariser, pour ainsi dire, l'usage.

CHAPITRE PREMIER.

Théorie de l'assainissement des fosses d'aisances par le moyen de la ventilation forcée.

Supposons un tuyau de tôle AB (fig. 5, pl. 15) placé verticalement et ouvert aux deux extrémités; il est évident que, si l'air est à la même température en A, en B et tout autour du tuyau, l'air contenu dans ce tuyau y sera stationnaire et sans mouvement : mais si, par un moyen quelconque, vous échauffez la colonne d'air renfermée dans le tuyau, cet air se dilatera, deviendra plus léger que l'air extérieur, et montera de suite vers l'ouverture B avec une vitesse proportionnelle au degré de chaleur qu'on lui aura communiqué; l'air extérieur entrera dans le tuyau par l'ouverture inférieure A, s'échauffera, sortira par le haut du tuyau, et fera place à une nouvelle quantité d'air qui suivra la même direction; ce qui établira dans le tuyau un courant ascensionnel qui continuera à avoir lieu tant qu'un point quelconque de ce tuyau sera plus échauffé que la masse d'air dans laquelle il est plongé.

Ajoutons maintenant au tuyau AB un coude ACD (fig. 4), et supposons l'air contenu dans la partie verticale BD du tube en tôle échauffé par un moyen quelconque; il est évident que cet air, devenu plus léger, tendra à monter vers l'ouverture supérieure B du tuyau, et que l'air extérieur se précipitera de suite dans le tuyau, par l'ouverture A, pour aller remplacer, dans le tube vertical BD, l'air échauffé qui en sera sorti. Si l'échauffement de ce tube continue à avoir lieu, cette nouvelle masse d'air s'échauffera, ira sortir en B, sera remplacée par de nouvel air qui entrera dans le tuyau par l'ouverture A; ce qui établira dans ce tuyau l'espèce de courant dont nous allons nous servir pour assainir, soit les latrines publiques, soit celles destinées à l'usage de nos maisons.

En effet, si l'air extérieur se précipite continuellement en A (fig. 4), pour parcourir toute la longueur du tuyau et aller sortir par son extrémité B, il est certain que toute matière dégageant une odeur fétide ou insalubre au-dessus et même autour de l'ouverture A ne se fera sentir qu'à l'extrémité supérieure B du tuyau de tôle (1) : on pourra donc établir, en supposant que l'extrémité B du tuyau sorte en dehors du bâtiment, un siége de latrines en A, sans risquer d'avoir de mauvaise odeur dans la pièce où ce siége sera placé; et cet effet aura lieu tant qu'on échauffera une partie quelconque de l'air contenu dans le tuyau vertical BD, et tant qu'on introduira dans la pièce où se trouvera placé le siége A assez d'air pour fournir au courant ascensionnel établi dans le tuyau BD.

CHAPITRE II.

Application de la théorie expliquée dans le chapitre précédent.

La fig. 1, pl. 16, présente une application de cette théorie (2). La partie

(1) C'est d'après ce principe que Dalesme établit, en 1686, son réchaud à flamme renversée. Le chauffage des fours à porcelaine et de quelques fours à poteries est opéré comme dans le fourneau de Dalesme, en établissant un courant d'air descendant sur le foyer, et en renversant la flamme dans les alandiers. Nous ajouterons que c'est en partant de ce principe que les opérations de quelques arts ont été assainies. En effet, en supposant le tuyau de tôle A C D B (fig. 4), coupé en *e f*, il est évident que l'air étant chauffé dans le tuyau vertical B D pénétrera par l'ouverture G, et que toute odeur insalubre ou désagréable dégagée en G ne produira aucun mauvais effet vers ce point, et ne deviendra sensible qu'à l'extrémité supérieure B du tuyau. C'est la théorie de l'assainissement des ateliers de doreurs, des soufroirs, des fourneaux de cuisine, des laboratoires de chimie, et autres ateliers au sujet desquels il a été publié des instructions particulières, soit par le Conseil de Salubrité, soit en particulier par un de ses membres.

(2) La figure 1re, pl. 15, est le plan général du bâtiment dont la fig. 1re, pl. 16, présente la coupe verticale; ce plan est pris sur la ligne *a b* (fig. 1re, pl 16).

On voit en L', L', L', L', le plan des quatre cabinets d'aisances; en A', A', A', A', le plan des siéges placés dans ces cabinets; en C C, la coupe des tuyaux de chute, qu'on peut réunir en un seul, comme l'indique l'élévation; en D B, la coupe de la cheminée d'appel, qui sert à établir la ventilation des siéges placés sur la fosse H; enfin R montre un poêle servant de fourneau d'appel.

horizontale CD du tuyau de tôle (fig. 4, pl. 15) est ici remplacée par la fosse d'aisances H, représentée coupée dans le sens de sa longueur. La partie du tuyau A C devient le tuyau de chute C, sur lequel les siéges A et A' se trouvent placés, et le grand tuyau vertical BD est ici la cheminée d'appel B au moyen de laquelle s'opère la ventilation forcée de la fosse et des latrines. En effet, si l'air est échauffé par un moyen quelconque dans la cheminée BD, il montera en B, tandis que l'air extérieur entrera par les vasistas I, I' dans les cabinets L, L', se précipitera dans le tuyau de chute C par les ouvertures des siéges A, A', traversera la fosse dans toute sa longueur, parcourra la cheminée d'appel D B dans toute sa hauteur, et ira se perdre dans l'atmosphère en B et au-dessus du toit.

Un tel courant d'air, établi régulièrement, est évidemment le plus sûr moyen d'assainissement qu'on puisse appliquer aux latrines. Ici les siéges sont non-seulement rendus inodores par le système de ventilation continue, mais les cabinets mêmes où ces siéges se trouvent placés, continuellement traversés par un courant d'air convenable, sont, par-là même, complétement assainis et désinfectés. Il est clair que, dans ce système de construction, la désinfection est d'autant plus complète qu'il passe plus d'air dans le cabinet et à travers la fosse; le vasistas doit donc rester toujours convenablement ouvert, et l'ouverture des siéges ne doit jamais être entièrement fermée; on ne doit donc pas mettre de bonde à la cuvette: il faut en laisser l'ouverture inférieure libre, et recouvrir seulement le siége d'une planche ou couvercle fermant d'une manière incomplète et permettant toujours à une petite portion d'air de pénétrer dans le tuyau de chute, en s'introduisant par l'espace vide qui doit être ménagé entre le dessus du siége et son couvercle.

Lorsqu'il s'agit d'établir un courant d'air suffisant pour opérer la désinfection complète de tous les cabinets d'aisances d'une maison, il faut supposer tous les siéges découverts à la fois, ce qui est la chance la plus défavorable, et donner au tuyau d'appel BD, dans toute sa hauteur, une ouverture égale à la somme de toutes les ouvertures des siéges qu'on a à désinfecter au moyen de ce tuyau (1). L'ouverture inférieure d'une cuvette demi-anglaise (2), en faïence, est ordinairement de 59 centimètres

(1) Plus on échauffe l'air dans la cheminée d'appel, plus le courant s'y accélère, et plus il passe par conséquent d'air, dans un temps donné, par l'ouverture des siéges; d'où il résulte qu'on peut diminuer les dimensions indiquées ici lorsqu'on a de grands moyens d'échauffement, ou lorsque le combustible coûte peu.

(2) Les cuvettes connues sous la dénomination de *cuvettes demi-anglaises*, en faïence, et qui sont

carrés. S'agit-il de placer sur la fosse dix siéges garnis de ces cuvettes, par exemple, la cheminée d'appel qu'on établira pour les rendre inodores devra avoir, autant que possible, 586 centimètres carrés d'ouverture: En lui donnant ces dimensions, il faudra y porter moins de chaleur pour établir l'appel convenable, et il sera possible d'y augmenter à volonté la vitesse du courant d'air; condition fort utile pour assainir la fosse lors de son ouverture, et en rendre la vidange et les réparations exemptes de tous dangers.

La cheminée d'appel B D doit prendre naissance au sommet de la voûte de la fosse, ou au moins un peu au-dessus de l'embouchure du tuyau de chute qui se rapproche le plus du sommet de cette voûte. Quant à l'élévation à lui donner, il suffit de dire que cette cheminée doit porter les gaz infects et délétères au-dessus du toit, et le plus loin possible des fenêtres établies sur le comble; qu'il faut par conséquent la réunir, autant qu'on le pourra, à la souche de la cheminée la plus élevée, ou l'adosser au pignon le plus haut de la maison. Cette grande élévation favorisera d'ailleurs le tirage de cette cheminée d'appel, et donnera encore le moyen d'y entretenir avec moins de chaleur le courant d'air convenable : car, dans le cas où la cheminée d'appel ne pourra pas être montée plus haut que le siége le plus élevé placé sur le tuyau de chute, la désinfection de ce siége ne pourra bien s'opérer qu'en augmentant beaucoup la chaleur dans le tuyau d'appel BD; ce qu'il faut tâcher d'éviter en élevant davantage ce tuyau, toutes les fois que les localités le permettront.

Une soupape T, placée sur la cheminée d'appel BD, servira dans tous les cas, à y régler la vitesse du courant d'air, de manière à ne point refroidir et incommoder les personnes qui feront usage de ces latrines, et à n'établir juste sur les siéges que la ventilation convenable pour les rendre inodores.

L'air destiné à opérer la ventilation et à pénétrer par l'ouverture du siége dans la fosse, et de là dans la cheminée d'appel, doit être pris, comme nous l'avons déjà dit, au dehors du cabinet, au moyen d'un bon vasistas I placé, autant que possible, au nord, sur une cour, sur une rue ou sur un jardin. Il faut éviter, autant que possible, de placer ce

sans bondes, ont l'avantage de rendre les siéges propres, d'être faciles à nettoyer, de coûter peu, et doivent être employées de préférence dans la construction des latrines inodores. On fait de ces cuvettes en fonte; elles sont plus solides, mais le nettoyage en est plus difficile, et elles ne peuvent convenir que dans les cas particuliers où la grande propreté d'un siége est moins importante que sa solidité, comme dans les casernes, les pensions, les hôpitaux, les prisons, etc., etc.

vasistas dans une croisée ou sur un mur exposé au midi ou donnant sur un escalier, car, dans ces deux cas, la couche d'air échauffée le long du mur exposé au midi, ou la colonne d'air montant par suite de l'appel naturel que produit presque toujours une cage d'escalier, ferait, en passant devant le vasistas dont il est question, le vide dans le cabinet, tendrait à en tirer de l'air et contre-balancerait, souvent avec avantage, l'appel opéré dans la cheminée BD, qui alors, servant en sens contraire, favoriserait l'entrée de l'air extérieur dans la fosse, d'où il passerait dans le cabinet qui en serait infecté.

Le même effet aurait lieu si la porte du cabinet fermait mal et qu'elle communiquât à des pièces dans lesquelles les fenêtres ou les portes seraient exactement fermées, et où les cheminées auraient un tirage plus fort que celui qui serait établi dans la cheminée d'appel BD; car alors l'air descendrait par cette cheminée BD, traverserait la fosse et le cabinet, et irait dans les pièces voisines fournir aux cheminées la masse d'air qu'y nécessiterait le tirage établi. C'est à cette cause qu'il faut attribuer, le plus souvent, la mauvaise odeur que les latrines répandent dans nos appartements. Pour y obvier complétement, il faut clore exactement les portes des cabinets d'aisances, que l'on désinfecte au moyen de la ventilation forcée et continue (1).

D'après ce qui vient d'être dit, lorsque les cabinets d'aisances sont placés, soit dans les corridors, soit dans des chambres bien ventilées, ou dans lesquelles l'air extérieur circule facilement, il suffit de laisser pénétrer l'air dans ces cabinets par le bas de la porte, ce qui évite l'emploi du vasistas. Cet effet se produit facilement en enlevant sous la traverse inférieure de la porte, dans toute sa largeur, une bande de bois d'un centimètre d'épaisseur. Le bas de cette porte, restant ainsi éloigné du sol, laisse pénétrer dans le cabinet une lame d'air qui, en le traversant pour se rendre par le siége dans la fosse, y produit la ventilation convenable.

(1) C'est pour obvier à cet inconvénient que nous avons conseillé de mettre double porte aux cabinets d'aisances des théâtres; de faire fermer exactement ces deux portes, si le vasistas est placé dans le cabinet; et de laisser au contraire, au bas de la porte du cabinet, une ouverture en long égale en surface à celle du vasistas si l'on préfère placer ce vasistas dans le tambour ou petite antichambre formée par la séparation des deux portes. Il serait même utile, dans ce cas, de mettre un vasistas dans le tambour et un autre dans le cabinet d'aisances; on éviterait ainsi complétement, surtout en faisant l'antichambre un peu grande, l'influence nuisible que peut avoir l'appel formé par la chaleur du lustre, et qui, agissant en sens contraire de l'appel établi sur la fosse, tend à introduire la mauvaise odeur des latrines dans les corridors, et de là dans la salle. Dans tous les cas, la porte battante ouvrant sur le corridor doit être garnie de bourrelets en toile, afin de pouvoir se clore parfaitement.

Nous n'insisterons pas davantage sur ces détails; il faudra toujours les approprier aux localités; et, pour le faire avec succès, il suffira de se bien pénétrer du principe sur lequel repose ce genre de construction, et de ne point agir en sens contraire.

CHAPITRE III.

Des moyens à employer pour établir, à volonté ou en tout temps, dans la cheminée d'appel B D, le courant d'air ascensionnel convenable.

Nous avons dit que la ventilation des lieux d'aisances devait être, pour bien remplir le but que l'on se propose, continue et indépendante de la volonté des ouvriers et des domestiques ; rien n'est plus facile à obtenir lorsqu'on bâtit une maison. Il suffit, pour produire cet effet, de construire la fosse au-dessous des cuisines du rez-de-chaussée, ou de la placer à l'aplomb de la principale souche des cheminées de la maison, et de faire communiquer la partie supérieure de la fosse avec la cheminée d'appel qui doit passer derrière la plaque de fonte formant le contre-cœur de la cheminée de la principale cuisine, et être placée, soit dans l'intérieur de la cheminée de cette cuisine, soit au centre de la plus grande souche de cheminées.

La cheminée d'appel doit être, dans ce cas, construite en poteries, ou, ce qui serait mieux, en tuyaux de forte tôle ou de fonte; elle doit être établie de manière à s'élever jusqu'au haut de la souche des cheminées, qu'elle doit même dépasser de deux mètres, afin que l'air infect, sortant de la fosse, ne puisse, dans aucun cas, redescendre dans les appartements en retombant dans ces tuyaux de cheminée. La description des fig. 2 et 3, pl. 15, et 6, 7, pl. 16, fera bien concevoir ces dispositions.

La fig. 2 représente le plan d'un fourneau de cuisine salubre, dont la description se trouve à la page 103 de ce volume : on voit en M le tuyau d'appel qui conduit l'air pris dans la fosse, derrière la plaque de fonte N, dans l'encaissement O où cet air doit s'échauffer.

La fig. 3 est une coupe en travers de la même cheminée de cuisine, selon la ligne A B (fig. 2); O est l'encaissement dans lequel l'air de la fosse est conduit par le tuyau M. Cet air s'échauffe contre la plaque de fonte N, à laquelle est adossé le bois brûlé dans la cheminée de la cuisine:

l'air ainsi échauffé monte dans la cheminée d'appel D B, et la ventilation se trouve ainsi établie sur la fosse et sur les siéges qui y sont placés (1).

En construisant la cheminée d'appel D B, d'abord dans l'intérieur de la cheminée de la principale cuisine de la maison, et en la dévoyant ensuite pour l'entourer, aux étages supérieurs, de quelques autres tuyaux des principales cheminées, on trouve l'avantage d'y établir en tout temps, sans dépense et sans avoir à s'en occuper, un courant d'air ascensionnel plus que suffisant (2). Lorsque les dimensions de la cheminée d'appel ont été bien calculées, lorsque cette cheminée s'élève plus haut que n'est placé, sur le tuyau de chute, le siége le plus élevé, le tirage s'établit très-facilement dans cette cheminée, car la moindre élévation de température suffit pour produire cet effet. La chaleur que conservent ou qu'acquièrent, par leur décomposition, les matières qui tombent dans la fosse, y opère d'ailleurs l'échauffement de l'air et facilite déjà l'établissement du courant ascensionnel dans la cheminée d'appel D B. L'action du soleil sur la couverture de cette cheminée contribue encore à produire le même effet.

La fig. 7, pl. 16, représente la coupe d'une souche de cheminée disposée comme nous venons de le dire; B est la cheminée d'appel placée entre deux cheminées de cuisine ou d'appartement A et C. La fig. 6 est une élévation de cette même souche de cheminée prise au-dessus du toit: on y voit en B la tête de la cheminée d'appel qui s'élève à deux mètres au-dessus des cheminées A et C.

Nous avons recommandé de placer la fosse, autant que faire se peut, à proximité des moyens d'appel naturels, c'est-à-dire de ceux qui n'occasionnent aucune dépense. S'il était impossible de faire une telle disposition dans la construction primitive d'une maison, ou qu'il fallût assainir les latrines d'une maison déjà construite, et mal disposée sous ce rapport,

(1) L'ouverture P, qui doit être tenue bien fermée, sert au nettoyage du conduit M et de la cheminée d'appel O D B. L'air qui passe dans ces conduits avec vitesse y entraîne beaucoup de petits moucherons; les araignées y tendent leur toile, et finissent ainsi par obstruer ces tuyaux. On nettoie facilement le conduit M en jetant un ou deux seaux d'eau par l'ouverture P.

(2) Nous recommandons de faire monter le tuyau de la cheminée d'appel dans toute la hauteur du bâtiment; et de l'élever à deux mètres au-dessus de la souche des cheminées, dans laquelle il est compris, afin que, dans aucun cas, l'odeur de la fosse ne se répande dans les appartements. Si l'on se contentait de conduire l'air de la fosse dans une cheminée de la maison et de l'y laisser se confondre avec la fumée, cet air puant suivrait la direction de la fumée, et rentrerait avec elle dans les appartements toutes les fois que les rafales de vent, le mauvais tirage de la cheminée ou d'autres causes feraient fumer cette cheminée : il faut éviter avec soin ce vice de construction.

il faudrait cependant encore profiter de ces moyens d'appel, en les allant chercher même fort loin; il faudrait seulement, dans ce cas, avoir soin d'empêcher le refroidissement de l'air dans la partie de la cheminée d'appel qui aurait à parcourir un grand espace sous le sol, et de donner à ce conduit de plus grandes dimensions que celles qui seraient nécessaires si la communication entre la fosse et la cheminée d'appel était plus directe. Nous avons vu profiter de moyens d'appel existant à plus de 100 et 150 mètres de fosses d'aisances mal placées, et nous conseillons bien d'avoir plutôt recours à ce moyen, toutes les fois qu'on le pourra, que d'en venir à la construction d'un fourneau d'appel spécial dont le chauffage coûte trop, et dont l'effet est dépendant de l'exactitude de l'ouvrier chargé de son entretien.

La partie supérieure de la cheminée d'appel peut être garnie, soit d'un chapeau en tôle, fig. 6, pl. 15 et fig. 6, pl. 16(1), soit d'une gueule de loup, soit d'une bascule turque, fig. 7, pl. 15, soit enfin de l'appareil connu sous le nom de *bonnet de prêtre*(2). Nous pensons que le chapeau de tôle doit être préféré dans les cas où les cheminées ne sont commandées par aucun bâtiment voisin: ce chapeau de tôle coûte peu; il empêche la pluie de pénétrer dans la cheminée d'appel, et contribue au tirage de la cheminée qu'il recouvre toutes les fois qu'il est échauffé par le soleil. Mais dans les localités où l'action des vents nuirait au tirage de la cheminée d'appel, il faudrait alors placer sur le haut de cette cheminée un des autres appareils dont il a été parlé ci-dessus, et dont l'emploi fréquent a constaté le bon effet.

Nous avons insisté, dans ce qui précède, sur la convenance qu'il y a d'employer les moyens d'appel dont on peut ordinairement disposer dans les maisons habitées, et nous avons fortement recommandé d'utiliser, pour cet usage, la chaleur perdue dans les tuyaux de cheminées, et surtout dans les tuyaux des cheminées de cuisine. Il nous reste à parler de la circonstance où les localités rendent tout à fait impossible l'usage de ces ressources, et où il faut nécessairement avoir recours à l'emploi d'un moyen d'appel spécial. Nous allons entrer, à ce sujet, dans tous les

(1) M. Thenard a proposé de donner à cette couverture de tôle la forme d'une lentille. Cette construction présente de grands avantages; nous l'avons indiquée fig. 6, pl. 15. Ce chapeau coûte plus qu'une simple couverture en tôle; mais l'effet en est bien plus assuré. Nous conseillons d'adopter ce perfectionnement, surtout dans les localités qui présentent de grandes difficultés.

(2) On trouve dans le tome XXXIII, page 161, du *Journal de physique*, un bon mémoire relatif à la construction de l'appareil représenté à la figure 6, pl. 16.

détails que nous croirons nécessaires, en recommandant toujours de n'en faire usage qu'après avoir inutilement cherché des moyens plus simples, plus économiques et plus sûrs.

Étant obligé d'avoir recours à l'emploi d'un moyen d'appel spécial, ce moyen pourrait être nécessaire pendant toute l'année ou temporairement; c'est ainsi que, dans certaines localités, il sera possible de se procurer l'appel nécessaire pendant quelques mois de l'année, par un des moyens suivants:

La chaleur qui se perd en hiver dans les poêles destinés à l'échauffement des habitations peut être utilisée en plaçant leurs tuyaux comme on le voit en R, pl. 16, fig. 1 : les fourneaux des étuves, des bains, de la boulangerie, etc., quoique irrégulièrement chauffés, pourront concourir au but qu'on se propose; il y a encore un bon parti à tirer de la chaleur dégagée pendant la nuit par des quinquets, des lampions, des jets de gaz hydrogène placés de manière à échauffer l'air dans la cheminée d'appel et à éclairer l'intérieur de la maison, et montrés en S, fig. 2, 4 et 5, pl. 16. On pourra aussi déterminer l'appel par un petit jet de vapeur d'eau, comme le montre la fig. 5, pl. 16, dans les établissements où l'on a de la vapeur à sa disposition. Un châssis vitré doit alors fermer l'ouverture qui se voit en S (1). Dans ces différents cas, il faudra établir la cheminée d'appel dans la positon la plus favorable pour réaliser cette économie. Si, au contraire, aucun de ces moyens ne peut servir, et qu'il soit nécessaire d'opérer la ventilation d'une fosse toute l'année, d'une manière continue, au moyen d'un fourneau construit pour cet usage, il faut alors placer la cheminée d'appel dans l'endroit du bâtiment où le service de ce fourneau peut se faire le plus commodément, et où l'ouvrier chargé de son entretien peut être le plus facilement surveillé.

Nous avons ici à indiquer la construction d'un fourneau dont le seul effet utile doit être de dilater l'air dans la cheminée d'appel, et d'y établir le courant ascensionnel nécessaire, en dépensant le moins possible de combustible. Il faut donc que ce fourneau soit, ou logé dans la cheminée d'appel, ou assez épais pour ne pas laisser dégager de chaleur à travers ses parois; il faut que la chaleur qu'entraîne la fumée serve à échauffer l'air qui passe dans la cheminée d'appel; il faut enfin que l'air qui sert à la combustion soit pris, non au dehors, mais dans la cheminée

(1) M. Péligot a fait usage de ces trois moyens pour désinfecter les latrines de l'hôpital Saint-Louis : nous savons qu'ils ont été depuis employés avec plein succès dans beaucoup d'autres établissements.

d'appel, afin d'échauffer, dans un temps donné, et avec une quantité déterminée de combustible, la plus grande quantité possible de l'air qui traverse la fosse et la cheminée. Le fourneau doit surtout être construit de manière à y pouvoir brûler le combustible qui, dans la localité où l'on se trouve, présente le plus d'économie, et à pouvoir y accélérer ou y retarder convenablement et à volonté la combustion. La planche 17 présente les détails de trois fourneaux d'appel spéciaux construits d'après ces principes, et pouvant servir à assainir des latrines publiques ou des latrines telles qu'on en fait construire dans les hôpitaux, les casernes, les prisons, etc. La description de ces *figures* servira à faire bien comprendre les détails de construction de ces appareils (1).

CHAPITRE IV.

Description de plusieurs latrines ventilées et assainies au moyen de fourneaux d'appel spéciaux.

§ Ier. — *De l'assainissement des latrines établies sur de grandes dimensions au moyen d'un fourneau d'appel spécial.*

Les *figures* 1, 2, 3, 4 et 5, pl. 17, représentent les plans, coupes et détails des latrines, telles qu'il est convenable de les construire pour le service d'un grand établissement public. Nous avons dessiné les *coupes* 3, 4 et 5 sur une échelle double, afin d'en faciliter l'étude : voici la description de ces *figures*.

Figure 2, plan général du bâtiment où sont placées les latrines. *a*, est un cabinet où se trouve un siége particulier ; *c*, un cabinet ayant six siéges pour le service commun ; *e*, un autre cabinet dans lequel, au lieu de siéges, nous avons indiqué une seule trémie pour donner un exemple des différents modes de construction à adopter. Nous avons placé en *m*, un pissoir commun, composé de six cases séparées. Ces pissoirs, établis dans la pièce *m*, sont, ainsi que les siéges placés dans les cabinets *a*, *c*, et *e*, ventilés et assainis au moyen du fourneau d'appel construit en E, dans la pièce qu'on voit en *r*. Ce fourneau, adossé à la cheminée d'appel

(1) Les flèches indiquent, dans toutes ces figures, la direction des courants d'air.

A, sert à échauffer l'air dans cette cheminée, et à y établir le couran ascensionnel dont on a besoin.

L'ouverture de la cheminée d'appel doit, comme nous l'avons dit page 147, être, autant que possible, égale à la somme de toutes les ouvertures des siéges et des pissoirs établis dans les cabinets *a*, *c*, *e*, et *m*, sur la fosse commune *n*. Cette cheminée doit être couverte par un des appareils décrits page 152, et garnie d'une soupape ou registre pour y modérer à volonté la vitesse du courant d'air qui y est établi au moyen du fourneau d'appel E.

Les mêmes lettres indiquent en élévation, dans la *figure* 1re, ce qu'elles représentent en plan dans la *figure* 2. La *coupe* générale (*fig.* 1re) montre comment les siéges, les pissoirs et la cheminée d'appel, établis dans les pièces *a*, *c*, *e*, *m*, et *r*, communiquent avec la fosse *n*. Nous allons maintenant donner tous les détails nécessaires pour bien faire comprendre la disposition des différentes parties du fourneau d'appel E, ainsi que les effets produits par cet appareil.

La fig. 5 est la coupe longitudinale du fourneau E, suivant la ligne 1, 2 du plan, fig. 2.

K représente la grille du fourneau;

R, le foyer;

M, la porte de ce foyer;

U, le cendrier;

I, la porte du cendrier;

P est un coffre vide au-dessus du foyer R, et formé au moyen des parois du fourneau et de deux plaques de fonte placées horizontalement, et indiquées encore en P, dans la coupe transversale, fig. 3.

Le foyer se termine par le tuyau de tôle F, et le coffre P est garni à son extrémité, du côté de la cheminée, d'un double tuyau dont on voit la disposition en H.

G est un canal conduisant l'air de la cheminée d'appel dans le cendrier U du fourneau. La porte I de ce cendrier, ainsi que la porte M du foyer, doivent être construites de manière à fermer aussi exactement que possible. Cela posé, le jeu de cet appareil se comprendra facilement.

Lorsque le feu est allumé sur la grille K, dans le foyer R du fourneau d'appel, et lorsque les portes M et I du foyer et du cendrier sont bien fermées, l'air pris dans la cheminée d'appel A entre dans le canal G et arrive dans le cendrier U. Une portion de cet air passe à travers la grille K, sert à entretenir la combustion dans le foyer R, s'y échauffe, s'y décompose en partie, et va se rendre dans la cheminée d'appel A, en passant par le tuyau de tôle F. Une autre portion d'air introduit par le canal G dans le cendrier U passe par les deux canaux latéraux N et N', fig. 3, se rend par les ouvertures O et O' dans le coffre P, s'y échauffe en traversant ce coffre dans toute sa longueur, et se rend dans la cheminée d'appel en passant par les tuyaux H.

Le combustible brûlé sur la grille K du fourneau sert donc ainsi à échauffer de deux manières l'air qui se trouve dans la cheminée d'appel, et en donnant beaucoup d'épaisseur aux parois du fourneau E, on peut facilement utiliser ainsi, le mieux possible, le combustible brûlé, pour produire cet effet (1).

La fig. 3 représente une coupe transversale du fourneau d'appel E, suivant la ligne 9, 10 du plan, fig. 2; les lettres pareilles indiquent les mêmes objets dans toutes les figures. Les fig. 3 et 5 font voir comment l'air qui arrive par le canal G dans le cendrier U, peut passer de ce cendrier, par les canaux latéraux N et N', dans le coffre P, et de là, par les tuyaux H, H, dans la cheminée d'appel A.

La coupe S, fig. 1, représente les détails de construction des pissoirs établis dans la pièce *m*. L'urine coule du pissoir dans la fosse par le tuyau T. Le courant d'air qui entre continuellement par ce tuyau pour aller, en traversant la fosse, se rendre à la cheminée d'appel A, sert à désinfecter ce tuyau et le pissoir auquel il appartient. L'intérieur de chaque case doit être garni de plomb, et lavé, de temps en temps, avec de l'eau légèrement acidulée au moyen de l'acide sulfurique, ou mieux avec de l'eau contenant en dissolution un ou deux centièmes de sulfate de fer (couperose verte du commerce). Nous terminerons cet article en rappelant que, dans le cas où il faudrait clore et plafonner les pièces *a*, *c*, *e*, *m*, il serait nécessaire d'y introduire l'air réclamé par la ventilation de ces pièces, soit au moyen de bons vasistas placés convenablement, soit par de simples ouvertures pratiquées au-dessus des portes. Dans ce cas, il faut que l'ouverture par laquelle l'air entre dans chacune des pièces *a*, *c*, *e*, *m*, soit égale à l'ouverture que présentent les siéges établis dans chaque pièce; c'est ainsi que le cabinet *a* doit être ventilé par une ouverture de 3 1/2 décimètres carrés; la pièce c par une ouverture

(1) Il ne faut brûler sur la grille K que le combustible indispensable à l'appel dont on a besoin. Ce qui s'obtiendra facilement en réglant le registre de fumée, et en augmentant ou en diminuant le nombre des barreaux qui forment la grille, et en diminuant ou augmentant ainsi la quantité d'air dirigé sur le combustible placé dans le foyer du fourneau.

de 22 décimètres carrés, égale à la somme des six embouchures des siéges placés dans cette pièce; la pièce *e* par une ouverture de 36 décimètres carrés, et la pièce *m* par une ouverture de $0^{mq},011$ carrés, présentant la même surface que les tuyaux de chute des cinq pissoirs Nous dirons enfin que ces ouvertures ne doivent jamais être fermées ou diminuées, et que ce n'est qu'en fermant plus ou moins la soupape placée dans la cheminée d'appel A, que l'on doit régler la ventilation de la fosse et des cabinets.

§ II. — *Description des fourneaux d'appel spéciaux à employer pour assainir des latrines ordinaires.*

La fig. 6, pl. 17, représente une fosse ordinaire ventilée au moyen d'un fourneau d'appel spécial moins grand et moins compliqué que celui que nous venons de décrire dans le paragraphe précédent.

On voit aux fig. 7, 8 et 9 les autres détails de cette construction.

La fig. 6 est la coupe verticale de tout l'appareil, selon la ligne 1, 2 du plan, fig. 7.

La fig. 7 en donne la coupe horizontale selon la ligne brisée 1, 2, 3, 4, de la fig. 6.

La fig. 8 représente la vue de face du fourneau d'appel E, fig. 6.

Et la fig. 9 indique la coupe transversale de ce fourneau, suivant la ligne 3, 4, fig. 7.

Dans ce système de construction, le fourneau S est placé dans un encaissement de maçonnerie E; ce fourneau S est formé d'un coffre en forte tôle ou en fonte. Il est garni d'un tuyau de tôle qui porte la fumée dans la cheminée d'appel A B. L'intérieur de l'encaissement E communique en P avec l'intérieur de la cheminée d'appel; une portion de l'air qui passe dans cette cheminée circule autour du coffre S, s'y échauffe, et, rentrant dans la cheminée A B, y détermine déjà l'appel dont on a besoin. Une partie de cet air, au lieu de rentrer dans la grande cheminée, passe par les ouvertures N, fig. 6, *n* et *n'*, fig. 7, dans les canaux N, O, fig. 6, et *n*, *o*, *n'*, *o'*, fig. 7 et 9, arrive en O, *o*, et *o'* dans le tambour qui se trouve ménagé en avant du fourneau, et entre les parois de sa double porte. La porte extérieure du fourneau étant pleine, et la porte intérieure ayant seule une ouverture garnie d'une tirette, comme on le voit à la fig. 9, il est évident que la porte extérieure du fourneau étant fermée, la combustion ne peut s'opérer dans le coffre S qu'aux dépens de l'air pris dans la cheminée d'appel. Cet air, fortement échauffé et en partie décomposé par la combustion, passe par le tuyau F, fig. 6, et arrive dans la cheminée AB, ce qui contribue doublement à établir l'appel convenable dans cette cheminée.

Il faut que l'encaissement en maçonnerie E soit assez épais pour ne pas laisser perdre de chaleur au dehors : on doit ouvrir le moins possible les portes M et I du fourneau ; la tirette placée à l'ouverture de la porte intérieure I, sert à régler la combustion, comme on le veut, dans le coffre S, et à brûler le moins de combustible possible, pour produire l'appel convenable.

Les fig. 6, 7 et 9 présentent les détails de construction qui donnent le moyen d'entretenir ainsi la combustion dans le foyer S, avec de l'air pris dans la fosse, ce qui est fort avantageux : car, par ce moyen, une partie de l'air infect sera échauffé plus directement, la mauvaise odeur détruite, et la cheminée d'appel utilisée le mieux possible, puisqu'on n'y conduit que l'air qui est entré dans la fosse en passant par les ouvertures des siéges des latrines.

Nous avons supposé, dans ce qui vient d'être dit, que la fosse à désinfecter était d'une grandeur moyenne, et recevait les tuyaux de chute de cinq ou six siéges. S'il fallait ventiler un appareil plus petit, on pourrait se contenter de faire établir le système d'appel qu'indiquent les fig. 10 et 11. S est un poêle ordinaire en faïence ou en fonte ; F en représente le tuyau. On place ce poêle dans un encaissement E en maçonnerie ; la porte du poêle est garnie d'une tirette, comme on le pratique ordinairement pour régler le tirage : la porte M de l'encaissement, au contraire, est pleine, et peut se fermer exactement. Ainsi, lorsque la porte M est fermée, et que le feu est allumé dans le poêle S, c'est encore ici l'air de la fosse qui entretient la combustion dans le poêle, et l'appel est produit, comme il a été dit plus haut, par deux moyens à la fois et de la manière la plus économique (1).

Nous croyons être entré, au sujet des fourneaux d'appel spéciaux, dans assez de développements pour bien mettre le lecteur à même de pouvoir se guider dans les applications qu'il aura à en faire. Ces applications présentent presque toujours des cas particuliers : c'est donc en

(1) Dans les deux derniers appareils que nous venons de décrire, l'air extérieur pénètre dans la cheminée d'appel lorsqu'on ouvre la porte du fourneau : on pourrait éviter cet inconvénient en arrangeant les choses de manière que l'ouverture P pût se fermer mécaniquement, par le même mouvement qui ouvre la porte M de l'encaissement E.

étudiant avec soin ce qui a été dit dans les premiers chapitres de cette instruction, en appliquant avec intelligence les principes qui y ont été développés, et en profitant habilement des avantages que peut présenter chaque localité, que l'on peut atteindre le but proposé, qui est d'assainir complétement les latrines en dépensant le moins possible de combustible, et en exigeant, le moins qu'on le pourra, le secours journalier des domestiques et des ouvriers.

Nous terminerons en faisant observer qu'en adoptant le système de ventilation qui a été développé dans ce qui précède, on parvient non-seulement à rendre les latrines complétement inodores, mais que l'on contribue encore à l'assainissement des appartements dans lesquels les siéges de ces latrines se trouvent placés. Ces avantages doivent sans doute déterminer les architectes à faire usage de ces moyens dans les travaux qui leur sont confiés, et doivent engager les propriétaires de maisons à les adopter, à en soigner la construction et à en bien régulariser l'emploi.

VIDANGE DES FOSSES D'AISANCES.

Rapport au Préfet de Police sur l'assainissement de la vidange des fosses d'aisances, par une commission spéciale, nommée par le conseil de salubrité, et composée de MM. Girard, Pelletier et D'Arcet.

Monsieur le Préfet,

Vous avez chargé le conseil de salubrité d'examiner un projet qui vous a été présenté par MM. Laurent et Filière, et qui est relatif à l'assainissement de la vidange des fosses d'aisances : le conseil a l'honneur de vous faire à ce sujet le rapport suivant.

Comme chacun le sait, il n'est point de métier plus dégoûtant, plus pénible et plus dangereux que celui de vidangeur; et l'époque à laquelle on vide les fosses d'aisances dans chaque maison y est toujours redoutée, parce que cette opération, indépendamment des accidents graves qui en résultent trop souvent, est presque toujours accompagnée d'inconvénients qui nuisent aux mobiliers des locataires et aux embellissements des maisons.

L'expérience journalière et les ouvrages de Ramazzini, de MM. Cadet de Vaux, Laborie, Parmentier, Hallé, Dupuytren, Barruel, Thénard et Patissier, ont mis hors de doute l'insalubrité et le danger qui naissent de la vidange des fosses. Des travaux importants ont été publiés à ce sujet, et cependant la profession de vidangeur n'a reçu que peu d'améliorations; et les habitants des villes réclament encore de l'autorité, l'adoption de procédés ainsi que des mesures sanitaires qui puissent remédier au mal dont il s'agit, et les règlements nécessaires pour en assurer la stricte exécution.

De grandes difficultés s'opposaient au perfectionnement de la profession de vidangeur; les anciennes fosses n'étaient que des espèces de puisards qui laissaient perdre les liquides, elles n'étaient point ventilées, de là venait la nécessité de travailler sous terre à l'extraction d'une matière solide, et au milieu des gaz les plus délétères. L'état de vidangeur étant des plus rebutants, et ne se pratiquant que la nuit, était abandonné à des hommes sans instruction, pour ainsi dire repoussés de la société, et d'autant plus routiniers qu'on les fuyait davantage. Mais cet état de choses est bien changé : les fosses ont été rendues imperméables; l'on n'a pas craint de suivre les opérations du vidangeur, d'étudier cette profession dans tous ses détails, et l'on est enfin parvenu à en régulariser et à en assainir les procédés. Aussi le temps est-il arrivé où l'administration peut facilement apporter d'utiles améliorations dans cette partie du service de la grande voirie. Le projet présenté par MM. Laurent et Filière, et dont nous avons à rendre compte, paraît aux délégués du conseil de salubrité devoir fixer l'attention de l'autorité, et pouvoir servir de point de départ pour introduire dans la profession de vidangeur les perfectionnements qu'indique la science et que réclame impérieusement l'hygiène publique. Voici quelles sont les bases de ce projet :

MM. Laurent et Filière, tous deux professeurs de chimie, ayant pensé que le moyen le plus efficace à employer pour arriver à l'assainissement de la vidange des fosses d'aisances était de conduire les vidangeurs à ce but, en dirigeant eux-mêmes leurs travaux, et en y appliquant toutes les ressources de la ventilation et l'emploi des chlorures désinfectants, ont sollicité les conseils de M. Labarraque, et se sont aidés de son expérience en ce genre. Pour réaliser l'amélioration dont il s'agit, ils se proposent :

1° De détruire la fétidité des fosses;

2° De prémunir les ouvriers employés à la vidange, contre les dangers de cette opération ;

3° Enfin, de préserver les murs et les effets mobiliers des dégradations ou des détériorations qui résultent ordinairement de la vidange des fosses d'aisances.

MM. Laurent et Filière, devant envoyer dans chacune des maisons où ils seront demandés, un agent pour y faire l'application de leur système d'assainissement, désirent que, sans donner à ces agents aucun privilége, ils soient porteurs de livrets et de médailles fournis à leurs frais par la préfecture de police, et vous prient, Monsieur le préfet, de vouloir bien leur accorder cette faveur qu'ils regardent comme devant inspirer une utile confiance aux vidangeurs, ainsi qu'aux propriétaires, et qu'ils considèrent comme pouvant assurer le succès de leur entreprise.

Les délégués du conseil ont visité la maison de M. Thomire, fabricant de bronzes, dont le beau magasin avait été préservé, quelques jours avant, par les soins de MM. Laurent et Filière, et sous la direction de M. Labarraque, pendant toute la durée de la vidange de la fosse de cette maison. Cette opération, dont le propriétaire avait bien raison de craindre les suites, a eu le plus grand succès : M. Thomire a remis, à ce sujet, aux délégués du conseil, le certificat n° 1, qu'ils joignent à ce rapport.

Le certificat n° 2 a été délivré par M. Anisson Duperron, et prouve que MM. Laurent et Filière ont réussi à préserver parfaitement les peintures, les ornements et les meubles de l'hôtel situé rue d'Anjou-Saint-Honoré, n° 41 *bis*, pendant qu'on vidangeait la fosse de cette maison. Quant aux certificats n°s 3 et 4, ils ont rapport à la vidange faite le 12 mai, en présence des délégués du conseil, dans la maison n° 13, rue du Croissant, et prouvent que l'on y a obtenu un plein succès. MM. Laurent et Filière, dirigés par M. Labarraque, ont si bien réussi à assainir cette opération, que du papier et de la toile, imbibés d'acétate de plomb, n'ont point été colorés en brun dans les parties de la maison qui étaient préservées par le chlorure ; tandis que des échantillons pareils et des assiettes de terre anglaise, étaient fortement noircis lorsqu'on les exposait soit sur les marches de l'escalier de la cave, soit sur le passage des vidangeurs.

Il résulte des certificats joints à ce rapport, et de ce qu'ont vu les délégués du conseil, que l'on entre ici dans une large voie d'amélioration. MM. Laurent et Filière n'ont sans doute pas le mérite d'avoir les premiers pensé à appliquer les chlorures désinfectants à l'assainissement de la vidange des fosses d'aisances ; mais il est vrai de dire qu'ayant, d'après les conseils de M. Labarraque, employé méthodiquement et généralisé l'usage de ce puissant moyen de désinfection, ils l'ont fait avec le plus grand succès. Les délégués du conseil croient en conséquence que l'administration doit profiter de l'occasion qui se présente d'arriver au perfectionnement de la profession du vidangeur, et émettent le vœu de voir l'autorité protéger l'entreprise de MM. Laurent et Filière, par tous les moyens qu'elle a à sa disposition, et particulièrement en leur accordant, si cela est possible, la demande qu'ils ont faite d'obtenir des livrets et des médailles pour les ouvriers qu'ils emploient.

Les délégués du conseil, après avoir ainsi répondu à la question principale, croient utile de terminer ce rapport, en résumant les moyens d'assainissement qui pourront probablement, et avant peu, permettre de vidanger les fosses d'aisances sans accident, et même sans inconvénient sensible. Ils traceront ainsi la marche d'une opération de cette nature, amenée au point de perfection désirable.

Supposons qu'il s'agit de vidanger une fosse imperméable et bien aérée, au moyen de la ventilation forcée : dans une telle fosse il n'y a ni augmentation de température, ni altération de l'air; aussi le vidangeur pourrait-il toujours y pénétrer sans danger. Cependant, nous conseillons d'augmenter la ventilation quelques heures avant d'ouvrir la fosse; ce qui se fera facilement en fermant tous les siéges, en ouvrant le tampon de la fosse, et en échauffant l'air plus que de coutume dans le tuyau d'aérage. Cela fait, il faut fermer le bas de l'escalier et toutes les issues communiquant avec les appartements, en tendant au-devant de ces ouvertures des toiles bien imbibées de dissolution de chlorure de chaux; il faut même, par excès de précaution, fermer toutes les croisées de la maison, et placer en dehors, ou mieux en dedans de ces fenêtres, des assiettes remplies de dissolution de chlorure (1).

Le tampon de la fosse étant ouvert, et la ventilation forcée bien maintenue, on pourra alors procéder sans inconvénient à la vidange.

Si la matière est liquide, ce qui arrive lorsqu'il y a des siéges à l'anglaise sur la fosse, ou lorsque les eaux ménagères y sont restées, on peut vidanger à la pompe; il suffira dans ce cas d'agiter fortement la matière avec des rables en bois, avant de faire jouer la pompe et tant qu'elle sera mise en action. L'opération se fera sans inconvénient, si les vidangeurs, la pompe et les tonneaux sont placés sous l'influence d'une faible fumi-

(1) Il serait avantageux d'éteindre le feu dans toutes les cheminées, et même de fermer leur ouverture antérieure, soit avec un devant de cheminée, soit au moyen d'une simple toile; on éviterait ainsi le passage d'un grand volume d'air à travers les appartements pendant la durée de l'opération, ce qui diminuerait les chances d'accidents.

gation de chlore, ou d'une légère aspersion de chlorure de chaux, et si l'air déplacé dans le tonneau par l'arrivée de la matière, est conduit dans la fosse même au moyen d'un tuyau de cuir, ou bien dans un foyer portatif placé dans la rue, et près de la voiture.

L'opération exigera plus de soins et plus de précautions, si la matière est pâteuse ou solide, et si l'on est obligé de l'extraire de la fosse au moyen des sceaux; mais il sera toujours aisé, en employant les moyens d'assainissement indiqués ci-dessus, de vidanger une telle fosse, sinon sans aucune odeur désagréable, au moins sans inconvénient, et surtout sans danger pour les ouvriers employés à cet ouvrage. Quant aux locataires de la maison, à leurs mobiliers, et à leurs peintures, il est évident que la préservation en sera toujours complète, si l'isolement au moyen des toiles imbibées de chlorure de chaux, est bien exécuté. Il serait d'ailleurs possible d'aider à l'action de la pompe en ajoutant assez d'eau dans la fosse pour y bien délayer la matière; l'amélioration des pompes pourra encore favoriser leur emploi pour la vidange des fosses d'aisances; ce qui serait, sans contredit, un grand pas fait vers le perfectionnement du métier de vidangeur.

Voilà, Monsieur le préfet, et notre opinion sur le projet que MM. Laurent et Filière vous ont présenté, et les améliorations dont l'exécution de ce projet peut hâter l'accomplissement. Les délégués du conseil terminent leur rapport en vous invitant de nouveau à prendre en considération l'affaire dont il s'agit.

Signé GIRARD, PELLETIER, D'ARCET.

Approuvé dans la séance du 21 mai 1830,

Signé BÉRARD, *vice-prés.* PETIT, *secrét. du cons.*

LATRINES

à l'usage des camps et des réunions nombreuses d'hommes.

J'ai entendu dire à mon père, qui assista à la guerre de Hanovre, en qualité de médecin de M. le duc de Lauraguais, qu'après la bataille d'Hastemberg un régiment entier fut atteint de dyssenterie, pour s'être servi trop longtemps du même fossé comme de latrines, et que cette maladie disparut dans ce régiment aussitôt que l'on eut creusé une autre latrine loin de l'ancienne.

Ce souvenir m'a fait penser qu'il serait utile de prendre quelques précautions, relativement aux fossés-latrines, que l'on aura à faire pour l'usage du grand nombre d'hommes qui seront employés au creusement du canal des Landes de Bordeaux.

Les fig. 8 et 9, planche 16, indiquent ce que je ferais si j'étais chargé de ce travail. Voici la description de cette planche :

Fig. 9, plan général du fossé servant de latrines.

Fig. 8, coupe transversale de ce fossé-latrine, selon la ligne X, Y, de la fig. 9.

Les mêmes lettres indiquant les mêmes objets dans l'une et l'autre de ces figures, il suffira de donner une description générale de la seconde, pour bien faire comprendre la première.

On doit commencer par choisir un endroit non sujet à l'infiltration de l'eau, exposé à ce que le vent régnant n'y arrive qu'après avoir passé sur la ligne des travaux. On y trace le plan d'un fossé *a*, ayant 1 ^{m} ou 1^{m}30 de large, et une longueur telle qu'il puisse suffire au nombre des hommes qui doivent en faire usage.

On enfoncera dans le sol le système de charpente que l'on voit en *b*, et qui doit servir de siége et de dossier. On creusera ensuite le fossé *a* à la profondeur de 3 à 4^{m}, sans précautions si le sol est compact, et en contenant les terres avec quelques planches étrésillonnées, s'il en est besoin. Les déblais seront jetés en *c*, et disposés comme on le voit.

On abattra le bord du fossé dans toute sa longueur, du côté de la charpente *b*, pour y former le plan incliné que l'on voit en *d*, *e*. On posera quelques planches en *f* pour y assurer le sol, et le *fossé-latrine* sera ainsi achevé.

Le service de cette latrine sera salubre, si chaque soir on a le soin de faire ébouler assez de terre du tas de déblais *c*, pour bien couvrir et dessécher l'urine, les excréments, et tous les débris de matières animales et végétales, jetés dans le fossé pendant le cours de la journée.

Quand ce fossé sera rempli, on le couvrira avec ce qui restera du tas de déblais, on enlèvera le système de charpente *b*, et les planches *f*, et on établira un autre fossé-latrine à côté ou ailleurs, si la marche du travail exige le déplacement des ouvriers.

La terre accumulée sur les anciens fossés-latrines, les fera aisément retrouver quelques années après, époque à laquelle on pourra les vider, et employer comme engrais l'espèce de compost qu'on en retirera.

LATRINES DE CHATEAUX.

Cabinet d'aisances établi sous un colombier, ventilé au moyen de la chaleur des couveuses et dont la fosse est disposée de manière à convertir facilement en engrais pulvérulent les vidanges et tous les résidus de la maison, tels que cendres, balayures, débris de la cuisine, etc., etc.

Ce petit travail m'a été demandé, à la campagne, par un propriétaire qui, faisant bâtir un colombier orné dans un jardin anglais, désirait utiliser la partie inférieure de cette tourelle en y faisant établir un cabinet d'aisances pour le service des maîtres. Voici la description des plans que je lui envoyai, dans l'intention de lui être utile et agréable.

Fig. 12, pl. 17. Coupe horizontale du cabinet d'aisances selon la ligne A B de la fig. 13.

a, plan du siége.

b, *b*, coupes des deux tuyaux ventilateurs prenant l'air dans la fosse et le portant au-dessus du toit du colombier.

Fig. 13. Coupe verticale de la fosse et de la tourelle dans toute sa hauteur, selon la ligne C D, fig. 12.

c, fosse du cabinet d'aisances : son sol est fortement incliné en allant de gauche à droite, vers la porte d'entrée *d*.

d, ouverture servant de porte pour entrer dans la fosse *c*, en descendant par l'escalier *e*.

e, escalier conduisant à l'encaissement *f* et à la fosse *c*.

f, encaissement servant à accumuler les cendres, les balayures, les débris de la cuisine, etc., etc., et à recevoir l'urine versée dans la fosse *c* par l'ouverture du siége *a*.

g, porte en bois de chêne, bien barrée, peinte à l'huile de lin bouillante, et ensuite bien goudronnée.

h, pièce de bois de deux décimètres d'équarissage, servant à maintenir la porte *g* devant l'ouverture *d*.

i, coin en bois qui, enfoncé entre la marche de l'escalier et l'extrémité droite de la poutre *h*, fait que la porte en bois *g* s'applique exactement contre trois des côtés de l'ouverture *d*.

k, tasseau posé sur la porte *g* et servant à maintenir la poutre *h* dans la position horizontale.

l, toit mobile en bois léger ou en toile goudronnée, empêchant les matières accumulées dans l'encaissement *f* d'être mouillées par les eaux pluviales, mais permettant à l'air de circuler librement à la surface de ces matières.

m, intérieur du cabinet d'aisances : on y voit en *a* la coupe du siége, et en *b* l'élévation de l'un des deux tuyaux de ventilation.

n, petit ratelier fixé au bas de la porte du cabinet d'aisances, en face de trous nombreux percés dans cette porte.

o, intérieur du colombier.

p, tuyau en tôle faisant suite aux deux tuyaux ventilateurs *b*, *b*. Ce tuyau est entouré de tous côtés, et dans toute sa hauteur, par les nids où les femelles pondent et couvent leurs œufs, et les nids sont disposés autour de ce tuyau de la manière la plus favorable à son échauffement par le contact des couveuses.

q, chapeau en tôle couvrant le tuyau *p* et empêchant l'eau pluviale de pénétrer dans son intérieur.

Fig. 14. Vue de face de la porte *g*, fermant l'ouverture *d*, et posée sur les deux dés en pierre *r* et *s*, à un décimètre au-dessus du sol de l'encaissement *f*. On voit ici en coupe le toit mobile *l* qui se trouve vu de côté à la fig. 13.

Fig. 15. Coupe horizontale du colombier, selon la ligne EF de la fig. 13.

Fig. 16. Coupe représentaut, sur une grande échelle, la coupe horizontale du tuyau *p*, selon la ligne EF de la fig. 13. On y voit comment les nids des couveuses entourent de tous côtés le tuyau ventilateur *p*.

Après avoir décrit les différentes parties de la construction dont il s'agit, il me reste à indiquer comment il faut s'en servir pour en tirer le meilleur parti possible.

Je suppose la construction neuve et le moment de s'en servir indiqué par l'approche du printemps et par l'arrivée du propriétaire dans sa maison de campagne.

Quelques jours à l'avance, le jardinier posera la porte *g* sur les deux pierres *r* et *s*, fig. 13 et 14 ; il l'appliquera contre les montants de l'ouverture *d*, et l'y fixera solidement en mettant en place la poutre *h* et en la callant avec le coin de bois *i*, fig. 13.

Cela fait, il lutera les deux côtés et le dessus de la porte *g* avec du plâtre, de la glaise ou de la terre à four, pour qu'elle close exactement de ces trois côtés ; il bouchera l'ouverture d'un décimètre de hauteur ménagée sous la porte et dans toute sa largeur, en y enfonçant à moitié une ou deux bottes de luzerne, et en couvrant en dehors la partie apparente de cette luzerne avec de la paille soutenue par quelques grosses pierres ; il placera le toit mobile *l*, fig. 13 et 14, et il remplira enfin le petit ratelier *n*, fig. 13, avec des plantes odoriférantes, telles que lavande, sauge, etc. L'appareil sera alors prêt à servir, et voici, en s'en servant, ce qui se passera.

Le tuyau *p*, fig. 13, échauffé par la chaleur du colombier, mais surtout par le contact immédiat des couveuses, fera appel, par les deux tuyaux *b*, *b*, fig. 12 et 13, sur la fosse *c*, et forcera ainsi l'air extérieur à pénétrer dans le cabinet d'aisances (bien clos de tous autres côtés) par les trous percés au bas de la porte. Ce courant d'air, traversant ainsi le ratelier *n* dans toute son épaisseur, se chargera d'une odeur agréable, remplira le cabinet d'aisances et pénétrera dans la fosse par l'ouverture de la cuvette contenue dans le siége *a*, et qui doit rester sans bonde et toujours ouverte. Cet air, continuellement appelé par l'échauffement du tuyau *p*, sera sans cesse renouvelé dans le même sens, et ira sans interruption se rendre au-dessus du toit, dans l'atmosphère, après avoir traversé le petit ratelier, le cabinet, l'ouverture de la cuvette, l'intérieur de la fosse, les deux tuyaux *b*, *b*, et le tuyau *p*, ce qui s'opposera à tout retour de l'air de la fosse dans le cabinet d'aisances et ce qui le mettra par conséquent à l'abri de toute mauvaise odeur.

Quant à ce qui concerne la préparation de l'engrais au moyen de la construction dont il s'agit, voici ce qui se passera et ce qu'il y aura à faire pour en tirer tout le parti possible.

Les matières solides et liquides tombant dans la fosse, seront isolées les unes des autres par suite de la forte pente donnée au sol de cette fosse. Les liquides viendront se filtrer à travers la luzerne et la paille bouchant le dessous de la porte *g* de la fosse et seront empâtés par la terre mise au fond de l'encaissement *f*, et aussi, comme nous le dirons plus bas, par les cendres et autres débris recueillis dans la maison. Quant aux matières solides, elles s'accumuleront sur le sol, à l'aplomb de l'ouverture de la cuvette, et s'y dessécheront pendant l'hiver, époque où l'on ne se servira pas du cabinet et où un fort courant d'air continuera à traverser la fosse.

Pour compléter le travail il n'y aura plus qu'à réunir, chaque matin, toutes les déjections et tous les liquides animalisés que l'on pourra rassembler dans la maison ; à jeter le tout dans l'encaissement *f*, et à le recouvrir immédiatement avec les cendres, les balayures, etc., etc., rassemblées la veille, en y ajoutant un peu de terre sèche s'il en était besoin, pour bien empâter tout le liquide. On conçoit qu'en opérant ainsi pendant toute l'année, on aura accumulé dans la fosse *c* et dans l'encaissement *f* une quantité d'engrais considérable et n'ayant rien coûté. Voici maintenant comme il faudrait s'y prendre pour extraire et achever de préparer cet engrais.

Avant la fin de l'hiver et par un beau temps, on enlèvera le toit mobile *l*, fig, 13; on extraira à la pelle et à la bêche le plus de matière possible de dedans l'encaissement *f*. Arrivé à la poutre *h*, on ôtera le coin de bois *i;* on enlèvera la poutre *h*, et on continuera à vider l'encaissement, en tenant en place, par un moyen quelconque, la porte *g* de la fosse.

Quand tout l'encaissement *f* sera vidé, on enlèvera la porte *g*; on entrera dans la fosse et on poussera au dehors la matière solide qu'on y trouvera, et que l'on pourrait d'ailleurs rendre pulvérulente, si besoin était, en y ajoutant des cendres ou de la terre sèche. On réunira cette matière à celle extraite de dedans l'encaissement *f;* on mélangera bien le tout ensemble, et on obtiendra ainsi un excellent engrais à vil prix.

Ce travail terminé, on balayera la fosse; on nettoyera l'encaissement *f* et son escalier; on remettra en place la porte de la fosse, en opérant comme il a été dit au commencement de cette note, et tout sera propre et prêt pour le retour du printemps et l'arrivée du maître de la maison.

RAPPORT

Sur l'assainissement des cellules de la maison centrale de détention de Limoges, fait à l'Académie des Sciences de l'Institut, au nom d'une commission composée de MM. Gay-Lussac, Robiquet, et D'Arcet rapporteur.

L'Académie ayant été consultée par M. le ministre de l'intérieur, sur un projet d'assainissement du quartier d'exception, avec système cellulaire de nuit, que l'on veut construire dans la maison centrale de force et de correction de Limoges (Haute-Vienne). Nous avons été chargés, MM. Gay-Lussac, Robiquet et moi, d'examiner cette question et d'en rendre compte.

Le dossier qui nous a été remis se compose de quatre pièces. On y trouve :

1° Le projet, avec devis, présenté par l'architecte de la prison de Limoges ;

2° La lettre d'envoi écrite par le préfet de la Haute-Vienne à M. le ministre de l'intérieur;

3° Un rapport sur les pièces précédentes, fait au ministre de l'intérieur par M. Ch. Lucas, inspecteur-général des prisons du royaume;

4° Une lettre de M. le ministre à M. le secrétaire-perpétuel, dans laquelle sept questions sont posées, et où il est demandé que ces questions et toute l'affaire soient examinées par l'Académie des Sciences.

Les pièces n° 2 et 4 ne sont pas seulement des lettres d'envoi : le projet de M. l'architecte de la prison de Limoges y est longuement discuté et attaqué ou modifié avec plus ou moins de succès; il en est de même de la pièce n° 3 qui est, en outre, un rapport spécial sur l'organisation des services à établir dans la maison de correction de Limoges.

La commission, ayant sur beaucoup de points, des opinions différentes de celles qui se trouvent consignées dans les quatre mémoires dont il vient d'être parlé, a cru devoir supprimer de son rapport toute la discussion de ces pièces; discussion qui, par son extrême complication, et par les nombreux détails dans lesquels il aurait fallu entrer, aurait donné lieu à un trop long rapport sans ajouter beaucoup de force à ses conclusions. Cependant la commission a cru devoir répondre aux sept questions qui ont été posées par M. le ministre de l'intérieur; mais elle présentera ensuite les bases du projet qu'il lui paraît convenable d'adopter, pour obtenir l'assainissement de la prison de Limoges, ce qui sera la conclusion ou la partie essentielle de son rapport.

RÉPONSES AUX SEPT QUESTIONS.

PREMIÈRE QUESTION.

Une ventilation par le moyen d'un courant d'air est-elle indispensable dans une cellule de nuit, de la dimension indiquée, et dont la porte et les fenêtres du corridor, dans lequel elle donne, peuvent être ouvertes durant tout le jour?

RÉPONSE A LA PREMIÈRE QUESTION.

La libre circulation de l'air dans les cellules ouvertes pendant le jour ne suffirait pas pour les assainir toute la durée de la nuit, temps pendant lequel le prisonnier doit y être exactement renfermé.

Pour que le séjour des cellules ne fût pas insalubre, et pour qu'elles n'infectassent pas l'air des corridors, il faudrait que l'ensemble fût soumis à une ventilation régulière agissant jour et nuit, et tout à fait indépendante de la volonté des prisonniers.

DEUXIÈME QUESTION.

Si cette ventilation est nécessaire, pourra-t-elle avoir lieu par le moyen que propose l'architecte, ou même une ouverture de 0m,054 *ne suffira-t-elle pas?*

RÉPONSE A LA DEUXIÈME QUESTION.

Il y a de bonnes dispositions dans le projet de l'architecte, mais la commission pense qu'il peut être amélioré; elle présentera, à ce sujet, ses idées en décrivant le mode de ventilation qu'elle proposera à la fin de son rapport.

TROISIÈME QUESTION.

Est-il nécessaire que la ventilation ait lieu, même quand le détenu occupe la cellule, une ouverture existant au-dessus de la porte, et cette ventilation peut-elle exister, la porte de la cellule étant fermée, ainsi que les portes et les fenêtres du corridor?

RÉPONSE A LA TROISIÈME QUESTION.

Les cellules seraient mal ventilées pendant la nuit, ou elles le seraient trop, et les corridors seraient infectés si l'on adoptait les dispositions indiquées dans la troisième question.

QUATRIÈME QUESTION.

Un jour de 0m,02 *à* 5 *centimètres au bas de la porte et dans toute sa largeur, et un semblable jour en face dans la cloison du fond, soit au niveau du plancher, soit au niveau du plafond, ne seraient-ils pas, en tous cas, préférables aux ouvertures de 5 à 8 centimètres de diamètre, placées aux angles opposés de la pièce?*

RÉPONSE A LA QUATRIÈME QUESTION.

Placer les ouvertures d'entrée et de sortie du courant ventilateur à deux des angles diagonalement opposés de chaque cellule est ce qu'on peut faire de mieux : c'est, en effet, se procurer la plus grande chance possible de régularité dans la ventilation de la cellule. Quant aux dimensions à donner aux ouvertures, il suffirait qu'elles eussent de 6 à 8 centimètres de diamètre et même moins, si la ventilation était forcée, et le courant ascensionnel régulier et bien établi.

CINQUIÈME QUESTION.

La cheminée d'aération, en conservant sa profondeur actuelle ($0^m,25$), *ne pourrait-elle pas, sans que l'effet en fût trop diminué, être réduite à la moitié de la largeur d'une cellule* $0^m,60$, *de manière que chaque cheminée ne fût plus commune qu'aux cellules des trois étages l'une au-dessus de l'autre?*

RÉPONSE A LA CINQUIÈME QUESTION.

Une cheminée d'appel, ayant $0^m,25$ de profondeur sur $0^m,60$ de largeur, et dont la section horizontale serait, par conséquent, de $0^m,15$ carré, serait certainement plus que suffisante pour la ventilation de trois cellules superposées.

SIXIÈME QUESTION.

Si la ventilation s'opère la nuit, par un jour sous la porte, ou une petite ouverture à côté, l'ouverture de la porte (*à part la question d'éclairage*) *est-elle en outre nécessaire pour que le détenu ait assez d'air? Dans le cas d'affirmative, ne pourrait-on pas la réduire à la partie directement au-dessus de la porte, c'est-à-dire qui n'est pas en face du lit, dont le pied touche presque à la cloison du devant? Cette ouverture, ainsi réduite, aurait encore* $0^m,60$ *de long sur* $0^m,50$ *de haut.*

RÉPONSE A LA SIXIÈME QUESTION.

Dans l'hypothèse de l'établissement d'une ventilation régulière et continue, l'ouverture d'éclairage de chaque cellule devrait nécessairement être vitrée. Si l'air pouvait entrer dans la cellule par cette fenêtre, tout le système de ventilation serait dérangé ou détruit. Cet air ne serait d'ailleurs pas utile au détenu; il le refroidirait trop en hiver; il établirait des doubles courants dans la cellule, pourrait occasionner l'infection des corridors, et dans aucun cas ne ventilerait la cellule dans le sens de sa diagonale.

L'assainissement des cellules doit être obtenu au moyen de la ventilation régulière, et les fenêtres placées au-dessus des portes ne doivent servir qu'à l'éclairage des cellules.

SEPTIÈME QUESTION.

Enfin le vase de nuit, à part les circonstances extraordinaires, pourrait-il rester dans les différentes hypothèses ci-dessus?

RÉPONSE A LA SEPTIÈME QUESTION.

Avec un bon système de ventilation, le vase de nuit pourrait rester sans inconvénient pendant toute la nuit dans la cellule. Il suffirait de le placer dans une petite armoire dont la porte fermerait mal par le bas, et qui serait mise en dedans, et à sa partie supérieure, en communication avec la cheminée d'appel, par une ouverture ayant de 16 à 20 cent. carrés de surface.

Après avoir ainsi répondu aux questions posées par M. le ministre de l'intérieur, nous allons rendre nos réponses plus faciles à comprendre, en établissant les bases du système de construction que la commission conseille d'adopter.

Il faudrait, selon nous :

1° Séparer chacun des trois étages du grand bâtiment en deux parties égales, dans le sens de sa longueur, par une cloison posée sur le grand axe de chaque pièce, et construite soit en maçonnerie, soit en forts madriers de chêne.

2° Placer, à chaque étage, les cellules de réclusion, opposées les unes aux autres, et sur les deux grandes faces de la cloison, en laissant de chaque côté du bâtiment, un corridor de largeur suffisante entre le devant des cellules et les murs de face, où sont percées les croisées (1).

(1) L'architecte de la prison de Limoges a donné à chaque cellule $1^m,30$ de large, $2^m,26$ de long et 4^m de haut, ce qui représente 11^m752 cubes de capacité.

La Commission admet ce cube comme suffisant, mais elle pense qu'il est obtenu par des dimensions qui ne sont pas, entre elles, dans un bon rapport. L'élévation des cellules pourrait êtr

3° Fermer exactement, avec des châssis vitrés, les ouvertures servant à éclairer l'intérieur des cellules.

4° Augmenter le nombre et la grandeur des fenêtres qui se trouvent à chacun des trois étages du grand bâtiment.

5° Établir, pour chaque cellule, une gaîne carrée en bois, placée verticalement, ayant, dans œuvre, 3 décimètres carrés de section horizontale, partant du plafond de la cellule, et montant à la hauteur de 1 mètre au-dessus du sol du grenier.

Les gaînes en bois seraient adossées aux cloisons, et placées dans les angles des cellules en face de leurs portes.

Les gaînes en bois des cellules du premier étage traverseraient verticalement les cellules correspondantes, au second et au troisième étage, sans avoir de communication ouverte avec ces deux derniers rangs de cellules.

Les gaînes des cellules du second étage, placées à côté de celle de l'étage inférieur, traverseraient le troisième rang de cellules superposées.

Quant aux gaînes en bois des cellules du troisième étage, elles commenceraient aux plafonds de ces cellules, passeraient seulement au travers du plancher du grenier, et s'élèveraient, comme toutes les autres gaînes de ventilation, à un mètre de hauteur au-dessus de ce plancher.

En adoptant ces dispositions, on ne verrait pas de gaînes en bois en face des portes, dans les cellules de première classe; on n'en verrait qu'une dans chaque cellule du second étage, et il n'y aurait de visibles, dans les cellules du troisième étage, que deux gaînes en bois adossées à la petite cloison et placées à côté l'une de l'autre.

Toutes ces gaînes ne devraient être ouvertes qu'à leurs extrémités, c'est-à-dire par bas, au niveau du plafond de chaque cellule correspondante, et par haut sous le toit, à 1 mètre de hauteur au-dessus du plancher du grenier.

6° L'air des corridors serait introduit dans chaque cellule par une ouverture carrée, ayant 18 centimètres de côté, percée dans la paroi antérieure de la cellule au niveau du plancher du corridor, et dans l'angle opposé à la porte, c'est-à-dire là où se trouve le pied du lit. Cette ouverture, placée à l'angle solide diagonalement opposé à celui où se trouve

moindre et elles auront trop peu de longueur et de largeur: on pourrait conserver la hauteur des cellules qui résulte de celle des étages du bâtiment, mais il faudrait en augmenter convenablement la longueur et surtout la largeur pour y rendre le service facile et pour en assurer l'assainissement.

l'orifice de la gaîne en bois, devrait pouvoir se fermer plus ou moins, du dedans du corridor, au moyen d'une porte à coulisses, munie d'une crémaillère pour tenir cette porte élevée à la hauteur convenable, et en rapport avec la température de chaque saison.

7° Le courant ventilateur arrivant dans le grenier par les orifices supérieurs de toutes les gaînes en bois, pourra être porté au dehors dans l'atmosphère par trois moyens différents :

1° En laissant ouvertes les fenêtres du grenier opposées au vent régnant;

2° En fermant exactement toutes ces fenêtres, et en établissant du côté opposé au vent régnant, le long du faîtage et dans toute la longueur du toit, une série de petites ouvertures ou chatières représentant à elles toutes le double de la somme des ouvertures des gaînes en bois;

3° En fermant exactement toutes les issues du grenier, et en élevant sur le toit, et symétriquement, quatre cheminées d'aérage, surmontées de grandes gueules de loup, et ayant la somme de leurs sections horizontales égale au double de la somme des ouvertures des gaînes en bois.

Le premier de ces moyens est le plus simple; le second est préférable au premier, et le dernier, quoique le plus coûteux et le plus compliqué, est le meilleur des trois.

Ces dispositions prises, il suffirait, pour ventiler les grands corridors et toutes les cellules, de faire arriver dans les corridors de chaque étage assez d'air pour satisfaire à la fois à l'appel de toutes les gaînes en bois.

Deux moyens se présentent pour introduire le volume d'air convenable dans les grands corridors des trois étages de la prison.

En été, ou même pendant huit ou neuf mois de l'année, cet air serait pris au dehors et introduit, dans les corridors, au moyen de vasistas à soufflet placés à la partie supérieure de chacune des fenêtres, et représentant à eux tous une ouverture au moins égale à la somme des sections horizontales de toutes les gaînes en bois. Il suffirait de bien manœuvrer ces vasistas et les portes à coulisses donnant entrée à l'air, vers le bas de chaque cellule, pour régler la ventilation, aussi bien que possible et selon chaque saison, sans avoir recours à l'emploi des fourneaux d'appel dont l'entretien coûterait cher, et qui exigeraient, d'ailleurs, des soins trop gênants dans la position où se trouve la prison de Limoges.

Pendant les quatre mois d'hiver on agirait de même qu'en été, si l'on ne pouvait pas fournir de l'air chaud aux trois étages de la prison. On aurait seulement, dans ce cas, à ne donner aux vasistas et aux portes à coulisses des cellules que l'ouverture justement nécessaire pour obtenir l'assainissement de toutes les parties intérieures du grand bâtiment.

Mais, si l'on voulait maintenir, en hiver, une douce température dans les corridors et les cellules, il faudrait, dans ce cas, fermer exactement tous les vasistas placés aux fenêtres du grand bâtiment; échauffer, au moyen de bons calorifères, le volume d'air nécessaire à la ventilation, et distribuer ensuite cet air chaud symétriquement et proportionnellement dans les corridors des trois étages de la prison. La ventilation se réglerait alors en manœuvrant bien les clefs des tuyaux à air de l'appareil de chauffage, et les portes à coulisses des cellules.

8° Quant aux vases de nuit, qui, placés sous les lits, pourraient infecter les cellules malgré la ventilation générale, la commission pense qu'il faudrait les éloigner de l'intérieur des cellules pendant le jour et que, pour la nuit, il faudrait prendre, relativement à ces vases, les précautions suivantes.

On établirait, dans chaque cellule, une petite armoire n'ayant que peu au delà du cube absolument nécessaire pour recevoir le vase de nuit. On ménagerait, entre le bas de cette armoire et le sol de la cellule, une ouverture ayant toute la largeur de la petite porte et 5 ou 6 millimètres de hauteur; l'on mettrait, en outre, l'intérieur de l'armoire en communication avec la gaîne d'aérage, au moyen d'un petit tuyau en tôle ou d'une petite gaîne en bois, ayant 36 centimètres carrés d'ouverture, partant du dessus de l'armoire et se levant verticalement à environ un mètre de hauteur dans l'intérieur de la gaîne en bois servant à la ventilation de la cellule; au moyen de cette disposition et en admettant que la ventilation générale fût bien établie de bas en haut, il entrerait continuellement une lame d'air par le bas de la porte de l'armoire; cet air entourerait le vase et irait, en sortant de l'armoire, se rendre dans la gaîne en bois d'où il serait entraîné vers le toit du bâtiment, ce qui s'opposerait à l'infection de la cellule et donnerait ainsi le moyen d'y laisser, sans insalubrité, le vase de nuit, pendant les heures où le prisonnier doit être enfermé.

La commission sait bien que le système de ventilation qu'elle vient de proposer pour l'assainissement de la prison de Limoges aurait besoin, pour être rendu parfait, que l'on pût, en toutes circonstances atmosphériques, établir et maintenir dans les gaînes en bois le courant ascensionnel nécessaire.

La réunion de toutes les gaînes d'aérage en un seul coffre, surmonté d'une cheminée dépassant le faîtage du toit et un moyen d'appel établi dans cette cheminée, soit par un tarrare, soit par la vapeur ou le feu, seraient des dispositions qui rempliraient complétement le but; mais, dans le cas dont il s'agit, l'emploi de ces moyens compliquerait le service de la prison, serait certainement négligé et compromettrait trop alors la santé des prisonniers pour que la commission pense à en proposer l'adoption.

Il est certain que, dans le système de ventilation qui vient d'être indiqué, le courant d'air traversera les cellules et les corridors de haut en bas, c'est-à-dire en sens contraire de ce qu'il faudrait, toutes les fois que l'air sera plus échauffé à la hauteur du toit que dans le bâtiment ou à la surface du terrain; mais la commission fait remarquer que c'est pendant le jour et surtout en été que cet inconvénient se présentera le plus fréquemment; que, pendant toute la durée du jour, les cellules seront vides et en large communication, par leurs portes laissées ouvertes, avec de vastes corridors, d'où le courant ventilateur inverse pourra sortir par les nombreux vasistas placés aux croisées du grand bâtiment et que pendant la nuit chaque cellule ayant peu de capacité relativement au détenu qui y sera couché et renfermé, et étant en outre construite en matériaux mauvais conducteurs de la chaleur, il arrivera tout naturellement, même en été, que l'air de la cellule s'y échauffera assez pour monter vers le platona et pour en sortir en suivant la gaîne en bois dans laquelle le courant ventilateur prendra alors la direction convenable.

La commission fait encore remarquer que le seul inconvénient qui résulterait de la ventilation inverse des cellules pendant le sommeil du prisonnier, proviendrait de la présence du vase de nuit dans la petite armoire de la cellule; mais elle répète que cet inconvénient lui paraît peu à craindre pendant la nuit, et que d'ailleurs, en en supposant l'existence, l'influence de cet inconvénient serait, dans le cas d'une ventilation inverse, beaucoup moins nuisible aux prisonniers et aux gardiens de nuit, que ne l'est à présent le séjour dans des prisons où, surtout pendant la nuit, il se trouve à peine quelques chances pour le renouvellement de l'air dans l'intérieur des bâtiments.

C'est d'après ces considérations qui ont beaucoup de force, que la commission s'est décidée à ne proposer que l'emploi des appareils peu coûteux et des procédés simples dont elle a parlé: elle terminera son rapport en faisant observer que des plans eussent été nécessaires pour bien développer et faire comprendre les détails de son projet, et en disant qu'elle serait prête à faire les études de ces plans et à les faire mettre au net sous sa surveillance, si M. le ministre de l'Intérieur croyait utile de mettre à la disposition de la commission, pendant une quinzaine de jours, un ou deux dessinateurs de son ministère.

Paris, 26 octobre 1835.

LABORATOIRE SALUBRE.

Description du laboratoire de chimie de l'école d'artillerie de la garde royale, construit, sur les plans de M. D'Arcet, par le capitaine Brianchon (1).

Le système de ventilation par les cheminées d'appel, employé si heureusement par M. *D'Arcet* pour assainir les forges de doreurs, les cuisines, les soufroirs et les latrines, est le principe qu'on a suivi pour établir le laboratoire salubre que nous allons décrire. Toutes les dispositions en ont été réglées par cet habile chimiste, que rendent célèbre de nombreux travaux dirigés vers l'utilité publique et le progrès des arts industriels.

Ce laboratoire occupe le rez-de-chaussée de l'un des pavillons du château de Vincennes ; il se compose de deux pièces contiguës, dont la première est spécialement destinée aux opérations chimiques, et comprend l'ensemble des fourneaux. Cette première salle est éclairée par quatre fenêtres qui permettent de renouveler promptement l'air quand des vapeurs nuisibles se répandent accidentellement dans l'intérieur. Le sol en est pavé.

La deuxième salle, dont le sol est un parquet, renferme les collections, les balances, les machines, les ustensiles métalliques et les instruments de prix ; on veille à ce qu'elle soit garantie de l'humidité et des gaz corrosifs qui règnent parfois dans l'autre.

Ces deux pièces sont assez spacieuses pour les travaux particuliers d'une école d'artillerie.

(1) Travail fait en 1822, pour la construction du laboratoire de chimie de Vincennes.
Il a été publié dans les *Annales de l'industrie nationale et étrangère*, tome VII, page 257, 1822; par le capitaine Brianchon qui avait suivi l'exécution de ce laboratoire d'après les plans de M. D'Arcet, et qui en a rédigé la description.

Explication des figures (1).

Fig. 1, pl. 18. Plan général du laboratoire, comprenant les deux salles, et en montrant la distribution intérieure.

PREMIÈRE SALLE.

A, Porte d'entrée; elle est exposée au levant.

B, Manteau de la cheminée principale où se rendent toutes les cheminées particulières *a*, *b*, *c*, *d*, que nous décrirons; il est coupé en hotte soutenue par deux jambages. Cette hotte ou manteau recouvre un système de fourneaux pratiqués dans une paillasse en briques, que nous donnons plus loin.

On évitera dans le cours de cette description d'exposer les détails de construction et de main-d'œuvre, vu qu'on les trouve ailleurs.

C, Fourneau situé à l'un des flancs de la paillasse; il porte un bain de sable en tôle, dont le fond a cette particularité que l'une des deux moitiés est plus basse que l'autre, ce qui donne deux profondeurs de sable, appropriées aux diverses capacités des matras qu'on y met en expérience.

D, Fourneau de fusion, placé à l'autre flanc de la paillasse; il sert pour les opérations qui exigent une haute température, notamment pour les travaux de métallurgie et les essais docimastiques.

E, Fourneau d'alambic, où se fait la distillation de l'eau.

F, Table.

G, Cuves pneumato-chimiques.

I, I, Armoires.

J, Lampe d'émailleur.

K, Fontaine.

L, Évier, placé dans l'embrasure d'une croisée.

M, Égouttoir. Il est formé d'une planche horizontale percée de trous; les terrines sont rangées dessous, posées à terre.

N. Enclume.

O, Étau et son établi.

P, Porte établissant la communication des deux salles.

(1) La série des lettres continue dans les deux planches 18 et 19, et les lettres y sont appliquées aux mêmes objets.

DEUXIÈME SALLE.

Q, Poêle dont le recouvrement est creusé en bain de sable, et dont le four sert d'étuve. Le tuyau de ce poêle traverse le mur qui sépare les deux salles, et débouche en un point élevé de la cheminée générale du laboratoire, dont il avive le tirage en y raréfiant l'air par la chaleur qu'il apporte.

R, Vasistas carré pratiqué dans l'épaisseur du mur, à 2^m, 5 au-dessus du sol. Il sert, ou pour établir un courant d'air, ou pour déterminer le tirage du poêle.

S, S, Armoires vitrées dont les portes s'ouvrent à coulisse, en passant l'une sur l'autre sans quitter le même plan vertical.

T, Table munie de tiroirs.

U, U, Cours de tablettes d'appui.

Les cinq croisées des deux salles sont désignées par les lettres V, V, V, V, V.

Fig. 2, pl. 18. Élévation du système général des fourneaux. Ils sont tous adossés au mur de séparation des deux salles.

Les mêmes parties sont marquées des mêmes lettres dans les plans et les élévations.

B. Hotte ou manteau de la cheminée principale. Des creusets, des vases et des appareils usuels sont disposés tant sur l'entablement que sur un cours de tablettes qui règne un peu plus haut.

W, Paillasse en briques. Voyez-en le plan, fig. 2, pl. 19. C'est un âtre relevé de près d'un mètre au-dessus du sol. Elle réunit : 1° une forge ordinaire, ayant son soufflet en H; 2° quatre fourneaux évaporatoires; les portes des cendriers sont en *e*, *e*, *e*, *e*. Elles sont ici fermées par un tampon en tôle que représente la fig. 3, pl. 18; 3° une étuve; la porte est en *f*; 4° un fourneau d'étuve, servant en outre à échauffer une grande plaque de fonte *g*, qui répond au-dessus, et termine de ce côté la table de la paillasse; *h* est la porte de ce fourneau, *i* celle du cendrier; 5° des cavités *j*, *j*, servant de charbonniers.

Z, Z, Z, Z, Couvercles de tôle suspendus au mur vertical qui forme le fond de l'âtre : ils servent, ou comme étouffoirs, ou comme bains de sable, selon le sens où on les pose sur les fourneaux d'évaporation; la fig. 14, pl. 18, en fait connaître la forme.

k, *k'*, Ouvertures dont nous expliquerons l'usage.

Y, Y, Rideaux de toile, servant à hâter le tirage en diminuant l'ouverture de la cheminée principale, ouverture mesurée par l'espace compris entre l'entablement de la hotte et la ligne supérieure de la paillasse. Ils ont été préparés avec une mixtion saline, composée de borax et de muriate d'ammoniaque, ce qui les rend presque incombustibles. Le bas en est garni de balles de plomb qui les maintiennent et s'opposent à ce que les courants d'air ne les soulèvent. Ces rideaux, s'ouvrant et se fermant à volonté, sont une des dispositions essentielles du principe de ventilation qui distingue le laboratoire salubre.

l, *l'*, Jambages de la cheminée : le premier est traversé par la tuyère du soufflet H; le deuxième porte une ouverture que montrent les fig. 1, 2, 6, 7, où elle est désignée par la lettre *m*.

C, Fourneau à bain de sable : on y a placé pour exemple un matras *n*, dont le col s'engage dans l'ouverture *m* que nous venons de spécifier; *o* est la porte de ce fourneau, et *p* celle du cendrier.

E, Fourneau d'alambic. La cucurbite s'y trouve mise en expérience.

D, Fourneau de fusion. Le conduit *q* donne passage à la fumée, et débouche dans la hotte. La porte *r* est en fer, ayant un loquet à manche brisé; fermée, elle se trouve dans un plan dont l'inclinaison est de 45 degrés à peu près. La porte du cendrier, qu'on voit en *s*, est percée d'un trou demi-circulaire, sur lequel joue à frottement une pièce de tôle de même forme, tellement qu'on peut en graduer l'ouverture à volonté, selon le volume d'air qu'on veut introduire. Pareille disposition a lieu pour les autres portes de cendriers, excepté celles *e*, *e*, *e*, *e*, dont l'aspiration se règle par un moyen différent que nous ferons connaître.

H, Soufflet à deux vents. La tuyère se rend dans l'âtre de la forge, après avoir traversé le jambage *l*.

P, Porte de communication des deux salles.

Fig. 2, pl. 19, Plan général des fourneaux et de la paillasse.

W, Paillasse construite en briques réfractaires.

l, *l'*, Jambages de la cheminée : le premier est traversé par la tuyère du soufflet de forge; le deuxième porte une ouverture *m* dont nous avons déjà parlé.

t, Atre de la forge.

X, X, X, Fourneaux évaporatoires de diverses capacités; le plus petit s'emploie pour les expériences qui n'exigent que peu de combustible : de ce choix résulte une économie. Les portes des cendriers sont désignées par *e*, *e*, *e*, dans la fig. 2, pl. 18.

X', Fourneau d'appel. Il ne diffère des trois précédents qu'en ce qu'il a de plus qu'eux une cheminée spéciale qui part du cendrier, et qui, lorsqu'on ferme exactement la porte de celui-ci, détermine une combustion à flamme renversée; voici comment : le feu n'étant plus alors soutenu par le volume d'air ascendant auquel cette porte livrait passage, s'alimente d'un courant qui, prenant sa source dans l'atmosphère supérieure de la salle, traverse le charbon enflammé, gagne le cendrier, et s'échappe par la petite cheminée, laquelle aboutit en un point élevé de la cheminée générale ; celle-ci, se trouvant par-là échauffée dans sa partie supérieure, devient plus aspirante, prend un tirage actif; on dit alors qu'elle *appelle*.

On a disposé, comme nous le verrons, d'autres moyens d'appel, qui n'ont pas, comme celui-ci, l'inconvénient d'exiger une dépense spéciale de combustible; ils consistent à prolonger verticalement dans la cheminée principale, et à une hauteur réglée par l'expérience, tous les conduits des petites cheminées particulières qui s'y rendent. Ces secours suffisant pour l'ordinaire, on transforme le fourneau d'appel X′ en fourneau d'évaporation, tirant à flamme ascendante, ce à quoi on parvient en ouvrant la porte du cendrier.

u, Conduit de la cheminée du fourneau d'appel.

v, Conduit de la cheminée du fourneau C.

k, *k′*, Ouvertures pratiquées dans ces deux petites cheminées.

g, Grande plaque de fonte, échauffée par le fourneau d'étuve; elle est horizontale; on y fait sécher les filtres.

x, Pièce rectangulaire qui s'élève ou s'abaisse pour ouvrir ou fermer la petite cheminée du fourneau d'étuve.

C, Fourneau dont il a été parlé ci-dessus; il porte un bain de sable dont une des deux moitiés est plus profonde que l'autre.

E, Fourneau d'alambic.

D, Fourneau de fusion, autrement dit *fourneau à vent; r* est la porte du foyer, *q* le conduit de la cheminée.

Fig, 3, pl. 19. Plan des cendriers.

y, *y*, *y*, *y*, Cendriers des quatre fourneaux X, X, X, X.

e, *e*, *e*, *e*, Portes des cendriers.

z, Bouche de la cheminée d'appel.

w, Grille et foyer du fourneau d'étuve.

h, Porte de ce foyer; *a*, bouche de la petite cheminée qui lui est propre.

b′, *b′*, Espace que parcourt la flamme du fourneau d'étuve, laquelle vient heurter contre la demi-traverse c' qui l'oblige de circuler avant d'atteindre la cheminée a'. Pendant ces détours elle échauffe les deux plaques de fonte qui renferment cet espace. L'une de ces plaques forme le toit incliné de l'étuve ; l'autre, qui est celle de dessus, a été désignée par g dans la figure précédente.

d', Grille et foyer du fourneau C.

o, Porte de ce foyer.

v, Cheminée propre à ce fourneau.

D, Fourneau de fusion ; e', la grille, q, le conduit de la fumée.

Fig, 4, pl. 19, Plan des fourneaux au niveau du sol.

j, j. Charbonniers pratiqués dans le bas de la paillasse, au-dessous des cendriers.

f', Cendrier du fourneau C, la porte est en p.

g' Cendrier du fourneau D, la porte est en s.

Fig. 1, pl. 19, Coupe générale suivant la ligne A B, fig. 4. Elle montre l'ensemble des dispositions intérieures.

X, X, X, Fourneaux évaporatoires.

X', Fourneau d'appel. Nous en avons donné l'explication : z est la bouche de la cheminée ; elle devient aspirante lorsqu'on ferme le cendrier.

y, y, y, y, Cendriers de ces quatre fourneaux.

u', u, v, Traits ponctués indiquant les directions que prennent dans l'épaisseur du mur les cheminées particulières des fourneaux d'étuve, d'appel et du bain de sable. Toutes, comme on voit, sont surmontées de tuyaux qui portent la chaleur en des points élevés b, c, d, de la cheminée générale, et fournissent trois moyens de hâter l'appel. L'objet des ouvertures k, k', est de faciliter le ramonage des deux dernières. Ces ouvertures ont encore un autre emploi : comme elles ont la propriété d'aspirer quand le tirage est établi, on y engage le col des matras mis en expérience sur la paillasse, ce qui débarrasse des vapeurs qu'ils exhalent ; hors de ces deux fonctions, elles demeurent fermées. Quant au ramonage de la cheminée d'étuve, on y procède après avoir mis à découvert la bouche a' en enlevant la grande plaque de fonte g.

A', Espace ménagé à la naissance du tuyau de la cheminée principale, pour que le ramoneur y puisse entrer.

w, Grille et foyer du fourneau d'étuve.

b', b', Espace que parcourt la flamme. Il est en partie interrompu par la demi-traverse c', qui force le courant à circuler avant d'atteindre la cheminée a'.

i, Cendrier.

B', Intérieur de l'étuve. Une plaque de fonte *i'*, *i'*, en forme la partie supérieure, et se trouve échauffée par la flamme et par le courant d'air chaud issus du foyer *w*. L'inclinaison donnée à cette plaque a deux objets : d'une part, elle active le tirage en facilitant l'écoulement ascensionnel du courant ; de l'autre, elle hâte l'échauffement, vu qu'ainsi la flamme agit par choc, tandis qu'elle ne ferait que glisser lentement si la pièce était horizontale.

x, Petite plaque de fer qui glisse à frottement sur le plan vertical de l'âtre ; elle sert à fermer la bouche *a'* quand on a cessé d'alimenter le foyer *w*, et qu'on veut en réserver la chaleur. C'est, comme on voit, une clef, un *registre*, une pièce qui sert à *régir* le fourneau d'étuve.

g, Plaque de fonte horizontale échauffée par le foyer *w*. Nous en avons fait connaître l'emploi.

j, *j*, Charbonniers.

C, Fourneau à bain de sable : *v*, bouche de cheminée ; *d'*, grille et foyer ; *f'*, cendrier ; *n*, matras mis en expérience : le col s'engage dans l'ouverture aspirante *m*, au moyen de quoi les gaz développés ne se répandent jamais dans la salle.

m, Ouverture pratiquée dans le jambage *l'* ; on l'a évasée intérieurement pour en augmenter la faculté aspirante, et aussi pour qu'elle se prêtât mieux à la position inclinée du matras.

m' Extrémité du tuyau qui conduit la fumée du poêle établi dans la deuxième salle. Ce tuyau, après avoir pénétré le mur de séparation, débouche, comme on voit, dans un point élevé de la cheminée principale, et y fournit un quatrième moyen d'appel.

D, Fourneau de fusion ; *e'*, la grille sur laquelle se place le combustible ; *g'*, le cendrier ; *q*, la cheminée : celle-ci est pourvue d'un registre C', qui est une pièce de fer en forme de rectangle, jouant à frottement dans un plan horizontal pour ouvrir ou fermer le conduit *q*, et régler, par ce moyen, la température du foyer *e'*.

a, Tuyau de tôle qui prolonge le conduit *q* dans l'intérieur de la cheminée générale, d'où résulte pour celle-ci un cinquième moyen d'appel.

De ces cinq moyens d'appel un seul suffit, et cependant leur concours n'affaiblit point l'effet.

Le rôle du tuyau de prolongement *a* ne se borne pas à ce que nous en avons dit ; il est essentiel aux fonctions du fourneau D, vu qu'il en active singulièrement le tirage individuel, et que, par suite, il contribue à la haute température que prend le foyer e'. Ce tirage si actif, d'où résulte un feu violent, nécessaire dans beaucoup d'opérations métallurgiques, tient en outre à la grande hauteur du conduit de la cheminée principale, lequel parcourt les deux étages du pavillon.

E, Fourneau portant l'alambic; la figure en indique les dispositions intérieures, la grille et le cendrier.

Fig. 6, pl. 19. *m*, Extérieur de l'ouverure percée dans le jambage l', au-dessus du fourneau C, lequel porte un bain de sable où se trouve placé un matras *n* dont le col s'engage dans cette ouverture aspirante; elle se ferme au moyen de petites plaques contiguës accrochées à la paroi, tellement que chacune peut s'enlever indépendamment des autres, ce qui permet de graduer cette ouverture en proportion des matras qu'on veut mettre en œuvre, et de lui conserver par-là son tirage. Dans l'exemple que montre la figure, on n'a décroché qu'une seule plaque. Ajoutons que la ligne où se trouvent les points d'appui est renforcée d'une plate-bande de tôle, festonnée en demi-cercles, ainsi que le montre la fig. 2, pl. 19.

Fig. 7, pl. 19. Disposition intérieure du fourneau d'appel X'.

X', Foyer; *z*, bouche de la cheminée *u*. Cette dernière est surmontée d'un tuyau dont le faîte est en *b*; *k*, ouverture pour le ramonage; *y*, cendrier, ayant sa porte en *e*, qui se trouve ici fermée par l'un des tampons de tôle que la fig. 3, pl. 18, représente; *j*, charbonnier.

m, Ouverture percée dans le jambage l'. Voyez les fig. 1 et 6, pl. 19.

A'. Espace ménagé pour le ramoneur.

m', Tuyau du poêle.

Fig. 5, pl. 19. Coupe sur la ligne C' D', fig. 3, pl. 19; elle montre l'intérieur du fourneau de fusion; les sinuosités du foyer, d'où résulte une réverbération de chaleur et un tirage rapide; les armatures en fer qu'exige la haute température qu'on excite ordinairement dans ce foyer; enfin la disposition au moyen de laquelle la grille e' peut être placée à deux hauteurs différentes, selon les dimensions du creuset qu'on met en expérience : ce moyen de varier la capacité du fourneau apporte une économie de combustible; *q*, conduit de la cheminée; *r*, porte du foyer; g', cendrier, ayant sa porte en *s*.

Fig. 6, pl. 18. Souche de la cheminée principale, sur le toit du pavillon. Elle porte un chapiteau formé d'une feuille de tôle, courbée en portion de cylindre, et soutenu par quatre tiges de fer, ce qui empêche les eaux pluviales d'entrer dans le conduit; ce dernier, comme on voit, ne se termine point par un rétrécissement, contre la coutume des constructions ordinaires, coutume que M. *D'Arcet* improuve et qu'il regarde comme nuisible à l'effet de son système de ventilation.

Fig. 3, pl. 18. Elle représente les deux projections de l'un des tampons de tôle qui servent à fermer les cendriers des fourneaux X, X, X, X', comme on le voit dans les fig. 2, pl. 18, et 7, pl. 19. Les bouches des quatre cendriers étant pareilles, leurs tampons le sont aussi; d'où la facilité d'employer le premier venu, ce qui économise du temps. Chaque tampon entre à frottement, tellement qu'on peut graduer l'ouverture de la bouche, selon la température qu'on veut obtenir dans le foyer. Ce frottement est donné par un renflement hémicylindrique, que montre la figure, et dont la surface est criblée de trous qui livrent passage à l'air. Une poignée facilite le maniement de cette espèce de porte.

Fig. 4, pl. 18. Projections de l'un des étouffoirs désignés dans la fig. 2, par la lettre Z; ce sont des calottes sphériques en tôle, dont le bord est armé d'un anneau mobile; leurs grandeurs sont variées comme celles des fourneaux X, X, X, X', qu'elles sont destinées à recouvrir lorsqu'on veut éteindre le charbon. Pour cela, on met un de ces couvercles sur son fourneau, la convexité en dessus, et l'on bouche en même temps la porte du cendrier au moyen du tampon que nous avons décrit.

Ils ont un autre emploi: remplis de grès pilé et tamisé, et placés inversement sur les fourneaux X, X, X, X', la convexité en dessous, ils n'étouffent pas le feu, et servent ainsi de bain de sable.

Fig. 5, pl. 19. Fourneau mobile, dont on a figuré le fond, le dessus, la coupe et l'élévation. Il est d'une simplicité remarquable, n'ayant ni grille ni cendrier : c'est un vase de terre cuite, de la forme d'un creuset, percé à son fond pour l'écoulement de la cendre, et portant trois autres trous vers le tiers de sa hauteur, sur son pourtour, lesquels donnent passage à l'air qui afflue de l'extérieur. Le bas de ce fourneau est consolidé par une armature ou sabot en tôle. La bouche étant supposée recouverte d'une capsule mise en expérience, les trois échancrures qu'elle porte donnent issue à l'air qui a servi à la combustion,

BRIANCHON,

Professeur de sciences physiques et mathématiques à l'École d'artillerie de la Garde royale.

LABORATOIRE D'ESSAIS DES MONNAIES.

Description du laboratoire des essais des monnaies (1).

Ce laboratoire, dans lequel se détermine le titre des espèces d'or et d'argent, et où se font beaucoup d'opérations métallurgiques et docimastiques, peut maintenant passer pour un laboratoire modèle. Son assainissement et son excellente disposition sont dus aux soins de M. D'Arcet, membre de l'Académie des Sciences, et inspecteur-général des essais des monnaies. Ce savant qui, en 1818, remporta le prix fondé par Ravrio pour assainir les ateliers de dorure, appliqua à ceux-ci les moyens qui, dans le même but, lui avaient, en 1814, si heureusement réussi au laboratoire des essais des monnaies.

Avant cette époque, ce laboratoire était dans un tel état d'insalubrité, qu'un inspecteur des essais, un essayeur et un garçon de laboratoire furent successivement frappés d'hémiplégie et d'apoplexie, et moururent peu de temps après. Aujourd'hui les essayeurs du gouvernement n'étant plus au milieu d'une atmosphère d'acide nitrique en vapeur, de gaz acide nitreux, d'acide carbonique, et d'une chaleur de 30 à 40°, peuvent travailler sans danger, avec beaucoup moins de fatigue, et porter aux opérations délicates dont ils sont chargés toute l'attention et le soin dont ils sont susceptibles.

Enfin, les moyens d'assainissement employés dans ce laboratoire sont tellement parfaits et à la disposition des personnes qui y travaillent, qu'elles peuvent à volonté y produire des effets contraires, et par conséquent repousser constamment les vapeurs nuisibles.

CHAUDET, *essayeur des monnaies.*

(1) Les travaux d'assainissement du laboratoire d'essai de la Monnaie de Paris, ont été faits de 1812 à 1815, et publiés dans les *Annales de l'industrie française et étrangère*, tome VI, page 35. — Août 1830.

PLANCHE 20.

Fig. 1. Élévation des fourneaux placés dans la salle o'', fig. 30, pl. 21.

A. Support mobile, en bois, posé sur l'appui de la fenêtre.

B. Tablette fixée au mur.

C. Grande hotte de l'appareil aux essais d'or. La cheminée G communique à volonté avec celle du fourneau à essais H, au moyen de la trappe *l*.

D D. Armoires pour serrer les acides, les coupelles, etc.

E. Porte du fourneau d'appel.

F. Cendrier de ce fourneau.

G. Cheminée servant à la fois pour le fourneau d'appel et pour le fourneau H.

H. Fourneau à essais.

a a. Ouvertures communiquant avec la cheminée G du fourneau d'appel, dans lesquelles on engage les cols des matras, d'où il se dégage des vapeurs dont on veut se débarrasser.

b b. Râtelier destiné à servir d'appui aux cols des matras.

c c, etc. Crans établis sur une plate-bande en fer, pour recevoir les cols des matras placés sur le feu.

d d. Plaques de tôle à charnières, servant, quand elles sont ouvertes, à conduire les vapeurs qui se dégagent des vases placés sur le bain de sable *e e*, dans la cheminée du fourneau d'appel par l'ouverture *a a*, et à fermer cette ouverture quand elle devient inutile.

e e. Tablette garnie de sable, où l'on place les matras pour les laisser refroidir.

f f. Plaques de tôle mobiles que l'on agrafe devant l'ouverture *a a'* quand on cesse le travail des essais d'or.

g g. Serre-feu en fer, destiné à recevoir les cendres chaudes et la braise allumée, dont on se sert pour faire chauffer les matras.

h. Ardoise pour noter le temps de l'ébullition, etc.

i i. Petites fontaines dans lesquelles on met l'eau et l'acide nitrique pour les essais d'or. Le robinet de la première est d'argent, celui de la seconde est en platine.

j. Théière dans laquelle on décante le nitrate d'argent provenant des essais d'or.

k. Petite hotte destinée à éviter toute introduction de vapeur dans le laboratoire, lorsque l'on met de l'eau ou de l'acide nitrique dans les matras encore chauds.

l. Trappe au moyen de laquelle on peut intercepter la communication entre la cheminée du fourneau d'appel et celle du fourneau d'essais.

m. Plaque de tôle bouchant l'espace de la baie que le fourneau laisse libre.

Fig. 2. Coupe horizontale de ces fourneaux, suivant la ligne A'' B''.

G G. Base de la grande cheminée que l'on voit en G, fig. 1, 4 et 5.

H. Plan du fourneau à coupelle.

I. Tuyau du fourneau d'appel se rendant, comme on le voit à la fig. 4, dans la grande cheminée dont G G est la base.

K. Petite baie permettant d'entretenir le fourneau H, par-derrière et de dedans la pièce qui est de l'autre côté du mur.

L L. Paillasse qui supporte le fourneau H.

M M. Paillasse de l'appareil aux essais d'or; elle est couverte de carreaux de faïence.

c c c, Crans destinés à recevoir les cols des matras.

g g. Serre-feu.

j. Plan de la théïère où l'on décante le nitrate d'argent.

o. Petit conduit latéral destiné à porter dans la cheminée G les vapeurs qui sortent des cols des matras, lorsqu'on décante le nitrate d'argent encore chaud.

Fig. 3. Coupe verticale de l'appareil aux essais d'or, suivant la ligne brisée C'' D''.

i. Fontaine pour l'acide nitrique.

j. Théïère pour le nitrate d'argent.

k. Petite hotte pour recevoir les vapeurs.

o et *q*. Ouvertures pratiquées latéralement dans la cheminée pour y porter les vapeurs que l'on dégage près des fontaines ou de la théïère.

V V. Armoires.

Fig. 4. Coupe verticale de l'appareil aux essais d'or, suivant la ligne E'' F''.

E. Porte du fourneau d'appel.

F. Porte du cendrier de ce fourneau.

G. Cheminée.

I. Tuyau du fourneau d'appel.

X. Foyer du fourneau d'appel et sa grille.

Y. Cendrier de ce fourneau.

a a'. Ouvertures communiquant avec la cheminée.

d. Plaque de fer pour fermer l'ouverture *a*.

g. Serre-feu.

Fig. 5. Coupe verticale de la hotte du fourneau à essais, suivant G'' H''.

G. Cheminée.

H. Fourneau à coupelle.

L. Paillasse du fourneau à essais.

M. Avance de la paillasse du fourneau à coupelle.

Q. Tirette fermant une ouverture par laquelle se dégage la fumée de la lampe d'émailleur, pour se rendre dans la cheminée G.

R. Lampe d'émailleur.

l. Trappe.

Fig. 9 et 10. Elévation et coupe du laminoir pour les essais d'or.

Fig. 6. A'. Hotte recevant les vapeurs que l'on produit sur la paillasse *e' e'*, derrière les rideaux *b' b'*, et aussi les fumées de la lampe d'émailleur, pour les conduire dans la cheminée du fourneau d'appel.

B'. Cloison en briques séparant la partie de la cheminée qui se trouve au-dessus de la paillasse *e' e'*, de celle où l'on voit la lampe, et sous laquelle on se place pour charger le fourneau H.

C' C'. Charbonnier.

H. Fourneau à essais.

K. Petite baie destinée à recevoir le fourneau H.

L'. Étagère pour placer les matras, etc.

M'. Évier.

N'. Fontaine.

R, Lampe d'émailleur.

a' a' a' a'. Tringles en fer.

b' b' b'. Rideaux chargés de plomb, servant à rétrécir autant qu'on le veut les ouvertures devant lesquelles ils sont placés.

c' c'. Plate-bande mobile en fer, présentant des crans qui peuvent recevoir les cols des matras que l'on place sur les charbons.

d' d'. Serre-feu.

e' e'. Partie de la paillasse sur laquelle les rideaux viennent s'appuyer.

Fig. 8. K, M', R, *c' c'*, *d' d'*, *e' e'* représentent ici les mêmes objets que la fig. 1.

g' g'. Partie de la paillasse moins élevée que *e' e'*, qui se trouve en avant des rideaux quand ils sont fermés.

Fig. 7. Coupe de la fig. 6, suivant la ligne I'', K''.

Pour les lettres C', N', *c d*, *e*, il faut voir les mêmes lettres, fig. 6.

On voit ici de plus :

I'. Cheminée.

D'. Fourneau à coupelle.

E'. Cheminée de ce fourneau.

G' G'. Clé de voûte en fonte, au milieu de laquelle passe la cheminée E'.

F'. Petite hotte en tôle, à charnières, pour conduire dans la cheminée les fumées d'oxyde de plomb qui sortent de la moufle.

O'. Tas.

P'. Découpoir.

Q'. Étau.

R'. Trappe que l'on ferme quand on ne travaille pas sous la cheminée I'.

Fig. 11. Théïère où l'on décante le nitrate d'argent provenant du départ.

Fig. 12. Petite fontaine dans laquelle on met l'acide ou l'eau distillée pour les essais d'or.

Fig. 13. Balance d'essais.

Fig. 14. Écran pour se garantir de la chaleur du fourneau d'essais.

PLANCHE 21.

Fig. 1. A. Hotte.

B B. Jambages de la cheminée C.

C. Cheminée.

D. Languette placée derrière les rideaux F F.

E. Serre-feu pour la forge.

F F. Rideaux au moyen desquels on peut rétrécir à volonté l'ouverture de la cheminée.

G. Soufflet de la forge.

H. Naissance du tuyau dont l'extrémité, formant chalumeau, se trouve en E : ce chalumeau est alimenté d'air par le soufflet G, et on en règle le courant au moyen du robinet I, que l'on ferme quand on travaille à la forge.

I. Tirette permettant d'intercepter la communication du soufflet avec la forge, quand on se sert du chalumeau.

K K K. Portes à coulisses servant à régler le courant d'air qui passe dans les fourneaux de cuisine, et à retirer commodément les cendres des cendriers de ces fourneaux.

L. Charbonnier.

M. Porte du grand étouffoir où l'on jette les cendres chaudes : on voit en *n* un petit tuyau de fonte par lequel pourrait se dégager la fumée s'il s'en formait accidentellement dans l'étouffoir.

N. Fourneau à air.

O. Gros tuyaux de tôle dont on décrira l'emploi sous la même lettre, fig. 4.

a. Tringles pour les rideaux F F.

b b. Étagères.

c. Porte du foyer du fourneau à air.

d. Porte du cendrier de ce fourneau.

e. Crémaillère portant une soupape, au moyen de laquelle on peut faire communiquer la cheminée C avec celle du fourneau à air.

Fig 2. Plan suivant la ligne A′ B′.

Les mêmes lettres représentent ici les mêmes objets qu'à la figure 1; on y voit de plus :

P. Section de la cheminée d'appel pour les opérations qu'on fait sur le bain de sable R.

Q, Q, Q. Fourneaux de cuisine établis sur la paillasse T.

R. Bain de sable.

S. Bassine en fonte pour placer les vases distillatoires, etc.

f. Section de la cheminée du fourneau à air.

g. Section de la cheminée du fourneau placé sous la bassine S.

Fig. 3. Coupe de la fig. 1, suivant la ligne C′ D′.

Les lettres C, K, O, *n*, indiquent ici les mêmes objets qu'aux figures 1 et 2. Cette coupe représente, en outre,

U. Le cendrier du fourneau Q.

V. L'étouffoir dont on voit la porte en M, fig. 1.

Fig. 4. *i*. Porte du foyer destiné à échauffer une bassine S, fig. 1, qui se trouve placée en dessus, le bain de sable que l'on voit en R, fig. 2, et l'étuve qui est en dessous.

k. Porte du cendrier de ce foyer.

l l. Porte de l'étuve.

m m. Ouvertures dans lesquelles on engage les cols des matras placés sur le bain de sable.

o. Clé pour fermer à volonté la galerie qui existe entre le foyer Q et la cheminée de ce foyer.

p. Tampon fermant une ouverture qui donne dans la cheminée P, fig. 2.

q. Ouverture par laquelle l'air du laboratoire peut pénétrer dans l'étuve : on la ferme à volonté avec un tampon.

O. Gros tuyau de tôle par lequel les vapeurs que l'on a jetées dans le fourneau d'appel P, fig. 2, peuvent se rendre dans la cheminée du fourneau à air.

Fig. 5. Coupe du fourneau à air.

c. Porte du foyer de ce fourneau.

d. Porte de son cendrier.

g. Sa cheminée.

On y voit en *z* une ouverture qui établit la communication entre la cheminée C, et celle du fourneau à air.

Fig. 6. Coupe de la fig. 4, suivant la ligne E' F'.

i. Foyer.

k. Son cendrier.

S. Bassine en fonte.

O. Naissance du tuyau de tôle dont l'usage a été décrit sous la même lettre, fig. 4 de cette planche.

Fig. 7. Coupe de la fig. 4, suivant G' H'.

Les lettres *l*, *m*, *o*, *q*, indiquent ici les mêmes objets qu'à la fig. 4.

On voit de plus ici en

a'. La section verticale de la cheminée qui communique avec le tuyau X.

b'. L'intérieur de l'étuve.

Fig. 8. Happe coudée pour enlever les grands creusets de l'intérieur du fourneau à air.

Fig. 9. Happe droite avec laquelle on reprend les mêmes creusets sortis du fourneau à air, pour effectuer la coulée.

Fig. 10. Petite happe dont on se sert pour sortir du fourneau, et couler les fontes peu considérables.

Fig. 11. Fer à moustaches pour prendre du charbon.

Fig. 12. Pinces à bec pour sortir les creusets du feu.

Fig. 13. Fourneau à essais placé sur une paillasse *c' n'*.

d'. Hotte.

e' e'. Petite hotte à charnière, en tôle.

f'. Petit guichet par lequel l'essayeur peut donner des ordres pour qu'on entretienne son fourneau, sans sortir de son cabinet.

g'. Charbonnier.

h'. Râtelier où l'on accroche les pincettes.

i' i'. Pincettes.

k' k'. Tiges de fer pour dégager la grille des cendres qui l'obstruent.

Fig. 14. Coupe de la fig. 13, suivant I' K'.

On a ici représenté par les lettres *c'*, *d'*, *e'*, *g'*, les mêmes objets qui sont indiqués sous les mêmes lettres, fig. 13.

Cette coupe présente aussi en

l'. La cheminée.

m'. La clé en fonte qui traverse cette cheminée.

Fig. 15. Élévation d'un fourneau à coupelle ; il se compose de 4 pièces principales, qui sont :

o'. Le cendrier.

p'. Le laboratoire.

q'. Le dôme.

r'. La cheminée.

Fig. 16. Coupe du même fourneau, selon L' M'.

Fig. 17. Outil de fer emmanché en bois, avec lequel on dégorge le tuyau du fourneau d'essais, lorsqu'il est embarrassé par le charbon.

Fig. 18. Fourchette pour ôter la porte du gueulard du fourneau à essais.

Fig. 19. Ringard.

Fig. 20 et 21. Outils en forme de spatule pour dégager la grille du fourneau, et pour répandre de la poussière d'os dans la moufle.

Fig. 22. Grille du fourneau à essais, vue en élévation *s'* et en plan *t'*.

Fig. 23. *u'*. Élévation de la moufle, vue du côté de l'ouverture.

v'. Coupe de la moufle dans sa longueur.

Fig. 24. *x'*. Porte de la moufle, vue de face.

y'. Profil de cette porte.

Fig. 25. Porte du gueulard, vue de face en *z'* et de profil en *a''*.

Fig. 26. L'une des deux portes latérales du fourneau à essais, représentée en élévation sous la lettre *b''*, et en plan sous la lettre *c''*.

Fig. 27. Porte qui est vue en *d''*, sur la coupe B du fourneau, fig. 3. La fig. *e''* la représente ici en élévation, et la fig. *f''* en plan.

Fig. 28. Fourneau creuset.

g''. Élévation de ce fourneau.

h''. Plan.

Fig. 16. Pelle à braise.

En élévation, sous la lettre i''.

En plan sous la lettre k''.

Fig. 17. Cette figure représente toutes les salles qui composent le laboratoire des essais, et celui où l'on prépare les agents chimiques que l'on y emploie.

l''. Cabinet du directeur-général des essais.

m''. Petite antichambre attenant à ce cabinet.

n''. Grande salle où se trouvent réunies toutes les balances du laboratoire, et où l'on fait par conséquent les pesées.

o''. Salle de réception. C'est en u'' que se trouve dans cette salle l'appareil salubre où l'on fait le départ des essais d'or, etc. On y trouve aussi deux laminoirs, et un tas pour les essais d'or.

p''. Petite pièce dans laquelle se trouvent une fontaine, un découpoir, un tas, un étau, et différents outils, ainsi qu'une lampe d'émailleur. C'est dans cette pièce que l'on vient pour charger deux des fourneaux d'essais.

q'' et r''. Cabinets des deux essayeurs.

II. Corridor où l'on trouve les portes de ces deux cabinets.

s''. Grande salle où sont rassemblés les réactifs, la verrerie, etc.; elle est spécialement consacrée aux manipulations chimiques. On trouve dans cette pièce, une forge, un fourneau à air, des fourneaux de cuisine, un chalumeau, un bain de sable, une étuve et un réservoir d'eau; on y entre pour charger le fourneau de l'un des deux essayeurs.

t''. Atelier aux coupelles; on y fait aussi les creusets et les balles de plomb qui servent aux essais, et l'on y distille l'eau et l'acide nitrique nécessaires aux opérations chimiques du laboratoire.

APPAREIL D'ESSAI PAR LA VOIE HUMIDE.

Ventilation de l'appareil d'essai par la voie humide.

Tout le monde sait que M. Gay-Lussac est l'inventeur des procédés et des appareils d'essais par la voie humide. M. D'Arcet a ajouté à ces appareils un petit ventilateur destiné à emporter au dehors les vapeurs et les gaz qui se dégagent et qui pourraient être ou dangereux ou désagréables pour l'essayeur.

Il consiste, planche 22, fig. 23, 24, 25 et 26, en un entonnoir de verre renversé *f*, dont la partie la plus étroite se trouve fixée par un bouchon et un masticage sur le bas de la pipette de jauge *g*, de la liqueur normale d'essai.

Sur le derrière ou le côté de cet entonnoir, est fixé un tuyau en verre *h*, réuni à un tuyau de cuivre *i n*, de $0^m,04$ de diamètre, qui, en rampant le long des murs de la salle, se rend et pénètre dans un tuyau de poêle *o* ou dans une cheminée, suivant la direction du courant de fumée; il est évident que le tirage du poêle ou de la cheminée, quand ils sont allumés, ou même longtemps après que le feu y est éteint, fait appel sur l'intérieur du tuyau *i n*, établit par ce tuyau un courant ascensionnel constant dans l'entonnoir *f*, et par conséquent emporte avec lui tous les gaz ou toutes les vapeurs qui peuvent se trouver dégagées à portée de son embouchure.

Maintenant, dans le cours de l'essai, et en se servant de l'appareil inventé par M. Gay-Lussac, le flacon de verre *b*, où s'est faite la dissolution de la prise d'argent par l'acide nitrique, encore chaud, et répandant des vapeurs d'acide nitrique et nitreux, est placé dans le grand cylindre de ferblanc verni *d*, et au moment où l'on veut faire couler dans ce flacon la liqueur normale jaugée dans la pipette, et par conséquent faire sortir du flacon les vapeurs acides qui le remplissent, on fait glisser le chariot en ferblanc *q q*, que porte l'appareil, sur la table *o*, jusqu'à un arrêt *s* semblable à celui *r*; dans cette position, l'ouverture du flacon se trouve immédiatement au-dessous de la pipette *g* et de l'entonnoir *f*, et par conséquent toutes les vapeurs dégagées au moment où l'on introduit la liqueur d'essai dans le flacon sont emportées par l'appel établi dans l'entonnoir *f*.

c est une cuvette ovale en ferblanc verni destinée à recevoir la liqueur qui s'échappe pendant les manipulations.

e est un petit support sur lequel repose une éponge *t*, qui, lorsque l'on pousse le chariot *q q* jusqu'à l'arrêt *r*, vient toucher l'extrémité inférieure de la pipette *g*, et enlever la goutte de liqueur normale qui s'y trouve et qui ne doit pas compter dans l'essai.

Dans le cours du tuyau *i n* se trouve une boîte cylindrique *k* également en cuivre, dans laquelle on installe, fig. 24, une petite lampe *p* qui sert à établir le tirage quand le poêle n'est pas allumé. Un robinet *m* est fixé au bas de la boîte *k*, et sert à introduire, s'il le faut, dans cette boîte, par une série circulaire de petits trous qui existe au pied de la lampe, l'air destiné à son alimentation.

Fig. 23. Élévation générale de l'appareil de ventilation.

Fig. 24. Coupe sur la hauteur de la boîte à lampe.

Fig. 25. Élévation du petit support *e* qui soutient l'éponge *t*.

Fig. 26. Plan du même support.

Ce petit appareil de ventilation est établi à la Monnaie de Paris, depuis l'introduction du mode d'essai par la voie humide.

FOURNEAU A COUPELLE.

DESCRIPTION

D'UN PETIT FOURNEAU A COUPELLE,

Au moyen duquel on peut faire, à peu de frais, dans les bureaux de garantie, chez les orfévres et les bijoutiers, les essais des matières d'or et d'argent, et dont on peut se servir avec avantage dans la pratique de quelques arts (1);

Précédée du rapport qui a été fait sur ce petit fourneau, à l'administration générale des monnaies, par MM. Vauquelin et Thenard, membres de l'Institut, etc., etc.,

PAR MM. ANFRYE ET D'ARCET,

INSPECTEUR ET VÉRIFICATEUR DES ESSAIS DES MONNAIES.

« C'est travailler utilement à l'avancement de la science, que
« d'éveiller l'industrie sur les ressources qui sont à sa disposition
« pour multiplier les expériences aux moindres frais possibles. »
Guyton de Morveau, *Ann. de Chim.*, t. 24.

Extrait *de la délibération de l'administration générale des monnaies, du* 9 *juin* 1813.

L'administration générale des monnaies, sur le rapport de MM. Vauquelin et Thenard, membres de l'Institut, professeurs de chimie, etc., etc., approuve ce petit fourneau, en arrête l'adoption pour le service des bureaux de garantie, ordonne la fabrication du nombre nécessaire pour

(1) Ce travail fait en commun avec M. Anfrye, en 1813, a été publié dans le *Bulletin de la Société d'encouragement*, 12e année, juin, page 135.

Et par extrait dans les *Annales de chimie*, t. 87, p. 153.

Enfin, imprimé en brochure, en 1815, chez Magimel, par ordre de l'administration des monnaies.

être distribué aux essayeurs de ces bureaux qui ont habituellement le moins d'essais à faire, et l'envoi à chacun des bureaux de garantie d'un exemplaire de la description rédigée d'après ses ordres.

Signé L.-B. GUYTON et MONGEZ.

Pour extrait conforme,
Le secrétaire général près l'administration,
BERTRAND.

RAPPORT *fait à MM. les administrateurs généraux des monnaies, par MM. Vauquelin et Thenard, membres de l'Institut, professeurs de chimie, etc.*

Messieurs,

Vous nous avez priés, par votre lettre du 13 mars, d'examiner un fourneau à coupelle de petite dimension qui vous a été présenté par MM. Anfrye et D'Arcet, inspecteur et vérificateur des essais des monnaies; nous allons vous rendre compte des expériences que nous avons faites avec ce fourneau, et de l'opinion que nous nous en sommes formée.

Nous nous sommes réunis au laboratoire des essais, à la Monnaie, jeudi 18 mars dernier; nous y avons trouvé MM. Anfrye et D'Arcet, qui nous ont présenté le petit fourneau à coupelle, avec lequel ils ont annoncé pouvoir faire un essai, en dépensant beaucoup moins de combustible qu'on ne le fait ordinairement.

Ce fourneau ne diffère du fourneau à coupelle dont on se sert maintenant, qu'en ce qu'il est elliptique, et que son volume est beaucoup moindre; il n'a, avec le cendrier qui lui sert de support, que quatre décimètres de hauteur, et sa capacité intérieure est si petite, que l'on peut la remplir avec trois cents grammes de charbon réduit en menus morceaux.

Ayant autant diminué la grandeur du fourneau à coupelle, et devant cependant toujours donner à la moufle la température nécessaire pour passer un essai d'argent, MM. Anfrye et D'Arcet ont été obligés de faire affluer beaucoup d'air sur le charbon, pour en opérer promptement la combustion; ils ont atteint ce but de plusieurs manières;

1° En plaçant leur petit fourneau sur une table à émailleur, et en y introduisant l'air chassé par le soufflet qui est placé sous la table, et que l'on fait agir au moyen d'une pédale;

2° En plaçant le même fourneau sur la paillasse d'une forge de bijoutier ou d'orfévre, et en y conduisant l'air chassé par le soufflet de la forge;

3° Enfin, par un moyen plus simple qui leur a été conseillé par M. Mongez, administrateur des monnaies, et qui consiste à placer sur le dôme du fourneau un tuyau de tôle vertical et assez long pour établir le tirage nécessaire.

Nous avons examiné l'effet produit par ce fourneau, en en faisant successivement usage, avec la table à émailleur et avec le tuyau vertical; voici les résultats que nous avons obtenus.

Essais faits avec le fourneau monté sur la table à émailleur.

Le fourneau a été allumé à deux heures et demie; on a fait jouer le soufflet, et la mouffle s'est bientôt trouvée à la température nécessaire pour y passer un essai, nous y avons essayé, à plusieurs reprises, une médaille dont le titre déterminé, en se servant du fourneau à coupelle ordinaire, s'était trouvé à 949 millièmes.

Voici le tableau que nous avons formé du résultat de ces essais :

NUMÉROS.	ARGENT employé.	PLOMB employé.	DURÉE de l'essai.	TITRES.	CHARBON employé.
1	1 gr.	4 gr.	12 min.	947 mill.	175 gr.
2	*Idem.*	*Idem.*	11	950	86
3	*Idem.*	*Idem.*	13	949	93
4	*Idem.*	*Idem.*	10	949	60
Termes moyens.	1 gram.	4 gr.	11m,5	948m,75	103 gr.

On voit d'après ce tableau, que les essais d'argent à 950 millièmes passent au petit fourneau à peu près en douze minutes, c'est-à-dire dans le même temps qu'ils mettent à passer, lorsqu'on fait usage du fourneau ordinaire; que le terme moyen des titres trouvés, étant 948 $\frac{3}{4}$, se rapporte aussi bien qu'il est possible avec le vrai titre de la médaille, et que les petites différences qui se trouvent entre les titres peuvent être considérées comme nulles, puisqu'on les éprouve de même en se servant du grand fourneau, et parce qu'on peut d'ailleurs les attribuer au défaut d'usage; car on sait que l'habitude du fourneau contribue beaucoup, dans l'art de l'essayeur, à l'exactitude des résultats.

La quantité de charbon employée a été, comme on le voit encore dans le tableau, de 103 gram. pour le terme moyen de quatre essais, ce qui ferait un peu plus de 2 centimes de charbon par essai, puisqu'une voie de charbon pesant 50 kil. coûte tout au plus 10 fr. lorsqu'elle est rendue au laboratoire et réduite en petits morceaux.

Pour bien déterminer le degré de chaleur que peut donner ce petit fourneau, nous avions placé au fond de la moufle, avant de commencer les essais dont nous venons de rendre compte, deux boules de pyromètre de Wegdwood; ces boules retirées et refroidies ont marqué l'une 35°, et l'autre 30°.

Ce qui donne pour terme moyen 32° 5 : ce degré de chaleur est au moins égal à celui que l'on obtient dans la moufle du fourneau à coupelle ordinaire; il est supérieur à celui où l'or fin entre en fusion : ce qui a encore été confirmé par l'expérience; car un cornet d'or, mis au fond de la petite moufle, y a bientôt été fondu et converti en bouton bien arrondi.

Essais faits au petit fourneau sans soufflet, en y ajoutant seulement un tuyau vertical.

La communication du petit fourneau avec le soufflet de la table à émailleur ayant été supprimée, et le tuyau vertical ayant été placé sur le dôme du fourneau, on y a fait les expériences dont les résultats forment le tableau suivant.

Les essais ont été faits sur des pièces de 5 francs, prises en circulation, et dont les titres peuvent varier d'après la loi depuis 897 jusqu'à 903 millièmes.

NUMÉROS.	ARGENT employé.	PLOMB employé.	DURÉE de l'essai.	TITRES.	CHARBON employé.
1	1 gr.	7 gr.	15 min.	900 mill.	120 gr.
2	*Idem.*	*Idem.*	14	902	125
3	*Idem.*	*Idem.*	14	901	175
Termes moyens.	1 gr.	7 gr.	14m,33	901m	139gr,33

On voit que ces essais ont été passés dans le même temps qu'au fourneau ordinaire; que les titres se sont trouvés dans les limites voulues par la loi, et que la quantité de charbon employée ne s'est élevée qu'à 140 gram. par essai d'argent, au titre de 900 mill.

Mais, au moment où le tuyau vertical avait été placé sur le fourneau, le feu était allumé depuis longtemps; il était à craindre que ce tuyau, qui était capable d'entretenir la combustion, ne pût pas établir un courant d'air assez fort pour élever promptement la température en prenant le fourneau froid; l'expérience suivante a été faite pour répondre à cette objection.

On a laissé refroidir tout à fait le petit fourneau, et on l'a rallumé en ne faisant usage que du tuyau vertical; en une demi-heure la température de la moufle a été portée au degré nécessaire, et il n'a fallu pour l'amener à cet état que 220 grammes de charbon, qui, au prix où il est à Paris, valent au plus 4 cent. $\frac{1}{2}$. On a pris le fourneau ainsi chauffé, et en l'entretenant on y a passé de suite quatre essais sans difficulté.

Il est donc bien démontré que le petit fourneau à coupelle, présenté par MM. Anfrye et D'Arcet, peut donner le degré de chaleur convenable, et qu'il peut même l'acquérir promptement, en ne faisant usage, pour accélérer la combustion, que d'un simple tuyau vertical.

Les expériences rapportées plus haut ont, en outre, prouvé que les essais passés à ce petit fourneau, étaient faits dans le même espace de temps qu'au fourneau ordinaire; qu'ils y passaient bien; que les titres trouvés se rapportaient avec ceux qui étaient déterminés, en se servant du grand fourneau, et que l'économie apportée dans le combustible était telle qu'il paraît inutile de chercher mieux, et que l'on aurait même peine à y croire, si l'expérience n'en démontrait pas la réalité.

Nous croyons donc, Messieurs, que vous pouvez donner votre approbation au petit fourneau à coupelle qui vous a été présenté par MM. Anfrye et D'Arcet, et qu'on peut l'adopter pour le service des bureaux de garantie de province, où il n'y a qu'un petit nombre d'essais à faire. Nous ajouterons encore que nous croyons que ce fourneau pourra être utile dans les laboratoires de chimie et dans les ateliers de quelques arts, où l'on s'empressera sans doute de l'adopter.

Signé THENARD, VAUQUELIN.

Pour copie certifiée conforme:

Par le secrétaire-général de l'administration générale des monnaies,

BERTRAND.

Description d'un petit fourneau à coupelle.

INTRODUCTION.

Le fourneau à coupelle, dont l'invention paraît remonter au XIIIe siècle, a éprouvé depuis cette époque un grand nombre de changements. On en a souvent fait varier la forme et les dimensions; mais les différents essais que l'on a tentés n'ayant pas été faits comparativement, n'ont pas montré quelle serait sa meilleure construction, et ont produit au contraire cette diversité de forme que l'on remarque lorsque l'on examine les fourneaux à coupelle qui se trouvent gravés et décrits dans les anciens traités de docimasie, et que l'on observe surtout lorsqu'on compare entre eux les différents fourneaux à essai dont on se sert aujourd'hui dans les principaux états.

En comparant l'ancien fourneau à coupelle, décrit par Agricola, Schindlers, Schultter, etc., à ceux qui ont été proposés depuis et à celui dont on se sert maintenant en France, dans les laboratoires des monnaies, etc., etc., etc., on voit que tous les changements qui y ont été successivement apportés n'ont eu pour but que d'en élever davantage et à volonté la température, et que l'on n'a eu aucun égard à l'économie du combustible. C'eût été cependant un travail fort utile que celui qui aurait fourni les moyens de donner la température nécessaire à la moufle, en ne brûlant dans le fourneau à coupelle que le moins de charbon possible.

C'est surtout depuis la révolution que les essayeurs ont senti la nécessité de diminuer les frais qu'ils ont à supporter. Cet état qui était *privilégié* a cessé de l'être. Le nombre des essayeurs a augmenté; le commerce des matières d'or et d'argent s'est trouvé restreint, et le prix du combustible et de la main d'œuvre s'est considérablement élevé, tandis que les rétributions accordées aux essayeurs sont non-seulement restées les mêmes, mais se sont encore trouvées souvent diminuées par la concurrence qui s'est établie entre eux.

La dépense en combustible est si grande, en se servant du fourneau à coupelle ordinaire, que les essayeurs, qui ont peu d'essais à faire, ne se décident qu'avec peine à allumer leurs fourneaux; et attendent souvent pour le faire qu'il leur soit arrivé un assez grand nombre d'essais pour que la recette puisse au moins couvrir la dépense. L'on sait que c'est ce qui arrive journellement dans la plupart des bureaux de garantie; et l'on conçoit aisément combien cet état de choses a pu gêner la marche du commerce, et a dû surtout apporter de retard dans l'expédition des affaires relatives à la marque d'or et d'argent.

L'administration générale des monnaies sentant la nécessité de remédier à ces inconvénients, de régulariser le service de ses bureaux de garantie et d'assurer en même temps aux essayeurs un bénéfice certain, sans augmenter ni leurs rétributions ni les charges du trésor public, nous chargea, vers la fin de 1812, de chercher les moyens de diminuer les frais qu'occasionne l'usage du fourneau à coupelle ordinaire, et surtout de tâcher de le réduire au point de pouvoir y passer avec avantage un petit nombre d'essais.

Tel fut le problème que nous proposa l'administration générale des monnaies. Pour le résoudre, nous commençâmes par examiner les différents moyens connus qui nous parurent le plus se rapprocher du but; mais nous n'y trouvâmes rien de satisfaisant.

Quelques essayeurs, pour économiser le combustible, avaient fait construire depuis peu de temps des fourneaux à coupelle de moyenne grandeur; d'autres en avaient supprimé la grille et le cendrier, et l'avaient ainsi ramené à sa forme primitive; mais en sacrifiant l'avantage que présente le fourneau à coupelle ordinaire, et en passant les essais à une température plus basse, ils n'avaient obtenu qu'une économie bien faible en comparaison de celle que l'on désirait. Le petit appareil proposé par M. Aikin, et la note qu'il a publiée à ce sujet (1) nous parurent mériter plus d'attention ; nous croyons qu'il a eu le premier l'idée heureuse d'opérer la coupellation dans un fourneau beaucoup plus petit que ne l'est le fourneau à coupelle ordinaire, et d'employer l'air chassé avec force par un soufflet pour y opérer rapidement la combustion du charbon, et pour pouvoir donner à peu de frais, à la coupelle, la température convenable. Mais l'inspection de la gravure qui représente l'appareil dont il se sert démontre, que si l'on peut y opérer la coupellation, il est impossible d'y donner à l'essai qui passe au fond d'un creuset, les soins qui seraient nécessaires pour pouvoir compter sur l'exactitude des résultats.

M. Aikin n'a donc point tiré tout le parti possible du moyen qu'il a proposé ; il n'a rempli que la condition la moins importante ; et l'expérience prouve que son appareil, quoique fort ingénieux, n'a pu être d'aucune utilité dans l'art de l'essayeur.

En réfléchissant sur ce qui avait été fait, nous avons pensé que l'on pourrait peut-être faire mieux, et nous en avons appelé à l'expérience, qui seule pouvait nous conduire au but.

Nous avons fait construire un grand nombre de fourneaux de forme et de dimensions différentes, et nous avons comparé les titres que l'on obtenait en se servant de chacun d'eux, aux titres que donnaient les mêmes essais faits aux fourneaux à coupelle ordinaire. Il nous est arrivé ce qui arrive souvent dans la pratique des arts, où, perfectionner les appareils, c'est presque toujours les simplifier : nous avions commencé par passer nos essais dans un très-petit fourneau, au milieu des charbons ; nous sommes revenus à en isoler la coupelle et à la renfermer dans une petite moufle. Nous nous servions d'abord du soufflet de la lampe à émailleur pour accélérer la combustion du charbon ; mais d'après l'avis de M. Mongez, nous avons abandonné ce moyen, dont l'emploi détournait l'attention de l'essayeur. Nous avons donné à la petite moufle la température nécessaire en augmentant le tirage du fourneau au moyen d'un simple tuyau de tôle placé sur le dôme.

Ces tâtonnements, et beaucoup d'autres que nous passons sous silence, sans être difficiles, ont été longs et ennuyeux ; mais nous étions forte-

(1) La description du fourneau qu'il a proposé se trouve dans les Éléments de chimie de William Henri, traduction française de la sixième édition, tome 1, page 527.

ment encouragés dans ce travail par MM. les administrateurs généraux des monnaies qui nous avaient engagés à le suivre avec soin; nous devons leur témoigner ici notre reconnaissance, non-seulement pour l'intérêt qu'ils ont bien voulu prendre au succès de nos expériences, mais encore pour avoir bien voulu nous aider journellement de leurs conseils.

Le petit fourneau dont nous allons donner la description est le résultat des différents essais que nous avons faits pour arriver au but qui nous avait été proposé. L'opinion favorable émise par MM. Vauquelin et Thenard, dans le rapport qu'ils ont fait à l'administration générale des monnaies au sujet de ce petit fourneau (rapport qui se trouve imprimé au commencement de cette description), prouve assez que nous avons complétement rempli les intentions de l'administration; les expériences qui y sont rapportées ne laissent aucun doute à cet égard, et nous dispensent même d'entrer dans de plus grands détails. Nous ajouterons seulement qu'en comparant les moyens que nous indiquons à ceux qu'avait donnés M. Aikin, on verra qu'à la vérité nous avons profité de ses idées pour compléter une partie de notre travail; mais que le fourneau que nous adoptons, et que nous proposons pour le service des bureaux de garantie, n'a rien de commun avec celui dont il a donné la description; qu'il ne diffère des fourneaux à coupelle, décrits par MM. Sage et Tillet, et de ceux dont on se sert en France dans les hôtels des monnaies, que par sa forme, par la petitesse de la moufle, et surtout par le peu de volume qu'il occupe.

CHAPITRE PREMIER.

Description du petit fourneau à coupelle.

La fig. 1 de la planche 22 représente le petit fourneau à coupelle complet; il est composé, comme on le voit, d'une cheminée ou tuyau de tôle *a*, et du fourneau *b* qui est fait en terre cuite. Ce petit fourneau n'a que $0^{m},446$ de hauteur, et $0^{m},184$ de largeur. Il est formé de trois pièces, d'un dôme *c* fig. 5 et 6, d'une pièce intermédiaire *d*, qui comprend ce que l'on nomme ordinairement le laboratoire et le foyer, et d'un cendrier *e* qui sert en même temps de base au fourneau. La pièce principale a la forme d'une tour creuse ou d'un cylindre creux aplati également de deux côtés opposés, parallèlement à l'axe; de telle manière que toute section horizontale est elliptique. Le pied qui le supporte est un cône tronqué, aplati de même sur deux de ses côtés, ayant par conséquent pour bases deux ellipses de diamètres différents : la plus petite doit être égale à celle du fourneau, afin que le pied se raccorde bien avec lui.

Le dôme, qui forme voûte au-dessus du foyer, a de même sa base elliptique, tandis que l'orifice supérieur par lequel sort la fumée conserve la forme cylindrique. Nous allons entrer dans quelques détails sur chacune de ces parties.

De la cheminée.

La cheminée du petit fourneau que l'on voit (fig. 3 et 4) est faite, comme nous l'avons déjà dit, en tôle ordinaire. C'est un tuyau de 0^{m},07 de diamètre, ayant un de ses bouts un peu élargi, et rendu légèrement conique pour pouvoir l'emboîter exactement sur la partie supérieure *c* du dôme. A la réunion de la partie conique et de la partie cylindrique du tuyau, se trouve placée une petite galerie en tôle *f*, dont la figure 3 représente le plan, destinée à recevoir des coupelles neuves, qui s'y échauffent assez fortement pendant le travail pour pouvoir être ensuite introduites sans danger dans la moufle, lorsqu'elle est portée à la chaleur rouge : on voit à quelques centimètres au-dessus de cette galerie une petite porte à coulisse *g*, par laquelle on peut, si on le trouve plus commode, introduire le charbon dans le fourneau ; et au-dessus de cette porte on a placé en *h* une clé, ou soupape qui sert à régler le tirage du fourneau. L'expérience nous a prouvé que, pour porter aisément la moufle à la température nécessaire pour passer les essais d'or et d'argent, il fallait donner à ce tuyau environ 0^{m},56 de hauteur, depuis la galerie où se placent les coupelles jusqu'à son extrémité supérieure.

Du dôme.

L'ouverture circulaire *i*, fig. 6 et 7, qui est percée sur le devant de cette pièce, sert à introduire le charbon dans le foyer. On s'en sert aussi lorsqu'on désire voir dans quel état est l'intérieur du fourneau, ou lorsque l'on veut ranger ou faire tomber le charbon autour de la moufle. Cette ouverture se ferme pendant le travail avec le bouchon de terre cuite, dont on voit la face en *n*, fig. 2, et la coupe en *n*, fig. 7. La partie supérieure du dôme, qui est légèrement conique, sert à fixer sur le fourneau le tuyau de tôle, au moyen duquel on établit le tirage nécessaire.

Du foyer.

Le foyer, qui est vu sous différents aspects aux fig. 5, 6 et 7, présente cinq ouvertures. La principale, qui est celle de la moufle, est placée en *l* sur le devant, à la partie supérieure; environ au tiers de la hauteur du foyer : elle se ferme avec la porte demi-circulaire que l'on voit de face en *m*, fig. 2, et dont la coupe se trouve en *m*, fig. 7. C'est au-devant de cette ouverture que se trouve placée la tablette sur laquelle on fait avancer ou reculer la porte de la moufle. La lettre *q* des fig. 5, 6 et 7 indique la vue de face et de côté et la coupe transversale de cette tablette qui est en terre cuite, et qui fait corps avec le fourneau. Le dessus doit être exactement de niveau avec le sol de la moufle. Au-dessous se trouve une fente horizontale *o* qui est percée au niveau du dessus de la grille, et qui sert à introduire la baguette de fer, fig. 9, destinée à faire tomber de temps en temps dans le cendrier les cendres qui encombrent les trous de la grille. Cette ouverture se bouche à volonté avec le petit coin de terre cuite représenté en *k*, fig. 2, et dont on voit la coupe en *k*, fig. 7.

A droite et à gauche, vers le bas, un peu au-dessous de la grille, sont percés, comme on le voit en *pp'*, fig. 5 et 7, dans le sens du grand diamètre de l'ellipse, deux trous égaux dont nous ferons connaître dans la suite l'usage.

Sur le derrière du fourneau se trouve la fente verticale *r*, fig. 7 et 8, qui sert à placer le support en terre cuite, que l'on voit en *s*, fig. 7, et qui est destiné à soutenir en cas de besoin le fond de la moufle.

On voit en *u*, fig. 7, la coupe de l'encastrement et de la petite tablette où s'emboîte et sur laquelle repose la moufle.

La fig. 22 représente le grille du petit fourneau vue en plan, et la fig. 21 la représente vue horizontalement; ces deux figures font voir quelles sont les dimensions de l'ellipse qui détermine la forme générale du fourneau, quelle est l'épaisseur de la grille, et comment on l'a rendue plus solide en y fixant tout autour et vers la moitié de son épaisseur un fil de fer bien tendu qui sert, lorsque la grille se fend, à empêcher la séparation des morceaux. On voit en *t* la rainure dans laquelle est logé ce fil de fer. Les trous qui sont percés dans cette grille ont la forme de cônes tronqués, ayant leur grande base en bas, pour que les cendres puissent plus aisément tomber dans le cendrier. La lettre *v* de la fig. 7, qui représente la coupe de la grille, indique la forme de ces trous : cette grille est portée par une petite banquette faisant corps avec le fourneau, comme on le voit en x, fig. 7.

Du cendrier.

La pièce de terre cuite qui sert de cendrier au fourneau, est destinée en même temps à l'élever à la hauteur convenable, afin qu'en le posant sur une table ordinaire, l'essayeur puisse, étant assis, suivre aisément l'essai qui passe dans la moufle.

Le cendrier n'a que deux ouvertures, l'une elliptique pratiquée à la base supérieure, et par laquelle les cendres tombent; et l'autre demi-circulaire qui se trouve placée sur le devant du cendrier, au niveau de son fond. Cette ouverture, que l'on voit en y, fig. 1, 2, 5, 6 et 7, forme la porte du cendrier; elle sert à l'introduction de l'air sous la grille du fourneau, et à retirer les cendres qui s'y accumulent. Elle se ferme au besoin avec la porte y, fig. 1re, dont la coupe se voit en z, fig. 7.

Pour donner plus de solidité au fourneau, on doit le garnir de cercles de fer (1) serrés à vis, ou avec de bonnes clavettes, placées aux extrémités de chaque pièce, comme on le voit en $a'\, a'\, a'$, fig. 5 et 8.

CHAPITRE II.

Des ustensiles et du combustible nécessaires pour le service du petit fourneau à coupelle.

Nous parlerons dans ce chapitre de tout ce qu'il faut se procurer avant d'allumer le petit fourneau, et pour s'en servir ensuite commodément.

Des moufles.

Les moufles, dont on fait usage, ont la forme que l'on donne aux moufles ordinaires; mais elles sont beaucoup plus petites. Nous en avons fait faire de deux grandeurs; les unes ont 60 millimètres de profondeur sur 40 millimètres de largeur et 35 millimètres de hauteur; les autres portent 90 millimètres de long, et ont la même hauteur avec la même

(1) On pourrait faire ces cercles en cuivre jaune; ils coûteraient à la vérité plus cher, mais ils auraient l'avantage de ne pas être détruits par la rouille.

largeur. Les premières sont destinées à ne recevoir qu'une seule coupelle à la fois; les secondes en peuvent contenir aisément deux, placées l'une devant l'autre. Les fig. 14, 15 et 16 de la planche 22, représentent l'élévation de face et les coupes longitudinales de ces moufles. Ces petites moufles sont voûtées à plein cintre : elles doivent être faites avec de bonne terre, bien réfractaire, assez chargée en ciment et d'un grain assez grossier pour pouvoir supporter aisément les changements subits de température. Elles doivent, en outre, être bien cuites, afin de ne pas diminuer de volume, lorsqu'elles sont placées et chauffées fortement dans le petit fourneau. Leur ouverture doit être tellement réglée qu'elles puissent s'encastrer le plus exactement possible dans la feuillure qui est pratiquée dans l'épaisseur du fourneau, et qui se voit en *u*, fig. 7.

Des coupelles.

Les coupelles dont on doit faire usage sont les mêmes que celles dont se servent ordinairement les essayeurs. La fig. 18 représente la coupe d'une de ces coupelles. Elles pèsent environ 12 grammes, peuvent contenir 20 grammes de plomb fondu, et absorbent aisément 8 ou 10 gram. d'oxide de plomb. Les moufles, dont nous avons parlé plus haut, peuvent recevoir aisément ces coupelles; et il reste même assez de place sur la largeur, pour pouvoir les avancer, les reculer, ou les enlever avec la pincette, sans éprouver la moindre difficulté.

Nous avons en outre fait fabriquer des coupelles assez petites pour pouvoir passer de front, dans les mêmes moufles, deux et trois essais à la fois. Les fig. 19 et 20 représentent la coupe de nos moyennes et de nos petites coupelles.

Nous n'entrerons pas dans de plus grands détails sur cet objet, parce que nous croyons qu'il est plus prudent de se servir de coupelles ordinaires, d'opérer toujours sur le gramme entier, et de ne faire par conséquent qu'un essai à la fois. Il est cependant des circonstances où l'on pourrait, avec les petites coupelles dont nous venons de parler, passer en même temps deux, quatre, six ou trois, six, neuf essais d'or ou d'argent; mais il faudrait pour cela faire des essais au $\frac{1}{2}$, au $\frac{1}{3}$, ou même au $\frac{1}{10}$ de gramme, selon le titre des matières que l'on aurait à essayer, et ce ne serait pas toujours sans inconvénients, parce que les balances dont se servent ordinairement les essayeurs des bureaux de garantie, sont rarement assez sensibles pour qu'ils puissent obtenir des résultats exacts en opérant sur de si petites quantités (1).

Des creusets à recuire les essais d'or.

Ces creusets se font avec la même terre et dans les mêmes moules que les creusets dont se servent ordinairement les essayeurs pour faire recuire les essais d'or. On leur donne seulement moins de hauteur, pour qu'ils puissent entrer facilement dans la petite moufle. La fig. 17 donne la coupe d'un de ces petits creusets. On ne peut en placer qu'un à la fois dans les petites moufles; mais on en met aisément deux dans celles dont nous avons parlé, et qui ont un peu plus de profondeur.

Du plomb à essai.

Le plomb dont on doit faire usage est le même que celui qu'emploient ordinairement les essayeurs; il doit contenir le moins d'argent possible, et doit surtout être exempt d'étain et d'antimoine. On l'emploie aux mêmes doses qu'en se servant d'un grand fourneau à coupelle.

Des pinces et des brosses à essais, des bruxelles, des poids et des balances.

Nous ne dirons rien de tous ces objets, qui se trouvent décrits dans le Manuel de l'essayeur, publié par M. Vauquelin. Le service de notre petit fourneau n'exige rien de particulier sous ce rapport.

Des pincettes.

Les pincettes dont on se sert pour placer dans la moufle et pour enlever les coupelles, doivent être fort petites et surtout assez minces pour que l'extrémité de chaque branche puisse passer entre les parois de la

(1) L'administration générale des monnaies a pensé qu'il serait utile de procurer aux essayeurs de petites balances assez exactes et coûtant cependant beaucoup moins cher que les balances d'essai ordinaires; elle a chargé M. Gandolfi d'en construire au meilleur marché possible; l'on pourra bientôt s'en procurer chez cet habile artiste, à l'hôtel de la Monnaie de Paris, pour la somme d'environ 200 francs.

Ces petites balances seront très-portatives, contiendront la collection des poids d'essai, et trébucheront au millième de gramme.

moufle et celles de la coupelle. La fig. 11 représente la pincette dont nous nous servons (1). On l'emploie aussi lorsque l'on veut commencer l'essai, pour porter le plomb et l'argent dans la coupelle chauffée au rouge.

De la baguette de fer.

La petite baguette de fer que l'on voit représentée à la fig. 9, est un outil fort commode pour travailler au petit fourneau à coupelle. Elle sert à arranger le charbon dans le fourneau, en l'y introduisant par l'ouverture *i*, fig. 6 et 7. On s'en sert aussi pour nettoyer la grille et pour faire tomber les cendres dans le cendrier : il suffit pour cela de l'enfoncer dans le fourneau par la petite fente *o*, *fig.* 6 et 7, et de la promener horizontalement et avec légèreté à droite et à gauche sur toute la surface de la grille. Quand on a acquis un peu d'habitude, cette baguette de fer sert encore très-bien à avancer ou à enfoncer la coupelle de la moufle, même pendant que l'essai passe. On appuie doucement sa tige contre les parois de la coupelle, et en tirant légèrement à soi, ou en poussant, on fait tourner la coupelle, qui avance ou qui recule suivant le sens dans lequel on agit. Ce moyen est fort bon à employer, surtout quand on craint que le devant de la coupelle n'ait pas assez chaud ; en lui faisant faire ainsi un demi-tour avec la baguette de fer, on ramène le derrière de la coupelle sur le devant, et on régularise le degré de chaleur. L'anneau que l'on voit à l'une de ses extrémités ne sert qu'à la tenir plus aisément et à la suspendre.

De la petite main *servant à mettre le charbon dans le fourneau.*

Cette petite *main*, qui peut être faite en tôle ou en ferblanc, doit avoir la forme des *mains* dont on se sert chez les marchands de tabac, etc., pour mettre le tabac en sac ou en cornets ; elle doit être assez évasée par le haut pour que le charbon qu'on y a mis puisse couler aisément dans le fourneau. La partie antérieure doit être assez étroite pour pouvoir s'engager un peu dans l'ouverture circulaire *i*, fig. 6 et 7, du dôme du fourneau. On en voit le plan et l'élévation latérale aux fig. 12 et 13.

(1) Cette petite pincette peut se faire facilement avec un fer à friser ; il ne faut pour cela qu'aplatir et courber légèrement l'extrémité de chaque branche.

Du petit ringard.

Le petit ringard que l'on voit représenté fig. 10, sert à retirer les cendres qui passent à travers la grille et qui tombent dans le cendrier. Il n'a rien de particulier que sa petitesse : il est fait avec un fort fil de fer, dont on aplatit et dont on courbe une des extrémités. La boucle que l'on voit à l'autre bout sert à le suspendre à un clou.

Du combustible.

Le charbon de bois convient parfaitement pour chauffer le petit fourneau à coupelle; le charbon de terre n'y brûlerait qu'au moment où le fourneau, allumé depuis longtemps, serait monté à un assez haut degré de chaleur, et ce charbon aurait en outre l'inconvénient d'encombrer la grille de mâchefer, et souvent même d'ébranler et de déplacer la moufle en se gonflant pendant la combustion du fourneau. Le charbon de terre épuré, que l'on connaît aussi sous le nom de *coke*, ayant été déjà chauffé au rouge, ne présenterait plus les mêmes inconvénients. Nous nous en sommes servis pour chauffer le petit fourneau, et nous avons vu qu'en prenant quelques précautions on pourrait faire usage de ce combustible. Lorsqu'on voudra s'en servir, il faudra commencer à chauffer le fourneau avec du charbon de bois ; n'y mettre du *coke* que lorsque l'intérieur du fourneau sera porté à la chaleur rouge et le tirage bien établi; et avoir soin surtout de dégager la grille de temps en temps, parce que les scories qui se forment l'encombrent plus promptement que ne le font les cendres de charbon de bois. En prenant les mêmes précautions, nous sommes parvenus à chauffer notre petit fourneau avec des *escarbilles* (1), et nous y avons pu faire ainsi plusieurs essais de suite; mais, dans ce dernier cas, la grille se bouche beaucoup plus vite, et ce n'est qu'avec peine que l'on parvient à en tenir les trous ouverts. Il suit de là qu'il faudrait se servir d'une grille de fonte, ayant les barreaux bien espacés, si l'on n'avait que des *escarbilles* à employer; mais la dépense en combustible est si petite, en se servant de notre fourneau, que nous croyons qu'il faut préférer la facilité du travail à une bien légère écono-

(1) On donne dans les fabriques le nom d'*escarbille* au charbon de terre plus ou moins brûlé qui passe à travers les grilles, et qui tombe dans les cendriers des fours à réverbère, des fourneaux de verrerie, etc., etc.

mie, et que le *coke* et les *escarbilles* surtout ne doivent être employés que dans les *lieux où le charbon* de bois est trop cher, ou lorsqu'on ne peut pas s'en procurer. L'emploi du *coke* nous paraît au contraire avantageux, lorsque l'on veut donner à la moufle une très-haute température, et que l'on accélère la combustion dans le petit fourneau, en introduisant sous la grille un courant d'air rapide au moyen d'un ou deux soufflets, comme nous l'expliquerons dans le dernier chapitre. Mais lorsque l'on veut faire des essais, et qu'on n'emploie que le tuyau de tôle pour activer la combustion, nous conseillons de préférer le charbon de bois à tout autre combustible.

Le charbon de bois dont on se servira devra être bien sec et réduit en petits morceaux, à peu près de la grosseur d'une noix ; beaucoup plus petits, ils empêcheraient la circulation de l'air dans le fourneau; plus gros, il resterait trop d'espace vide dans le foyer, et la moufle chaufferait mal. On pourra souvent se dispenser de casser le charbon pour le réduire en morceaux de grosseur convenable : dans toutes les villes où il se trouve des dépôts de charbon, il y aura de l'économie à acheter le menu charbon des fonds de bateaux ou de magasin, qui a beaucoup moins de valeur que le charbon en gros morceaux : il suffira dans ce cas de séparer la poudre trop fine, au moyen d'un panier à claire voie; on conservera les morceaux qui n'y passeront pas, et la poudre fine, qui s'emploie aujourd'hui dans beaucoup de manufactures pour la décoloration des liquides, pour la purification de l'eau, pour la fabrication de la soude, etc., pourra être ensuite, ou revendue, ou employée à d'autres usages, comme poussier.

CHAPITRE III.

Du chauffage, de l'entretien et de l'usage du fourneau.

Lorsque l'on veut faire usage du petit fourneau, il faut commencer par y poser une moufle; si l'on n'a besoin que d'une petite moufle, on peut se contenter d'en prendre une qui entre exactement dans la feuillure *u*, fig. 7, du fourneau. On l'y enfonce bien, et on remplit le peu de jour qui reste entre les parois de la moufle et celles de la feuillure, avec la terre à poêle délayée, ou encore mieux avec un mélange d'une partie de bonne argile et de deux parties de ciment en poudre fine, préparée avec de la bonne tuile ou de la bonne brique : il ne reste plus qu'à remplir avec la même terre le peu de jour qui se trouve en dedans de la moufle, à sa ligne de jonction avec le fourneau. Si la moufle était un peu trop large pour entrer dans la feuillure, il faudrait la diminuer en l'usant où il serait nécessaire, en la frottant sur un carreau ou sur une plaque de fonte chargée de grès ou de sable réduit en poudre fine.

Quoique la moufle placée ainsi porte à faux et ne tienne au fourneau que du côté de son ouverture, elle y est cependant assez solidement fixée pour n'avoir à prendre aucune autre précaution que celle qui a été indiquée; mais lorsqu'on veut employer une moufle plus profonde, il ne suffit plus alors de bien fixer la moufle sur le devant, en la faisant entrer à frottement dans la feuillure du fourneau; il faut encore la soutenir par derrière pour l'empêcher de plier sous le poids des charbons dont on charge le fourneau, et surtout sous celui des coupelles chargées de plomb que l'on y met. On se sert pour cela du petit talon *s*, fig. 7, que l'on introduit par la fente verticale *r*, fig. 7 et 8, du fourneau. La partie supérieure de ce talon, qui avance dans le fourneau, étant de niveau avec le fond de la moufle, s'engage dessous, et sert ainsi à la supporter. On garnit ensuite de terre préparée le peu de jour qui reste entre la moufle et les parois de la feuillure; on remplit, en dedans de la moufle, avec la même terre préparée, le petit espace vide qui se trouve autour entre elle et le fourneau, et on laisse sécher.

Il faut, autant que possible, poser la moufle la veille du jour où l'on doit se servir du fourneau; parce que l'argile, en se séchant lentement, ne s'en détache point, et maintient ensuite beaucoup mieux la moufle à sa place.

Le fourneau étant ainsi préparé, il faut apprêter du charbon de bois réduit en menus morceaux. On pose le tuyau de tôle sur la cheminée du fourneau, en ayant soin de tenir la clef ouverte, et de mettre le côté où se trouve la porte à coulisse sur le devant. On place dans la moufle une ou deux coupelles, suivant sa grandeur; et si l'on a un plus grand nombre d'essais à faire, on range le nombre de coupelles dont on présume avoir besoin autour du tuyau de tôle, en les plaçant sur la galerie qui se trouve en bas de ce tuyau. On met sur la grille du fourneau quelques charbons allumés, et on le remplit de petits morceaux de charbon jusqu'au-dessus de la moufle: on débouche les trous latéraux *pp*, fig. 5 et 7, et on ouvre la porte du cendrier *y*, fig. 1re. Le feu s'allume peu à peu; on remet à mesure de nouveaux charbons par la porte circulaire *i*, ou par la porte *g* du tuyau; on les fait tomber, on les range de temps en temps en introduisant la petite baguette, fig. 9, par l'ouverture circulaire, et on entretient ainsi le feu : ayant soin de ne pas mettre trop de charbon à la fois dans le fourneau, et de passer une ou deux fois par heure la baguette de fer, fig. 9, par la fente horizontale *o*, fig. 6 et 7, de la promener à droite et à gauche pour déboucher les trous de la grille, et pour faire tomber les cendres dans le cendrier.

Lorsque le fourneau est assez chaud, ce qui arrive ordinairement une demi-heure après qu'il a été allumé, on commence l'essai, que l'on y passe absolument comme on le fait en se servant du fourneau à coupelle ordinaire. On règle le degré de chaleur donné à la moufle, en fermant plus ou moins la clef *h* du tuyau, la porte du cendrier, ou les deux trous latéraux, en ouvrant plus ou moins la porte de la moufle, et même en mettant plus ou moins de charbon dans le fourneau. On pourrait encore diminuer le tirage, en ouvrant, selon le besoin, la porte *g* du tuyau de tôle. L'essai terminé, si l'on en a d'autres à passer, on prend une des coupelles placées sur la galerie et qui s'y sont échauffées; on la met dans la moufle, où elle est bientôt portée à la chaleur convenable pour pouvoir y faire un nouvel essai. Lorsqu'on n'a plus besoin du fourneau, on peut y étouffer le charbon en fermant la clef du tuyau, les deux ouvertures latérales, et la porte du cendrier.

CHAPITRE IV.

Des avantages que présente l'emploi du petit fourneau à coupelle; et des diverses applications que l'on pourra en faire, soit en l'employant tel qu'il vient d'être décrit, soit en le disposant de manière à pouvoir donner à la moufle une plus haute température.

Nous avons dit que les essais d'or et d'argent se passaient au petit fourneau à coupelle de la même manière qu'au fourneau ordinaire; que l'on avait les mêmes précautions à prendre, et que l'on arrivait aux mêmes résultats. Ce n'est donc que sous le rapport de l'économie que le fourneau proposé peut être regardé comme utile : un grand nombre d'expériences nous a prouvé que l'on pouvait y passer à Paris un essai d'argent au titre de 900 millièmes, en dépensant au plus pour 3 centimes de charbon; que, pour porter la moufle à la température nécessaire pour commencer l'essai, on n'en usait que pour environ 5 centimes :

d'où il suit qu'il faudra y brûler au plus pour 8 centimes de charbon, si l'on n'a qu'un seul essai à passer; si l'on en a deux à faire de suite, la dépense en combustible ne sera plus que de cinq centimes par essai; et si l'on a trois essais (ce qui peut être considéré comme le terme moyen du nombre d'essais qu'ont à faire à la fois les essayeurs des bureaux de garantie), on voit qu'ils n'auront à dépenser que pour un peu moins de 5 centimes de charbon par essai.

Nous avons dit que le combustible nécessaire pour passer un seul essai au titre de 900 millièmes coûtait :	8 cent.
La coupelle vaut au plus	7
Les 7 grammes de plomb employés valent au plus. . . .	2
Nous mettrons 5 centimes par essai pour la réparation du fourneau et des outils, ci	5
Et nous aurons pour total de la dépense	22 cent.

La rétribution que la loi accorde pour un essai d'argent étant fixée à 80 centimes, on voit que, dans le cas le plus défavorable et en portant toutes les dépenses au plus haut, l'essayeur aura encore 58 centimes de bénéfice, lorsqu'il n'allumera son petit fourneau que pour y passer un seul essai. On sait que ce bénéfice augmentera d'autant plus que le nombre d'essais que l'essayeur aura à faire de suite sera plus grand. La dépense en coupelle et en plomb est à la vérité la même, soit que l'on se serve du petit fourneau à coupelle, soit que l'on fasse usage du grand; mais le petit fourneau présente l'avantage de coûter moins cher, d'être plus transportable, d'être plus promptement porté à la température convenable, et d'occasionner moins de dépense pour son entretien (1).

Ce petit fourneau peut donc être fort utile aux essayeurs du commerce, et surtout aux essayeurs des bureaux de garantie, aux orfévres, aux bijoutiers, aux affineurs, aux marchands d'or et d'argent, aux fondeurs et aux laveurs de cendres d'orfévres, etc., qui n'ont ordinairement

(1) C'est M. Blanc, fournaliste, faubourg Saint-Marceau, qui a fait les différents fourneaux dont nous avons eu besoin; il a mis beaucoup de zèle et d'adresse dans ces essais. On trouvera toujours chez lui le petit fourneau dont nous venons de donner la description; il s'est engagé à ne le vendre au plus que 12 fr., étant tout ferré et garni de son tuyau, de doubles portes, de doubles grilles et de deux petites moufles.

Les pièces qui dépendent du fourneau et qui sont faites dans des moules, étant pareilles, pourront être facilement remplacées lorsqu'elles se casseront ou qu'elles seront usées.

qu'un petit nombre d'essais à faire. Mais ce n'est point seulement dans le laboratoire de l'essayeur que son emploi peut être avantageux ; nous croyons que l'on pourra s'en servir utilement dans la pratique de quelques autres arts. On en adoptera sans doute l'usage dans les laboratoires de chimie, où l'on pourra entreprendre désormais un grand nombre d'expériences, pour lesquelles le feu de moufle est nécessaire, et que l'on ne faisait point parce que la dépense en combustible qu'entraînait l'emploi du fourneau à coupelle ordinaire était beaucoup trop grande.

Les professeurs de chimie pourront aussi faire sous les yeux de leurs élèves des essais d'or, d'argent et de plomb, et ils leur donneront ainsi une idée bien plus exacte de ces procédés, qu'ils n'auraient pu le faire par une simple description. On pourra encore faire, dans la moufle du petit fourneau à coupelle, beaucoup d'opérations qui n'exigent point une très-haute température, et se servir en même temps du petit fourneau comme d'un fourneau évaporatoire ordinaire. Il suffira pour cela d'enlever le dôme et le tuyau, et de poser au-dessus du foyer, sur les repaires que l'on voit en *b' b'*, fig. 5, 6, 7 et 8, et sur un gros fil de fer une capsule en tôle, qui servira de bain de sable, et qui sera chauffée par le même feu qui portera la moufle à la chaleur rouge cerise.

Les fabricants d'émail, de cristaux et de poterie, pourront se servir de notre petit fourneau pour essayer les minium, les litharges et les blancs de plomb qu'ils emploient, qui entrent dans la composition des différents émaux, des couvertes, et dans la fabrication du cristal; parce que le plomb pur, ainsi que ses différents oxides, donnent à la coupelle une belle teinte jaune, tandis que quelques millièmes d'alliage en brunissent la teinte; ce qui indique alors le danger qu'il y aurait à faire entrer ces préparations impures dans des compositions d'émail blanc, ou dans des émaux destinés à recevoir des couleurs tendres qui en seraient salies, dans la couverte des poteries fines, qui doit être aussi blanche que possible, et dans le cristal dont la blancheur et la transparence rehaussent tant le prix.

Les fabricants de minium, de litharge et de blanc de plomb y trouveront aussi l'avantage de pouvoir essayer à peu de frais les plombs qu'ils emploient, et pourront, par ce moyen, les ranger selon leur ordre de pureté, et fabriquer, lorsqu'ils le désireront, des produits parfaitement purs; le fabricant de litharge aura en outre l'avantage de pouvoir choisir dans le commerce les plombs les plus riches en argent, et d'augmenter ainsi son bénéfice sans augmenter sensiblement sa dépense. Ce petit fourneau sera encore sans doute utile aux émailleurs, aux peintres en émail, aux bombeurs de verre et même aux opticiens, qui pourront y mouler à peu de frais les verres courbes servant à la construction des lunettes. Mais c'est surtout dans les laboratoires où l'on s'occupe de métallurgie que l'on pourra l'employer avec avantage, non-seulement pour y passer à la coupelle les culots provenant des essais de mines d'or, d'argent et de plomb (1), mais encore pour y faire des calcinations et pour y coupeller des alliages contenant du platine, et exigeant une température supérieure à celle que l'on obtient en se servant du fourneau à coupelle ordinaire, ou de notre petit fourneau, tel qu'il est représenté à la planche 22. On parvient aisément à produire cet effet, en appliquant à notre petit fourneau à coupelle le procédé proposé par M. Aikin, et en se servant du soufflet à main qu'il emploie, d'un soufflet de forge ordinaire, ou mieux encore du soufflet de la lampe à émailleur. La fig. 2 représente l'appareil que nous avons fait construire, et dont il est parlé dans le rapport de MM. Vauquelin et Thenard.

L'air, chassé avec force par le soufflet de la lampe à émailleur, passe à travers le tube de cuivre coudé que l'on voit en c', arrive dans le cendrier par le trou p, fig. 5 et 7, et se répand à travers les trous de la grille sur le charbon dont il accélère la combustion : le tuyau de tôle qui est placé sur le dôme du fourneau peut être coudé à angle droit, comme on l'a indiqué en d', fig. 2, et la branche horizontale peut porter à l'extérieur, soit à travers l'un des carreaux d'une fenêtre, soit par le tuyau d'une cheminée, l'air non décomposé et les gaz délétères qui y sont mélangés au sortir du fourneau.

Lorsqu'on veut faire usage de cet appareil, il faut fermer avec soin la porte du cendrier, et même la luter, soit avec un peu de cendre mouillée, soit avec l'argile préparée qui sert à luter la moufle au fourneau, ou simplement avec un peu de terre à poêle.

Le trou que l'on voit en p', fig. 7, et qui se trouve placé sur le côté droit du petit fourneau, vis-à-vis du trou par lequel le tuyau de cuivre c' apporte l'air sous la grille, doit être bouché avec un tampon de terre

(1) Nous avons fait percer dans un de nos petits fourneaux une ouverture assez grande au-dessus de la tablette q, figures 5, 6 et 7, pour pouvoir y ajouter une moufle ayant $0^m,065$ de largeur, $0^m,080$ de profondeur et $0^m,040$ de hauteur, et nous y avons passé facilement, dans une grande coupelle pesant 50 grammes, un culot contenant 30 grammes de plomb et un demi-gramme d'argent. Cet essai qui a été fait en présence et sur la demande de M. Collet Descotils, ingénieur en chef des mines, etc., prouve que l'on pourra, dans bien des cas, employer des moufles et des coupelles plus grandes que celles dont nous avons donné les dimensions.

cuite ou avec un bouchon de liége ou de bois : ce dernier trou sert à donner de l'air sous la grille, lorsqu'on cesse de faire jouer le soufflet, et à empêcher par là le feu de s'éteindre; on le ferme aussitôt que l'on commence à faire agir le soufflet. On pourrait aussi se servir de ce trou pour introduire un second courant d'air sous la grille, afin d'opérer encore plus promptement la combustion, et pour obtenir ainsi une température plus élevée ; il faudrait alors ouvrir la porte du cendrier, pour empêcher le charbon de s'éteindre, lorsque l'on cesserait de faire agir le soufflet. La haute température que l'on peut donner à la moufle, en faisant usage de cet appareil, ne sera que rarement nécessaire ; mais c'est en se servant du petit fourneau, comme fourneau de fusion, que l'emploi d'un ou de deux courants d'air sera avantageux. M. Aikin dit, dans la note que nous avons déjà citée, qu'en se servant d'un fourneau à peu près semblable, et en y brûlant du charbon de terre épuré, il a donné à un creuset placé au centre jusqu'au 160e degré du pyromètre de Wedgwood, qui est indiqué comme le point de fusion du manganèse.

Pour convertir le petit fourneau à coupelle en fourneau de fusion, il ne faut qu'enlever la moufle, bien fermer les portes de la moufle et du cendrier, et boucher exactement les fentes *o* et *r*. On pose alors sur la grille une de ces rondelles de terre que l'on nomme *fromage*, et on y place le creuset, dont la grandeur doit être proportionnée à celle du fourneau.

Si l'on veut obtenir une très-haute température, il faut couvrir le petit fourneau avec son dôme, et le chauffer avec du *coke*, bien sec et réduit en petits morceaux. Dans tout autre cas, on peut ne pas faire usage du dôme, et ne chauffer le fourneau qu'avec du charbon de bois : on est alors plus à même de surveiller l'opération et d'observer ce qui se passe dans le creuset.

Le petit registre qui est placé dans la partie verticale du tuyau de cuivre, comme on le voit en *c'*, fig. 2, sert à régler le courant d'air, et même à le supprimer tout d'un coup lorsqu'on le juge convenable.

On voit qu'il sera toujours facile d'employer le petit fourneau à coupelle à cet usage, puisque partout on trouve des soufflets de forge, et qu'il ne faudra qu'ajouter à la tuyère un tube de ferblanc pour conduire l'air sous la grille du petit fourneau. On pourra ainsi y faire, en petit, un grand nombre de fonte, d'alliages et d'essais de mines qu'il serait difficile d'exécuter sur de petites quantités en se servant des fourneaux ordinaires; et, en y replaçant la moufle, on pourra peu de temps après y passer à la coupelle les culots provenant de ces essais.

Nous venons de citer les divers usages auxquels nous croyons que notre petit fourneau pourra être appliqué; l'expérience en indiquera sans doute beaucoup d'autres. Nous recueillerons avec soin les faits qui parviendront à notre connaissance, et nous les publierons à la première occasion que nous trouverons, pour contribuer le plus possible à répandre l'usage d'un fourneau qui nous paraît présenter déjà tant d'avantages.

CHAUFFAGE DE L'HOTEL DES MONNAIES.

Description des appareils montés pour chauffer l'hôtel des Monnaies de Paris, par la chaleur perdue d'un four à coke (1).

Le four à coke A, représenté sur ses diverses faces, pl. 25, fig. 1, 2, 3, 4 et 5, et de $1^{m},60$ de diamètre intérieur, et $0^{m},44$ de hauteur sous clé, est construit en bonnes briques de Bourgogne. L'embrasure de la porte *a* et la porte sont en fonte.

Un magasin voûté avait été réservé sous ce four; mais on s'aperçut bientôt que la circulation de l'air dans le magasin refroidissait la sole du four, et que les couches inférieures de houille n'étaient pas complétement converties en coke; il devint donc nécessaire de fermer ce magasin par un mur en briques. La cheminée a $0^{m},22$ de diamètre; à sa naissance, et de chaque côté, elle porte un évent *b* de $0^{m},054$ sur $0^{m},03$, qui sert à y verser l'air frais, et à brûler complétement la fumée du coke surchargée de charbon et d'hydrogène carboné, à mesure qu'elle s'échappe rouge encore; on développe ainsi sans nuire à la qualité du coke, toute la quantité de chaleur que peuvent produire les gaz dégagés, et l'on peut alors en disposer pour l'utiliser plus loin.

La charge de ce four est de 5 hectolitres de houille par vingt-quatre heures, et le rendement en coke est moyennement de $1^{hect.},50$ par hectolitre de houille employée.

Ce four est placé dans l'une des caves de l'hôtel des Monnaies, sous le grand escalier.

La cheminée traverse la voûte de la cave, jette sa fumée dans un tuyau de fonte *g* de même diamètre, qui monte dans l'angle de l'esca-

(1) Ce travail a été exécuté en 1830 par M. Ph. Grouvelle, ingénieur civil, sur les plans de M. D'Arcet, et publié dans le *Bulletin de la Société d'encouragement*, juin 1838, p. 214, 37ᵉ année, avec trois planches; et dans le premier volume de la *Revue industrielle européenne*, en 1834.

lier C, jusqu'au palier du premier étage; là il s'incline, et se rend, à travers le gros mur, dans un caniveau en briques FF, recouvert par des plaques de fonte et un dallage en marbre.

Ce caniveau, dont on a augmenté la section autant que le permettait la faible épaisseur des voûtes et du dallage, traverse obliquement, dans sa largeur, la salle d'entrée G, et pénètre dans le grand musée H, au centre de la porte principale, fig. 1re, pl. 24. On pouvait craindre que la chaleur de cette fumée presque rouge n'altérât les dalles de marbre à travers les plaques de fonte; mais il n'en a rien été; seulement le peu d'épaisseur des dalles de la salle d'entrée y verse une quantité trop grande de chaleur; nous dirons plus bas comment on l'a utilisée.

Sous la grande salle H, la fumée du four débouche dans un caniveau F'F', de 0m,74 de largeur, et 0m,16 de profondeur, entièrement recouvert de plaques de fonte enrichies d'ornements, et reposant sur des feuillures en fonte.

Ce caniveau traverse le musée dans sa longueur, passe ensuite sous la plaque de la cheminée I, pl. 23, 24 et 25, et conduit enfin la fumée dans un système de quatre tuyaux verticaux en tôle LL, formant jeu d'orgue, et placés dans un cabinet K, derrière la salle H; puis la fumée pénètre dans un coffre de cheminée N, qu'une trappe *i* ferme par le bas, en traversant un conduit *k* égal en section à la somme des sections des quatre petits tuyaux de tôle LL, afin de ne donner lieu à aucun ralentissement dans le courant; ce qui pourrait laisser échapper un peu de fumée par quelques-uns des joints de l'appareil. Fig. 6 et 7, pl. 25.

Cette cheminée N porte au dehors la fumée presque refroidie.

Autour du tuyau vertical de fonte *g*, placé dans l'escalier, est construite une enveloppe carrée en briques B, fig. 3, de 0m38 de largeur intérieure, et percée au bas d'une ouverture *h*, de 0m,25 de côté, qui laisse entrer l'air froid; cet air s'échauffe en montant autour du tuyau de fonte *g*, et vient sortir à volonté, soit par une trappe D, pl. 23, que l'on ouvre en haut et sous le palier de l'escalier, soit par une bouche E placée sur ce palier. On a eu soin de donner à cette dernière bouche E, moins de passage qu'à la première, parce que, étant placée verticalement au-dessus du tuyau de fonte, elle débite beaucoup plus d'air chaud que ne le peut faire l'ouverture latérale D.

Une autre partie de l'air ainsi chauffé autour du même tuyau de fonte, se rend, par un tuyau et une bouche latérale, dans un cabinet, où sont conservés tous les coins des monnaies, et y entretient une chaleur suffisante pour les préserver de toute atteinte de la rouille.

Afin d'obtenir une ventilation constante dans ce cabinet, on a mis à jour, en enlevant les panneaux qui fermaient son grillage, la porte qui le sépare de la grande salle, et comme celle-ci est très-élevée et percée dans son comble de plusieurs fenêtres, elle exerce sur le cabinet un appel très-puissant. Ainsi la fumée brûlée par deux jets d'air froid, chauffe, en montant dans le tuyau de fonte, l'air qui se distribue dans l'escalier et le cabinet des coins, passe sous le carrelage de la salle d'entrée, puis échauffe la promenade en plaques de fonte qui traverse le musée, et enfin, au moyen des tuyaux de tôle LL, verse encore, dans le cabinet K placé derrière la cheminée du musée, un reste de chaleur, qui est distribué dans des salles latérales par des bouches VV, pl. 24, percées dans les parois de ce cabinet.

La largeur des caniveaux F'F' et des tuyaux *g* du fourneau a été calculée de manière à obtenir, malgré le long développement de ces conduits, un tirage très-fort; et si on présente aux joints des plaques, ou même à l'ouverture d'une plaque soulevée, la flamme d'une bougie, on voit qu'il existe un tirage énergique du dehors au dedans, de sorte que jamais on n'a senti, dans le musée, la moindre odeur de fumée.

Il suffit, lorsqu'on allume le four pour la première fois, au commencement de l'hiver, pour en établir le tirage, de brûler quelques copeaux, dans un petit fourneau d'appel M, établi par excès de précautions, au bas de la grande cheminée; on n'a plus aucun besoin de ce procédé pendant le reste de l'hiver.

La capacité du four à coke, en rapport avec la capacité du musée, de la salle d'entrée et de l'escalier, cubant ensemble 6,500 mètres, avait été calculée pour dégager une quantité de chaleur équivalente à celle que donnerait 1 mètre carré de fonte chauffé par la vapeur, pour chaque 80 mètres cubes d'air à échauffer.

La chaleur dégagée dans l'escalier et les salles est si considérable, qu'il a été facile, sans les refroidir, de percer, dans toutes les voûtes et planchers supérieurs, des bouches par lesquelles l'air chaud monte et pénètre dans des salles fort éloignées, comme l'indique la série des flèches tracées sur la coupe générale de l'hôtel des Monnaies, pl. 23. En perçant ainsi, de proche en proche, des bouches destinées à verser l'air du musée dans les diverses salles qui l'entourent et aux divers étages, et profitant du tirage des cheminées ouvertes pour y appeler cet air chaud, on a répandu une douce température dans tout l'hôtel, et cette circulation d'air chaud suffit pour maintenir la température des salles les plus éloignées à 15° au-dessus de zéro pendant l'hiver.

On a utilisé en même temps la chaleur que laissait échapper la voûte du four à coke dans la cave, en y établissant deux systèmes de caniveaux, qui reçoivent tous deux l'air extérieur, le chauffent, et le versent chauffé, l'un en P, dans le grand escalier, qui le distribue, comme nous l'avons dit, et l'autre par un caniveau fort long Q, dans le laboratoire des essais R, où il arrive facilement, en vertu du puissant appel de la cheminée S des fourneaux à coupelle.

Les frais d'établissement d'un système de chauffage aussi complet et aussi remarquable, *en ce qu'il chauffe un édifice entier, sans aucune dépense* (1), ne se sont élevées qu'à la somme de 4 à 5,000 fr.; et ce n'est pas seulement pendant le jour, comme avec les poêles ou tout autre mode de chauffage, c'est jour et nuit, sans interruption et presque sans variations, que l'on obtient ainsi une température égale et aussi élevée qu'on puisse la désirer dans des appartements habités.

Explication des figures et des planches.

Pl. 23, coupe générale du musée de l'hôtel des Monnaies de Paris, et des salles attenantes, montrant la disposition du système de chauffage établi par M. Grouvelle, d'après les plans de M. D'Arcet.

Pl. 24, fig. 1re, plan pris, au niveau du premier étage du musée de l'hôtel des Monnaies, suivant la ligne AB, pl. 23.

Fig. 2, plan de l'étage supérieur, pris au niveau de la ligne CD.

Les flèches gravées sur ces deux planches indiquent la marche des courants d'air chaud dans les diverses parties de l'édifice.

Pl. 25, fig. 1re, élévation, de face, du four à coke.

Fig. 2, plan pris au niveau de la ligne AB, fig. 3.

Fig. 3, coupe verticale et longitudinale du four.

Fig. 4, plan pris au niveau de la ligne CD, fig. 3, des conduits où circule l air qui vient s'échauffer sur le calorifère.

Fig. 5, coupe verticale et transversale du four.

Fig. 6. coupe verticale de la cheminée de la grande salle du musée monétaire, et du fourneau d'appel.

Fig. 7, élévation du jeu d'orgue du fourneau d'appel.

Fig. 8, plan des plaques de la cheminée, avec le jeu d'orgue et le fourneau d'appel.

(1) Le coke obtenu est consommé dans les poêles de la Monnaie et au laboratoire, ou vendu pour la fabrication des monnaies; sa valeur compense et au-delà celle de la houille employée.

Fig. 9, coupe du caniveau F′ et de la plaque qui le recouvre.

Les mêmes lettres indiquent les mêmes objets dans toutes les figures des trois planches.

A, four à coke.

B, coffre en brique qui enveloppe le tuyau de fonte.

C, grand escalier du musée.

D, trappe qui verse l'air chaud sous le palier du grand escalier.

E, bouche qui le verse au-dessus du même palier.

FF, caniveau recouvert d'un dallage sous la salle d'entrée.

F′F′, caniveau couvert de plaques de fonte, et qui traverse la grande salle H.

G, salle d'entrée.

H, grande salle du musée monétaire.

I, cheminée de la grande salle.

K, cabinet placé derrière la grande salle.

L, jeu de tuyaux de tôle du fourneau d'appel.

M, fourneau d'appel.

N, conduit de la cheminée de la grande salle.

O, ouvertures percées au plafond de la salle d'entrée pour verser l'excès d'air chaud dans les étages supérieurs, et dans les salles U, où sont conservées les médailles.

P, caniveau qui verse dans le grand escalier une partie de l'air chauffé sur le four à coke.

Q, caniveau qui verse l'autre partie de cet air chaud dans le laboratoire des essais.

R, laboratoire des essais.

S, cheminée des fours à coupelle servant d'appel pour ventiler le laboratoire.

U, salles des coins des médailles.

V, ouvertures servant à verser l'air échauffé du petit cabinet K dans les salles adjacentes.

a, porte du foyer.

b, évent qui fournit de l'air pour brûler la fumée du four.

c, porte qui conduit dans le calorifère placé sur le four.

d, coulisses pour poser la porte du four.

e, tringle pour accrocher une échelle,

f, conduit en terre cuite qui sert de clé à la voûte du four A, et reçoit la fumée.

g, tuyau de fonte qui continue la cheminée du four à sa sortie de la voûte de la cave, et qui monte verticalement jusqu'au caniveau F.

h, ouverture par laquelle l'air froid entre dans la gaîne qui enveloppe le tuyau de fonte *g*.

i, trappe de la cheminée I.

k, tuyau qui ramène la fumée du four à coke dans le conduit N de la cheminée.

NOTE

SUR L'EMPLOI DE LA CHALEUR PERDUE DANS LA FABRICATION DU COKE,

ET SUR LA SUBSTITUTION DU COKE A LA HOUILLE DANS LES FOYERS D'USINE (1).

La fabrication du coke, comme celle du charbon de bois, n'a eu longtemps pour objet et pour résultat que d'obtenir ces combustibles, et leurs produits gazeux n'étaient aucunement utilisés. Mais aujourd'hui, depuis que l'acide acétique a été retiré des gaz précédemment perdus dans la distillation du bois, et que ceux que donne la distillation de la houille ont été appliqués à l'éclairage, le charbon de bois et le coke obtenus dans ces deux grandes industries ne sont plus, malgré leur importance, que des produits secondaires de l'opération.

Cependant le coke fabriqué en vases clos dans les usines d'éclairage est trop dur, trop compact, et poussé à un degré de carbonisation trop avancé pour être employé avec succès à la fonte des métaux, et surtout du fer, au travail des hauts-fourneaux, et au chauffage des locomotives, applications encore nouvelles; mais qui déjà en réclament d'énormes quantités.

Tout le coke demandé par ces industries est fabriqué dans des fours qui varient de grandeur, et peuvent recevoir depuis 7 ou 8 jusqu'à 60 hectolitres de houille. Dans ces fours, en effet, la houille, en se convertissant en coke, prend un volume beaucoup plus grand que dans les cornues à gaz, où elle est distillée sous une pression assez considérable, et c'est cette densité et l'état de fusion et de dureté de la surface qui rend le coke d'éclairage peu avantageux pour le travail des métaux. Il faudrait, pour l'utiliser convenablement, des appareils plus forts de soufflerie et une combustion plus puissante.

(1) Cette note est de l'éditeur.

La houille de bonne qualité et grasse ne rend en coke, dans les usines d'éclairage, que 1,20 à 1,30 de son volume primitif; et dans les fours, quand ils ne sont pas trop grands ou trop élevés, elle rend 1,50 à 1,60, et jusqu'à 2 volumes.

Or, comme le coke se vend au volume, il y a toujours avantage pour le fabricant à l'obtenir le plus grand possible. Du reste la combustion en est plus facile, quand il n'est pas trop dense, ni vitrifié à la surface.

On comprend aisément l'influence des dimensions des fours sur le volume du coke obtenu. C'est que quand le four est de moyennes dimensions, et que la couche de houille n'a pas trop d'épaisseur et présente beaucoup de surface proportionnellement à sa masse, elle s'embrase rapidement sous l'action des parois rougies du four, elle s'échauffe à cœur, et fond tout entière. La décomposition s'opère à la fois dans toute la couche; les gaz, abondamment dégagés, la soulèvent de toute part, et le coke prend forcément un volume considérable.

Lorqu'au contraire la houille est en couche très-épaisse, et que le four est fortement chargé, le combustible qui est à la surface a le temps de s'embraser, de fondre, de se décomposer, et de se solidifier en coke avant que la chaleur ait pénétré la masse et l'ait fait entrer en distillation. Cette couche extérieure solidifiée oppose une résistance insurmontable au boursouflement de la masse qui, se décomposant lentement et successivement, reste ainsi plus compacte, et ne présente en définitive qu'une augmentation de un quart à un tiers du volume de la houille employée. La rapidité de la fabrication exerce une semblable influence sur le produit en coke : plus elle est rapide plus la houille augmente de volume à la carbonisation.

Le tableau suivant fera mieux ressortir l'influence des dimensions des fours, et on verra que dans la plupart des forges de l'Angleterre, les fours à coke sont très-élevés, et par conséquent, le coke est plus dense; mais aussi les machines soufflantes y sont toujours d'une grande puissance; tandis que dans celles de Charleroi, comme dans la fabrication du coke de locomotives, on n'emploie pas de très-grands fours et on obtient du coke moins dense.

FABRICATION DU COKE AU FOUR.

ÉTABLISSEMENTS.	DIMENSIONS DES FOURS.		CHARGE.	DURÉE de la fournée.	PRODUIT en poids p. cent.	PRODUIT en volume.	OBSERVATIONS.
	Diamètre.	Hauteur.					
	m.			h.			
Etuve des Ternes. . .	1,45	0,38	2	12	61	1,75	A 34 kos l'hectolitre de coke.
					89	2	A 28 kos l'hectolitre houille très-maigre.
Fonderie de M. Soyez.	1,50	0,44	3	12	»	1,50	
Id.	»	»	6	24	»	»	
Affinage de MM. Poisat et Saint-André..	1,70	0,44	3.50	24	»	1,40	
Fonderie du Champ-des-Capucins, à Paris.	3,57 4,55	0,80	60	36	»	1,25 1,33 1,45	Produits très-estimés dans les fonderies.
Hôtel des Monnaies, à Paris.	1,60	0,44	5	24	»	1,60	36 kos l'hectolit.
Id.	»	»	»	»	»	1,66	
Forges de Couillet, près Charleroi. . . .	2,52	0,67	8	16	60 à 65	2	Coke supérieur en qualité. Cuit en 16 h. il double de vol.; en 20 il reste plus compact.
Id.	»	»	12	20	»	1,50	
Forges anglaises. . .	3,70 1,80	1,40	70 à 75	36 à 48	60 à 65	»	Les mêmes charbons cuits en tas rendent 10 p. cent de moins; avec les houilles très-maigres on va à 83 pour cent.
	2,74	1,83	19	24	»	»	
Creusot.	2,50 4,30	0,71	25	24	49	1,283	
Decazeville.	»	»	»	»	49	»	
Coke fabriqué en tas, en plein air.	»	0,80 à 0,90	60 à 400	4 à 8 jours.	50	1,25	
Chemins de fer.	»	»	»	»	»	»	Mêmes dimens. et mêmes résultats que dans les forg. de Charleroi.
Usines d'éclairage. . .	»	»	»	»	70 à 75	1,20 à 1,30	38 à 39 kos l'hectol.

Contraint ainsi à se servir de fours pour la fabrication du coke destiné aux forges et aux fonderies, on emploie la chaleur qui y est perdue à chauffer les étuves où l'on sèche les moules et les noyaux; mais beaucoup de forges qui fabriquent du coke n'ont pas besoin de ces étuves, et, du reste, on n'y utilise qu'une très-petite partie de la chaleur dissipée dans ce travail.

Recueillir les gaz dégagés dans la fabrication du coke au four, pour les employer à l'éclairage, serait une opération délicate et non sans danger, par la nécessité de renfermer les fours dans des enveloppes métalliques, d'appliquer à leur suite une vis d'Archimède afin d'appeler les gaz et les envoyer dans le gazomètre, et de laisser entrer dans le four et passer avec les gaz éclairants la quantité d'air rigoureusement nécessaire pour obtenir et entretenir la combustion et la température indispensable à la bonne confection du coke : ce qui pourrait, dans le cas d'un mauvais règlement dans les proportions d'air admis, donner dans le gazomètre un mélange détonnant.

A défaut de cet emploi des propriétés éclairantes des gaz dégagés dans les fours à coke, il est un autre procédé qui permet d'utiliser leurs propriétés combustibles.

C'est de les brûler complétement, et d'appliquer à un travail industriel toute la chaleur ainsi développée, en même temps que celle qui est produite par la distillation de la houille au four.

Cette question est très-importante, car, en l'examinant, on trouve que la perte faite tant par la puissance calorifique des gaz dégagés, que par la chaleur qu'ils emportent, égale 30 ou 40 p. 100 du calorique que peut développer en brûlant la quantité de houille chargée dans le four et convertie en coke.

La houille de Newcastle, analogue aux houilles de Charleroi, qui rendent en poids 60 et jusqu'à 65 p. 100 de coke excellent pour les hauts fourneaux, est composée, à part 1,50 p. 100 de cendres laissées à la combustion, de

Carbone.	85
Hydrogène.	3,23
Oxygène.	11,77
	100

En comptant sur un rendement courant de 60 p. 100 de coke, il a été brûlé et perdu dans le travail sur chaque kilogramme de houille employé :

Carbone, 0^k,25 donnant	1763 calories.
Hydrogène et oxygène dans les proportions pour faire de l'eau, 13,23.	
Hydrogène en excès, 0^k,0177 donnant	414 calories.
Perte totale . . .	2177 calories.

C'est-à-dire 30 p. 100 des 7050 calories que donne moyennement le kilogramme de houille.

Quand la houille ne rend que 50 p. 100, ce qui a fréquemment lieu, la perte en chaleur est de 40 p. 100.

Pour développer et utiliser toute cette quantité de chaleur perdue, sans nuire en rien à la fabrication du coke, il suffit donc de remplir les conditions suivantes :

1° Laisser le four à coke, construit à l'ordinaire et disposé comme on le sait, de manière à n'admettre que la quantité d'air rigoureusement nécessaire à l'entretien de la combustion et de la température rouge du four ;

2° Fournir à la fumée épaisse et aux gaz combustibles qui sortent du four sans brûler, faute d'une quantité suffisante d'air, tout l'air nécessaire à leur complète combustion, en maintenant toujours avec soin le courant de gaz et de vapeurs à la température la plus élevée.

3° Utiliser la chaleur ainsi dégagée au chauffage de l'air, de l'eau, ou à tout autre objet industriel.

C'est ce qui n'a pas encore été bien compris par ceux qui ont cherché à employer ce procédé. La plupart d'entre eux n'ont pas vu la nécessité de brûler entièrement la fumée du four pendant qu'elle est encore rouge, par une injection suffisante d'air pur, afin de lui faire développer toute sa puissance calorifique, avant de recueillir et d'appliquer la chaleur produite.

M. D'Arcet, en 1817 et 1818, a le premier établi sur ce principe un four à coke employé au chauffage d'une étuve à sécher des *aluns*.

Ce four avait $1^m,40$ de diamètre, et $0^m,40$ de hauteur sous clé. Sa disposition était celle de tous les fours de ce genre ; il était composé d'une calotte sphérique qui reposait sur un cylindre de 12 à 13 centimètres de hauteur.

La cheminée de $0^m,165$ de diamètre était placée au milieu de la voûte et formée par un bout de tuyau en terre réfractaire de $0^m,22$ de longueur. Immédiatement au-dessus de ce tuyau venaient aboutir dans la cheminée deux petits évents de $0^m,054$ sur $0^m,03$, qui versaient dans la fumée rouge, l'air dont elle avait besoin pour brûler complétement.

On réglait aisément l'ouverture de ces évents, et la quantité d'air injectée, d'après l'état de la fumée qui se dégageait au dehors, en les augmentant jusqu'à ce que cette fumée s'échappât complétement brûlée.

Dans cet état, la fumée traversait des tuyaux de fonte et de tôle qui chauffaient l'étuve par les procédés ordinaires.

Voici le compte de fabrication du coke pendant 4 jours, extrait des livres de la fabrique.

On a employé 16 hectolitres de houille à 4 f. 34 c. l'un.	69	44
24 heures de travail effectif à 20 cent. l'une.	4	80
Dépense totale	74	24
Produits. 30 hectolitres 1/2 de coke à 3 f. 33 c. . .	101	56
Economie de 1 hectolitre de houille précédemment employé par chaque 24 heures au chauffage de l'étuve; pour les 4 jours, 4 hectolitres à 4 f. 34 c.	17	36
Produit total. . . .	118	92
Bénéfice net	44 f.	68 c.

Ce four a travaillé sept ans à la fabrique de produits chimiques des Ternes.

Les 100 kil. de houille rendaient au moins 61 kil. de coke. Le résultat définitif était donc de chauffer l'étuve non-seulement sans dépense, mais encore avec bénéfice, et d'y utiliser 25 à 30 p. 100 de la quantité totale de chaleur que pouvait donner la houille employée dans le four, c'est-à-dire la valeur de 1 hectolitre au moins, car l'étuve était plus fortement chauffée que précédemment.

Les calculs théoriques qui précèdent sont donc complétement d'accord avec les résultats pratiques.

Employés en couche assez mince et en petits morceaux, avec une cheminée suffisamment large pour laisser un libre écoulement aux gaz, les bons charbons gras ont constamment doublé de volume dans le petit four dont je viens de parler.

Un fait singulier, c'est que quelques houilles très-maigres ont aussi donné deux volumes de coke, quoiqu'elles rendissent en poids 89 p. 100, c'est-à-dire qu'elles ne perdissent que 11 p. 100. Il est évident qu'en pareil cas, pour obtenir le même chauffage, il faudrait convertir en coke trois ou quatre fois plus de houille. Or, au lieu d'une fournée par jour, on peut en faire trois dans un bon four, en y laissant entrer plus d'air, et poussant ainsi la combustion plus vivement.

Depuis cette époque, ce procédé a été souvent employé dans des circonstances diverses et toujours avec un plein succès.

Dans l'atelier d'affinage de MM. Poisat et Saint-André, où l'on consomme du coke pour la fonte des matières d'or et d'argent, on évapore les dissolutions de sulfate de cuivre sur un four à coke.

Chez M. Soyez, fondeur en bronze, un four à coke sert à chauffer les ateliers et sécher les moules.

De grandes fabrications de plâtre ont été montées sur des fours à coke à Paris, à Maisons, à Rouen et ailleurs encore.

M. Mertian fabrique, à Montataire, son gaz d'éclairage dans des cornues placées sur des fours à coke dont les produits sont employés à recuire la tôle à ferblanc, fondre l'étain, chauffer les zincs pour le laminage, etc.

Enfin, deux grandes applications en ont été faites par M. D'Arcet, qui peuvent servir d'exemple pour tous les cas de ce genre.

La première est un grand séchoir pour les bois d'ébénisterie, de menuiserie et de charpente, monté à Neuilly depuis quelques années, et dont nous donnerons la description et le plan dans le second volume de cette collection.

C'est un vaste atelier chauffé par la fumée de deux fours à coke, fumée qui circule dans des tuyaux de fonte enveloppés de carneaux en briques et recouverts de madriers percés d'ouvertures croissantes en diamètre. L'air extérieur, chauffé déjà par un troisième four placé à l'autre extrémité du séchoir, est versé dans les carneaux en sens contraire du courant de fumée des deux premiers fours, et passe ensuite dans le séchoir par les ouvertures croissantes dont j'ai parlé. On obtient, ainsi, une température parfaitement égale dans toute la longueur du bâtiment. La fumée de ces trois fours est enfin conduite dans une cheminée générale en briques, où elle sert, en même temps, à établir un puissant tirage que l'on utilise pour renouveler avec rapidité l'air destiné à dessécher les bois.

A cet effet, des gaînes en bois sont placées sous le plafond du séchoir, et percées d'ouvertures correspondantes à celles des carneaux de chauffage.

Ces gaînes vont s'ouvrir dans la cheminée générale, et soumettent ainsi tout l'atelier à cet énergique appel.

Dans cette étuve, les bois sont en quelques jours complétement desséchés, et sans frais de combustible, en les maintenant toujours à une température très-modérée, avec un grand renouvellement d'air, de manière à ne leur faire éprouver aucune altération ni aucune gerçure. Il est impossible d'obtenir de meilleurs résultats.

La seconde application est le chauffage de l'hôtel des Monnaies, dont on vient de lire la description. C'est le système le plus complet de chauffage économique, de distribution d'air chaud et de ventilation qui ait encore été exécuté. Sans rien ajouter à la description qui précède, je dirai seulement quelques mots des calculs qui ont servi de base à ce travail, comme modèle des calculs pratiques de cette nature, et je donnerai enfin les résultats obtenus.

La salle du musée monétaire contient à peu près.	2900 mèt. cubes.
La salle d'entrée et les 4 cabinets	300
Le grand escalier	3300
En tout	6500 mèt. cubes.

qui, à raison de 80 mètres cubes de capacité par mètre carré de surface de fonte chauffée (proportion largement suffisante pour un bon chauffage d'établissements publics), exigeraient, avec la vapeur, 81 mèt. carrés de chauffe, et par mètre carré et à l'heure, une consommation de $1^k,50$ de vapeur ou ensemble $121^k,50$ de vapeur, égalant 20 kil. de houille. Sur 7 heures de chauffage, ce serait une consommation de 140 kil. ou 1 hectolitre 3/4 de houille, ce qui équivaut, comme je l'ai dit, à la puissance calorifique de 5 hectolitres convertis en coke.

C'est en effet la charge journalière du four de la Monnaie.

Comme la dépense est entièrement nulle, on fait dans les plus grands froids deux charges par 24 heures. Mais l'escalier et la première salle sont trop chauffés, bien que M. D'Arcet ait fait percer, comme on l'a vu, dans les plafonds, une série d'ouvertures qui portent l'air chaud jusqu'aux extrémités supérieures de l'hôtel des Monnaies. Avec le chauffage ordinaire, la température s'élève chaque jour, dans la vaste salle du musée, à 15 et 16 degrés.

L'experience de dix années a prouvé toute la perfection de ce système. Pas une réparation n'a été faite au four ni aux appareils, sauf un joint ouvert dans la colonne verticale de fonte par le tassement de cette colonne, et facilement refait.

La petite épaisseur des planchers au-dessus des voûtes du péristyle, nous a forcés à réduire à de trop faibles dimensions le carneau de fumée qui traverse la salle d'entrée. De là est résultée, pour avoir constamment une bonne marche, la nécessité de trois nettoyages par an.

Ces nettoyages s'opèrent maintenant avec facilité et sans aucun inconvénient pour le musée.

Un encaissement en châssis collés avec du papier comme les *châssis de décoration* enveloppe entièrement les caniveaux recouverts de plaques de fonte qui courent dans toute la longueur de la salle du musée. On met en place cet encaissement dans lequel on pénètre par une porte, et qui est, pendant le temps du nettoyage, en communication avec la grande cheminée, pour emporter au dehors la suie qui se volatilise. L'ouvrier entre dans cet encaissement dont il ferme la porte derrière lui. Il lève les plaques de fonte, balaie devant lui la suie jusqu'au bas de la cheminée, où il la met dans des sacs. Toute la poussière de suie et de cendres est emportée par le courant d'air dans la cheminée ; il remet les plaques en place et enlève son encaissement, sans qu'une trace de poussière se soit répandue dans le musée.

Le rendement moyen en excellent coke est de $1^{\text{hect.}}$,50 pour 1 de houille, et de 60 à 65 p. 100 en poids, à raison de 35 à 37 kil. l'hectolitre de coke.

En 1832, le travail du four a été de six mois et sept jours consécutifs, pendant lesquels la consommation a été de 960 hectol. ($5^{\text{hect.}}$,13 par jour), qui ont produit 1307 hectolitres de coke, en y comprenant le premier travail du four qui venait d'être construit. On voit que, quand le chauffage ne coûte rien, on en use, et avec raison, largement. C'est un des principaux avantages de ce système. Ce coke peut être à volonté employé dans les bureaux, ou vendu aux ateliers de fabrication des monnaies.

Dans la même année de 1832 j'avais fait, pour utiliser la chaleur perdue du grand four à coke de la fonderie du Champ-des-Capucins, un projet de chauffage de bains pour le service des bureaux de charité de la ville de Paris. On charge dans ce four, dont les dimensions se trouvent au tableau qui précède, 60 hectolitres de houille à la fois, et l'opération dure quarante-huit heures. C'est donc 30 hectolitres ou $2,400^{\text{k}}$ de houille carbonisée par jour, qui, à 30 p. 100, sont l'équivalent de 800^{k} brûlés directement sous la chaudière des bains.

La moyenne de houille brûlée dans les meilleurs établissements de bains de Paris est de 3^{k},23 par bain. — Soit 3^{k},25. C'est donc 246 bains que l'on pouvait donner sans autre dépense que les intérêts et les frais d'entretien et de renouvellement des appareils de chauffage.

Ces appareils devaient consister en de grandes chaudières et réservoirs en tôle, traversés par un système de tuyaux en cuivre dans lesquels la fumée devait être complétement refroidie et appelée au dehors par un ventilateur qu'aurait conduit la machine à vapeur de 12 chevaux montée dans l'établissement, pour le service de ce fourneau, le montage de l'eau des bains, etc.: l'emploi du ventilateur a été fait pour la première fois par M. D'Arcet dans l'établissement des bains Vigier, où il a ainsi utilisé toute la chaleur dégagée par le combustible (1).

La vapeur perdue de la machine devait être elle-même employée à chauffer des bains, et à 200^{k} d'eau à 30° ou 6000 calories par bain, à 4^{k} 1/2 de houille par cheval à l'heure, et 3000 calories au moins par kilogramme de houille brûlée sous la chaudière de la machine à vapeur, nous aurions obtenu, sur douze heures de travail, 1,944,000 calories, ou 324 bains. C'étaient donc près de 600 bains chauds par jour à donner avec un beau bénéfice à 18 ou 20 centimes. Les bureaux de charité étaient tout disposés à prendre des abonnements pour ces bains. Ce projet n'a pas eu de suite par des circonstances tout à fait étrangères au projet même.

Je repète ici, avant de quitter cette question, que ce mode de chauffage par des fours à coke, est susceptible d'un nombre infini d'heureuses applications et permettra de réaliser d'importantes entreprises dont une dessiccation ou un chauffage très-économique est la première condition, telle que l'incubation artificielle, et bien d'autres encore.

L'emploi toujours croissant du coke, devenu surtout sans limites depuis la création des chemins de fer, laisse une marge immense à sa production, et par conséquent d'immenses quantités de chaleur à utiliser sans frais.

Pour brûler le coke dans les poëles précédemment disposés pour le bois, il suffit d'y poser une petite grille à pieds dite *chevrette*, avec un rebord sur le derrière, et de placer au-dessus le coke, en couche de 16 à 25 centimètres d'épaisseur.

Le coke est aussi brûlé avec avantage dans les cheminées d'appartement, où on le préfère souvent à la houille parce qu'il ne donne pas de fumée et presque pas d'odeur. Souvent on le mêle au bois en le plaçant sur ce bois qu'il active, entretient, rend plus puissant et plus économique.

(1) Nous donnerons les détails de cet appareil des bains Vigier dans le 3° volume de ce Recueil.

Mais la meilleure manière de l'employer est sans contredit dans les grilles anglaises et flamandes à brûler la houille, qui sont formées en avant de barreaux ouverts, et enveloppées en arrière et des deux côtés de briques ou de fonte : les deux côtés formant des tablettes où l'on peut poser des vases et chauffer de l'eau. Pour allumer facilement un feu de coke, il faut que le combustible, bois ou charbon de bois, qui sert à cette opération soit ramassé en masse, et enveloppé de coke de toutes parts, et surtout par-dessus, de manière à déterminer sur un point un foyer petit mais ardent; car le coke ne s'embrase qu'avec peine et à une haute température.

Il faut donc charger d'une petite quantité de coke la grille préalablement nettoyée; poser dessus quelques petits morceaux de bois, ou quelques charbons de bois que l'on allume, les recouvrir de coke en couche épaisse, mettre devant la cheminée un chapeau de tôle qui la ferme complétement, sauf la grille, pour forcer tout l'air appelé par la cheminée à passer à travers cette grille, et donner même, si l'on veut aller plus vite, un coup de soufflet afin de bien allumer le combustible supplémentaire; toute la masse de coke est bientôt en feu.

Le feu de coke seul, demande à être ravivé au ringard, rechargé de coke frais, et excité par l'apposition du chapeau avant d'être tout à fait tombé. Par la raison que j'ai donnée plus haut, on aurait de la peine à le rallumer si on le laissait descendre trop bas. Quand cela arrive, il faut, avant de le recharger, poser sur le coke encore allumé faiblement, quelques morceaux de bois ou deux ou trois charbons de bois, et avoir soin de ne pas le dégarnir de cendre avant que le nouveau combustible ne soit allumé, car on l'éteindrait complétement. En dégageant avec le ringard, les cendres du feu de coke, dans une grille anglaise, et la chargeant de coke frais, celui-ci s'allume vivement par l'action du chapeau. On peut alors le couvrir d'une nouvelle partie de coke frais et d'une bonne couche de cendres pour étouffer tout à fait la combustion, et on conserve un excellent feu pendant six ou huit heures, ce qui est très-commode la nuit quand on a des malades ou des enfants à soigner. Il suffit ensuite de dégorger légèrement la cendre au ringard, de recharger de coke en remplissant les vides, et de se servir du chapeau de tôle pour ranimer complétement le feu (1).

(1) Pour faire un feu qui brûle lentement encore et jusqu'à dix et douze heures, il faut employer le coke en petits morceaux de la grosseur d'une forte noix.

Le chauffage d'une chambre de 5 à 6 mètres de côté pendant tout l'hiver et le jour seulement, consomme par ce procédé de 25 à 30 hectol. de coke, suivant la manière dont on pousse le feu.

Mais il est une application du coke aussi importante comme emploi de ce combustible, et bien plus comme moyen de salubrité dans les villes; c'est la substitution du coke à la houille dans un grand nombre d'industries forcément placées au centre des villes, ou à portée d'établissements qu'elles couvrent de fumée de houille et de suie, d'où résultent pour les industriels des difficultés chaque jour renaissantes avec leurs voisins, et par suite avec l'administration; des procès et souvent de graves et continuelles indemnités, quand ils ne sont pas, en définitive, obligés à se transporter plus loin avec tout leur matériel.

Dans la plupart des cas, comme on va le voir, le coke peut être substitué à la houille, *à égalité de vitesse de chauffage et de dépense*, et par conséquent avec de grands avantages, sans aucun inconvénient.

En 1840, M. D***, propriétaire des bains Chinois à Paris, se trouvait engagé dans des difficultés de ce genre; sur l'avis du conseil de salubrité, il se décida à essayer l'emploi du coke pour le chauffage de ses chaudières.

Sans rien changer au reste des fourneaux, je fis disposer les foyers et les grilles pour brûler du coke. Les foyers furent considérablement réduits de dimensions sur tous les sens, pour augmenter l'intensité de la combustion. Les grilles furent baissées, afin d'avoir une *couche* de 25 centimètres d'épaisseur au moins, et $0^{m},54$ entre le dessus de la grille et le dessous de la chaudière. Le devant de la grille fut fermé en briques sur $0^{m},11$ de hauteur, afin que la masse du coke en combustion, entièrement enveloppée de briques rouges, ne se trouvât jamais refroidie.

Le premier fourneau monté avec ces dispositions, et en se réservant les moyens de réduire encore la surface de la grille, fut allumé, et au bout de quelques jours de service, quand on eut étudié la conduite du feu de coke, on obtint un bon résultat. Cependant il y avait ralentissement dans l'activité et la vitesse du chauffage de la chaudière, condition grave dans un établissement de bains où en quelques heures il faut, sous peine de perdre sa clientèle, donner au besoin la plus grande quantité possible de bains. Les fourneaux à houille de M. D... avaient un bon tirage.

La grille fut successivement réduite, et à chaque réduction l'intensité de la combustion, la vitesse du chauffage et aussi le bon emploi du coke, prenaient un notable accroissement. Enfin nous arrivâmes avec le coke à chauffer la chaudière dans *un temps plus court* et *à brûler une quantité moindre* en poids que l'on ne faisait précédemment avec la houille. Nous étions descendus alors par des tâtonnements successifs à des dimensions de grilles égales à celles des locomotives proportionnellement à la quantité de combustible brûlée, c'est-à-dire à 1 décimètre carré de grille par 4 kil. de coke brûlé à l'heure.

On voit que, pour employer le coke avec tous ses avantages, la plus grande vitesse de chauffage et le plus grand effet utile, il faut que la combustion ait le plus d'intensité possible. Toute la question est là.

La quantité de coke brûlée par M. D*** étant un peu moindre en poids à travail égal que celle de la houille jusque là consommée, cette différence en moins couvrait le léger excès de prix du coke sur la houille, d'où résulte ce fait d'une haute portée : qu'avec la même dépense en argent, on peut, à Paris, substituer le coke à la houille dans les foyers d'usine. Voici les chiffres qui constatent cet important résultat. Avec la même chaudière, les mêmes carneaux, la même cheminée, et pour la houille son ancien foyer, pour le coke le foyer réduit dont je viens de parler, en brûlant 65^k de houille en une heure, la température de la chaudière s'est élevée de 25° 5. Dans le même espace de temps 61^k,50 de coke ont fait monter la même chaudière de 28°, c'est-à-dire que la vitesse de chauffage du coke à section égale de cheminée, est plus grande que celle de la houille de plus de 10 p. 100, et que les quantités de ces combustibles employées pour produire un même effet sont :

Houille.	100
Coke.	87

Des expériences faites en Angleterre sur les locomotives donnent le rapport de 14 à 13; mais la houille sur les locomotives était brûlée dans un foyer disposé pour le coke.

Si ces résultats obtenus en très-grand étaient bien constatés, il en résulterait que la houille brûlée avec une grande intensité de combustion, comme le coke, donnerait un effet utile direct plus grand que dans les foyers ordinaires; ce qui, du reste, se conçoit bien. Tous les fourneaux des bains Chinois ont été disposés de la même manière, avec les mêmes effets, plus difficilement atteints cependant, et moins complétement avec une chaudière concave au-dessous, circulaire, et qui avait plus de hauteur que de diamètre.

Toutes les difficultés dont M D*** avait jusque là souffert, ont ainsi complétement disparu.

J'ai atteint et obtenu les mêmes résultats dans une teinturerie de Bernai. MM. L... et D... teinturiers à Bernai, brûlaient depuis de longues années du bois dans leur établissement. Une blanchisserie vint s'établir auprès d'eux et étendre ses toiles dans les prés qui enveloppent de trois côtés la teinturerie. MM. L... et D..., ayant augmenté leurs ateliers substituèrent la houille au bois, et immédiatement ils couvrirent de suie toutes les toiles mises au pré. De là des difficultés qu'ils cherchent à lever d'un commun et bon accord avec le propriétaire de la blanchisserie, en suspendant provisoirement l'emploi de la houille.

Appelé à Bernai pour cette question, je reconnus d'abord que les dimensions des carneaux et des cheminées de leurs fourneaux étaient beaucoup trop petites pour la quantité de combustible que l'on brûlait; ce qui donnait lieu à une mauvaise combustion, à une fumée épaisse et à beaucoup de suie, surtout avec la houille, et aussi à des lenteurs très-fâcheuses dans leurs opérations de teinture.

Convaincu cependant qu'une bonne construction des fourneaux et des cheminées ne suffirait pas pour éviter les inconvénients que leur travail à la houille faisait éprouver à la blanchisserie, attendu que les fourneaux les mieux construits ne sont que rarement fumivores, qu'ils donnent encore une fumée assez intense au moment des charges, et que la moindre négligence des chauffeurs dans le nettoyage des grilles et la conduite du feu, se traduit aussi en fumée et en suie, je leur conseillai d'employer le coke au lieu de la houille. Après quelques renseignements pris sur cette question, MM. L... et D... adoptèrent ma proposition. Je fis faire devant moi le premier foyer, objet le plus important dans ces fourneaux, en rétrécissant seulement les anciens foyers sans les démolir. Huit fourneaux de teinture de différentes formes et dimensions furent remontés sur ce principe et sur mes plans. Les cheminées furent doublées de section, et les meilleurs résultats obtenus tant sous le rapport de l'absence de toute fumée et de toute plainte, que sous celui de l'activité et de l'économie des opérations.

MM. L... et D... ont depuis fait une amélioration importante à ce système. Le coke qu'ils consommaient, apporté de Rouen ou de Honfleur, avec des frais considérables attendu son grand volume, leur coûtait plus cher qu'à Paris même. Ils y ont substitué les houilles maigres de

Fresnes qu'ils brûlent parfaitement avec grand avantage et grande économie, dans les foyers au coke.

Le nombre des établissements qui, comme ceux dont je viens de parler, nuisent à leurs voisins, par la fumée seulement, est très-grand : il sera facile aux manufacturiers d'éviter dorénavant les plaintes, et aux conseils de salubrité de chacun des départements d'indiquer et d'exiger cette substitution du coke, des houilles maigres et de l'anthracite même, à la houille grasse partout brûlée dans les fourneaux.

PH. G.

DÉGORGEMENT D'UNE CONDUITE D'EAU.

NOTE *sur le dégorgement d'une conduite d'eau de 218 mètres de longueur, par le moyen de l'acide hydrochlorique* (1).

On a fait usage, depuis longtemps, des acides, qui forment avec la chaux des sels très-solubles, pour nettoyer facilement les vases contenant des dépôts ou des incrustations de chaux carbonatée; j'ai moi-même employé l'acide hydrochlorique pour dissoudre les dépôts de cette nature qui se trouvent dans les chaudières des machines à feu; pour nettoyer, sans nuire à leur solidité, les cuves, les soupapes et les serpentins des appareils au moyen desquels on chauffe directement l'eau par la vapeur, et j'ai employé, il y a un an, le même procédé, pour remettre à neuf les robinets et les soupapes des salles de bain de l'établissement thermal de Vichy. Ayant trouvé l'emploi de ce moyen fort avantageux, je voulais l'appliquer en grand au dégorgement des conduites d'eau, et j'avais souvent témoigné à M. le comte de Chabrol, préfet du département de la Seine, et à M. Peligot, le désir de faire désobstruer, par ce procédé, une des conduites qui font le service de la ville de Paris ou des hôpitaux. J'attendais qu'une occasion favorable se présentât, lorsque M. Duplay, membre de la commission administrative des hospices, vint me l'offrir. Il avait à faire remplacer une conduite d'eau obstruée depuis longtemps; il me consulta, je l'informai de ce qui avait été fait à ce sujet, et je me chargeai d'essayer de dégorger cette conduite en faisant usage de l'acide hydrochlorique : ce qui suit est le rapport que j'ai fait après avoir terminé ce travail, et en contient les détails.

La conduite dont il est question dans cette note est celle qui amène l'eau d'Arcueil à la ferme Sainte-Anne, située au village du Petit-Gen-

(1) Ce travail a été fait en 1826, et publié dans le *Bulletin de la Société d'encouragement*, n° CCLXII, et dans le *Recueil industriel*, Décembre 1830.

tilly, et qui appartient aux Hospices de la ville de Paris. Cette conduite, tout en plomb, a 8 centim. 121 de diamètre, et 218 mèt. de longueur. Elle reçoit l'eau d'un réservoir placé à un des angles du clos, traverse ce clos diagonalement en suivant la pente générale du terrain, qui est à peu près de 3 centimètres par mètre, et verse l'eau d'Arcueil dans la cour et au milieu des bâtiments de la ferme. Elle était presque complétement obstruée et ne donnait, malgré son grand diamètre, qu'un petit filet d'eau, insuffisant pour les besoins de la ferme, et dont le cours s'arrêtait même souvent; ce qui obligeait le fermier à s'approvisionner au loin d'eau. Je commençai par examiner le dépôt qui la remplissait (1). Je fis scier, vers le milieu de la conduite, un bout de tuyau d'un mètre de long; je vis que le dépôt calcaire occupait, dans cet endroit, environ les quatre cinquièmes de la capacité de la conduite, et que ce dépôt en remplissait la partie inférieure, comme on le voit dans la coupe du tuyau représentée fig. 4, pl. 26. Le bout de tuyau fut pesé avec soin, vidé, nettoyé et pesé de nouveau. Le dépôt calcaire, dont le poids fut ainsi connu, a été mis en poudre et analysé; on trouva qu'il contenait au cent.

Carbonate de chaux contenant un peu de sulfate de chaux.	83,81
Résidu argileux insoluble dans l'acide hydrochlorique. . .	0,59
Eau	15,60
	100

(1) On trouve, dans le *Traité de chimie* de M. Thenard, quatrième édition, tome II, page 29, l'analyse suivante de l'eau d'Arcueil, faite par M. Colin; 15 litres de cette eau, prise au centre de Paris, ont donné

Air.	36 centil. 89
Acide carbonique.	32 centil. 83
Sulfate de chaux.	2 gram. 528
Carbonate de chaux. . . .	2 gram. 536
Sel marin.	0 gram. 290
Sels déliquescents	1 gram. 646

M. Colin a, en même temps, constaté que 15 litres d'eau de la Seine, prise au-dessus de Paris, ne contiennent que 12 centil. 54 d'acide carbonique, 0 gram. 761 de sulfate de chaux, et 1 gram. 494 de carbonate de chaux. En comparant ces résultats, on reconnaît facilement la cause à laquelle il faut attribuer le dépôt calcaire que donne l'eau d'Arcueil. Pour pouvoir évaluer l'influence de cette cause sur l'engorgement des conduites, il faudrait avoir l'analyse de l'eau d'Arcueil, prise à la sortie de terre, et avant qu'elle ait commencé à perdre de l'acide carbonique, et à déposer du carbonate de chaux, ce qui a promptement lieu dès qu'elle coule dans l'aqueduc et dans les conduites qui l'amènent à Paris.

Je constatai qu'il fallait, en poids, 184 d'acide hydrochlorique du commerce à 21 degrés, pour dissoudre 100 du dépôt humide, tel qu'il existait dans la conduite, et je reconnus qu'il se dégageait, dans cette opération, à peu près 36 d'acide carbonique, occupant en volume environ 440 fois celui du dépôt calcaire mis en dissolution.

Ayant pris l'échantillon de ce dépôt au milieu de la conduite, je regardai le résultat obtenu comme une moyenne; et ayant eu 5k,854 de dépôt humide sur 1 mètre de longueur de tuyau, j'admis qu'elle contenait, terme moyen, en nombres ronds, 6 kilogrammes de dépôt calcaire par mètre courant. La conduite, avec 218 mètres de longueur, devait, à ce compte, contenir 1308 kilogrammes de dépôt; et nécessiter l'emploi d'environ 2400 kilogrammes d'acide hydrochlorique à 21 degrés.

Ces données me servirent à établir un devis, duquel il résulta que le dégorgement de la conduite d'eau de la ferme Sainte-Anne pouvait se faire, par le moyen de l'acide hydrochlorique, pour la somme de 430 fr.

L'administration des hôpitaux trouva ce résultat si satisfaisant qu'elle ordonna de suite l'exécution du travail. Nous allons décrire l'opération telle qu'elle a été pratiquée; nous ferons ressortir les avantages qu'elle a procurés sous le rapport de la dépense, et nous terminerons en présentant quelques considérations générales qui feront mieux encore apprécier l'emploi de ce procédé, lorsqu'il s'agit de l'appliquer au dégorgement des grandes conduites, surtout lorsqu'elles sont placées à nu dans le sol et sous le pavé des rues.

L'écoulement de l'eau à la sortie de l'aqueduc d'Arcueil fut d'abord arrêté, et le réservoir et la conduite entièrement vidés. On plaça dans le réservoir R, fig. 1 et 2, pl. 26, un entonnoir en plomb, à douille à double courbure, représenté en *c*, fig. 1, 2, et 3, et l'extrémité *a* de cet appareil fut réunie à la partie supérieure *b* de la conduite, en faisant usage, pour cela, de mastic résineux, indiqué en *i*, et en ayant soin de placer le bord *c* de l'entonnoir à 1 centimètre au-dessus de la ligne de trop-plein *h* du réservoir. On trouvera fig. 11, pl. 1re, l'ensemble de l'appareil, dans le cas où la conduite à dégorger n'a pas de contre-pentes.

Ce premier travail achevé, je laissai couler l'eau dans le réservoir, et commencer, lorsqu'il fut plein, l'opération du dégorgement. Deux moyens furent employés, qui furent jugés également bons : dans l'un, on plaçait un siphon, *d*, fig. 2, pour verser une quantité donnée d'eau, par minute, dans la conduite, et on faisait en même temps couler dans l'entonnoir, au moyen d'un autre siphon placé en *e*, un filet convenable d'acide hydrochlorique à 21°. L'eau et l'acide se mélangaient dans l'entonnoir, et l'acide passait ainsi dans la conduite peu à peu, et après avoir été réduit à une densité déterminée. Dans le second procédé, l'acide hydrochlorique était réduit d'abord à la densité convenable, en l'affaiblissant par de l'eau dans un baquet *f*, et versé ensuite dans l'entonnoir, au moyen d'un ou de plusieurs siphons *g*. La fig. 1 représente la disposition de cet appareil. La conduite devant contenir 1308 kilogrammes de dépôt calcaire, il fallait donner issue, lors du dégorgement, à environ 238 mètres cubes d'acide carbonique. Si la conduite avait eu son orifice inférieur à l'extrémité de la ligne de pente, il eût suffi de n'y faire passer à la fois que peu d'acide affaibli : dans ce cas, cet acide saturé de chaux serait sorti, avec tout l'acide carbonique dégagé, par l'ouverture inférieure du tuyau; mais la conduite de la ferme Sainte-Anne fait un coude à sa partie inférieure pour remonter à la surface du sol et conduire l'eau dans la cour de la ferme; il nous fallut donc évacuer par le haut de la conduite la grande quantité d'acide carbonique qui devait être dégagée; je fis pratiquer, à cet effet, quelques ouvertures longitudinales sur le dessus du tuyau de plomb, près de son raccordement avec le réservoir, et couler alors dans l'entonnoir de l'acide hydrochlorique réduit à 2 degrés; la liqueur arriva bientôt à l'extrémité inférieure de la conduite. Voyant que cet acide était saturé de chaux et que l'acide carbonique se dégageait facilement par les ouvertures pratiquées sur le tuyau, près du réservoir, j'augmentai peu à peu et avec précaution la force de l'acide, et j'en vins à employer l'acide hydrochlorique à 6 degrés de densité; l'écoulement était réglé de manière à ne pas être gêné par la mousse qui se produisait dans la conduite, et à favoriser le dégagement de l'acide carbonique, et on avait surtout soin de ne laisser sortir, par le robinet placé au bout du tuyau, dans la cour de la ferme, que de l'acide bien saturé. Il fallut, pour arriver à ce but, surtout vers la fin de l'opération, fermer le robinet, remplir toute la conduite peu à peu et arrêter de temps en temps, et pendant quelques heures, le jeu des siphons. Tout le dépôt calcaire contenu dans la conduite fut ainsi dissous, ce qu'on reconnut facilement à ce que la liqueur tirée du robinet dans la cour de la ferme contenait toujours un excès d'acide, et n'augmentait plus en densité, et à la cessation du dégagement d'acide carbonique par les ouvertures pratiquées à la partie supérieure du tuyau.

La conduite fut alors vidée et réparée; les ouvertures qui y avaient été faites furent bouchées (1), et au moyen d'une corde attachée au tuyau

(1) On laissa perdre toute la dissolution de muriate de chaux qui avait été bien neutralisée,

du grand entonnoir de plomb, on rompit le ciment résineux qui le fixait à l'orifice supérieur de la conduite, qui fut ainsi débouchée. L'eau du réservoir s'y précipita aussitôt, le robinet qui était à la partie inférieure était resté ouvert; l'eau sortit donc à plein tuyau dans la cour de la ferme. Cette eau entraîna d'abord avec elle toute la partie insoluble du dépôt calcaire et beaucoup de débris de végétaux, du sable, des morceaux de charbon, de plâtre et de briques, et quelques petits os qui se trouvaient dans la conduite; l'eau était trouble et boueuse; elle contenait un peu de plomb et beaucoup de chaux en dissolution dans l'acide hydrochlorique. Peu à peu cette eau blanchit et devint laiteuse; elle contenait alors un peu de sulfate et de chlorure de plomb en suspension. Ce lavage fut continué à grande eau jusqu'à ce que celle-ci en sortît bien claire, et jusqu'à ce que l'on ne pût plus y reconnaître la moindre trace de plomb en l'essayant avec l'acide hydrosulfurique et avec les hydrosulfates alcalins. L'opération fut alors terminée complétement; l'eau amenée à la ferme y fut de suite employée sans aucun inconvénient, et elle y arrive actuellement en grande quantité et en raison du diamètre et de la pente de la conduite, ce qui n'avait plus lieu depuis longtemps (1) : présentons maintenant le compte de cette opération.

La conduite d'eau de la ferme Sainte-Anne est posée dans un aqueduc de facile accès. D'après un devis présenté par le plombier de l'Administration des Hospices, le remplacement de cette conduite aurait coûté 11 fr. 50 c. par mètre courant; ce qui aurait fait, pour 218 mètres de longueur, la somme de . . . . 2507 fr.

La dépense totale pour le dégorgement de la conduite, pour le placement d'un gros robinet à son extrémité inférieure, et pour toutes les réparations qui y ont été faites, est de . . . . 618 f. 04 c.

L'emploi de l'acide hydrochlorique a donc procuré, dans ce cas, une économie de . . . . 1888 f. 96 c. (2)

mais on remit en bouteille et on conserva la portion de la liqueur dans laquelle il était resté un excès d'acide. L'hydrochlorate de chaux neutre aurait pu être utilisé, soit pour arroser les terres de la ferme, soit en le versant sur le tas de fumier, etc. : quant à la dernière portion de la liqueur, elle pourra être avantagensement employée pour commencer le dégorgement d'une autre conduite d'eau ou toute autre opération de cette nature.

(1) La conduite dont il s'agit ici est une conduite en plomb ; il est inutile de dire que le dégorgement des conduites en fonte et des appareils en cuivre, en étain et en bois, peut se faire en suivant le même procédé.

(2) Si la conduite dont il s'agit, au lieu d'être placée dans un aqueduc, avait été enterrée dans

Il faut ici faire observer qu'en appliquant ce procédé au dégorgement des conduites d'eau, on pourra le pratiquer plus économiquement que nous ne l'avons fait, en employant, au lieu des plombiers que nous avions à notre disposition, des ouvriers accoutumés aux travaux chimiques et dont la journée se paie d'ailleurs moitié moins.

Ce procédé, outre l'économie qu'il procure, offre encore l'avantage de donner un plus prompt résultat, sans gêner la voie publique et sans diminuer la valeur intrinsèque de la conduite; ce qui n'arrive que trop souvent dans les grands travaux de plomberie, où l'on a pour but de remplacer les conduites d'eau mises hors de service.

Mais le plus grand avantage que présente l'emploi de ce procédé, provient de ce qu'en en faisant usage convenablement et à des époques réglées, on pourrait presque sans dépense, conserver les conduites d'eau en bon état, et s'assurer ainsi constamment le produit en eau auquel la concession donne droit; tandis que dans le système du remplacement des conduites, le concessionnaire se trouve privé d'eau de plus en plus, et pendant fort longtemps, avant que l'on en vienne à remplacer la conduite et à rétablir le service qui lui est dû. Au reste, l'emploi de l'acide hydrochlorique pour cet usage devra être d'autant plus avantageux que cet acide sera à plus bas prix, que les conduites d'eau à dégorger seront d'un accès plus difficile, et ce moyen de dissoudre le dépôt calcaire que fournissent certaines eaux (1), présentera encore plus d'avantages lorsqu'il s'agira de nettoyer des chaudières à vapeur et surtout des appareils plus délicats et plus compliqués.

Les détails dans lesquels je viens d'entrer n'ajoutent certainement rien à la science : aussi, en rendant compte d'une opération aussi simple, n'ai-je eu pour but que de donner un exemple utile et de recommander un procédé qui, pour recevoir de nombreuses et de grandes applications, avait peut-être besoin d'avoir été exécuté en grand, avec succès et appuyé de calculs propres à en démontrer tous les avantages.

un sol couvert de pavés, son remplacement aurait coûté 16 fr. 87 cent. par mètre courant, ce qui aurait fait, pour le changement de la conduite entière, la somme de 3,677 fr. 66 cent. On voit que, dans ce cas, l'économie due à l'emploi de l'acide hydrochlorique aurait été bien plus grande; elle se serait élevée à la somme de 3,059 fr. 62 cent.

(1) Ce ne sont pas seulement les dépôts entièrement composés de carbonate de chaux, et solubles dans les acides, qui peuvent être enlevés par ce moyen; les dépôts composés d'un mélange de chaux carbonatée et de sulfate de chaux ou de toute autre substance insoluble, sont utilement traités par l'acide hydrochorique, lorsqu'il s'y trouve assez de carbonate de chaux pour qu'en dissolvant ce sel, le reste du dépôt puisse être désagrégé, réduit à l'état de bouillie, et mis en suspension dans l'eau.

Explication des figures de la planche 26.

Fig. 1. Coupe du réservoir de la ferme Sainte-Anne, commune du Petit-Gentilly, alimenté par les eaux de l'aqueduc d'Arcueil, montrant le moyen de dégorger la conduite en plomb par un mélange d'eau et d'acide hydrochlorique, préparé à l'avance.

Fig. 2. Autre coupe du même réservoir, faisant voir le procédé de dégorgement, au moyen d'un mélange d'acide et d'eau, qui se fait dans l'entonnoir au fur et à mesure du besoin.

Fig. 3. Entonnoir muni d'une douille à double courbure et partie supérieure du tuyau de conduite vus séparément et dessinés sur une plus grande échelle.

Fig. 4. Section de la conduite en plomb, montrant la place que le dépôt calcaire y occupait.

R, réservoir rempli d'eau.

a, extrémité inférieure de la douille de l'entonnoir; *b*, partie supérieure coudée de la conduite en plomb, débouchant du fond du réservoir; *c*, entonnoir; *d*, siphon au moyen duquel on fait passer l'eau du réservoir dans l'entonnoir; *e*, autre siphon servant à faire passer l'acide hydrochlorique de la *dame-jeanne* dans l'entonnoir; *f*, baquet contenant le mélange d'eau et d'acide; *g*, siphon destiné à verser ce mélange dans l'entonnoir; *h*, extrémité du tuyau par où s'écoule le trop-plein du réservoir; *i*, mastic résineux pour luter l'extrémité de la douille de l'entonnoir sur l'orifice de la conduite en plomb; *k*, *dame-jeanne* contenant l'acide hydrochlorique; *l*, dépôt calcaire formé dans l'intérieur de la conduite.

Description de la fig. 11, *pl.* 1re, *qui donne l'ensemble des dispositions nécessaires pour dégorger une conduite d'eau à pente régulière.*

a. Conduite de tuyaux de fonte ou de plomb à dégorger.

b. Entonnoir et tuyau de plomb placés au point culminant de la conduite, raccordés avec elle, et qui servent à y verser l'acide hydrochlorique :

ce tuyau doit être d'un diamètre assez grand pour livrer passage à tout l'acide carbonique dégagé dans l'opération.

c. Tourille d'acide hydrochlorique.

d. Robinet placé au bas de la conduite, et par lequel, en réglant son ouverture, on laisse écouler l'acide à mesure qu'il est saturé.

e. Vase de grès qui reçoit l'acide saturé.

HOSPICES CIVILS DE PARIS.

RAPPORT FAIT AU CONSEIL GÉNÉRAL.

Nettoyage de la conduite de l'hôpital du Midi.

L'hôpital du Midi et celui de Cochin sont alimentés par l'eau d'Arcueil : cette eau vient à ciel découvert, dans un caniveau qui est commun aux deux concessions, jusqu'à l'hôpital Cochin; elle se divise en ce point, et tombe d'un côté dans le réservoir de cette maison, et de l'autre elle coule dans des tuyaux, qui la portent à l'hôpital du Midi.

L'année dernière, ce dernier hôpital se plaignit de ne pas recevoir la quantité d'eau que lui alloue la concession; Cochin se plaignait au contraire d'un trop plein qui refluait au dehors du réservoir. Et vérification faite avec l'inspecteur du service des eaux, il fut reconnu que la conduite du Midi, étant engravée, n'offrait point un passage suffisant à l'eau, et que l'excédant de la concession du Midi refluait sur Cochin.

Il s'agissait de savoir quel procédé on emploierait pour remédier à cet inconvénient. Quelques architectes pensaient qu'il fallait renouveler entièrement la conduite, qui était en fonte; d'autres qu'il suffirait, en la démontant bout par bout, de nettoyer chaque partie, et de les remettre en place.

Mais nous apprîmes que déjà, dans une même circonstance, d'après les indications de M. D'Arcet, toujours empressé d'aider l'administration de ses lumières, un autre établissement avait autrefois opéré un dégorgement semblable par le seul emploi de l'acide hydrochlorique. Nous recourûmes de nouveau à M. D'Arcet; et, bien qu'il fût question cette fois d'une très-longue conduite, il ne douta point du succès, et voulut bien se charger de nous procurer une personne qui ferait l'opération en se conformant à ses instructions.

Comme vous vous le rappellerez, Messieurs, nous vînmes alors vous faire part de la situation des choses, et, d'après votre autorisation, l'ordre de commencer fut donné.

Aujourd'hui nous venons mettre sous vos yeux les résultats de l'opération qui, nous pouvons le dire d'abord, a complétement réussi. M. Vigoureux, inspecteur au service des eaux, comprenant toute l'importance que ce procédé pourrait avoir pour la ville de Paris, a suivi les détails de l'opération, et en a rendu compte dans un rapport spécial qu'il a adressé directement à ses chefs; et, comme il est l'expression des faits reconnus, soit par nous-même, soit par les agents qui représentaient l'administration, nous ne croyons pouvoir mieux faire que de reproduire ici en grande partie le rapport de M. Vigoureux.

La personne que M. D'Arcet avait bien voulu désigner pour ce travail, M. Charpentier, fabricant de produits chimiques, a rédigé une note, et nous la transcrirons de même, afin qu'on puisse trouver dans ce document toutes les données nécessaires, et pour apprécier l'opération, et pour la recommencer au besoin sur un autre point. Nous laissons parler M. Vigoureux.

« La conduite de l'hôpital du Midi commence à la cuvette de distri-« bution placée dans la cour de l'hôpital Cochin, vers l'embouchure d'une « galerie souterraine qui communique directement aux bassins du châ-« teau d'eau d'Arcueil. Elle est en fonte, avec quatre coudes et deux « extrémités en plomb; elle a $0^m,108$ de diamètre et $247^m,60$ de longueur, « et se compose en outre des tuyaux en plomb, de 182 tuyaux à brides « de 1^m30 de longueur; elle est posée en terre à 0^m80 de profondeur, « avec une pente à peu près régulière de 0^m006 par mètre, jusqu'à « 50 mètres environ de la citerne de l'hôpital du Midi, où commence une « contre-pente; mais l'orifice qui déverse les eaux dans la citerne n'est « placé qu'à 0^m50 plus bas que la cuvette de distribution, de façon que « la conduite doit être toujours en charge. On assure que cette conduite « est posée depuis vingt ans.

« Il a été difficile d'apprécier exactement la quantité de précipité cal-« caire que renfermait cette conduite : la paroi intérieure des tuyaux en

« était tapissée tout autour, à une épaisseur inégale qui pouvait varier « de $0^m,01$ à $0^m,03$, de dépôt de formation plus ou moins récente, qui était « généralement peu solide, souvent meuble, cristallisé dans les parties « plus anciennement formées. Huit bouts de ces tuyaux, formant ensemble « une longueur de $10^m,40$, détachés avec le plus grand soin vers le milieu « du parcours de la conduite, ayant été pesés avant et après le net-« toiement, ont donné pour différence, qui serait le poids du dépôt, « 75 kilogr. ; mais je crois que ce poids doit être réduit à 65 kilogr., à « cause de la trop grande quantité d'eau restée dans les tuyaux. En sui-« vant cette proportion, la conduite entière aurait renfermé de 1540 à « 1550 kilogr. de résidu humide, ou 6 à 6,25 kilogr. par mètre courant.

« L'opération du nettoiement a duré dix jours. Deux ouvriers de « M. Charpentier et un plombier, quelquefois deux, y ont été occupés pen-« dant ce temps. Pour faciliter le travail, on l'a divisé en cinq opérations, « qui ont nettoyé chacune environ 50 mètres de conduite; chaque partie « de conduite, tamponnée à l'orifice inférieur, était chargée par l'autre « au moyen d'un ajoutage en plomb, et d'un entonnoir d'acide muria-« tique à 22 degrés, abaissé à 4 degrés pour les premières fois, et à 6 à « 7 degrés pour les dernières. Quand la liqueur était saturée de calcaire « (ce qui s'apercevait quand elle ne faisait pas effervescence avec la craie, « ou ne décolorait plus le tournesol), on la laissait écouler par le tam-« pon, et on recommençait une nouvelle charge, que l'on répétait jusqu'à « sept et huit fois, en laissant chaque fois séjourner la liqueur dans les « tuyaux le temps nécessaire à sa saturation.

« Lorsque les tuyaux ne présentaient plus qu'une faible quantité de « calcaire à dissoudre, la liqueur sortait acide par le tampon. On em-« ployait cet excédant d'acide en le renversant immédiatement dans les « tuyaux suivants pour recommencer une nouvelle opération. On lavait « la portion nettoyée en y faisant passer une abondante quantité d'eau, « jusqu'à ce que celle-ci en sortît claire et sans goût.

« Pour nettoyer les $247^m,60$ de conduite, ou pour enlever les 1540 à « 1550 kil. de dépôt, M. Charpentier a employé 2870 kil. d'acide muria-« tique, ce qui donne $11^k,58$ d'acide muriatique pour un mètre courant de « conduite et 185 à 186 kil. d'acide pour 100 kil. de dépôt enlevé.

« L'expérience du dégravellement partiel des $10^m,40$ de conduite dont « il est parlé plus haut, a employé, suivant M. Charpentier, 150 kil. d'acide; « d'où il résulterait que dans cette expérience partielle, un mètre courant « de tuyau aurait nécessité l'emploi de $13^k,15$ d'acide muriatique, et qu'il

« eût fallu 230 kil. d'acide pour entraîner 100 kil. de dépôt; cette différence ne peut provenir que d'une erreur, ou de l'économie que doit « apporter nécessairement dans l'opération une plus grande dimension.

« Dans le cours de chacune de ces opérations, l'orifice supérieur du « tube d'ajoutage dégageait du gaz acide carbonique. Et quand la liqueur « était en contact avec la fonte, il se dégageait de l'hydrogène sulfuré. Si « la conduite avait été à double courbure, il aurait fallu établir à chaque « sommet de courbure, une ventouse pour le dégagement du gaz. »

Vers la quatrième et la cinquième charge, le muriate de chaux qui sortait par le tampon, après un séjour de quelques heures dans la conduite, marquait 12 à 14 degrés à l'aréomètre. La liqueur sortait toujours par le tampon, boueuse et chargée de corps étrangers apparemment insolubles.

Signé Vigoureux.

Voici maintenant, Messieurs, le compte rendu par M. Charpentier lui-même.

Note *pour M. Blondel, administrateur des hôpitaux de Paris, relative au nettoiement de la conduite en fonte de l'hôpital du Midi et de Cochin.*

« Cette conduite d'eau avait $0^m,108$ de diamètre intérieurement, elle contenait beaucoup de précipité calcaire, c'est-à-dire de 0,027 à 0,035 tout à l'entour intérieurement et principalement à la sortie de l'eau de l'hôpital Cochin, et dans les angles elle était presque complètement obstruée.

On a pris cette conduite en cinq parties, c'est-à-dire trente-sept à trente-huit bouts de tuyaux de $1^m,30$ de longueur chaque, ce qui faisait en tout cent quatre-vingt-deux bouts ou $247^m,60$ de long environ

A une des extrémités de la première partie, on a adapté un tuyau de plomb du même diamètre, et au moyen d'un siphon, on y a fait arriver un filet de 6 à 8 millimètres d'acide hydrochlorique étendu d'eau et réduit à 4 degrés à l'aréomètre. Cette liqueur coulait constamment et arrivait saturée de calcaire à l'autre extrémité et marquait 8 degrés à l'aréomètre. On a laissé couler ainsi très-longtemps, puis on a augmenté le dégré de l'acide, et mis à 6 degrés au lieu de 4, et on a laissé emplir cette conduite d'acide, et laissé en contact en bouchant préalablement l'extrémité par laquelle on déversait la liqueur lorsqu'elle était saturée neutre, et on recommençait la même opération tant qu'il y avait de la matière adhérente aux parois intérieures de la fonte, ce qui a demandé sept et huit fois cette opération par chaque partie de 37 bouts de tuyaux de $1^m,30$. A la fin et pendant chaque opération le gaz acide carbonique et l'hydrogène se dégageaient par l'extrémité du tube de plomb recourbé par lequel on introduisait l'acide, et qui présentait une pression de $2^m,30$ à $2^m,60$. Chaque fois que l'on ôtait le bouchon, après avoir laissé réagir l'acide sur le carbonate de chaux pendant quelques heures, la liqueur ou le muriate de chaux qui en sortait marquait 12 et 13 degrés après avoir déposé.

Cette matière était très-épaisse et sale, et entraînait beaucoup de boue jaunâtre.

Enfin les nettoiements partiels ont tous été faits de la même manière.

Chaque fois qu'une partie était achevée, on y faisait couler de l'eau en abondance, et jusqu'à ce que cette eau fût claire et sans mauvais goût.

Lorsque l'on avait terminé une première partie, la dernière liqueur coulait acide, vu que la chaux était complétement dissoute; alors on mettait cet acide de côté pour s'en servir pour commencer la désobstruction de la partie suivante, afin de ne pas perdre cet excès d'acide.

M. Vigoureux, désirant suivre cette opération et s'assurer de l'exactitude, a fait démonter 8 bouts de tuyaux, les a fait nettoyer extérieurement, sécher et peser sans toucher à la matière qu'ils contenaient intérieurement et les a fait traiter séparément et avec soin. On a employé pour dissoudre le calcaire de ces 8 bouts ou $10^m,40$ de long, 150 kilog. d'acide muriatique à 22 degrés réduits en acide faible.

D'après les poids trouvés avant et après l'opération, ces 150 kilog. d'acide auraient dissous 75 kilog. de résidu calcaire. »

A ces détails, il nous reste à ajouter ceux de la dépense.

Avant l'opération, et afin de reconnaître si le manque d'eau de l'hôpital du Midi ne provenait pas d'une fuite, la conduite, dans toute sa longueur, avait été mise à découvert. Ce travail a été utile pour mieux apprécier le procédé de dégorgement, mais n'eût pas été indispensable.

Nous le comprendrons cependant dans la dépense, pour nous rendre compte de toute celle qui a été faite, et sauf à indiquer ensuite les économies qu'à l'avenir il serait possible d'obtenir.

Note des dépenses.

Terrasse. — Travaux de déblai et de remblai pour découvrir et recouvrir la conduite.			133 f.	40 c.
Dégravellement. — 4 bouteilles d'acide hydrochlorique à 22°, pesant 2870^k, à 18 c. 1/2 le kil.	516	60	737	10
Transports, quatre voyages.	20	0		
Frais d'emballage par bouteille à 50 c. . . .	20	50		
10 journées d'homme à 4 f. (2 hommes). . .	80	0		
Faux frais et bénéfices de M. Charpentier.	100	0		
Plomberie. — 4 journées de plombier et aide, fait.	32	94	282	74
11 *dito* un plombier seul.	52	25		
Fournitures de boulons et écrous, rondelles de tuyaux en plomb, charbon, etc. . . .	197	55		
Le total de la dépense est donc de.			1153 f.	29 c.

pour une conduite de 247 m, 60 c. de longueur, et d'un diamètre de 0,108, ayant de 0,01 à 0,03 de précipité autour de ses parois (1).

Nous joignons ici un plan de la conduite, afin qu'il soit d'autant plus facile d'apprécier l'opération qui a eu lieu.

Comme nous le disions au commencement, le succès a été complet : la circulation de l'eau dans les tuyaux se fait maintenant de la manière la plus régulière, et le service des deux établissements se trouve assuré.

Si l'administration, sans recourir au procédé que nous devons à M. D'Arcet, eût fait ce qui a lieu ordinairement; si elle eût remplacé la conduite, la dépense eût été de 5,000 francs environ.

Cherchant des moyens de parvenir au dégravellement sans renouveler les tuyaux, nous avions bien pensé à démonter tous les tuyaux et à les exposer à un feu ardent pour en détacher le dépôt calcaire; mais il est à craindre que le résultat n'eût pas été aussi complet que celui obtenu, et la dépense avait été évaluée, d'après un devis de l'architecte, à 1,265 f., savoir :

(1) Soit 4 fr. 26 cent. par mètre courant.

Deux stères de bois à brûler.	45 fr.	
800 boulons et écrous, à 80 c.	640	
250 cuirs de pression, de 0,17, à 1 fr. 25 c. .	312	50
15 journées pour 1 ouvrier et 1 aide.	135	
	1,132 f.	50 c.
Terrasse.	133	
En tout.	1,265 f.	50 c. (1)

Mais on comprend que des évaluations semblables n'offrent pas assez de garanties pour qu'on les prenne comme bases d'un calcul précis.

D'un autre côté, il a été bien reconnu que, à l'avenir, on pourra, en suivant le système proposé par M. D'Arcet, réduire encore la dépense en économisant sur le nombre des journées employées.

Aussi, Messieurs, nous semble-t-il important de recommander dans tous les établissements de l'administration, pour le dégravellement de conduites en fonte, l'emploi de l'acide hydrochlorique; et nous avons l'honneur de vous proposer en même temps de voter des remercîments à M. D'Arcet, pour le nouveau service qu'il a rendu aux intérêts des pauvres.

Paris, le 25 mars 1840.

Délibération du Conseil-général des hôpitaux de Paris.

Le Conseil-général,

Ouï le rapport écrit du membre de la commission administrative chargé de la deuxième division, qui expose qu'en 1839 la conduite en fonte qui amène à l'hôpital du Midi l'eau nécessaire à son service, était tellement engravée, que l'eau n'arrivait plus à l'hôpital qu'en très-petite

(1) Chauffer les tuyaux de fonte pour en détacher les dépôts terreux, et les nettoyer, est un procédé qui n'aurait certainement pas donné, comme nettoyage, les résultats que l'on pourrait s'en promettre, et qui aurait brisé ou déformé la majeure partie de ces tuyaux; en outre, on n'aurait pas évité les frais de terrassements, de démontage et de remontage que l'on supprime entièrement par l'acide, et c'est une question importante. Ph. G.

quantité, et refluait au contraire dans le réservoir de l'hôpital Cochin, qui est alimenté par la même concession;

Que, pour remédier à cet état de choses, on a, d'après les conseils de M. D'Arcet et en se conformant à ses indications, fait nettoyer la conduite dans toute sa longueur (247^m,60), en y faisant passer un courant d'acide hydrochlorique; que le résultat a complétement réussi; que la dépense ne s'est élevée qu'au chiffre de 1,200 francs environ, tandis que le renouvellement de la conduite eût coûté plus de 5,000 francs;

Qu'il est important de constater les avantages de ce procédé, afin que chaque établissement y recoure pour toute opération du même genre, et qu'il y a lieu d'adresser des remercîments à M. D'Arcet pour le nouveau service qu'il a rendu, dans cette circonstance, à l'administration;

Adoptant les conclusions de ce rapport, et après en avoir délibéré,

Arrête :

Art. 1er. Le rapport ci-dessus indiqué sera déposé aux archives pour y être consulté au besoin, et avis en sera donné aux différentes divisions de l'administration.

Art. 2. Il sera adressé, au nom du conseil, des remercîments à M. D'Arcet pour le concours éclairé qu'il a bien voulu prêter de nouveau à l'administration des hospices, dans l'intérêt des pauvres.

Le présent sera adressé double à la deuxième division, et simple aux 1e, 3e et 4e divisions.

Fait à Paris, le 8 avril 1840.

Signé : FOUCHER, *vice-président.*

Vu par le préfet, le 25 avril 1840.

Le secrétaire-général.

Nous donnons, pl. 1re, fig. 11, un petit tracé des dispositions à adopter pour ce travail.

a est la conduite de tuyaux de fonte, avec une pente régulière, comme l'était celle des hospices Cochin et du Midi.

b, le tuyau de plomb et son entonnoir, fixés solidement à la partie supérieure de la colonne et y faisant pression. C'est par le même tuyau *b* que se dégage tout l'acide carbonique.

c, tourille d'acide muriatique.

d, robinet placé au point le plus bas de la conduite, ou de la portion de conduite, sur laquelle on opère, pour régler l'écoulement de l'acide versé d'en haut, de manière qu'il ne sorte que saturé.

e, vase en terre ou en plomb, dans lequel on reçoit la dissolution de chlorure de calcium, qui s'écoule dans la colonne de tuyaux quand on ouvre le robinet *d*.

Plusieurs autres opérations de ce genre ont été depuis exécutées avec succès entier et sans aucune fouille, une entre autres sur des conduites d'eau en plomb obstruées complétement et même oubliées en terre depuis bien des années, et qui servaient de communication entre des pièces d'eau successives sur la côte qui domine Villeneuve-Saint-Georges.

ASSAINISSEMENT

DES SALLES DE SPECTACLE.

Note *sur l'assainissement des salles de spectacle* (1).

L'administration ayant eu, depuis une dizaine d'années, à autoriser la construction de plusieurs théâtres dans Paris, et à permettre la réparation de presque toutes les anciennes salles de spectacle qui y existent, a désiré réunir, dans ces constructions, tous les perfectionnements que l'on peut attendre de l'heureuse direction que les sciences ont reçue dans ces derniers temps; le conseil de salubrité s'est, en conséquence, trouvé chargé d'examiner la question dont il s'agit, relativement à chaque théâtre en particulier, et a dû faire des rapports qui ont servi de base aux décisions prises à ce sujet par l'administration. Il est résulté de cette nécessité d'étudier la question sous ses différents points de vue une connaissance approfondie du sujet, et la possibilité de construire un théâtre qui réunisse enfin toutes les conditions désirables dans de pareils établissements. Le conseil de salubrité est donc maintenant en état de publier un très-bon mémoire sur cette matière, et l'on doit désirer qu'il entreprenne ce travail. En attendant ce travail, ayant été chargé, par la commission d'assainissement des théâtres, qu'il avait nommée dans son sein (2), de

(1) Publiée dans les *Annales d'hygiène publique*, t. 1er, p. 152. Avril 1829.

(2) La commission chargée de l'assainissement des théâtres était composée de M. Bérard, vice-président du conseil de salubrité, et de MM. Cadet de Gassicourt, Marc et D'Arcel, membres de ce conseil.

La commission a eu à s'occuper successivement de l'assainissement de l'Odéon, de l'Opéra, du Gymnase, des Variétés, du Théâtre-Français, de la salle des Nouveautés et du théâtre Favart.

Le théâtre des Nouveautés est celui où l'on a suivi le plus exactement les avis de la commission, aussi pourrait-on le citer comme modèle, si l'on y faisait fonctionner plus régulièrement les appareils et les moyens d'assainissement qui y sont établis.

la rédaction de la plupart des rapports dont nous avons parlé plus haut, nous avons pensé qu'il serait utile d'insérer, dans les *Annales d'Hygiène*, un article dans lequel se trouverait réuni tout ce qui concerne l'assainissement des salles de spectacle : nous nous sommes, en conséquence, engagés à y résumer les travaux du conseil de salubrité sur cet objet (1).

Le but du journal pour lequel nous rédigeons cette note, nous impose la condition de ne parler, en nous occupant des salles de spectacle, ni de ce qui a rapport à leur distribution, ni des soins que l'on doit prendre en y appliquant les lois de l'acoustique et la théorie de la lumière, ni même des moyens à employer pour y diminuer le danger de l'incendie (2) ; nous laisserons cette tâche difficile à la commission chargée de l'assainissement des théâtres ; nous ne nous occuperons que de ce qui a plus directement rapport à l'hygiène dans la question dont il s'agit, et nous n'aurons ainsi qu'à parler des procédés à suivre dans les théâtres pour y maintenir une température constante et convenable ; des moyens à employer pour y entretenir la pureté de l'air ; des constructions à faire pour en rendre les latrines absolument inodores, et enfin des mesures générales à prendre pour obtenir tous les avantages possibles des constructions et des procédés dont nous recommandons l'usage (3).

I. — *Du chauffage des salles de spectacle, et des moyens à employer pour y rafraîchir l'air à volonté.*

Le chauffage des théâtres doit se faire par trois procédés différents : il faut établir des caisses chauffées au moyen de la vapeur, et placées au niveau du sol, dans le vestibule, au foyer, et à chaque étage, dans les corridors de la salle. On donnera ainsi aux spectateurs qui y affluent le

(1) Ce qui sera trouvé bon dans cette note doit être attribué au conseil de salubrité ; quant à ce qui pourrait être jugé différemment, écrivant en notre nom seul, nous devons en accepter toute la responsabilité.

(2) Voyez la note qui suit ce travail, page 273 de ce volume.

(3) Les théâtres des anciens n'étaient pas couverts, ou ne l'étaient au besoin qu'avec de simples toiles ; ils n'avaient pas de latrines dans leur intérieur, et n'étaient fréquentés que pendant le jour ; ils étaient donc, pour cela même, beaucoup plus salubres que ne le sont les théâtres modernes non ventilés. On sait cependant que la température s'élevait souvent assez, dans les anciens théâtres, pour que les spectateurs en fussent incommodés, et que l'on cherchait alors à éviter cet inconvénient par des arrosages fréquents, et même en répandant sur toute la salle de l'eau réduite en pluie fine, par le moyen de pompes et d'autres appareils convenables.

moyen de se chauffer promptement les pieds, et on contribuera à l'échauffement général (1). La vapeur doit encore être appliquée au chauffage d'un nombre considérable de récipients placés comme ornements, et faisant l'office de poêles dans le foyer et dans les corridors des différents rangs de loges.

Le désir que l'on a en France de voir le feu, exige qu'il y ait au foyer une ou deux cheminées ordinaires, et il faut, en outre, établir dans les caves du théâtre de bons appareils calorifères, capables d'échauffer tout l'air neuf qu'exige l'assainissement de la salle. Cet air doit pouvoir être élevé, par le moyen de ces calorifères, à la température de 25 à 30 degrés centigrades; il doit d'ailleurs être introduit dans la salle par les bouches de chaleur placées dans le vestibule, et au pied de chacun des escaliers principaux, et dans la partie inférieure des corridors des loges, comme on le voit en *l*, *l'*, *l''*, planche 27, figures 1 et 2. Cet air chaud y est amené des calorifères placés dans les caves *m*, *m*, par des conduits *n*, *n*, établis dans les murs (2).

On voit qu'en réunissant ces trois moyens de chauffage, et qu'en s'en servant de la manière la plus convenable pour la circonstance et pour la saison où l'on se trouve, l'on doit facilement arriver à procurer à l'air de la salle la température nécessaire, et qui ne doit pas s'élever, selon nous, à plus de 16 degrés centigrades.

Quant à l'échauffement de la scène, nous pensons qu'on ne doit l'opérer qu'au moyen de la vapeur, afin d'y diminuer le danger d'incendie, et nous sommes assurés que les acteurs se trouveraient fort bien de l'application de la vapeur au chauffage de la scène, par les deux moyens dont nous avons parlé plus haut. Nous pensons que la même mesure devrait être adoptée pour le chauffage des loges d'acteurs, et, en un mot, partout où l'incendie est particulièrement à redouter.

Voici ce que nous avons cru devoir dire, relativement au chauffage des salles de spectacle: quant au rafraîchissement de l'air frais qui doit y être introduit pour l'assainissement pendant l'été, nous ne voyons que

(1) On peut voir, à ce sujet, le chauffage de la Bourse dont nous donnerons la description dans le second volume de ce Recueil. On la trouvera aussi dans le *Bulletin de la Société d'encouragement*, tome XXVII, page 202, et dans les *Annales de l'Industrie française et étrangère*, tome I, pages 233 et 240. — 1828.

(2) Il faudrait pour bien faire, mélanger une quantité convenable de vapeur à cet air chaud avant son arrivée aux bouches de chaleur : on éviterait ainsi une des plus grandes causes de l'insalubrité des salles de spectacle, qui se trouve dans la trop grande sécheresse de l'air respiré par les spectateurs.

trois moyens à employer : le premier, qui, dans l'état actuel des choses n'est pas praticable, serait de mettre cet air en contact avec de la glace, avant de le faire arriver dans la salle; le second, que l'on ne doit pas négliger d'employer, et qui ne laisse pas que d'être efficace, consiste à disposer les caves ou les souterrains du théâtre de manière à y faire parcourir, selon le besoin, à l'air qu'on y prend, le plus long trajet possible, avant de le conduire dans le vestibule et au bas des escaliers; le troisième enfin, qui peut presque suffire à lui seul pendant neuf ou dix mois de l'année, et qui se trouve dans l'emploi de l'air extérieur, toutes les fois que sa température est inférieure à 16 degrés. On conçoit qu'en faisant un usage raisonné de ces différents moyens, on pourra facilement régulariser la température de l'air dans le théâtre : nous expliquerons d'ailleurs, dans le chapitre suivant, comment l'air chaud ou frais sera appelé dans la salle, et comment il y sera, en tout temps, également réparti sur tous les points.

II. — *De la ventilation à opérer dans les salles de spectacle, pour en obtenir l'assainissement.*

Il y a cinq conditions principales à réunir pour assainir une salle de spectacle. Il faut que la température de l'air y soit celle que l'on désire, 16 degrés centigrades, par exemple; que cette température y soit à peu près constante pendant toute la durée du spectacle; que l'air y soit continuellement renouvelé pour qu'il n'y ait pas diminution sensible de son oxygène (1) et qu'il ne s'y trouve surtout ni miasmes ni gaz délétères en quantité nuisible; que la ventilation n'établisse pas des courants d'air gênants; enfin que cet air soit chargé, autant que possible, en arrivant dans la salle, de la moitié de l'eau qu'il doit contenir pour en être saturé à la température de 16 degrés. On voit que les moyens de chauffage et de refroidissement que nous avons indiqués tendent

(1) On a souvent analysé l'air pris dans les anciennes salles de spectacle, pendant les représentations gratuites, et on a toujours trouvé que la proportion d'oxygène n'y était que très-faiblement diminuée. La commission d'assainissement des théâtres a fait, à ce sujet, un grand nombre d'expériences, dont les résultats se sont parfaitement accordés avec ceux qui avaient été obtenus, dans de pareilles circonstances, par MM. Lavoisier, Séguin, de Humboldt et Gay-Lussac. Une seule fois la commission a trouvé l'oxygène réduit à la proportion de 19,278; c'était en analysant de l'air pris dans une des secondes loges de face du Vaudeville, un jour de représentation gratuite, la salle étant pleine et la température y étant de 32° centigrades, malgré l'ouverture de toutes les fenêtres, et quoique l'air extérieur ne marquât que 15 degrés.

déjà à faire obtenir les avantages dont il s'agit. Nous allons décrire maintenant les appareils à employer pour mettre tout en jeu et pour opérer dans la salle la ventilation forcée nécessaire à son assainissement.

On a proposé à diverses époques, et dans différents pays, de ventiler les salles de spectacle, en faisant usage de moyens mécaniques, plus ou moins compliqués. Nous ne discuterons pas ici la valeur de ces procédés, qui ont tous été abandonnés : nous ne parlerons que du moyen de ventilation que nous avons employé, et qui nous a réussi au delà de nos désirs.

Ayant constaté par de nombreuses expériences que l'échauffement de l'air par la combustion de l'huile ou du gaz servant à l'éclairage des lustres, était plus que suffisant pour bien opérer la ventilation des théâtres, nous n'avons eu qu'à y établir les appareils nécessaires pour employer utilement et pour pouvoir régulariser à volonté ce moyen d'appel. Il nous a suffi pour cela de faire élever, à l'aplomb du lustre, une cheminée de grandeur convenable, montant au-dessus de la toiture, ne communiquant avec la salle que par l'ouverture percée au-dessus du lustre et portant assez haut dans l'atmosphère tout l'air vicié qui doit être évacué. On voit la coupe de cette cheminée d'appel à la planche 27, en *a*, fig. 1. Nous avons fait établir en outre une seconde cheminée d'appel, en tout semblable à la première, au-dessus de la scène, comme on le voit en *b*, même fig., et nous avons fait garnir ces cheminées de trappes à deux ventaux *v x*, servant à en diminuer à volonté les ouvertures.

Ces deux cheminées d'appel nous donnent le moyen de chasser au dehors l'air renfermé dans le théâtre, soit du côté de la scène, soit du côté de la salle. Il reste alors à prendre les mesures les plus convenables pour introduire dans le théâtre l'air nécessaire à la ventilation, sans gêner en rien les spectateurs. Voici comment nous nous y sommes pris pour arriver à ce but. L'expérience ayant prouvé que c'était dans la salle même qu'il fallait renouveler l'air, et non sur la scène, nous avons pensé à faire entrer l'air des corridors dans la salle par des ouvertures ménagées dans les planchers des loges, et qui amènent l'air chaud ou frais au bas de leur devanture. On voit en *c d* et *e f*, fig. 2, la coupe des deux constructions qui ont été employées à cet effet. Dans la première, l'air pénètre du haut du corridor *g*, au bas de la devanture des loges *h*, par des tuyaux *c d* passant à travers leur plancher; dans la seconde, l'air est conduit au-dessous du plancher et un peu en arrière de la devanture des loges *h'*, au moyen d'un faux plafond *ef* qui communique, d'un côté, avec le haut du corridor, et, de l'autre, avec la salle. On conçoit qu'en multipliant ces tuyaux, ou qu'en prolongeant le faux plafond tout autour de la salle, et en en plaçant à chaque rang de loges, on arrivera facilement à pouvoir introduire ainsi dans la salle l'air pris au haut des corridors, en assez grande quantité pour suffire à la ventilation exigée et que commande l'appel du lustre. Les portes des loges peuvent donc être alors ouvertes sans que les spectateurs qui s'y trouvent soient exposés à un courant d'air toujours gênant, et qui, dans l'ancien état de choses, était souvent dangereux. On a, en outre, fait établir une communication entre chaque loge et la grande cheminée d'appel placée au-dessus du lustre, au moyen d'un système de tuyaux de petit diamètre, logés dans l'épaisseur des cloisons, ce qui donne le moyen d'établir une légère ventilation au fond de chaque loge. Au haut de chaque porte de loge a été aussi ménagé un petit vasistas, qui ferme une ouverture garnie de toile métallique, pour que le spectateur puisse introduire à volonté, dans sa loge, de l'air du corridor sans en être gêné. Enfin, on a établi une communication directe entre le plafond de l'amphithéâtre du cintre I, quand il en existe, avec la grande cheminée d'appel *a*, au moyen de gaînes en bois *k*, qui y établissent une ventilation constante.

Telles sont les principales constructions exécutées pour parvenir à ventiler convenablement les salles de spectacle. Nous insisterons, par la suite, sur les précautions à prendre pour en obtenir constamment les avantages que nous avons indiqués.

III. — *De la nécessité de rendre complétement inodores les cabinets d'aisances établis dans les théâtres.*

On sait combien les anciennes salles de spectacle étaient infectées par les latrines qui y étaient établies, combien de réclamations ce grave inconvénient a fait élever contre les architectes qui les avaient construites.

Nous sommes à présent plus avancés en ce genre ; la désinfection des lieux d'aisances est plus facile à obtenir, et il ne serait plus pardonnable de négliger ce soin dans les endroits où se rassemble le public, et surtout dans les théâtres, lieux de féerie et de plaisir.

La désinfection des cabinets d'aisances d'une salle de spectacle bien construite doit être opérée par des moyens d'autant plus puissants, que le théâtre doit être plus fortement ventilé; il faut en effet que l'appel établi sur la fosse l'emporte toujours sur l'appel auquel l'air de la salle se trouve soumis; car, sans cela, l'air extérieur traverserait la fosse, les conduits de chute et les cabinets, et viendrait ensuite porter l'infection dans toutes les parties du théâtre. On ne saurait donc trop soigner cette partie de la construction : non-seulement les latrines d'un théâtre ne doivent pas répandre de mauvaise odeur dans les corridors, mais elles doivent au contraire pouvoir contribuer à leur assainissement. Nous recommandons bien de ne rien négliger pour arriver à ce but; nous n'indiquerons pas ici les moyens à employer pour l'obtenir; nous ne pourrions pas le faire sans allonger beaucoup trop cette note; nous croyons préférable de renvoyer le lecteur au mémoire que nous avons rédigé à ce sujet, sur la demande du conseil-général des prisons, et dans lequel nous avons exposé avec beaucoup de détails les procédés employés pour désinfecter les lieux d'aisances, même dans les circonstances les plus difficiles que l'on puisse rencontrer (1).

IV. — *De la conduite des appareils de chauffage et de ventilation, et de l'emploi des moyens d'assainissement dont il a été parlé dans les paragraphes précédents.*

Pour abréger, autant que possible, ce qui nous reste à dire, nous supposerons que nous avons à diriger l'emploi des moyens dont il s'agit, dans une grande salle de spectacle, un jour de représentation publique donnée pendant l'hiver. Nous dirons ensuite comment il faudrait se conduire si cette représentation avait lieu en été, et nous terminerons par quelques considérations générales qui contribueront à éclairer la question qui nous occupe.

Chargés de cette mission, nous commencerions par faire fonctionner les calorifères assez à temps pour que la température de la salle fût élevée, sans ventilation, à 16 degrés, une heure avant son ouverture, et nous demanderions que la vapeur commençât à arriver à la même époque dans les récipients qui doivent la recevoir; nous rallentirions alors convenablement la combustion dans les calorifères, et nous ferions allumer le feu dans les cheminées du foyer; puis ensuite nous conduirions concurremment ces trois modes de chauffage, de manière à maintenir

(1) Ce mémoire se trouve page 137 de ce premier volume du Recueil.

la température de la salle à environ 16 degrés centigrades : ce qui serait facile, en modérant la ventilation au moyen des volets placés dans la cheminée d'appel, et en augmentant le feu dans les calorifères s'il y avait refroidissement, ou en faisant le contraire dans le cas où la température de l'air s'élèverait au-dessus du degré indiqué.

Les spectateurs qui arrivent au théâtre s'échaufferaient rapidement les pieds dans le vestibule, en s'y plaçant sur des plaques portées à 100 degrés par la vapeur directe; ils auraient en outre les courants d'air sortant des bouches de chaleur *l l'*, pour le chauffage des mains, et seraient enfin entourés d'un courant d'air chaud quand ils monteraient par les escaliers aux différents étages de la salle.

L'air chaud répandu dans tous les corridors par les cages des escaliers, s'élèverait vers les plafonds de ces corridors, pénétrerait dans la salle par les ouvertures dont on voit la coupe aux lettres *c*, *d*, *e*, *f*, fig. 2, et, obéissant à l'appel du lustre, irait, en ventilant toute la salle, sortir au-dessus du toit, par la cheminée d'aérage que l'on voit en *a*, fig. 1re.

S'il s'agissait de maintenir l'air de la salle à 16 degrés en été, il faudrait ouvrir toutes les fenêtres et les cheminées d'appel pendant la nuit entière, les bien fermer à la pointe du jour, et y gêner alors le plus possible l'entrée de l'air extérieur; il ne resterait plus qu'à ventiler la salle au moment de son ouverture, en y introduisant la quantité d'air convenable, prise d'abord dans les souterrains du théâtre, et plus tard, au dehors du bâtiment, quand la température extérieure ne dépasserait pas le degré que l'on veut obtenir dans la salle. En agissant ainsi, il sera rare que l'on ne puisse pas arriver à maintenir l'air de la salle à peu près à 16 degrés centigrades; si cependant la température extérieure dépassait 20 degrés, l'expérience a prouvé qu'il deviendrait alors nécessaire de monter le lustre plus près de l'ouverture de la cheminée d'appel, pour y élever convenablement la température, ce qui établirait de suite le courant ascensionnel nécessaire à l'assainissement de la salle (1).

On voit que les circonstances les plus difficiles ne se présentent qu'en été et seulement lorsque la température de l'air extérieur se trouve, dans la soirée, être supérieure à 20 degrés; heureusement, c'est aussi en été qu'il y a le moins d'inconvénient à porter la température de l'air

(1) La température de l'air prise au-dessus du lustre, dans la cheminée d'appel, est ordinairement de 20 à 25 degrés centigrades; nous avons vu cette température s'élever jusqu'à 41 degrés au-dessus du lustre dans un ancien théâtre non ventilé.

au-dessus de 16 degrés dans les théâtres, et c'est d'ailleurs à cette époque de l'année que les spectacles sont le moins fréquentés.

Nous ferons maintenant observer qu'en établissant une communication entre le fond de chaque loge et la grande cheminée d'appel *a*, par des tuyaux de petit diamètre, on aura non-seulement l'avantage de faire participer plus directement ces parties de la salle à la ventilation générale, mais que cette disposition donnera en outre le moyen de faire arriver la voix de l'acteur et les moindres sons, jusque dans le fond des loges les plus éloignées; en effet, il suffirait alors, pour obtenir ce résultat important, de fermer les volets de la cheminée d'appel *b* et de rétrécir le plus possible l'ouverture de la cheminée de ventilation *a* qui se trouve au-dessus du lustre (1).

Ce que nous venons de dire montre qu'il faudrait agir en sens contraire, c'est-à-dire fermer presque entièrement les volets de la cheminée d'appel *a*, et ouvrir ceux de la cheminée d'appel *b* placée au-dessus de la scène, si l'on voulait brûler de la poudre, produire toute autre fumée ou dégager des odeurs désagréables sur la scène, sans les laisser pénétrer dans la salle; en fermant en effet toutes les portes et les fenêtres du côté de la scène, ouvrant sa cheminée d'appel et fermant le plus possible celle du lustre, il est évident que le courant d'air général s'établirait de suite en sens contraire, passerait de la salle sur la scène, refoulerait la fumée de ce côté et la chasserait au-dessus du toit, en l'obligeant à passer par la cheminée *b*, fig. 1 : l'on voit combien cette manœuvre serait faite utilement pendant les pièces à grand spectacle, où l'on est quelquefois infecté si longtemps, dans les théâtres mal construits, par la fumée qui y arrive de la scène, et qui, faute de ventilation, est obligée de s'y condenser ou de n'en sortir que très-lentement (2). Nous rappellerons enfin que les appels, agissant partout sur l'air contenu dans la salle, donnent encore le moyen d'assainir les loges des acteurs, presque toujours très-petites et peu ou point ventilées, et par conséquent fort insalubres. Il

(1) Il faudrait, pour bien faire, pouvoir faire jouer les volets des cheminées d'appel de l'orchestre même, afin que l'on pût s'en servir régulièrement et sur-le-champ toutes les fois que l'occasion s'en présenterait.

(2) Le luxe fut porté si loin dans les théâtres des anciens, que l'on y parfumait l'air en en arrosant les corridors, les escaliers et les gradins avec des liqueurs odoriférantes. Si l'on voulait rétablir cet usage dans les salles de spectacles bien ventilées, il suffirait de mettre l'air nécessaire à la ventilation, en contact avec des substances odorantes, avant de l'introduire dans le vestibule et au bas des escaliers; l'on parfumerait ainsi l'air bien plus également que les anciens ne pouvaient le faire par simple arrosement.

suffirait, en effet, pour les assainir, de les faire communiquer avec la scène, par le moyen de tuyaux d'un petit diamètre, placés près de leur plafond, ce qui les soumettrait à l'action de l'appel général et obligerait l'air à s'y renouveler continuellement.

V. — *Des mesures à prendre pour obtenir les résultats avantageux que l'on peut attendre des constructions et des appareils dont nous avons parlé précédemment.*

L'expérience nous a malheureusement prouvé, dans l'exécution du travail dont il s'agit, qu'il ne suffisait pas que l'administration voulût le bien pour que le bien s'opérât. C'est sans doute un très-grand pas de fait vers l'assainissement complet des théâtres que d'ordonner aux personnes qui les font construire d'y réunir tous les moyens de salubrité ci-dessus indiqués; mais les difficultés que nous avons eu à vaincre pour faire établir ces appareils, et les observations critiques que nous avons eu à faire relativement à leur emploi journalier, nous ont prouvé qu'il restait quelques mesures administratives à prendre pour arriver au but. Nous pensons qu'il faudrait, lors de la construction ou de la réparation d'un théâtre, qu'une commission fût chargée de s'entendre avec l'architecte, relativement à toutes les précautions nécessaires pour garantir la sûreté et le bien-être des spectateurs. Le projet signé par la commission serait soumis à l'autorité qui, l'approuvant, en ordonnerait la stricte exécution, et chargerait la commission de *la surveiller* dans les limites de ses attributions. On arriverait ainsi à avoir des salles de spectacle qui présenteraient tous les avantages dont nous avons parlé; il ne resterait plus qu'à bien tirer parti des moyens de sûreté et d'assainissement établis: or rien n'a été exigé pour cela jusqu'ici, et c'est pour cela que le public a jusqu'à présent peu profité des grandes améliorations introduites depuis dix ans dans nos théâtres sous le rapport de leur assainissement. Nous pensons qu'on arriverait au résultat le plus favorable en attachant à chaque théâtre un inspecteur spécial pour cette importante partie du service. Des hommes instruits, nous le savons, se chargeraient *gratuitement* et bien volontiers de cette tâche, et nous recommandons vivement l'exécution de cette mesure tant aux propriétaires des théâtres dont elle augmenterait sans doute le revenu, qu'à l'administration qui y trouverait le seul moyen infaillible d'atteindre avec certitude le but si utile qu'elle s'est proposé (1).

(1) Nous pensons que l'on trouverait facilement la capacité, l'exactitude et le loisir désirables

Nous n'ajouterons rien à ces considérations; elles nous paraissent suffire pour appeler l'attention sur un sujet aussi important que l'est l'assainissement des salles de spectacle, alors que le théâtre est regardé par toutes les classes de la société comme le délassement le plus convenable et comme la jouissance la plus vive.

Nous n'avons considéré ce sujet que dans son ensemble; il eût fallu, pour en calculer tous les détails, entrer dans une foule de développements qui nous eussent éloigné de notre but; nous devons d'ailleurs laisser ce soin à la commission d'assainissement des théâtres, qui possède tous les moyens d'épuiser la question, et qui ne tardera pas sans doute à la traiter. En attendant, nous disons que les choses sont arrivées à un tel point que l'on peut regarder l'assainissement de nos théâtres comme très-facile à obtenir. Nous faisons des vœux pour que l'administration se pénètre de cette vérité, et pour qu'elle prenne enfin la dernière mesure que nous avons indiquée, et qui serait, sans contredit, aussi avantageuse aux propriétaires des théâtres qu'utile et agréable aux nombreuses personnes qui fréquentent ces lieux de réunion.

De l'incendie des salles de spectacle, et de l'emploi d'un rideau de toile métallique pour garantir la partie du bâtiment opposée à celle où prend le feu (1).

Ayant lu dans le n° 10, octobre 1826, du *Bulletin des sciences technologiques*, p. 260, un article dans lequel on annonce qu'un rideau de *tôle* vient d'être établi au théâtre de Vienne en Autriche, et craignant que l'on n'ait, en cela, suivi l'exemple donné à Paris, lors de la reconstruction de l'Odéon, après son second incendie, j'ai cru utile de publier la note

parmi les médecins et les pharmaciens retirés des affaires. On conçoit que de bons choix faits dans cette classe honorable de la société présenteraient les plus grandes garanties de succès. Il suffirait sans doute, pour mettre cette mesure à exécution, que les places d'inspecteur de la salubrité des théâtres fussent données par l'administration, et que chaque propriétaire offrît les grandes entrées à l'inspecteur qui serait chargé de la surveillance de son théâtre sous le rapport de l'assainissement.

(1) Cette note a été imprimée dans les *Annales de l'industrie manufacturière*, tome Ier, page 97, et dans le *Bulletin universel des sciences et de l'industrie*, v^e^ section, janvier 1827.

suivante, pour empêcher un tel exemple de propager l'emploi des rideaux de *tôle* dans les salles de spectacle, et dans le cas contraire, pour garantir de toute responsabilité l'administration française et les différentes commissions qui ont été consultées à ce sujet. J'ai été membre de ces commissions, et j'espère, quoique n'écrivant pas au nom de mes anciens collègues, ne rien dire qui puisse être désapprouvé par eux.

Il fallut aviser, après le second incendie de l'Odéon, aux moyens de reconstruire cette salle de spectacle (1) dont il ne restait plus que la coque, et dont les gros murs étaient, dans certaines parties, profondément calcinés. Une commission fut chargée d'indiquer les précautions à prendre pour éviter à l'avenir un pareil désastre. Parmi celles qui furent proposées, se trouvaient la construction d'un mur épais partageant le bâtiment en deux parties à l'aplomb de l'avant-scène, et l'emploi d'un rideau de *tôle* pour fermer exactement, en cas d'incendie, l'ouverture de la scène, seule grande ouverture conservée dans le mur de séparation.

J'avais, par hasard, vu et bien observé, en 1799, le premier incendie de l'Odéon; j'avais alors remarqué que le feu s'était propagé rapidement du côté du théâtre, sans qu'il y eût de fumée dans la salle, et j'avais même pu rester fort longtemps dans une des secondes loges du côté gauche, sans être gêné par la chaleur, et n'ayant à me garantir que du grand courant d'air qui traversait la salle, et allait activer la combustion des décorations et des charpentes sur le théâtre. Presque tout le théâtre était en feu; mais la salle était encore intacte lorsqu'il se détacha du côté gauche du cintre, une pièce de bois enflammée qui, rebondissant par dessus la rampe, tomba d'abord dans l'orchestre, et vint ensuite mettre le feu à la garniture d'une des banquettes du parterre. Alors commença l'incendie de la salle; mais le courant d'air qui la traversait était si rapide, que la fumée se dirigeait presque horizontalement vers le théâtre, et le feu faisait des progrès peu sensibles dans le parterre. Je fus témoin de cet effet pendant plus d'une demi-heure, et je vis l'orchestre et le parterre presque tout en feu, sans qu'il y eût sensiblement de fumée dans la salle, au-dessus du premier rang de loges. Je fus obligé de travailler à la manœuvre d'une pompe, et privé d'observer plus longtemps la catastrophe dont il s'agit.

(1) J'entends par *salle de spectacle* le bâtiment entier, se composant de la *salle*, qui est la partie où se placent les spectateurs, et du *théâtre*, qui est la portion du bâtiment où sont les décorations, et où paraissent les acteurs. L'*avant-scène* est la partie du théâtre qui est la plus voisine de l'orchestre.

Nommé en 1818, après le second incendie de l'Odéon, membre de la commission dont j'ai parlé, et me rappelant ce que je viens de rapporter au sujet du premier incendie de ce théâtre, je m'opposai fortement à l'adoption du rideau de *tôle* proposé par l'architecte qui était alors chargé de la reconstruction de l'Odéon; je dis que c'était au contraire un rideau de *toile métallique à grandes mailles* qu'il fallait employer. La commission reconnut que le rideau de tôle, loin de garantir une des moitiés du bâtiment, ne servirait qu'à en hâter la destruction. En effet, en cas d'incendie, la tôle ainsi exposée à l'action du feu serait promptement élevée à la température rouge; la couche d'air en contact avec ce rideau du côté opposé au feu prendrait alors un mouvement ascensionnel et une haute température, et irait porter l'incendie au cintre du théâtre ou au plafond de la salle, suivant le côté où le feu se serait déclaré: ce rideau ne résisterait d'ailleurs pas, à moins d'être construit très-solidement, à l'énorme pression que le courant d'air lui ferait éprouver. On sentit que le rideau de toile métallique pourrait au contraire procurer de grands avantages en cas d'incendie; qu'il empêcherait les morceaux de charpente enflammés de tomber du côté du bâtiment opposé à celui où l'incendie se serait déclaré; qu'il permettrait aux pompiers de continuer à lancer de l'eau de tous côtés sur la partie incendiée du bâtiment; qu'il s'établirait un courant d'air si rapide à travers la toile métallique, que ni les étincelles ni les menus charbons allumés ne pourraient en traverser les mailles; que cette toile serait d'ailleurs continuellement refroidie par le courant d'air qui passerait à travers, ainsi que par l'eau qu'on lancerait sur ses mailles et sur le feu (1), et il fut reconnu, en un mot, qu'elle ne présenterait aucun des inconvénients signalés en parlant des effets probables de l'emploi d'un rideau de tôle (2). Ces considérations et celle de la grande différence des prix

(1) On trouve dans les faits suivants une preuve bien remarquable du refroidissement qu'une ventilation énergique ferait éprouver, en cas d'incendie, au rideau de toile métallique dont il s'agit.

On sait qu'un morceau de toile d'un tissu peu serré peut être séché, devant un grand feu, sans être brûlé.

Je n'ai jamais vu brûler les rideaux dont les doreurs se servent pour fermer à volonté tout ou partie de l'ouverture antérieure de leurs forges, malgré le grand feu qu'on y fait très-près de ces rideaux, lorsqu'ils sont fermés.

(2) Supposons que le feu prenne aux décorations d'une salle de spectacle convenablement disposée, dans laquelle un gros mur séparerait la salle *o* du théâtre *p*, pl. 27, fig. 1, et où l'on pourrait, à volonté, fermer l'ouverture de la scène au moyen d'un rideau de toile métallique que l'on voit de face, fig. 4; voici ce qu'il y aurait à faire pour diminuer autant que possible la perte causée

entre les deux espèces de rideau, décidèrent la commission à conseiller d'établir au théâtre de l'Odéon un rideau de *toile métallique* en fil de fer, de 4 millimètres environ de diamètre, et à mailles carrées ayant à peu près 54 millimètres de côté. Le rapport de la commission fut approuvé par l'autorité; mais on ne sait par quel malentendu, au lieu de mettre à exécution ce qui avait été conseillé par la commission, on fit établir à ce théâtre un *rideau de tôle plein*, suivant le premier projet qui avait été discuté et rejeté. La commission n'apprit cela que lors de l'ouverture du théâtre, elle réclama avec énergie contre un état de choses qui la compromettait si fortement. L'autorité fit examiner de nouveau la question par des commissions qui furent successivement d'avis que le rideau de tôle placé au théâtre de l'Odéon ne remplirait pas, en cas de besoin, le but que l'on s'était proposé, et que probablement son usage entraînerait

par l'incendie. Il faudrait faire usage des premiers secours; tels qu'on doit toujours les avoir sous sa main, et envoyer chercher tout de suite les pompiers; avertir, s'ils en venaient à désespérer d'éteindre l'incendie à sa naissance, et de sauver le théâtre. Cet avis donné, il faudrait sur-le-champ changer le système, fermer la cheminée d'appel *a* qui se trouve au-dessus du lustre, abaisser le rideau de toile métallique *q*, ouvrir toutes les portes du vestibule, des corridors et des loges inférieures de la salle; il faudrait ouvrir les volets de la cheminée d'appel du théâtre *b* et casser, à coups de pierres ou autrement, tous les carreaux des croisées du comble du théâtre et des étages les plus élevés du fond du bâtiment: on établirait ainsi un grand courant d'air qui, en entrant dans le vestibule, passant par la salle, traversant le rideau de toile métallique, refoulerait la flamme et la fumée vers le théâtre, et au dehors, par la cheminée d'appel du théâtre *b* et par les fenêtres de son comble et de ses étages supérieurs. Cela fait, accélérer, par tous les moyens possibles, la chute des charpentes enflammées dans les dessous du théâtre, afin d'éviter la calcination des gros murs. Les pompiers placés au parterre arroseraient les fils de la toile métallique, et en écarteraient les flammes, en y lançant assez d'eau. Quelques-uns d'eux, armés de longues perches, seraient en mesure de repousser sur le théâtre les décorations ou les charpentes enflammées qui, en tombant, viendraient s'appuyer sur les mailles du rideau; d'autres surveilleraient l'intérieur de la salle pour y éteindre les flammèches s'il en passait par hasard quelques-unes à travers la toile métallique. L'incendie, concentré dans les dessous du théâtre, s'éteindrait ensuite facilement par les moyens ordinaires.

En manœuvrant ainsi, on parviendrait aisément à garantir la salle, et il en serait de même du théâtre si c'était la salle qui eût pris feu, en employant les mêmes moyens, mais en sens contraire. On voit que dans ce système, aussitôt que les pompiers désespèrent de sauver le mobilier de la partie incendiée, on considère la salle de spectacle comme une espèce de fourneau dans le foyer duquel il faut concentrer le feu, et agir de manière à éloigner le plus vite possible les matières enflammées du courant d'air et des parois du foyer; on arrivera sans doute aisément à ce but, en se conduisant comme il a été dit plus haut, et ce sera surtout chose facile dans les salles de spectacle où les combles sont construits en fer forgé et voûtés en briques creuses. On voit, fig. 3, une salle de spectacle dont la scène est embrasée et où la salle est préservée par le rideau métallique et le puissant courant d'air qui s'établit à travers cette salle; les pompiers sont occupés à arroser le rideau, et d'autres, sous le parterre, envoient de l'eau sur la scène même par une petite fenêtre *r*, réservée dans le gros mur *s*.

au contraire, en cas de feu, ou sa propre destruction ou l'incendie général du bâtiment. Les rapports particuliers de M. l'architecte de la préfecture de police vinrent appuyer ces conclusions. Il fut alors décidé qu'il fallait au plus tôt convertir le rideau de tôle de l'Odéon en un rideau métallique à jour, et que, pour ne pas perdre la dépense occasionée par la construction du rideau de tôle, on pourrait ou le cribler de trous ou enlever jusqu'à une certaine hauteur les feuilles de tôle de ce rideau, et les remplacer par de la toile métallique. Il aurait bien mieux valu sans doute faire enlever tout le rideau de tôle et en vendre les matériaux, dont la valeur aurait été plus que suffisante pour payer l'établissement d'un bon rideau en toile métallique, tel que l'avait conseillé la première commission; mais il ne résulte pas moins de tout ce qui précède que l'établissement du rideau de tôle de l'Odéon ne peut être attribué et reproché ni à l'administration ni aux commissions qu'elle a bien voulu consulter à ce sujet. Je crois utile de dire qu'il y a toujours eu unanimité dans les commissions pour rejeter le projet d'un rideau de tôle et pour conseiller l'emploi d'un rideau de toile métallique au théâtre de l'Odéon. J'ajouterai, pour appuyer ces assertions, que l'administration vient d'ordonner de placer au théâtre des Nouveautés, qui se construit maintenant sur la place de la Bourse, à Paris, un rideau de toile métallique, en tout semblable à celui qu'avait demandé la première commission lors de la reconstruction de la salle de l'Odéon (1). Il paraît que ces détails n'étaient pas connus à Vienne, puisqu'on y a adopté l'usage d'un rideau en tôle pour un des théâtres de cette ville. Nous espérons que cette note fera revenir l'administration de ce théâtre sur une aussi mauvaise mesure, et que, dans le cas contraire, s'il y arrivait malheur, on ne blâmerait maintenant ni l'administration française ni les diverses personnes appelées aux commissions qui, depuis 1818, ont eu à s'occuper successivement de cette affaire.

(1) Il a été construit ou réparé un assez grand nombre de salles de spectacle à Paris, depuis 1818. L'autorité a exigé que l'on construisît dans tous ces bâtiments un gros mur de séparation entre la salle et le théâtre. Mais ce qui s'est passé relativement au rideau de tôle de l'Odéon a empêché jusqu'ici l'adoption du rideau de toile métallique dans ces salles de spectacle. Si le feu y prenait, il ne s'y trouverait donc aucun moyen de sauver au moins une moitié du bâtiment. L'administration ayant ordonné le placement d'un rideau de toile métallique au théâtre des Nouveautés, qui est maintenant en construction, ne tardera sans doute pas à rendre cette même mesure obligatoire pour les salles de l'Opéra, du Gymnase, des Bouffes, etc., où tout a été disposé pour réaliser cette grande amélioration.

De l'incendie des théâtres (1).

Le théâtre de la Gaîté vient d'être détruit de fond en comble par l'incendie : le public qui a vu manœuvrer les rideaux de toile métallique, dont l'usage est adopté dans presque tous les théâtres de Paris, ou qui a entendu parler de l'emploi de ce moyen préservateur, ne s'informera peut-être pas s'il existait un rideau de ce genre au théâtre de la Gaîté, et convaincu que ce moyen a été partout adopté, il pourra conclure, du fait de la destruction totale de cette salle, l'inutilité des rideaux de toile métallique employés pour empêcher la communication du feu. Cette erreur serait trop nuisible aux intérêts des propriétaires des salles de spectacle, et au grand nombre de personnes qui sont employées dans ces établissements ou intéressées à leur durée, pour que nous ne nous empressions pas de rétablir les faits qui n'ont ici rien de défavorable à l'emploi des rideaux de toile métallique dans les théâtres : voici ce qui résulte des renseignements pour ainsi dire officiels, que nous avons pris.

Le théâtre de la Gaîté n'avait pas reçu les perfectionnements qui sont aujourd'hui ordonnés lors de la construction des nouvelles salles de spectacle, ou lorsque l'on a à faire de grandes réparations aux anciens théâtres. On n'avait point encore fait établir de rideaux de toile métallique dans cette salle; l'autorité tenait avec raison à ce que cette précaution fût prise; elle l'exigeait même avec instance; mais différentes circonstances avaient retardé l'adoption de cette mesure, et il est de fait que le théâtre de la Gaîté, au moment de l'incendie, a manqué du moyen conservateur qui n'aurait pas certainement prévenu l'incendie, mais qui pouvait au moins garantir la moitié de ses bâtiments.

Je pourrais m'en tenir à ce qui précède pour empêcher le discrédit de l'emploi des rideaux de toile métallique dans les théâtres ; mais il faut profiter de la leçon que donnent les événements malheureux, et rappeler dans une occasion si favorable ce qui a été proposé et adopté pour diminuer le danger d'incendie auquel les salles de spectacle sont continuellement exposées.

Ayant pu observer de très-près, et pendant plus d'une heure, le premier incendie de la salle de l'Odéon, je conçus la possibilité d'empêcher

(1) Note publiée dans le *Recueil administratif* du département de la Seine, n° 2, février 1835, p. 59.

la communication du feu entre les deux parties d'une salle de spectacle, et je publiai à ce sujet un mémoire dont les conclusions furent adoptées par l'administration. Voici quelles sont maintenant les précautions ordonnées lors de la construction des théâtres.

On sépare la scène de la salle au moyen d'un gros mur *s*, pl. 27, fig. 1re et 3, qui s'élève des fondations jusqu'au-dessus du faîtage, et l'on ne réserve dans ce mur que l'ouverture de la scène et quelques baies et portes de service. Ces baies *r*, en cas d'incendie, se ferment au moyen de doubles portes en tôle, laissant entre elles un espace vide d'au moins cinq décimètres d'épaisseur. L'ouverture de la scène est garnie d'un châssis en fer *q* grillagé à mailles de cinq centimètres de côté, et pouvant se manœuvrer au moyen de cordes métalliques, de poulies et de contrepoids, comme on le fait pour les rideaux ordinaires qui séparent la salle de la scène pendant les entr'actes.

Deux grandes cheminées de ventilation, construites, l'une *a* au-dessus du lustre, et l'autre *b* au-dessus de la scène *p*, servant, en temps ordinaire, à l'assainissement de la salle, donnent, en cas d'incendie, le moyen d'établir le courant d'air ascensionnel dont on a besoin pour refroidir le côté du théâtre qui n'est pas incendié, et pour empêcher la fumée de se répandre dans cette partie de la salle, où doivent se tenir quelques pompiers, fig. 3.

Je répéterai ici ce qu'il y a à faire en cas d'incendie. On doit laisser faire aux pompiers tout ce qu'ils jugent nécessaire pour arrêter l'incendie à son origine; mais s'ils viennent à désespérer de la réussite, et si l'intensité du feu fait craindre pour la partie du théâtre qui est opposée à celle où l'incendie a commencé, alors il faut abaisser le rideau de toile métallique *q* et fermer les portes en tôle percées dans le gros mur, pour séparer ainsi complétement les deux parties du théâtre, excepté les baies d'incendie *r*.

On doit ouvrir en même temps le ventilateur *b* qui est établi au-dessus de la partie incendiée; casser, soit à la main, soit avec des pierres, ou au moyen de coups de fusil, les carreaux des fenêtres qui sont au haut de ce côté du bâtiment; fermer le ventilateur *a* qui est placé sur la partie de la salle qu'il faut garantir, et ouvrir par bas toutes les baies *t t*, fig. 3, qui donnent de ce côté, afin de laisser pénétrer l'air extérieur dans cette partie du bâtiment.

Ces précautions prises, plusieurs pompiers se placent devant le rideau de toile métallique, en face du feu, et là, armés de longues perches et des lances de leurs pompes, ils rejettent à plat, dans le foyer de l'incendie, les pièces de charpente enflammée qui, en tombant, viennent s'appuyer sur le rideau de toile métallique, et se servent de leurs pompes pour refroidir les mailles du rideau, pour en éloigner le feu et pour éteindre quelques charbons qui, malgré la force du courant d'air, pourraient être projetés à travers les mailles de ce rideau.

Le grand courant d'air qu'établit le feu, arrive de la partie inférieure du côté du théâtre qui n'est pas incendié, traverse toutes les mailles du rideau de toile métallique, refroidit ce rideau, en éloigne les flammèches et les petits charbons, repousse la fumée du côté de l'incendie, donne aux pompiers l'avantage de respirer un air pur et frais, quoique placés très-près du feu, et ce courant trouve ensuite son issue au dehors, par le ventilateur, ou par les fenêtres élevées de la partie du bâtiment où l'incendie s'est déclaré.

Je n'entrerai pas à ce sujet dans de plus grands détails; ce qui vient d'être dit suffira pour faire concevoir la possibilité de sauver au moins la moitié des salles de spectacle incendiées; pour faire sentir l'utilité et l'importance des précautions ordonnées par l'autorité lors de la construction de ces salles, et pour décider les propriétaires de pareils établissements qui n'ont point encore adopté ces moyens préservateurs, à se hâter de les faire établir dans leurs théâtres (1).

(1) Le théâtre des Italiens, qui a été brûlé il y a deux ou trois ans, avait son avant-scène garnie d'un rideau de toile métallique, mais ce rideau était si mal attaché aux gros murs qu'il est tombé sur les banquettes du parterre dès le commencement de l'incendie et je crois même avant l'arrivée des pompiers: parcourant, le lendemain matin, les décombres de la salle, et causant avec les pompiers que je rencontrais, je n'en ai pas trouvé un qui se souvînt d'avoir vu le rideau de toile métallique en place au moment de leur arrivée dans l'intérieur du théâtre, et ce que j'ai dit plus haut était l'opinion alors émise par les témoins occulaires bien au fait de la question. (1842.)

Extrait d'une lettre de M. PAULIN, *colonel des Sapeurs-Pompiers de la ville de Paris*, *à* M. D'ARCET.

Après la publication de la note qui précède, M. le colonel Paulin, consulté par M. D'Arcet, sur la question de l'incendie des théâtres, lui écrivit une lettre dans laquelle il lui dit que, *toutes les recommandations qu'il a prescrites, quant à la construction, sont rigoureusement suivies, d'après les ordres de M. le préfet de police.*

Il ajoute que, quant à la nécessité d'établir du côté du théâtre où le feu se déclare un appel puissant, et de préserver le reste de la salle par l'interposition d'un rideau métallique à larges mailles, et l'établissement d'un courant d'air capable d'emporter vers le point embrasé toute la flamme et la fumée, il partage totalement l'opinion de M. D'Arcet. Il propose seulement, pour atteindre plus sûrement ce résultat, la construction d'une large cheminée avec une hotte sur le mur de fond du théâtre, afin d'y établir l'appel dans le cas d'incendie, jugeant difficile de briser

Légende de la planche 27.

Fig. 1re. Coupe d'un théâtre sur la longueur de la salle et de la scene, avec ses appareils de ventilation.

Fig. 2. Coupe des corridors et des loges, à une échelle double.

a, Cheminée d'appel de la salle, établie au-dessus du lustre, qui y détermine un courant d'air très-puissant.

b, Cheminée d'appel de la scène, qui sert à enlever la fumée produite pendant la représentation, et, en cas d'incendie, à y concentrer le feu.

c, *d*, Petits tuyaux, très-multipliés, qui permettent à l'air pur des corridors *g* de pénétrer d'une manière insensible dans la salle *o*, sous l'action de l'appel du lustre, et à travers le plancher des loges. Cette disposition doit être adoptée quand on établit les appareils de ventilation d'une salle au moment de sa construction.

e f, Faux plancher que l'on doit établir circulairement sous les diverses rangées de loges, dans les théâtres qu'il s'agit seulement de restaurer pour distribuer sans courant dans toute la salle l'air par des corridors *g*.

g, Corridors.

hh', Loges.

i, Amphithéâtre du cintre assaini par la gaîne *k*.

k, Gaîne de ventilation de l'amphithéâtre *i*, communiquant directement avec la cheminée d'appel *a*.

l, *l'*, *l''*, Bouches de chaleur, qui versent en hiver l'air chaud des calorifères, en été l'air frais des caves dans les corridors *g*.

m. Caves.

n, Conduit qui communique des caves ou des calorifères aux bouches de chaleur *l*, *l'*, *l''*.

o, Côté de la salle.

p, Côté de la scène.

q, Rideau de fil de fer à grandes mailles, dont l'élévation de face se voit fig. 4. Il est soutenu par des cordes métalliques enroulées sur un tambour et correspondant à des contre-poids *y*.

les carreaux du comble au moment où le feu devient impossible à arrêter. Mais M. D'Arcet pense qu'il faut se réserver le moyen d'établir cet appel du côté où il sera nécessaire au moyen des deux cheminées qu'il propose; que par l'extérieur il sera toujours facile de casser à coups de fusil les premiers carreaux pour déterminer le tirage, et qu'en un instant la violence de ce tirage aura ouvert aux flammes une voie complétement libre.

r, Petites baies réservées dans le gros mur *s*, et servant, au besoin, à passer les lances des pompiers, pour atteindre sans danger l'incendie jusque dans les dessous du théâtre.

s, Gros mur qui sépare la scène de la salle, et qui porte le réservoir à eau de service *u*.

tt, Fenêtres que l'on doit, en cas d'incendie de la scène, tenir ouvertes du côté de la salle, pour livrer passage au puissant courant d'air que produit l'appel de la scène à travers la salle même et le rideau métallique.

u, Réservoir à eau.

v, Trappe à deux ventaux de la cheminée d'appel de la salle.

x, Trappe à deux ventaux de la cheminée d'appel de la scène.

y, Contre-poids du rideau métallique.

Fig. 3. Coupe sur le travers d'un théâtre dont la scène est en feu; on y voit les manœuvres à exécuter en pareil cas. La trappe de la scène est ouverte; celle de la salle est fermée. Toutes les baies du côté de la salle sont ouvertes. L'incendie est contenu sur la scène par le rideau métallique et le grand courant d'air qui arrive par toutes les baies ouvertes *t t t*, comme l'indique la planche, et qui refoule les flammes vers le fond de la scène. Des pompiers, placés dans le parterre, arrosent le rideau métallique, et en éloignent les charbons et les bois enflammés qui pourraient l'atteindre; d'autres, placés dans les caves, envoient de l'eau dans les dessous du théâtre par les baies *r*, *r*.

Fig. 4. Élévation du rideau. Ce rideau est pris dans l'*Architectonographie* des théâtres, de M. J.-A. Kaufmann. Sa construction, remarquable par des détails d'ajustement aussi solides que légers, est de MM. Hittorf et Lecointe.

Fig. 5 et 6. Détails d'ajustement d'un nouveau système de guides du rideau métallique, disposés de manière à lui permettre de se dilater sous l'action du feu, sans arracher les guides scellés dans le gros mur.

On voit que ces guides sont des équerres tournant à charnières sur un prisonnier très-solidement boulonné au mur, de telle manière que quand le rideau *q* se dilate et s'allonge par l'action du feu, l'équerre *a'* tourne sur son prisonnier et se détache du mur *s* sans cesser cependant de conduire le rideau par sa tringle verticale.

Si au contraire le rideau tend, par un ébranlement quelconque, à faire un mouvement en dedans, il en est empêché par la résistance du bras d'équerre *a'*, qui s'appuie alors invariablement sur une entretoise de fer boulonnée au mur *s*.

Cette disposition est proposée par M. Grouvelle, pour éviter un accident que l'on croit être arrivé au rideau métallique des Italiens, arraché, dit-on, au commencement de l'incendie, par sa dilatation, et la résistance des guides à son allongement.

Fig. 7. Détail des trappes *v* et *x* des cheminées d'appel *a* et *b*, portées sur un châssis dormant et rendues faciles à manœuvrer par des contrepoids.

Note sur la combustibilité du zinc (1).

Je me suis souvent prononcé contre l'emploi des feuilles de zinc pour la couverture des édifices ; mais, dans l'impossibilité d'appuyer mes prévisions par des faits, je n'ai pas pu faire prévaloir mon opinion aussi souvent que cela aurait été utile. L'observation suivante fera sans doute réfléchir les constructeurs qui voudraient encore couvrir les maisons avec des feuilles de zinc en remplacement des tuiles, du cuivre, de l'ardoise et du plomb. Le feu de cheminée dont il s'agit a eu lieu dans la maison n° 13, place Conti, dont un côté a vue sur l'impasse de ce nom. Il existe, au rez-de-chaussée de ce côté de la maison, une cheminée ou un poêle, dont le tuyau sort à l'extérieur et s'élève ensuite verticalement jusqu'au niveau du faîtage, à la hauteur d'environ 15 mètres. La moitié supérieure de ce tuyau de tôle étant usée, fut remplacée, il y a quelques mois, par un tuyau en zinc de même diamètre. Voici ce qui vient d'arriver par suite de cette substitution ; le fait s'est entièrement passé sous mes yeux, et toute ma famille pourrait au besoin en certifier l'exactitude.

Le tuyau dont il s'agit est en face des fenêtres de ma chambre à coucher et de ma salle à manger.

Le 25 février dernier, à cinq heures du soir, j'aperçus, en me mettant à table, qu'il sortait beaucoup de fumée par le haut du tuyau : quelques minutes après, voyant la fumée augmenter et devenir plus dense, je quittai la table et fus à la fenêtre de la chambre à coucher qui donne directement sur l'impasse Conti. Je fus alors fort étonné de voir que la fumée ne sortait plus par le haut du tuyau ; la partie moyenne de ce

(1) Lue au conseil de salubrité, par l'auteur, et insérée dans le *Recueil administratif* du département de la Seine, n° 6, 30 juin 1837, p. 197.

tuyau avait disparu dans une longueur d'environ 5 mètres; et la fumée, qui était beaucoup plus blanche, sortait alors par l'ouverture supérieure de la partie du tuyau de tôle restée en communication avec la cheminée. Le bas du tuyau devint bientôt rouge, se perça, laissa sortir de la fumée blanche et quelques jets de flamme bleuâtre, qui provenaient certainement de la combustion du zinc. On vint alors pour éteindre ce feu de cheminée, et l'on ouvrit vers le bas du tuyau une porte qui y était pratiquée pour le nettoyer. Cette ouverture donna aussitôt issue à beaucoup de fumée blanche et à du zinc fondu qui s'enflammait dans l'air en tombant sur le pavé de l'impasse Conti, ce qui se renouvela plusieurs fois, surtout quand on frappait sur le tuyau ou quand on tâchait de le dégorger, en y introduisant une barre de fer. Voilà ce que j'ai vu, et à l'appui je présente l'échantillon de zinc ci-joint, qui a été ramassé au moment même, sur le pavé et au-dessous du tuyau. J'ignore ce qui s'est passé dans l'appartement où était la cheminée; mais il est probable qu'il a dû être rempli de fumée chargée d'oxyde de zinc, au moment où la partie moyenne du tuyau est entrée en fusion et est tombée en dedans, vers le coude inférieur du tuyau de tôle.

Cet incendie n'a pas eu de suites graves et a été promptement éteint; mais les circonstances qui l'ont accompagné ne suffisent-elles pas pour mettre hors de doute l'imminence du danger que présenterait l'incendie d'une maison couverte en zinc (1)?

Je terminerai en rappelant, à ce sujet, que, lors de l'incendie qui détruisit, au commencement de la révolution, le magasin de salpêtre et d'équipements militaires, ainsi que la bibliothèque de Saint-Germain-des-Prés, j'ai vu le plomb de la couverture tomber, fondu et rouge, de la hauteur de 15 ou 16 mètres, par les gouttières en pierre du bâtiment,

(1) Une personne très-digne de foi, bien compétente et qui a passé une partie de la nuit devant le théâtre des Italiens, lors de son incendie, m'a assuré qu'il s'élançait, de temps en temps, au-dessus du feu, de grandes flammes présentant tous les caractères que l'on remarque lors de la combustion rapide du zinc. Il est probable qu'il y avait sur le toit des Italiens des tuyaux de cheminée en zinc, et que c'était chacun de ces tuyaux qui donnait lieu, en tombant dans le foyer de l'incendie, à l'émission, à une grande hauteur, d'une flamme colorée en gris bleuâtre et accompagnée d'un nuage blanc, opaque et persistant.

On a trouvé beaucoup de zinc dans les débris des wagons, lors de la catastrophe arrivée sur le chemin de fer de Versailles (rive gauche), le 8 mai dernier, mais personne n'a pu me répondre à ces deux questions:

A-t-on vu brûler le zinc au-dessus des wagons incendiés?

Y a-t-il eu des voyageurs brûlés ou blessés par suite de la combustion des feuilles de zinc qui couvraient les wagons? D'A.

et je ferai observer que si cette couverture eût été faite en zinc, au lieu d'être en plomb, la nappe de métal fondu et rouge, versée par les gouttières, se serait immédiatement enflammée, et aurait sans doute chassé au loin, par suite de l'intensité de la lumière et de l'insalubrité de la fumée, tous les travailleurs accourus pour éteindre l'incendie. Ce sont là certainement de graves objections contre l'emploi du zinc en feuilles pour la couverture des édifices, et je pense qu'il est urgent de faire examiner cette question, et de prendre un parti définitif à ce sujet.

NOTE ADDITIONNELLE

SUR LA CHALEUR PERDUE DES FOURS A COKE (page 231).

Depuis l'impression de cet article, j'ai reçu des détails exacts sur la fabrication du coke pour les chemins de fer de la Belgique. Les fourneaux employés sont ellipsoïdaux :

Leur grand axe a. . . . . $5^m,20$
Le petit axe. . . . . $2^m,52$
La hauteur maximum sous clé. . . . $1^m,26$

Ils ont trois cheminées carrées de $1^m,40$ de côté, et deux portes placées aux deux extrémités du grand axe, pour rendre les chargements et défournements plus faciles et plus prompts. Ces fours, sauf plus de hauteur, ont beaucoup de rapport avec celui de la fonderie du Champ des Capucins.

On y charge chaque jour. . . . . . . houille 34$^{hect.}$ ou 1.
On en retire en volume. . . . . coke 53 h. ou 1,50.

On obtient quelquefois, mais rarement, avec les meilleures qualités de houille, comme maximum. . . . . 65 et 70 hect. 1,86 et 2.

Avec les bons charbons, on n'obtient que :

Petit coke. . . . . 2 hect. ou 6 o|o.
Cendres. . . . . 2 ou 6 o|o.

Les mauvais charbons donnent en cendres jusqu'à 8 et 10 hect., 24 et 29 o|o.

La durée de la carbonisation est de. . . . . . . 20 à 21 heures.
Le défournement et l'enfournement. . . . . 3 *id.*

Total de la fournée. . . . . 24 heures.

En cas de nécessité, on cuit en 15 ou 16 heures, mais le coke est moins bon.

On voit que dans les grands fours, avec les excellentes houilles de la Belgique, on n'obtient en moyenne que 1,50 de coke.

FIN DU TOME PREMIER.

TABLE DES MATIÈRES.

FIN DE LA TABLE DES MATIÈRES DU TOME PREMIER.

COLLECTION

DE

MÉMOIRES

RELATIFS

A L'ASSAINISSEMENT DES ATELIERS

DES ÉDIFICES PUBLICS

ET DES HABITATIONS PARTICULIÈRES

PAR J.-P.-J. D'ARCET

MEMBRE DE L'INSTITUT (ACADÉMIE DES SCIENCES), DU CONSEIL GÉNÉRAL DES MANUFACTURES DE LA SOCIÉTÉ CENTRALE D'AGRICULTURE, DU CONSEIL DE SALUBRITÉ ET DIRECTEUR DES ESSAIS DES MONNAIES

PUBLIÉS DANS LE COURS DE TRENTE ANNÉES

REVUS PAR L'AUTEUR ET MIS EN ORDRE

PAR PHILIPPE GROUVELLE

INGÉNIEUR CIVIL.

ATLAS

PARIS

A LA LIBRAIRIE SCIENTIFIQUE-INDUSTRIELLE

L. MATHIAS (Augustin)

QUAI MALAQUAIS, 15

1843

NOMENCLATURE

Des vingt-sept premières Planches.

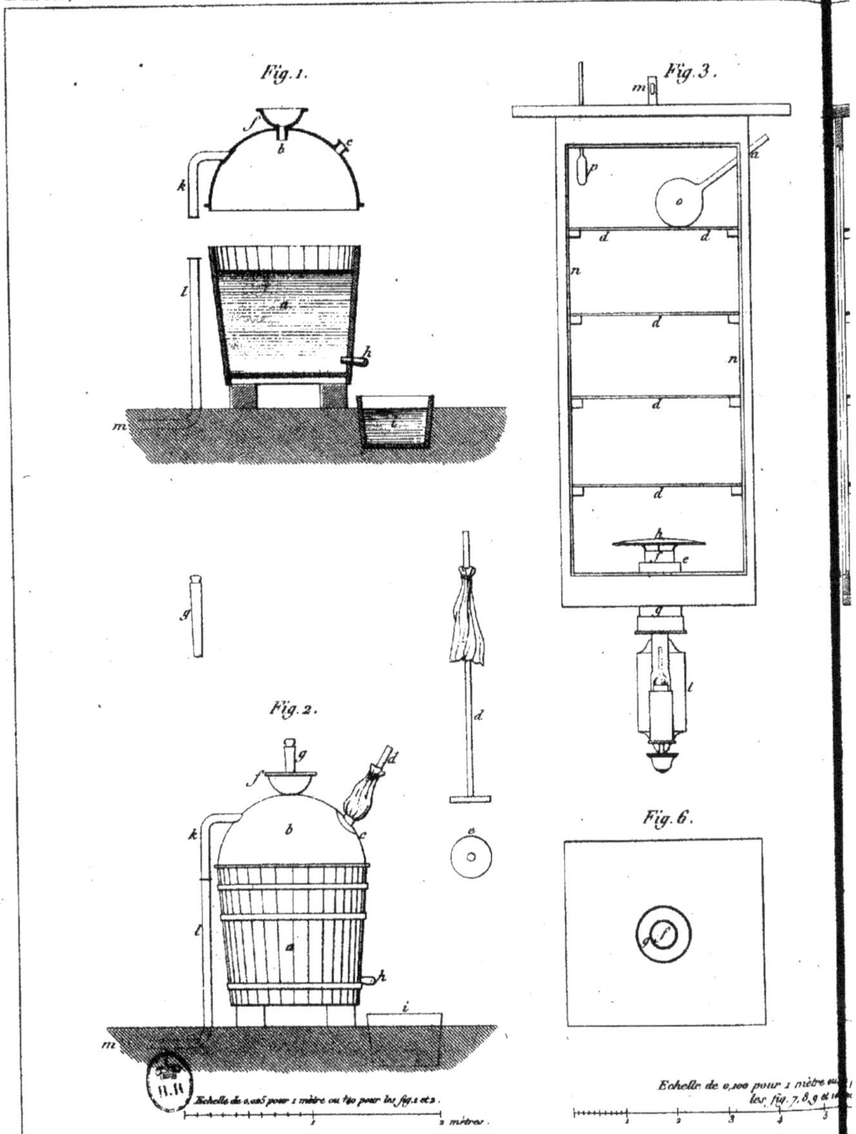

Fig. 1.

Fig. 3.

Fig. 2.

Fig. 6.

Echelle de 0,025 pour 1 mètre ou 1/40 pour les fig. 1 et 2.

1 — 2 mètres.

Echelle de 0,100 pour 1 mètre ou
les fig. 7, 8, 9 et 1

1 2 3 4 5

L. Mathias, Ed

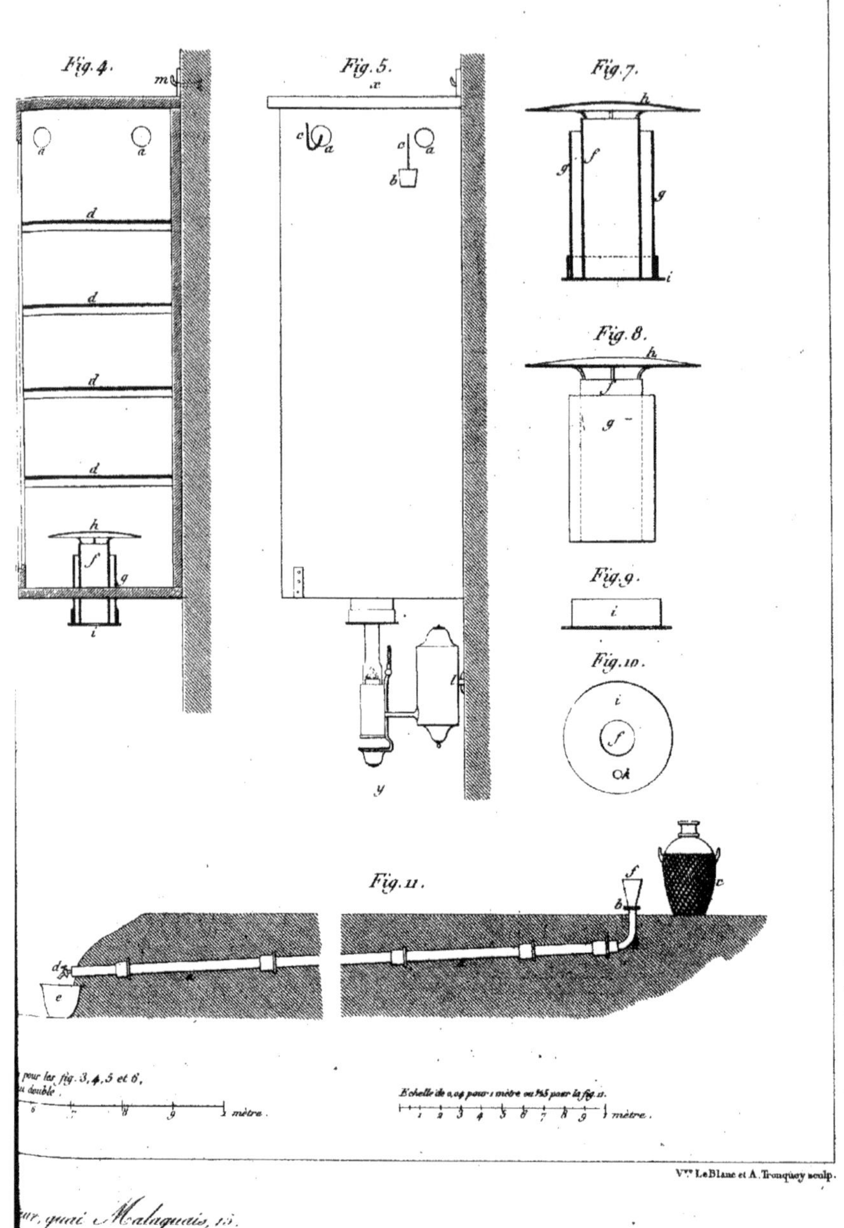

Vve LeBlanc et A. Tronquoy sculp.

ur, quai Malaquais, 15.

Fig. 1.re
M
D
O
C

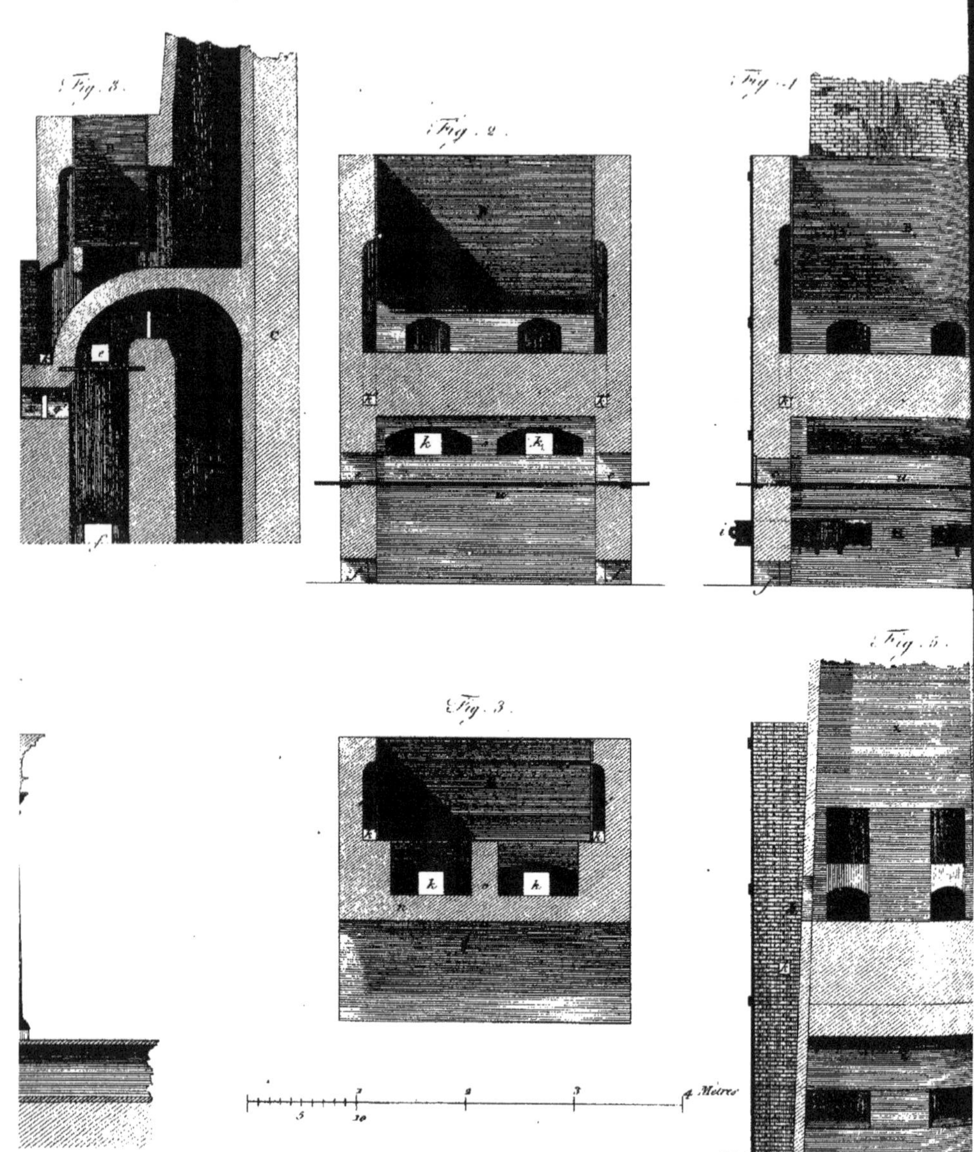

Mathias, Libraire 15. Quai Malaquais.

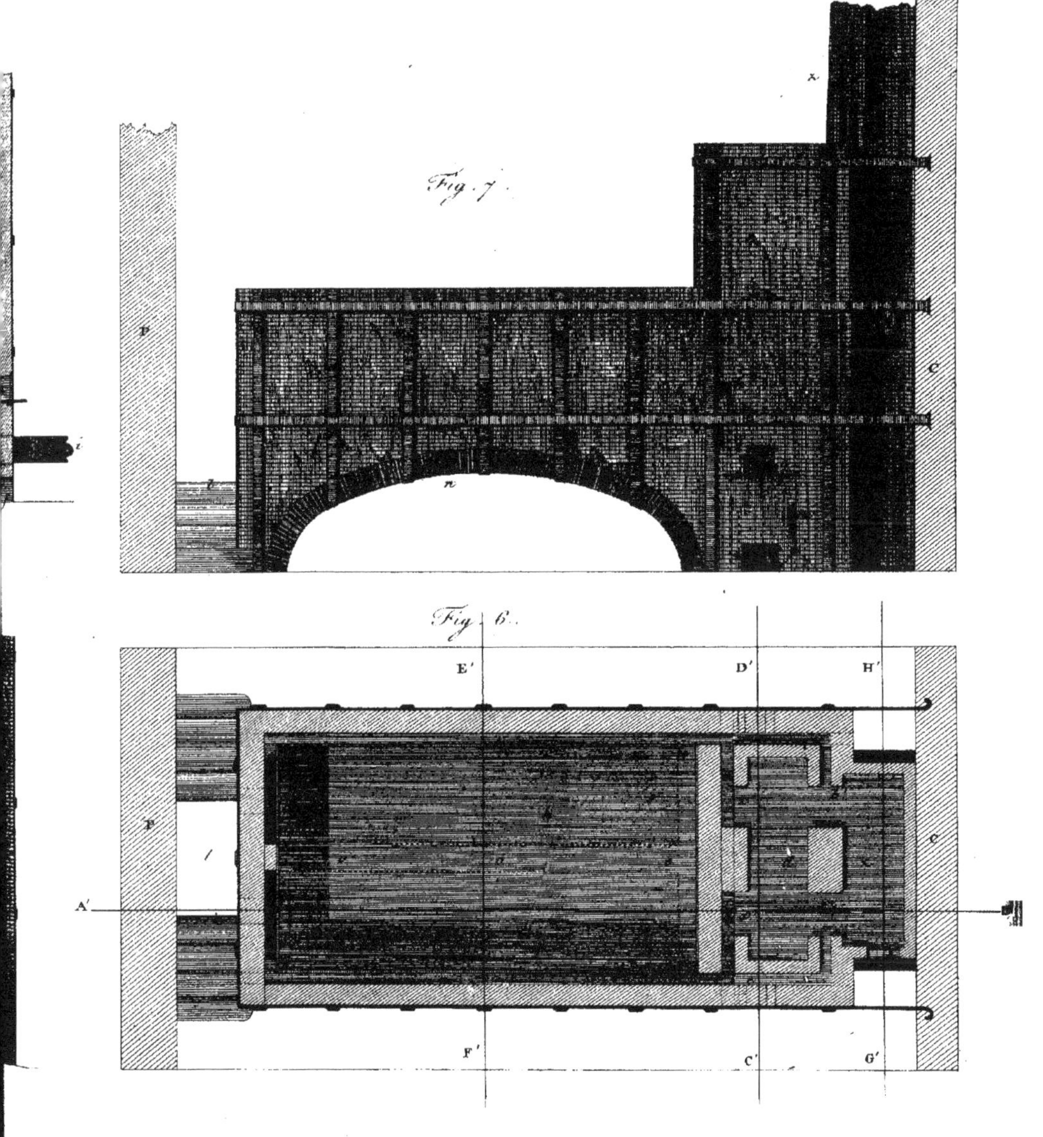

Imp. chez Kaeppelin.

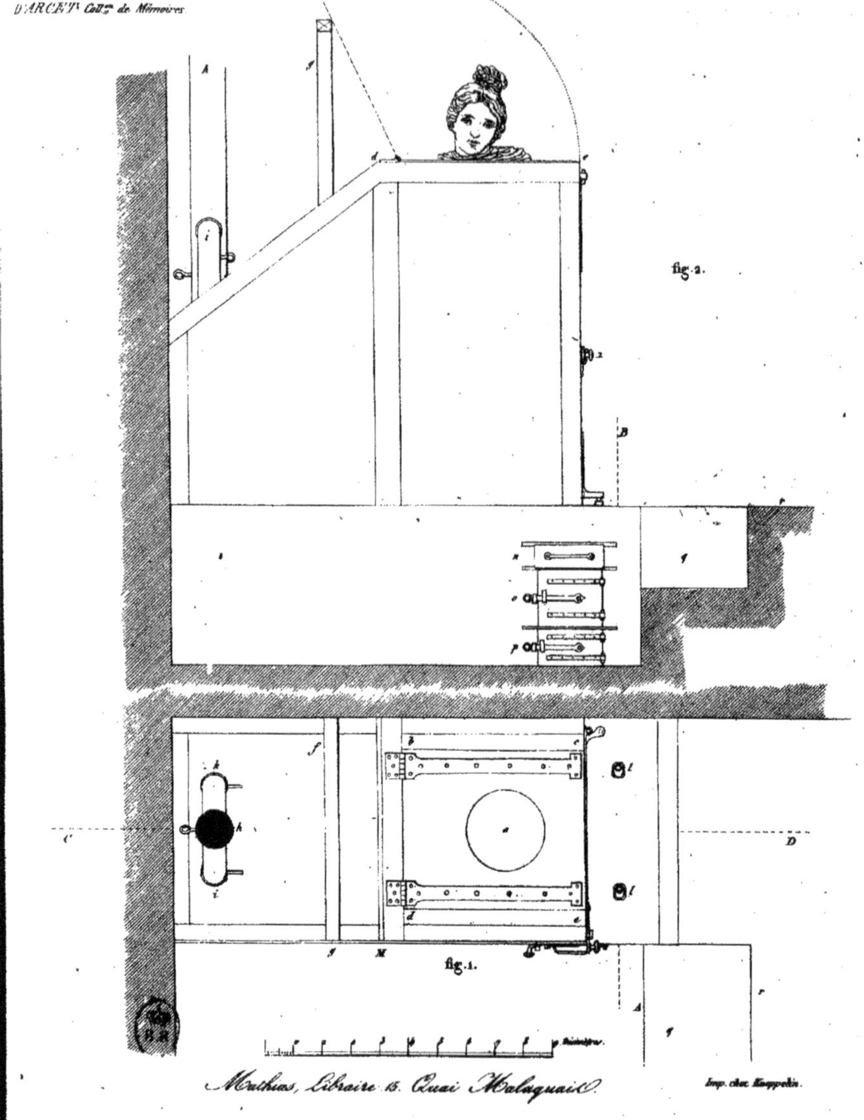

Mathias, Libraire 15. Quai Malaquais.
Imp. chez Kaeppelin.

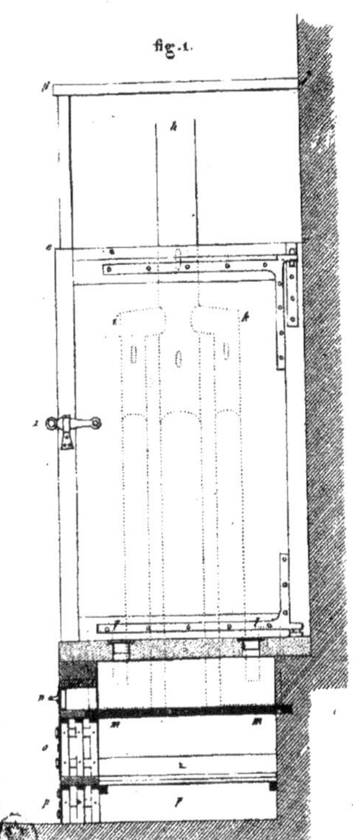

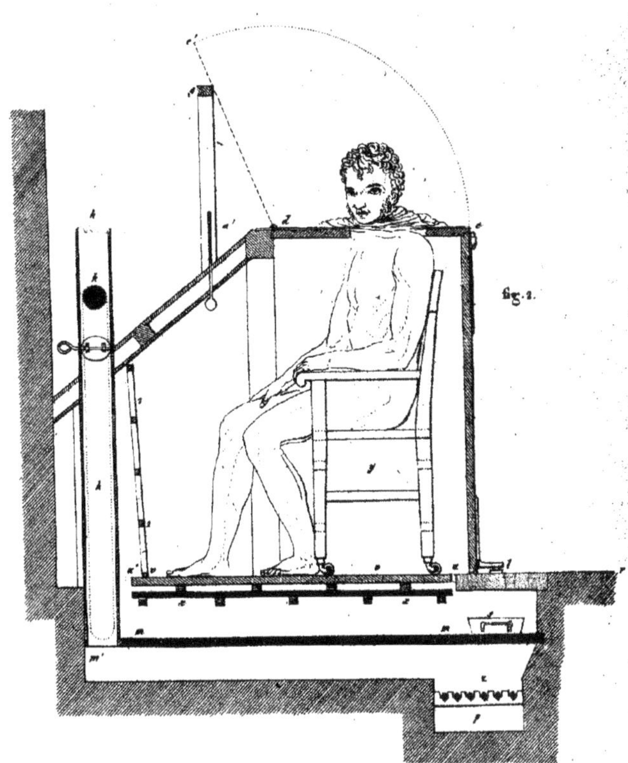

Décimètres

Imp. chez Kaeppelin

Mathias, Libraire 15, Quai Malaquais.

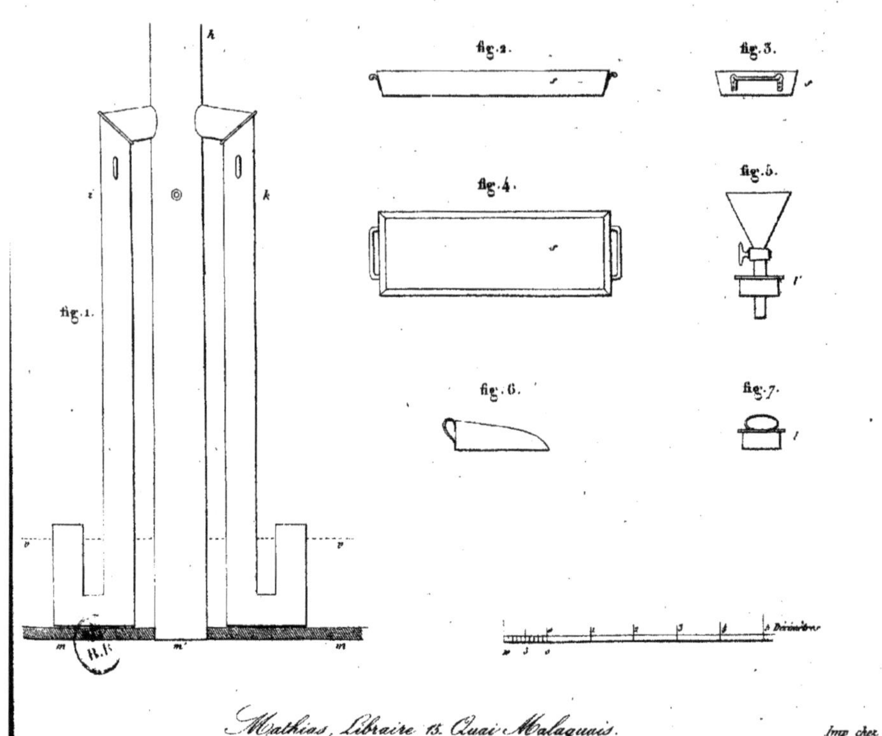

Mathias, Libraire 15. Quai Malaquais. Imp. chez Kaeppelin.

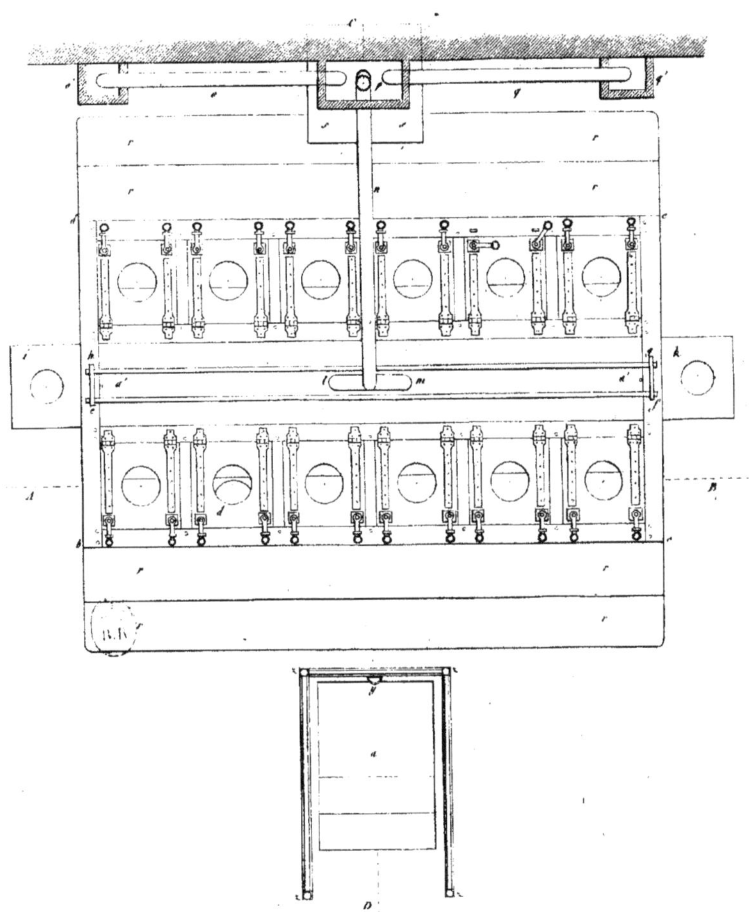

Mathias, Libraire 15. Quai Malaquais. Imp chez Knappelin.

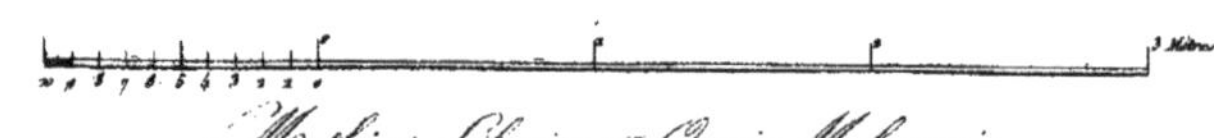

Mathias, Libraire 15. Quai Malaquais.

Imp. chez Kaeppelin.

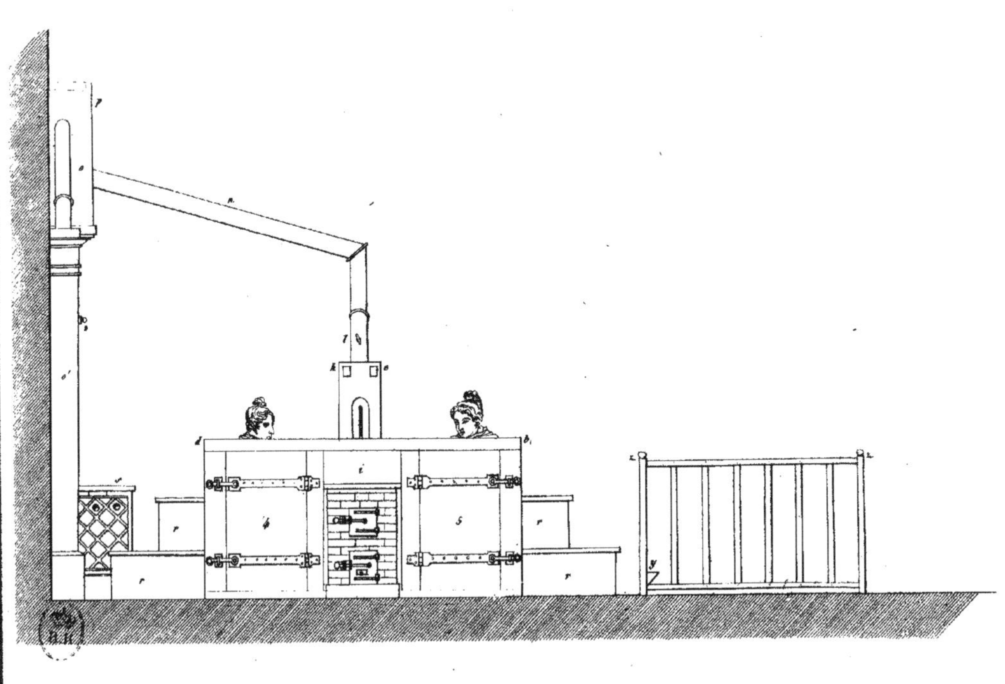

Mathias, Libraire 15. Quai Malaquais.

Imp. chez Kaeppelin.

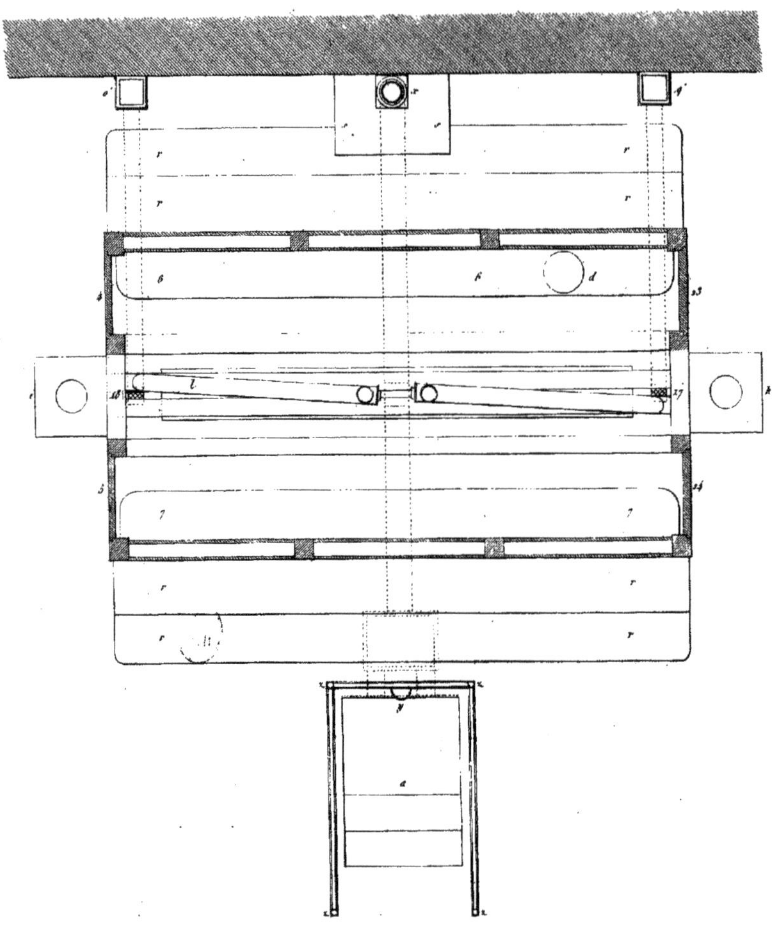

Mathias, Libraire 15. Quai Malaquais.

Imp. chez Kaeppelin.

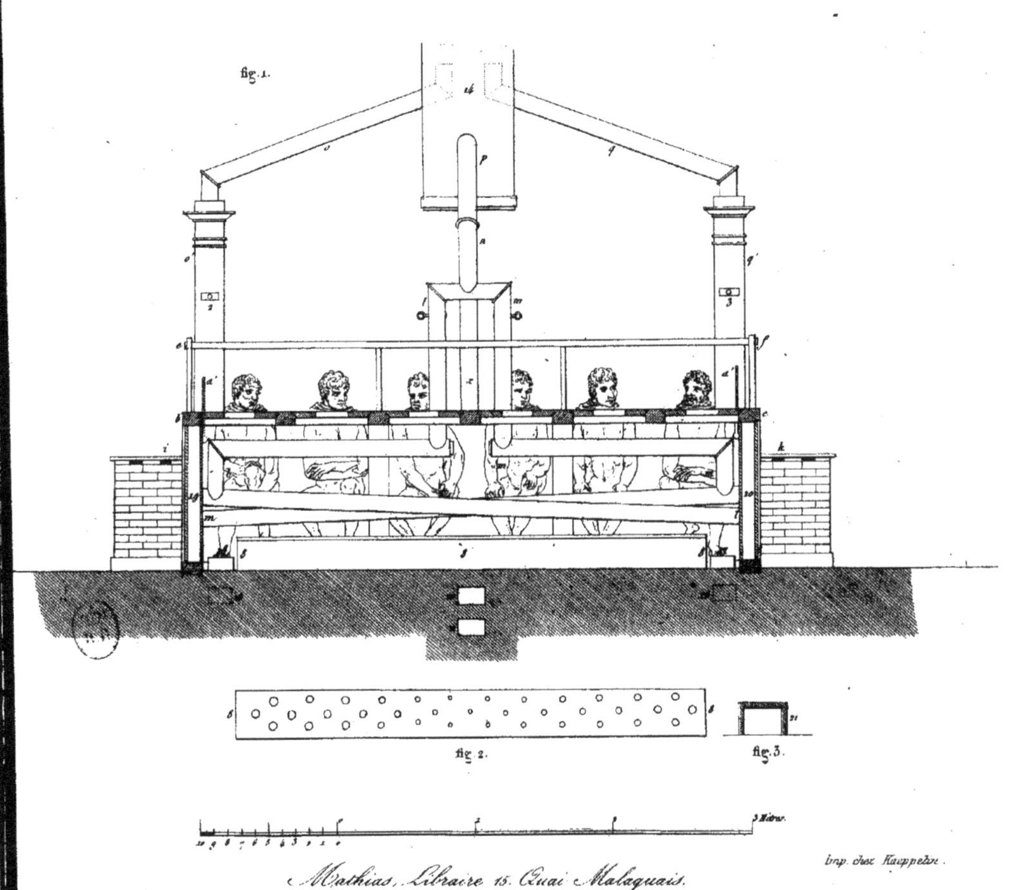

Mathias, Libraire 15. Quai Malaquais.
Imp. chez Kaeppelin.

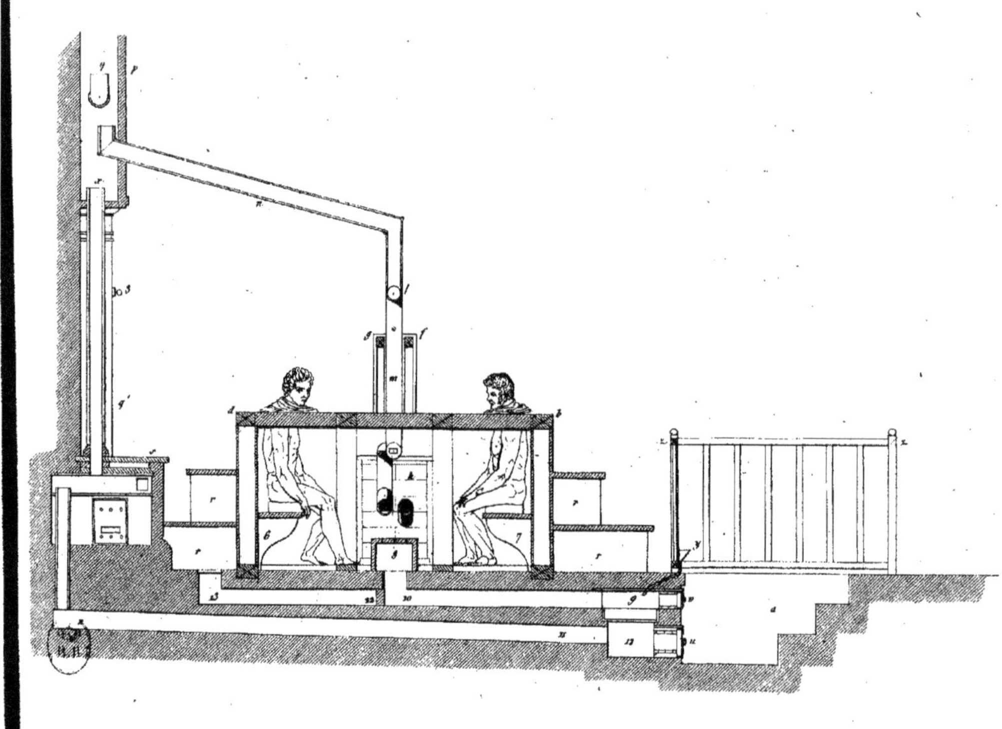

Imp. chez Kaeppelin

Mathias, Libraire 15 Quai Malaquais.

Collection de Mémoires de Mr. D'ARCET.

Fig. 5

Fig. 1re

Fig. 6.

chez Koeppelin

Mathias Libraire

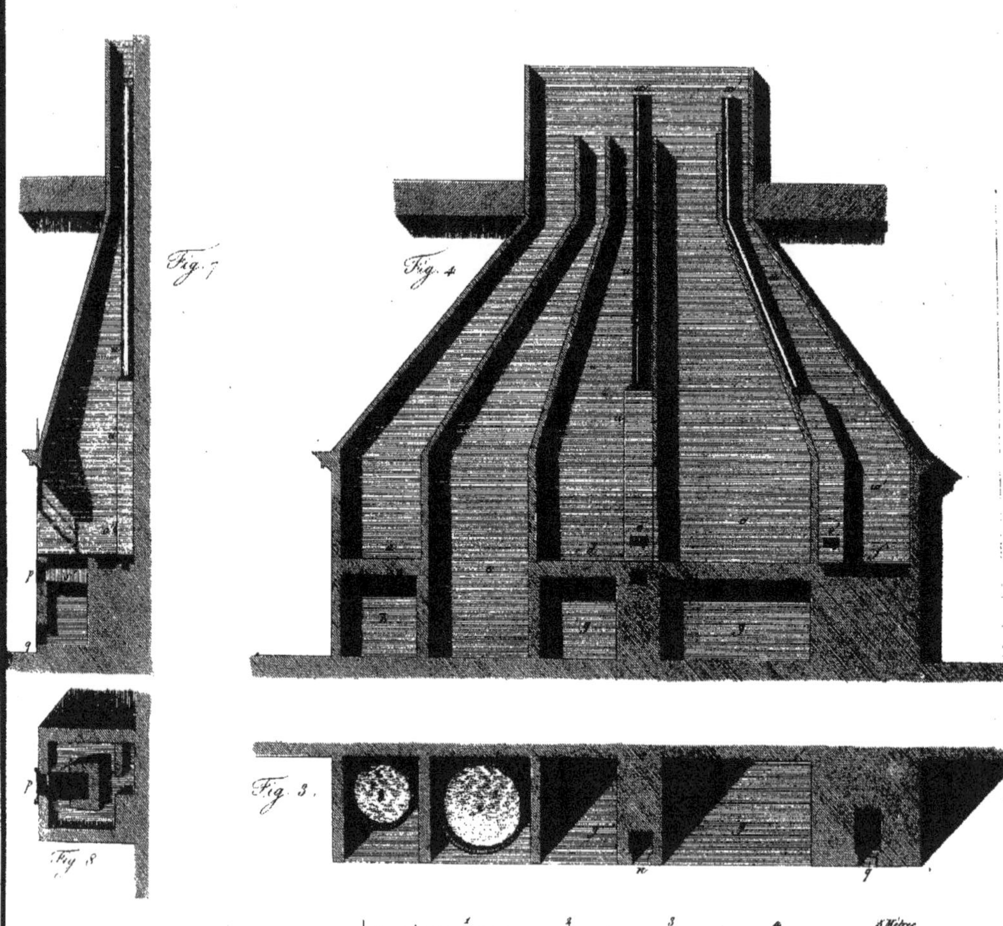
Fig. 7
Fig. 4
Fig. 8
Fig. 3.
1
2
3
4
5 Mètres

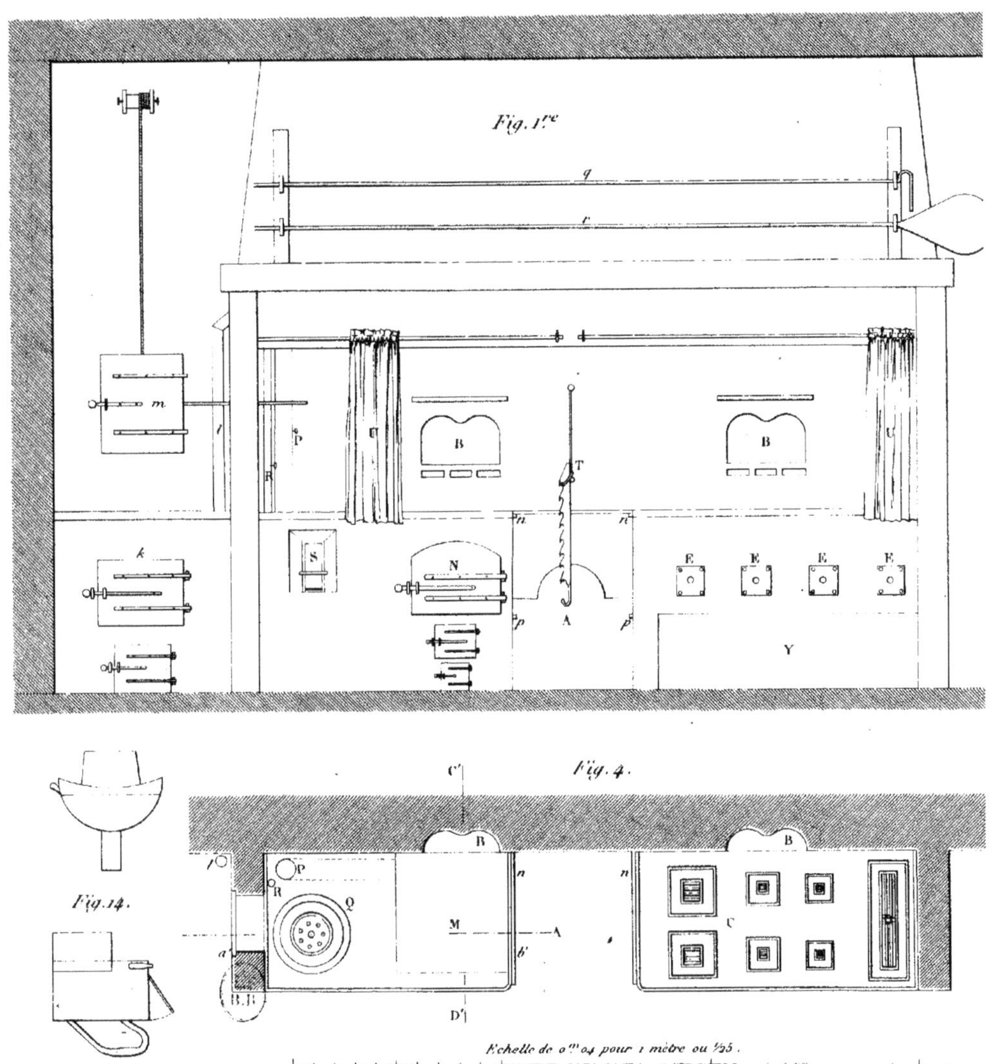
Fig. 1.re
Fig. 4.
Fig. 14.
Echelle de 0.m 04 pour 1 mètre ou 1/25.
3 mètres.

Fig. 1re

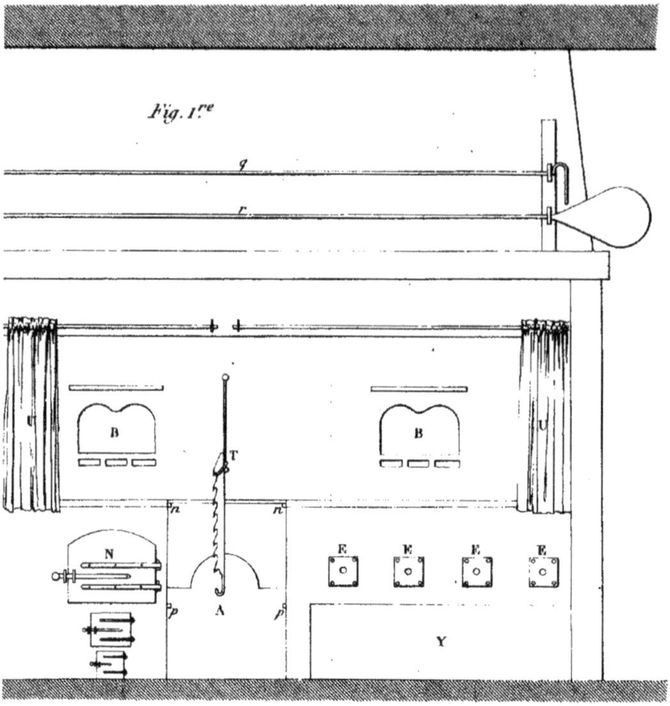

Fig. 2.

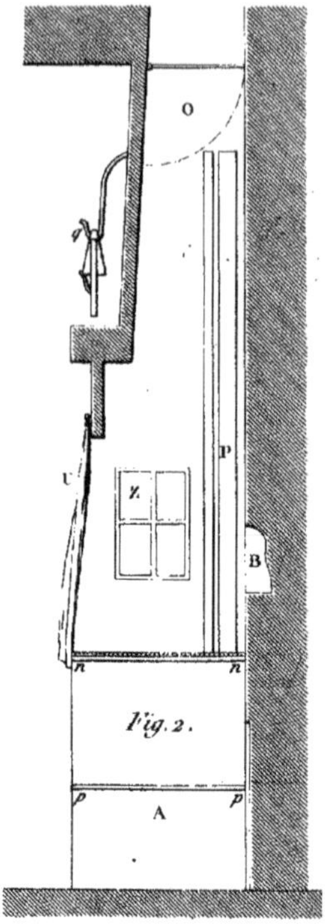

Fig. 4.

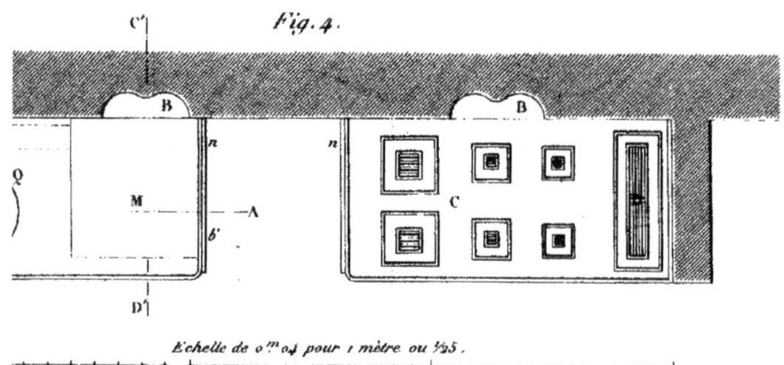

Fig. 6.

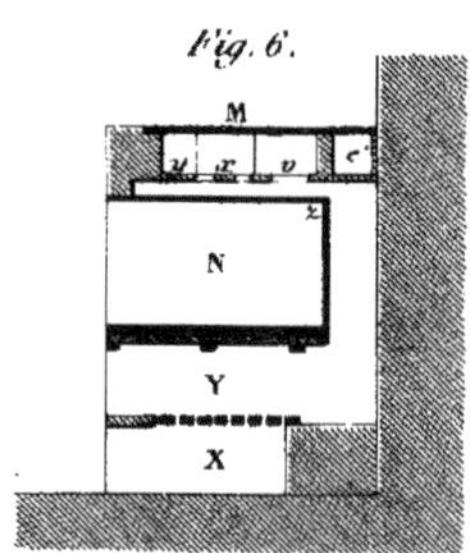

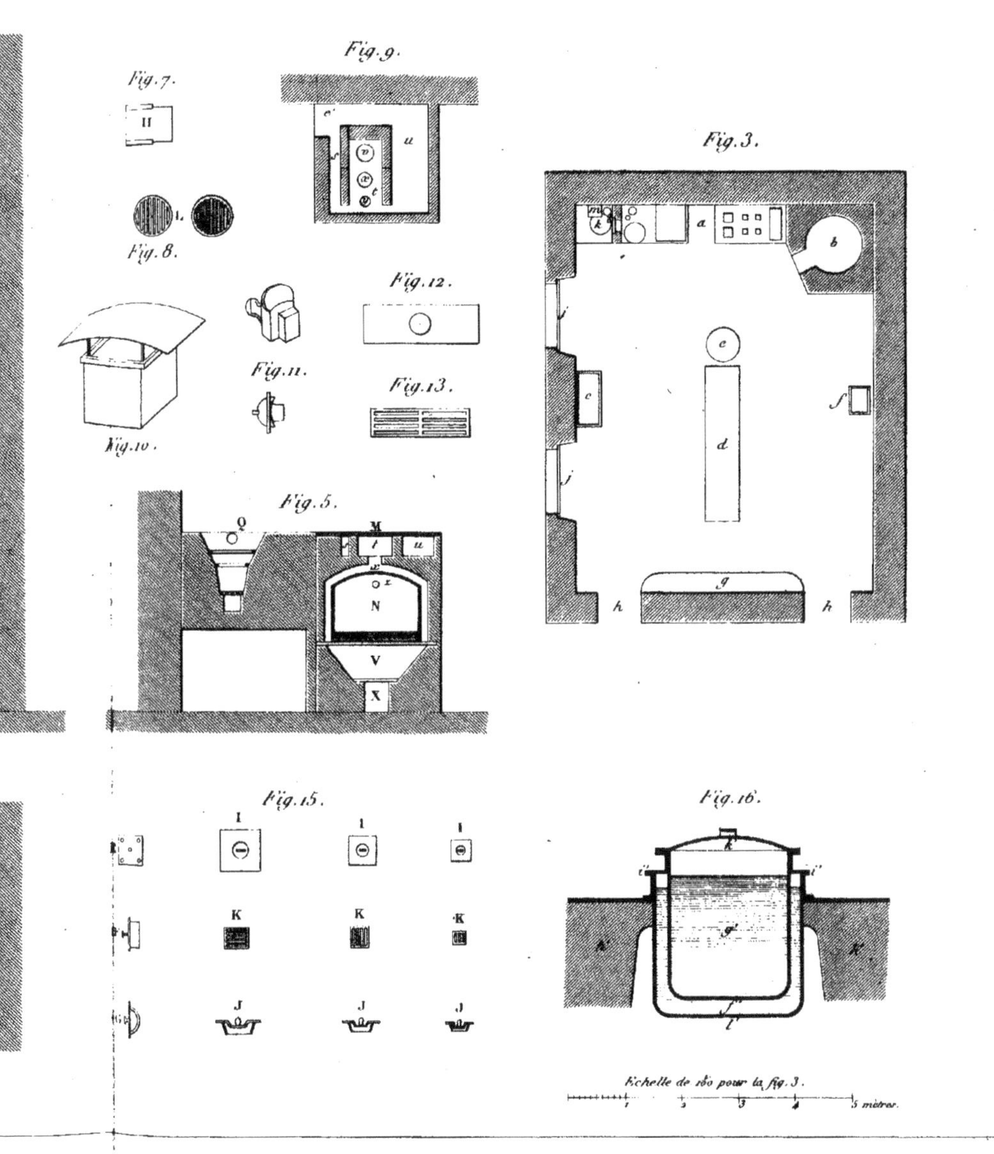
Fig. 9.
Fig. 7.
Fig. 3.
Fig. 8.
Fig. 12.
Fig. 11.
Fig. 13.
Fig. 10.
Fig. 5.
Fig. 15.
Fig. 16.
Echelle de 1/80 pour la fig. 3.
5 mètres

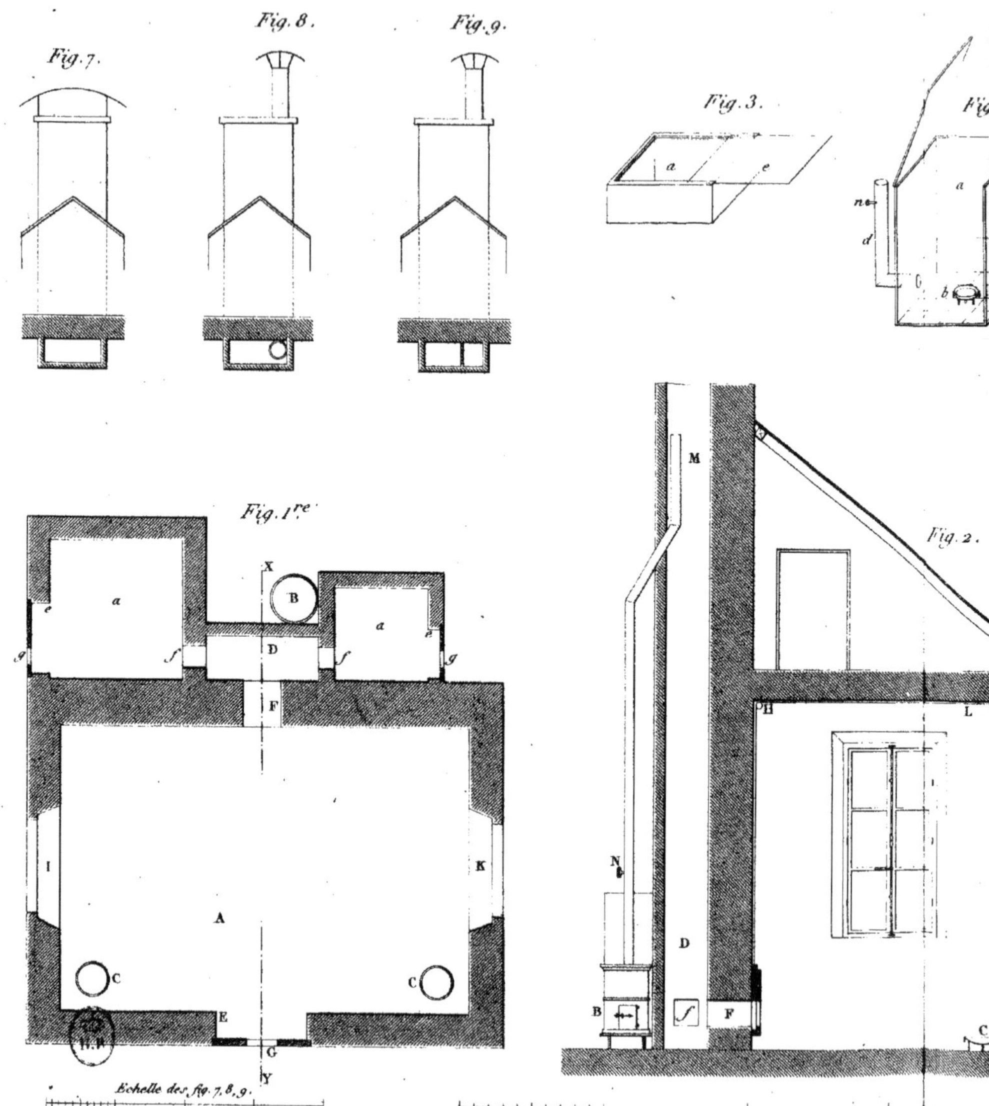
Fig. 7.
Fig. 8.
Fig. 9.
Fig. 3.
a
e
Fig
n
d
a
b
M
Fig. 1re.
X
B
a
a
e
e
g
g
f
f
D
F
Fig. 2.
H
L
I
K
N
A
D
C
C
B
f
F
E
G
Y
C
Echelle des fig. 7, 8, 9.
4 mètres

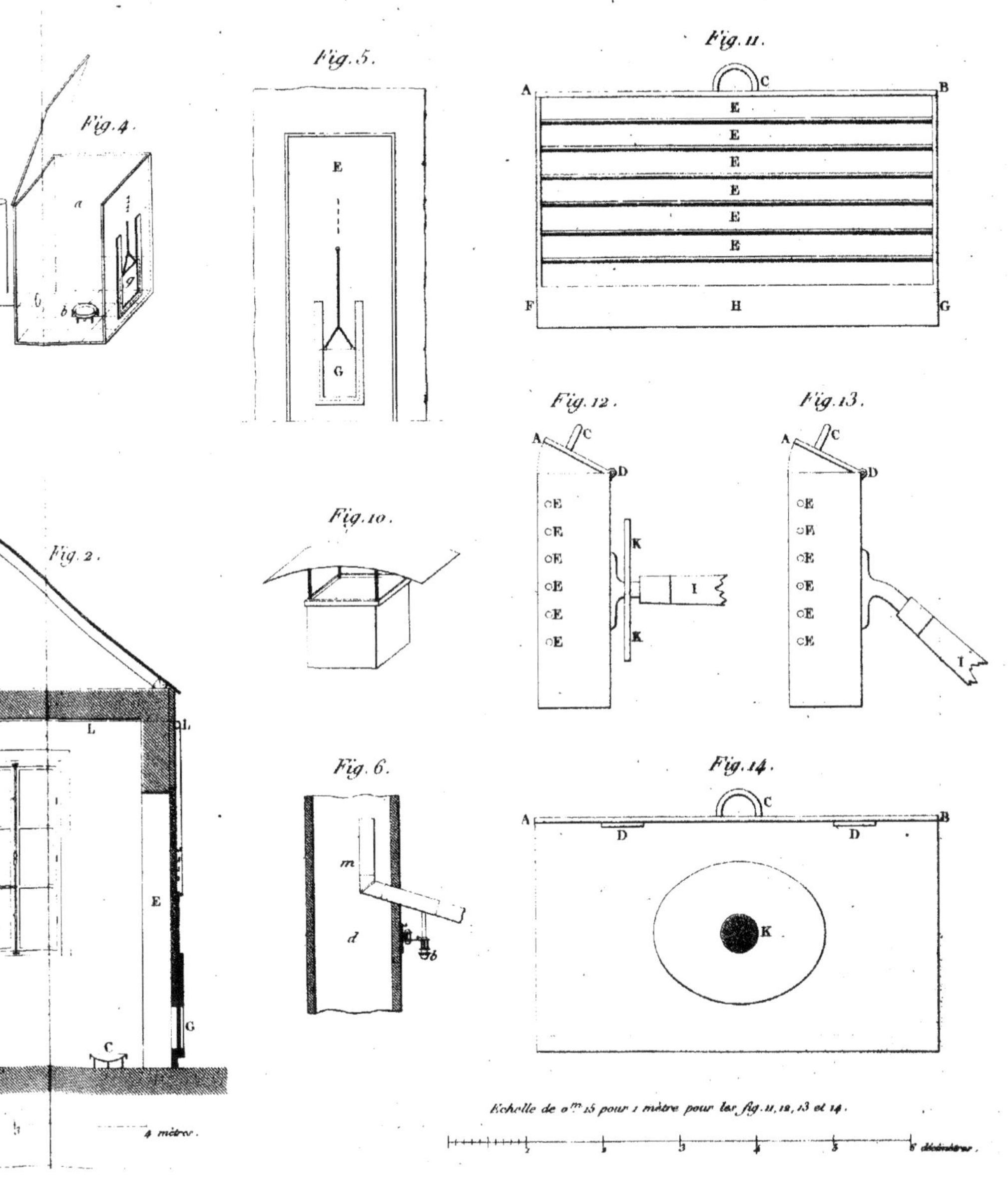
Fig. 4.
a
b
g
Fig. 5.
E
G
Fig. 11.
A
B
C
E
E
E
E
E
E
F
H
G
Fig. 2.
L
L
E
G
C
4 mètres.
Fig. 10.
Fig. 12.
A
C
D
E
E
E
E
E
E
K
K
I
Fig. 13.
A
C
D
E
E
E
E
E
E
I
Fig. 6.
m
d
b
Fig. 14.
A
C
B
D
D
K
Echelle de 0m 15 pour 1 mètre pour les fig. 11, 12, 13 et 14.
1
2
3
4
5
6 décimètres.

Fig. 1re

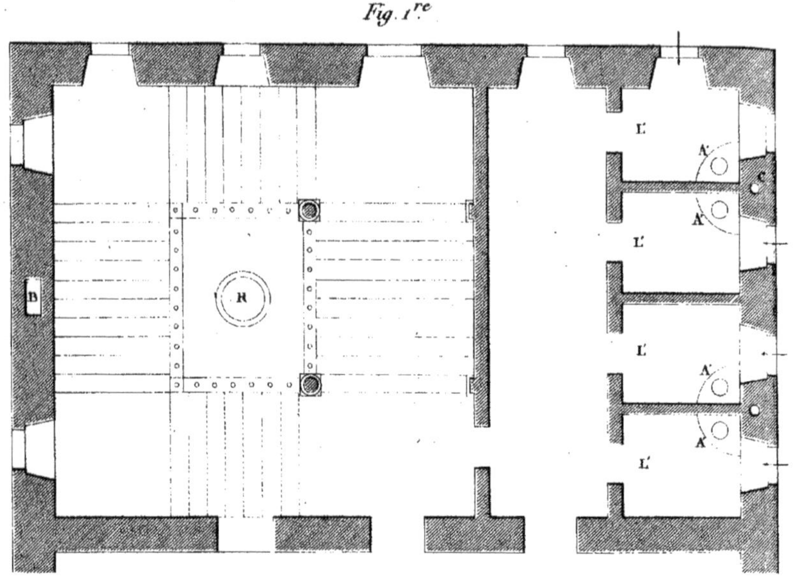

Fig. 2.

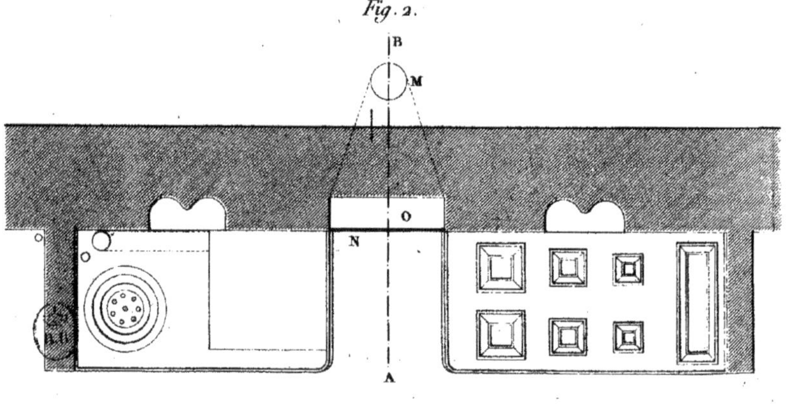

Echelle de la fig. 1ère — 1 2 3 4 5 mètres

Echelle de 0.m04 pour 1.mèt ou 1/25.

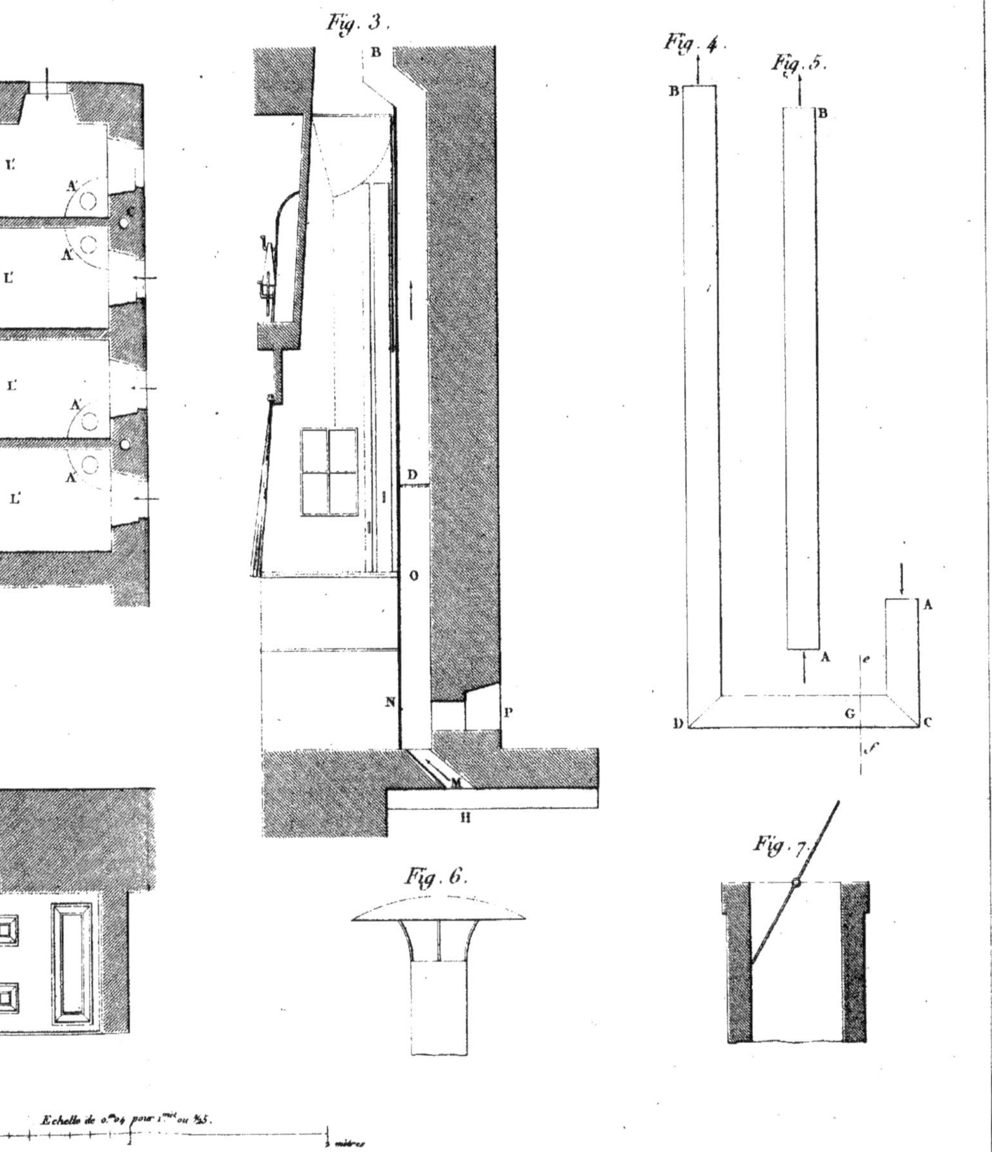

Fig. 3.
Fig. 4.
Fig. 5.
Fig. 6.
Fig. 7.
B
D
O
N
P
M
H
A
C
G
e
f
L'
A'
Echelle de 0.m04 pour 1.mèt ou 1/25.
mètres

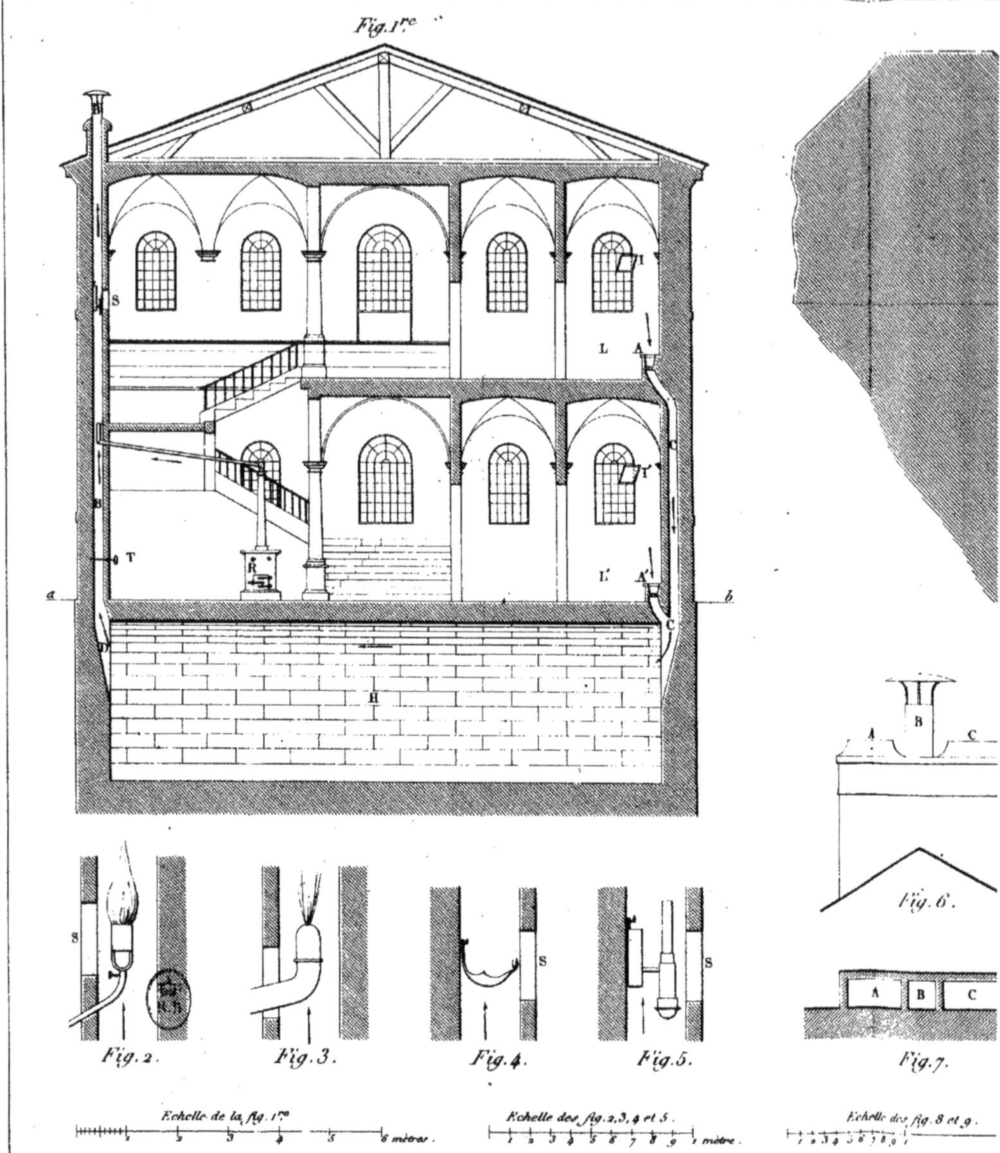
Fig. 1re
Fig. 2.
Fig. 3.
Fig. 4.
Fig. 5.
Fig. 6.
Fig. 7.
Echelle de la fig. 1re
6 mètres.
Echelle des fig. 2, 3, 4 et 5.
1 mètre.
Echelle des fig. 8 et 9.

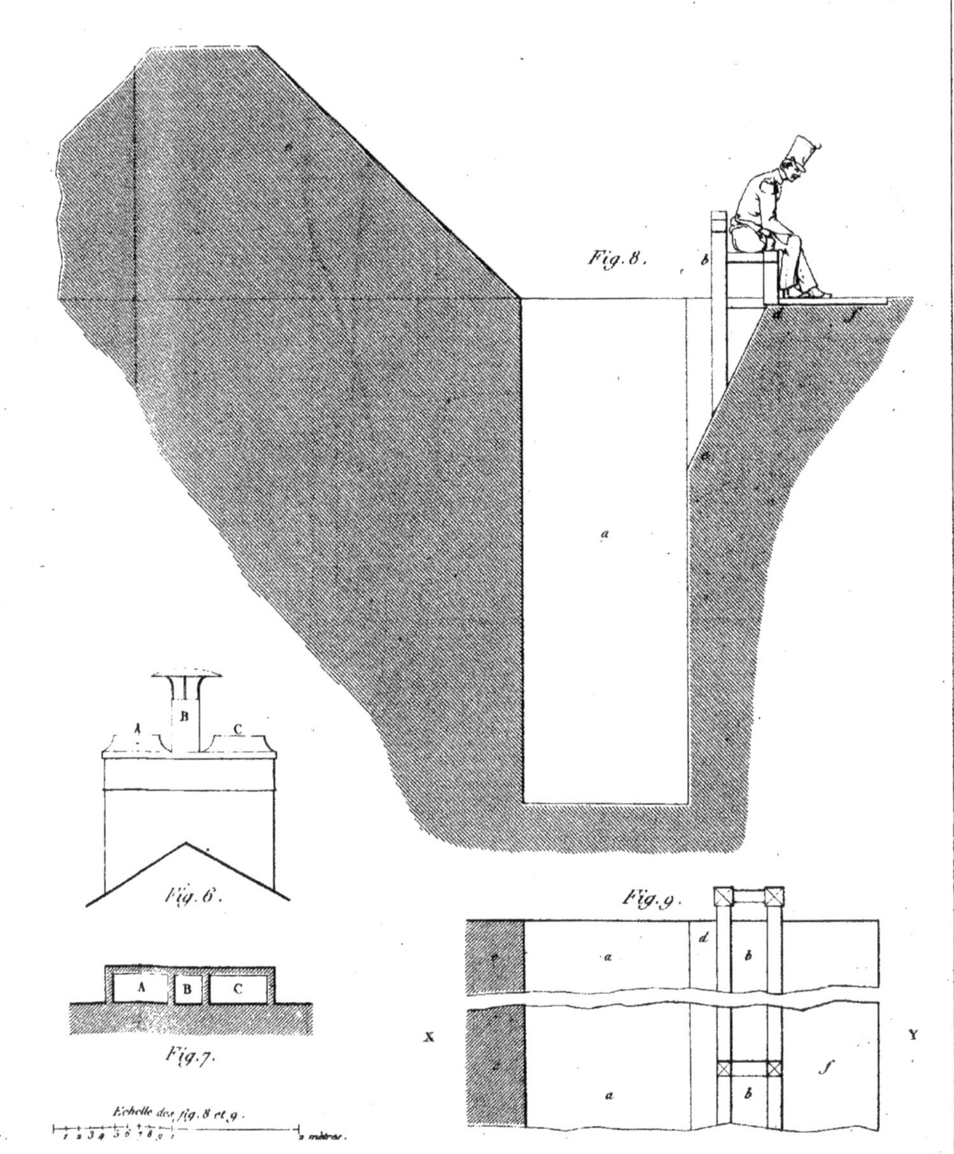
Fig. 8.
b
a
d
f
e
B
A
C
Fig. 6.
A
B
C
Fig. 7.
Fig. 9.
d
a
b
a
b
f
X
Y
Echelle des fig. 8 et 9.
1 2 3 4 5 6 7 8 9 1
2 mètres.

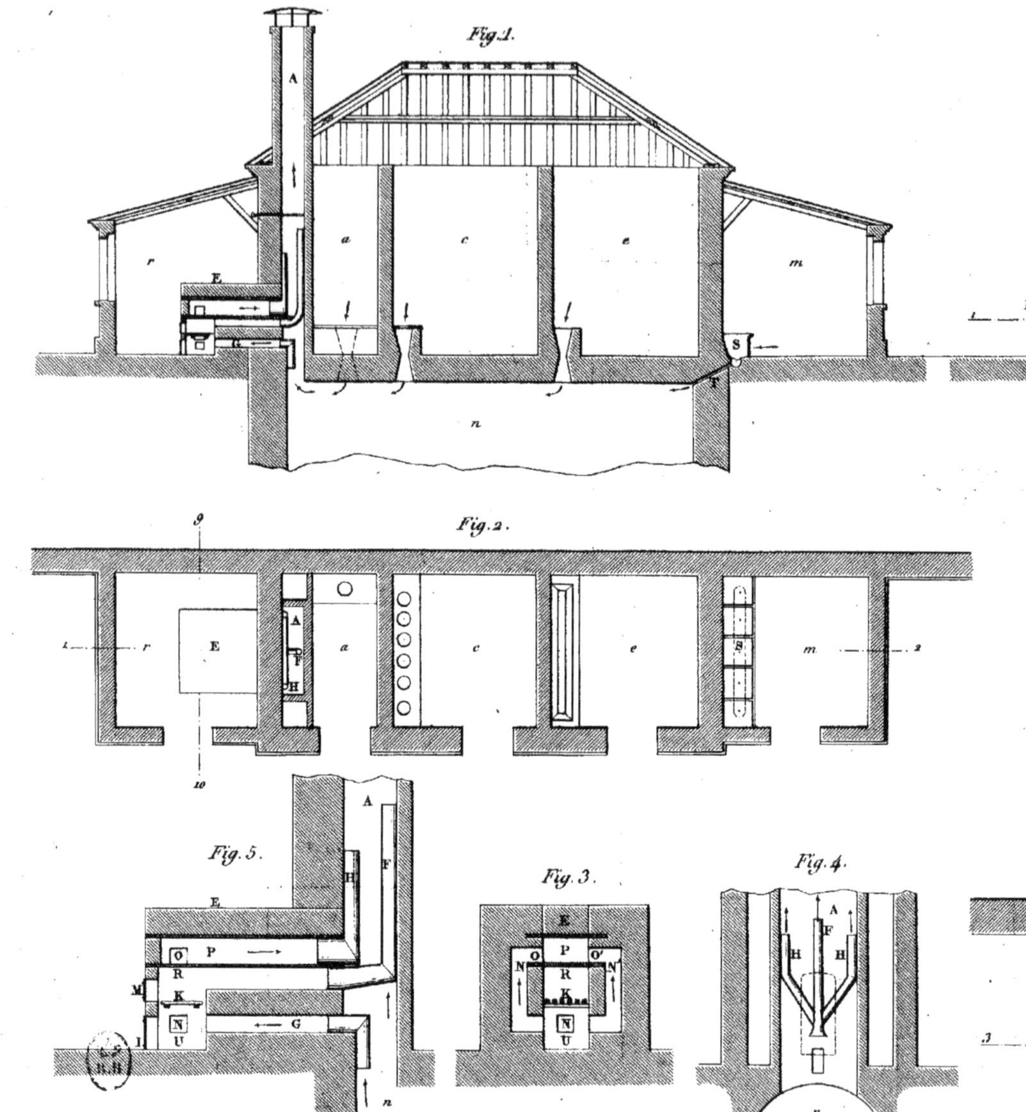
Fig. 1.
A
E
r
a
c
e
m
S
T
n
Fig. 2.
9
10
1
2
E
A
F
H
r
a
c
e
S
m
Fig. 5.
E
H
A
F
P
O
R
M
K
N
U
I
G
n
Fig. 3.
E
P
N
O
O'
N'
R
K
N
U
Fig. 4.
A
F
H
H
n
2 mètres.
Échelle de 0,05 pour 1 mètre pour la fig. 16.

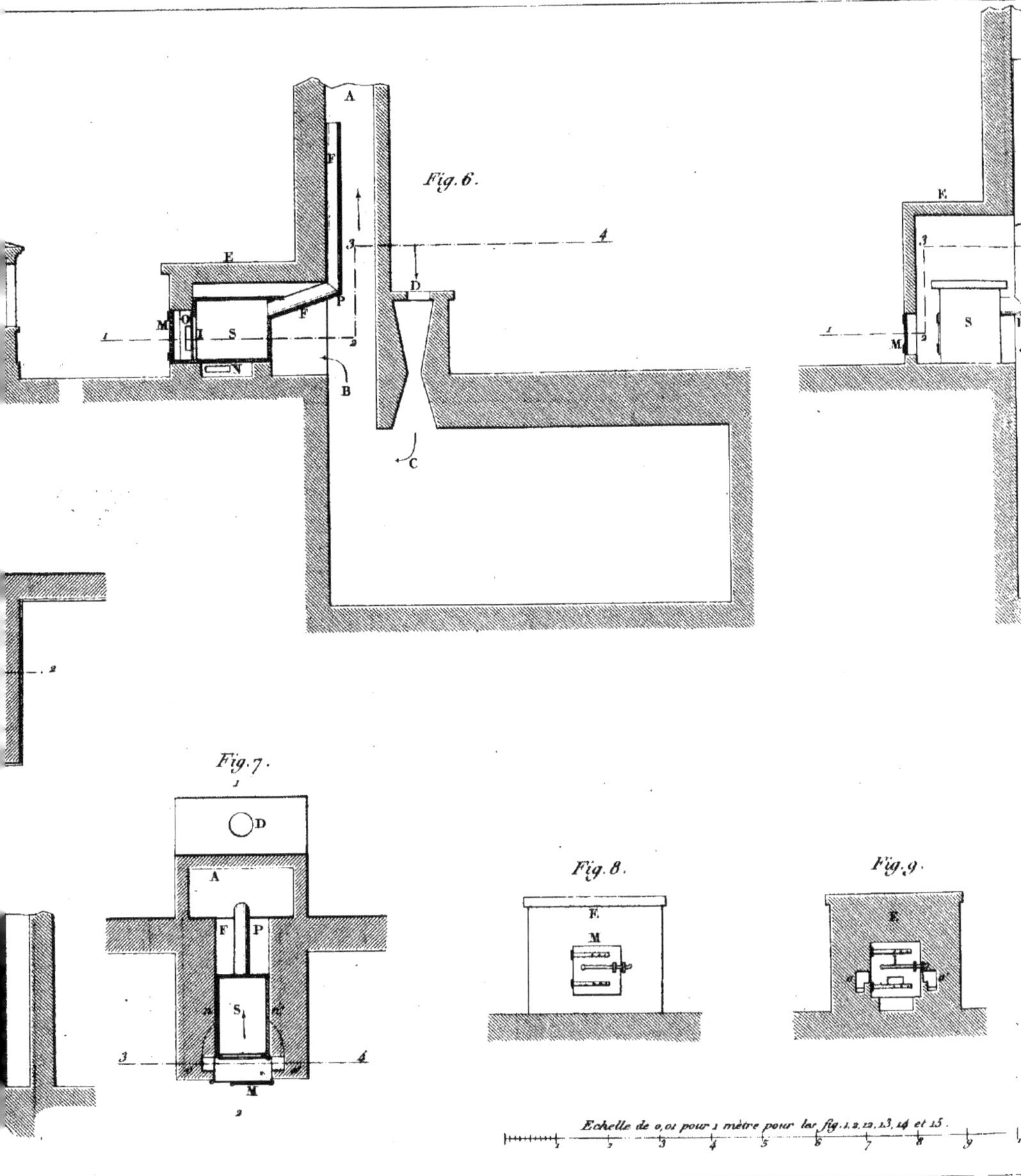

Fig. 6.
Fig. 7.
Fig. 8.
Fig. 9.
Echelle de 0,01 pour 1 mètre pour les fig. 1. 2. 12. 13. 14 et 15.

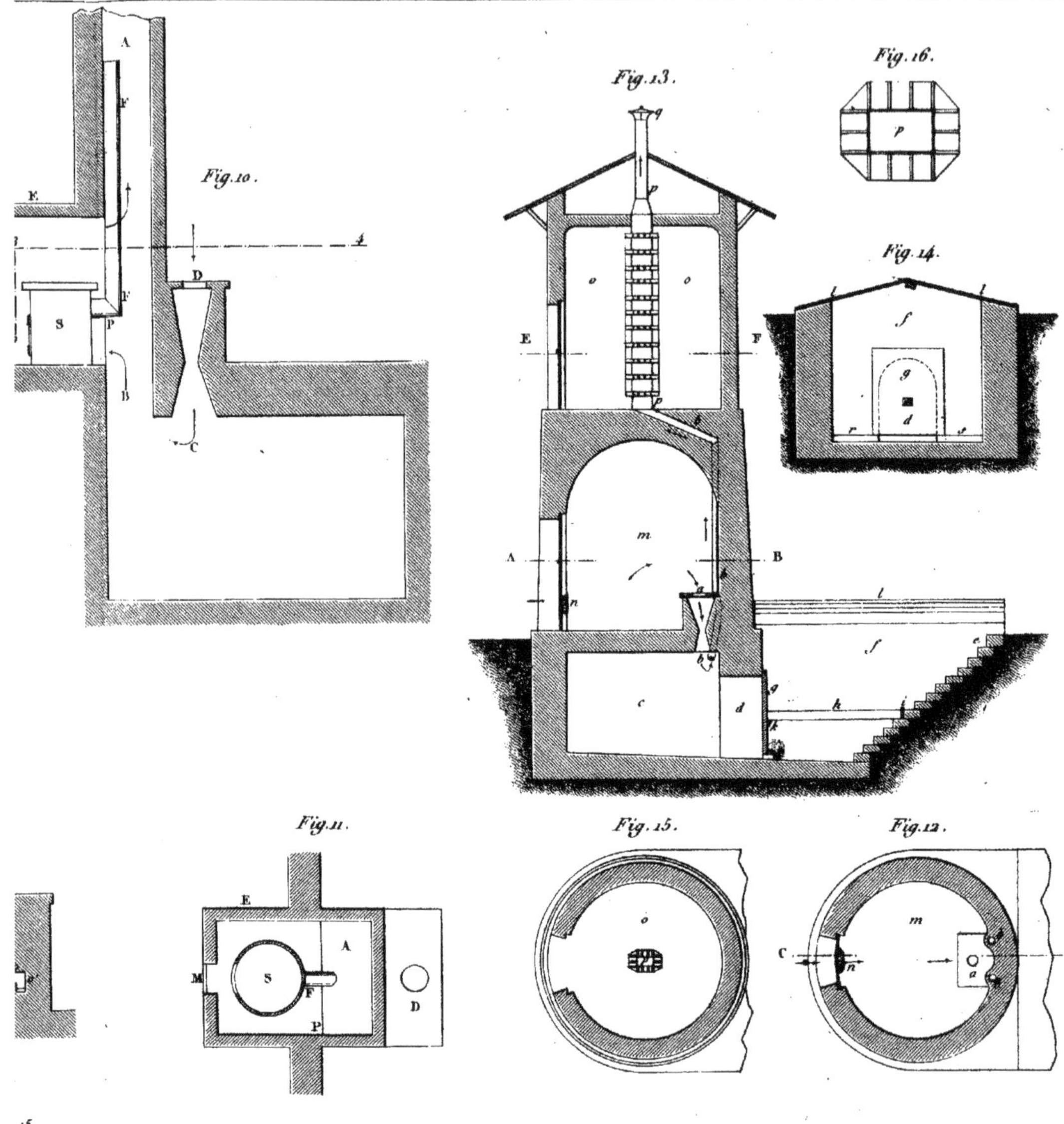
Fig. 10.
Fig. 13.
Fig. 16.
Fig. 14.
Fig. 11.
Fig. 15.
Fig. 12.
Echelle de 0,02 pour 1 mètre pour les fig. 3, 4, 5, 6 7, 8, 9, 10 et 11.
5 mètres.
10 mètres.

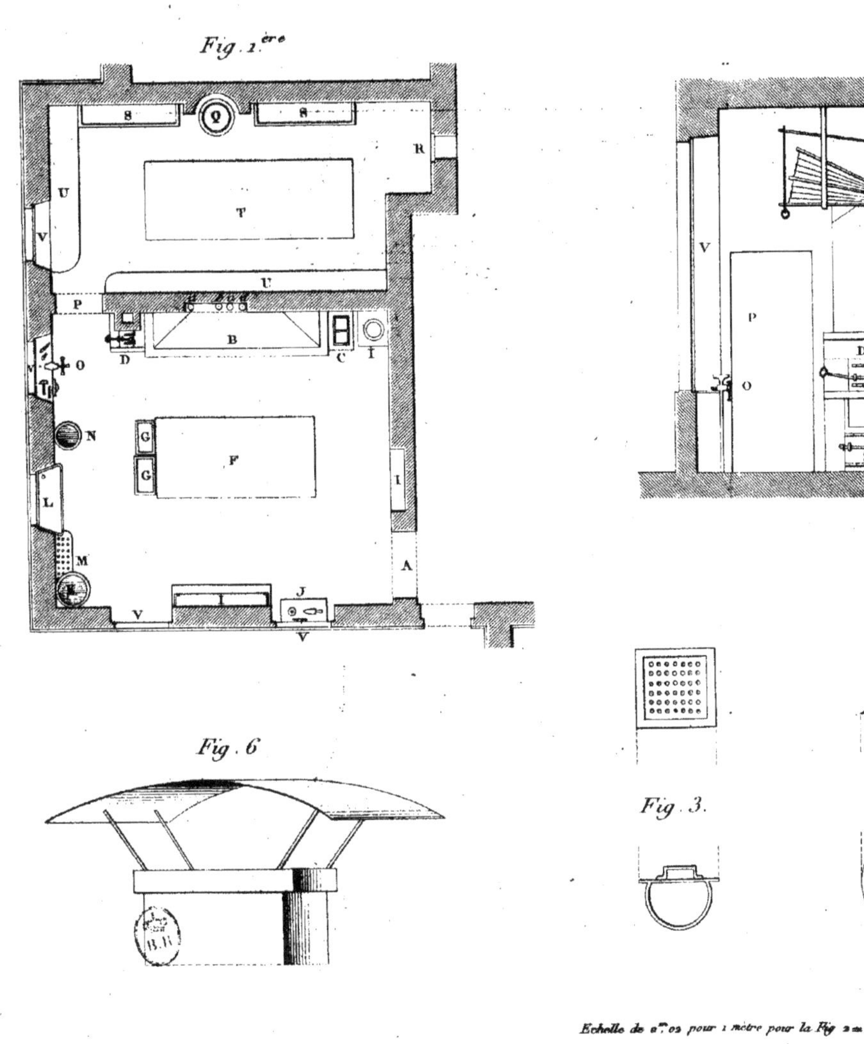
Fig. 1.ère
S
Q
S
R
U
T
V
U
P
B
D
C
I
O
N
G
F
G
I
L
M
K
A
J
V
V
P
O
D
Fig. 6
Fig. 3.
Echelle de 0m,02 pour 1 mètre pour la Fig. 2 m
1
2
3

Fig. 2.

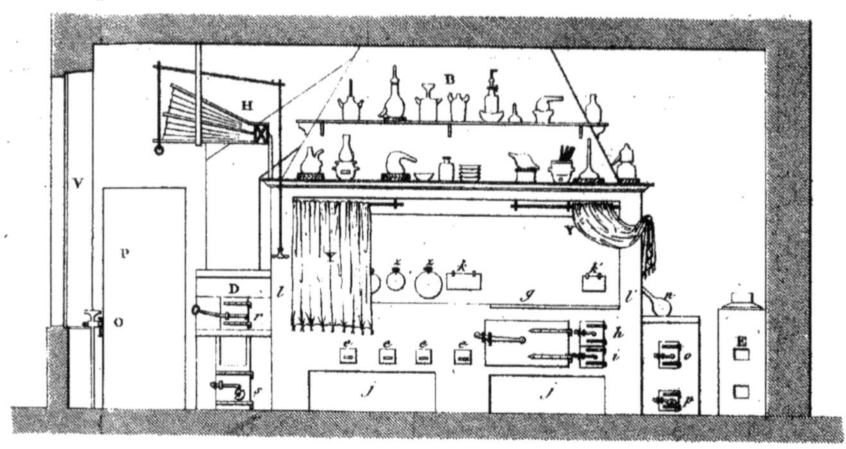

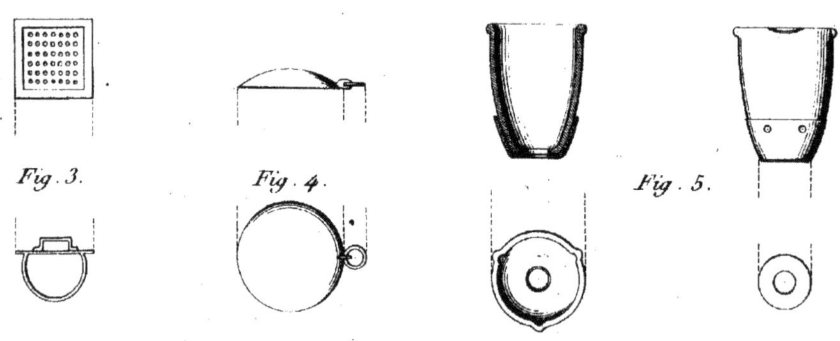

Fig. 3.

Fig. 4.

Fig. 5.

elle de 0m.02 pour 1 mètre pour la Fig 2 = 1/50.

2 3 4 5 mètres.

La Fig. 1ère est à l'Echelle de 0m.01 pour 1 mètre, ou 1/100.

Fig. 1.ère

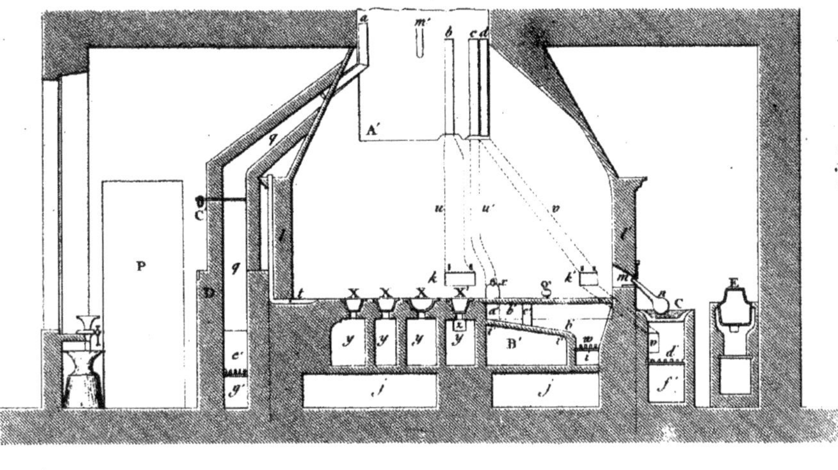

Fig. 5.

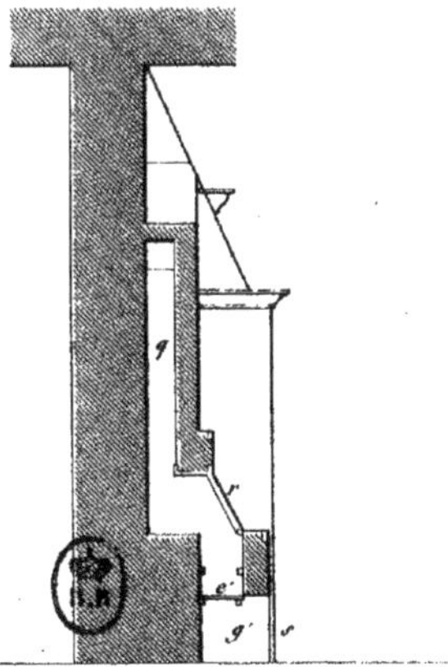

Fig. 6.

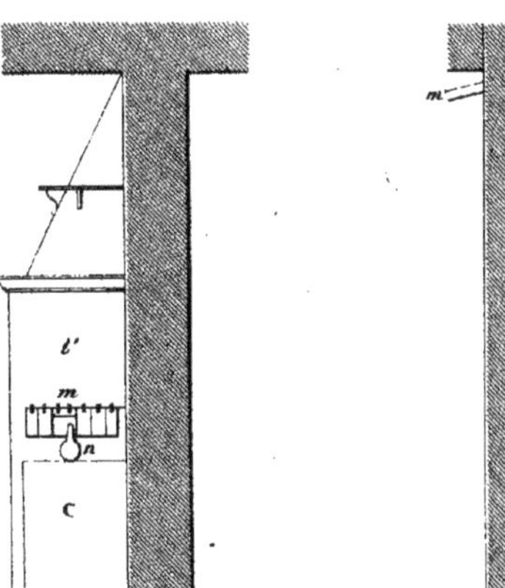

Fig. 7.

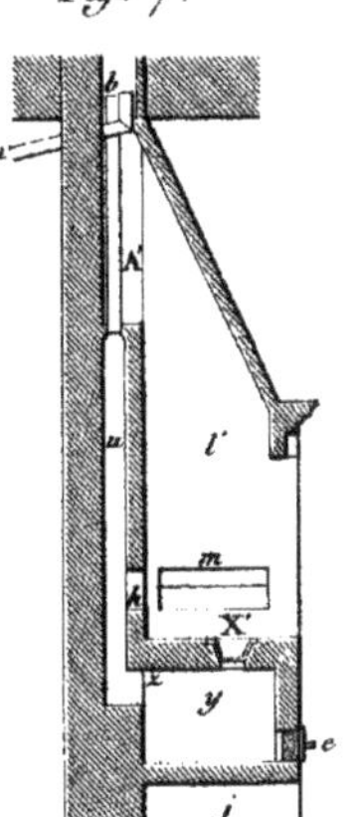

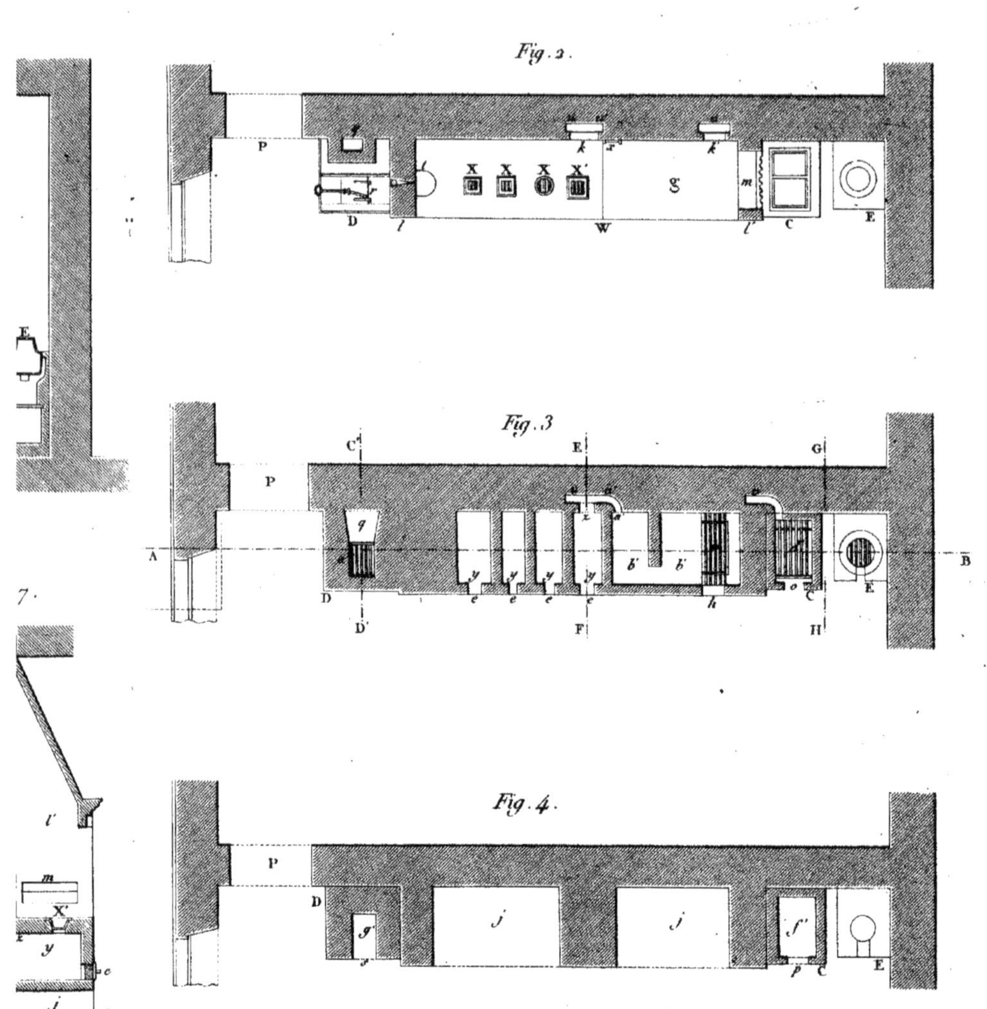
Fig. 2.
Fig. 3
Fig. 4.
Echelle de 0m 02 pour 1 mètre ou 1/50.
1
2
3
4 mètres

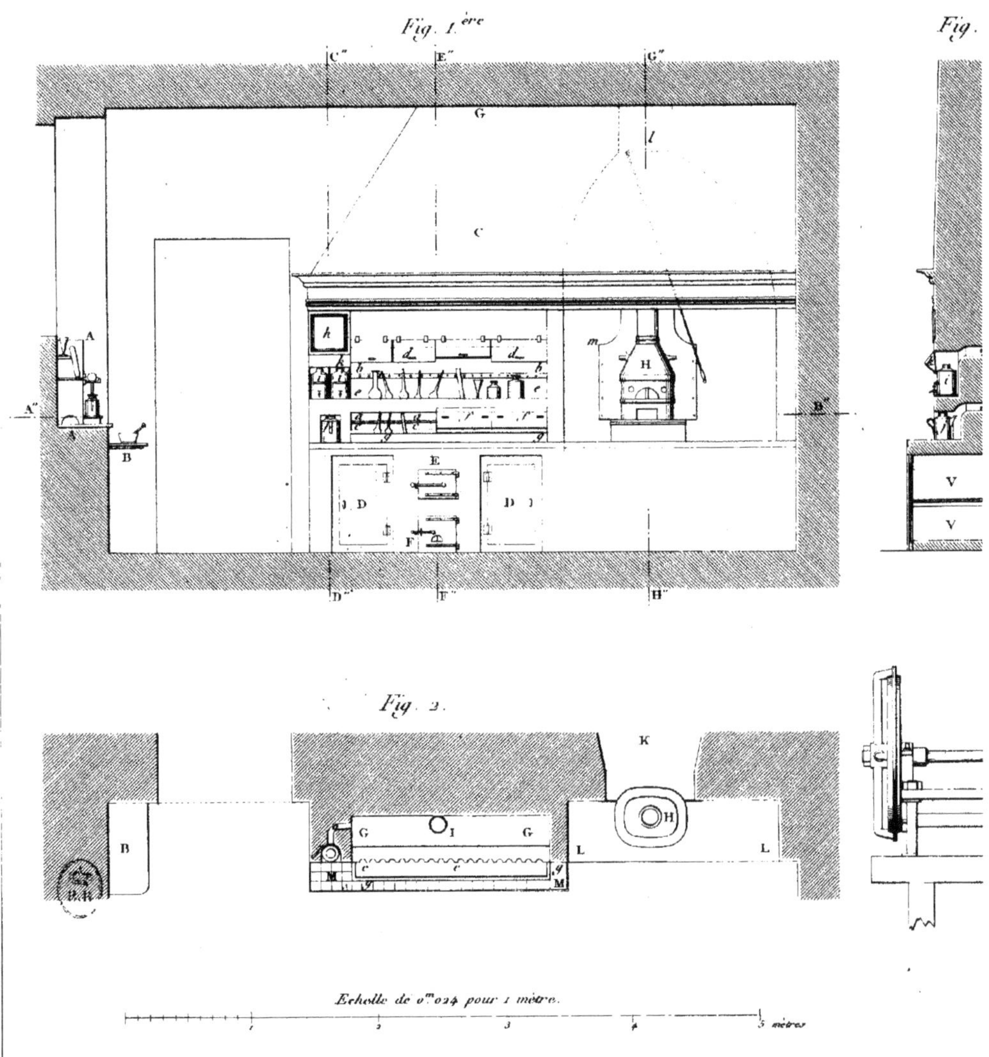
Fig. 1.ère
Fig.
C''
E''
G''
G
l
C
h
d
d
b
b
c
c
m
H
A
A''
A
B
E
D
D
F
B''
V
V
D''
F''
H''
Fig. 2.
K
B
G
I
G
H
L
L
M
M
Echelle de 0m.024 pour 1 mètre.
1
2
3
4
5 mètres

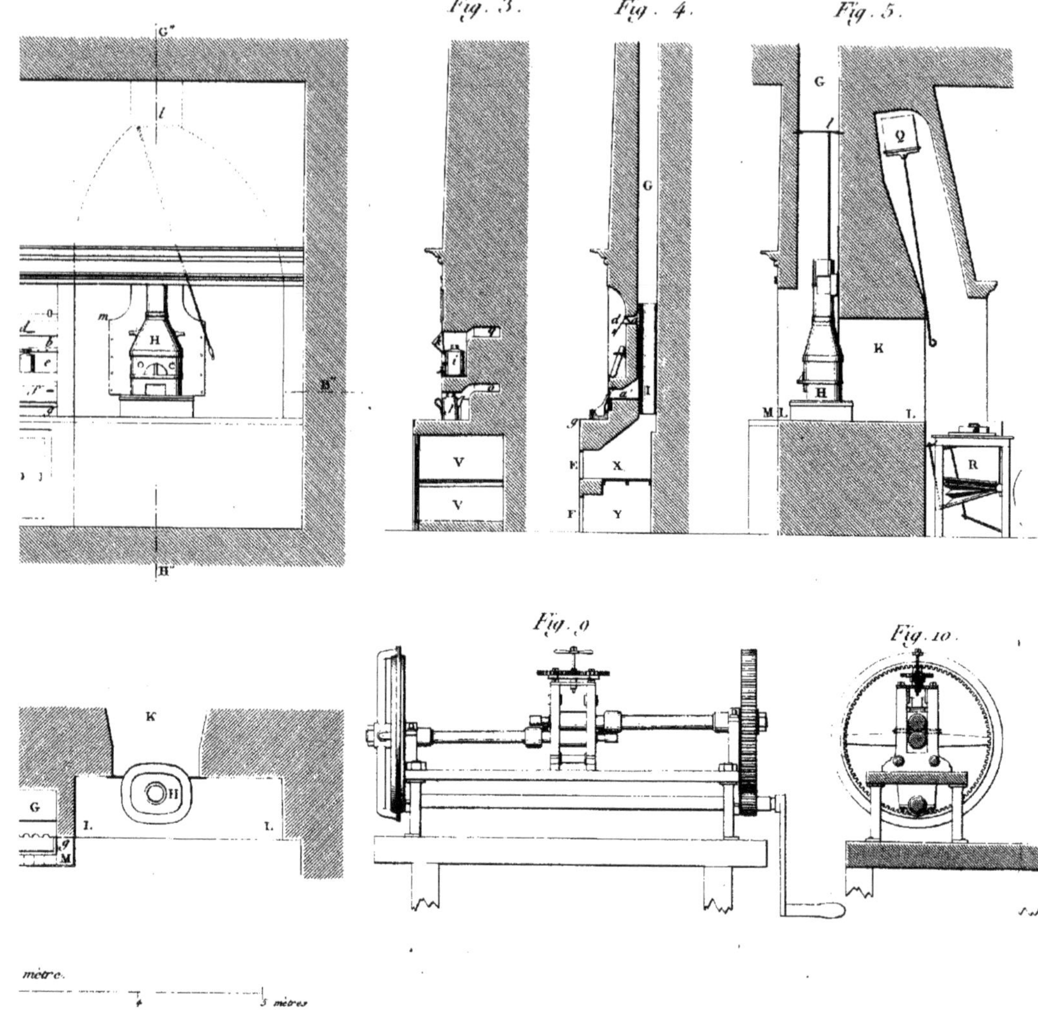
Fig. 3.
Fig. 4.
Fig. 5.
G
Q
K
H
V
V
X
Y
R
Fig. 9
Fig. 10.
K
G
H
mètre.
5 mètres

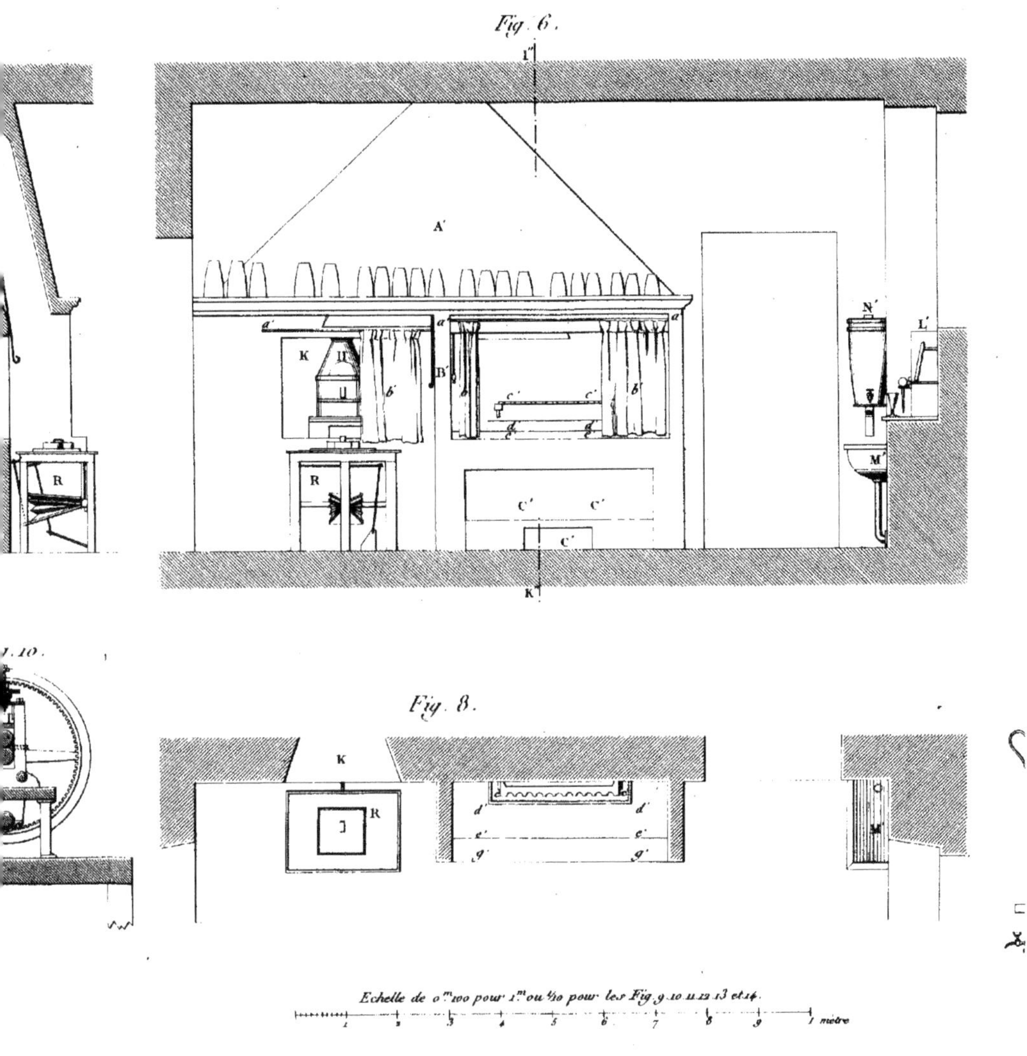
Fig. 6.
A'
K
R
B'
N'
L'
M'
Fig. 8.
K
R
Echelle de 0m.100 pour 1m. ou 1/10 pour les Fig. 9. 10. 11. 12. 13 et 14.
1 mètre

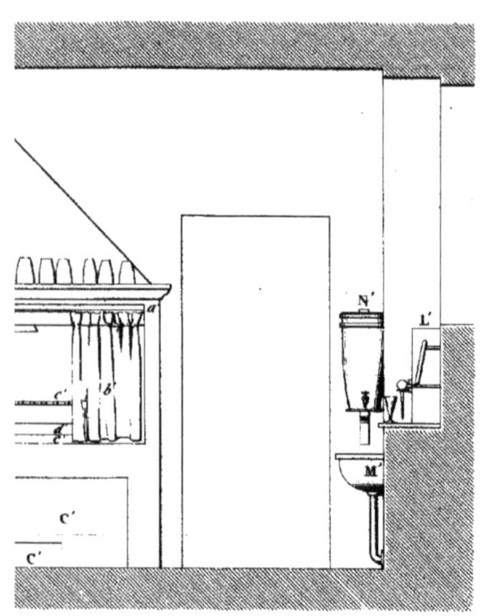

Fig. 7.

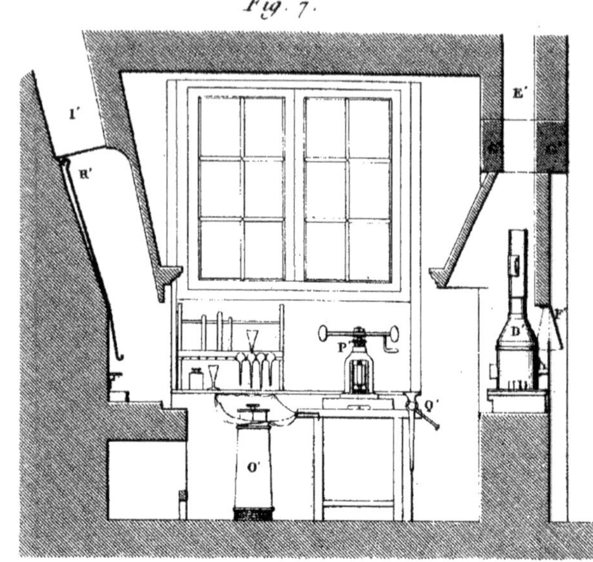

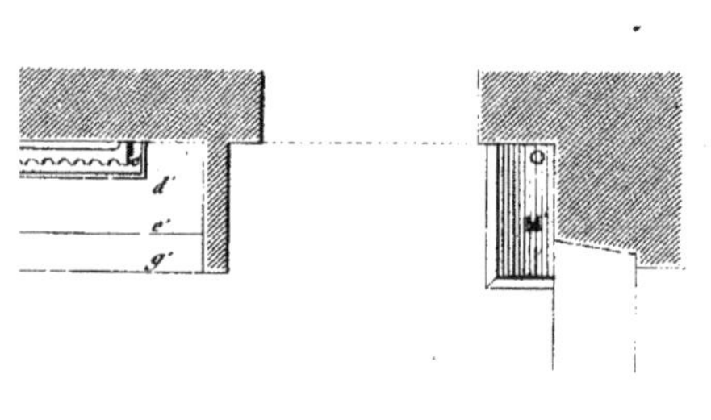

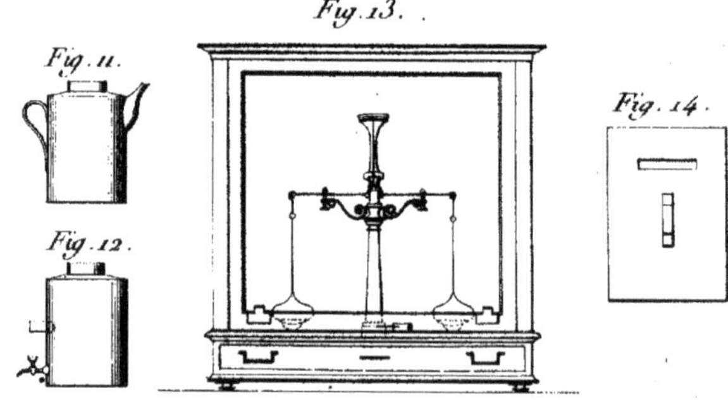

Fig. 11.

Fig. 12.

Fig. 13.

Fig. 14.

...io pour les Fig. 9. 10. 11. 12. 13 et 14.

5 6 7 8 9 1 mètre

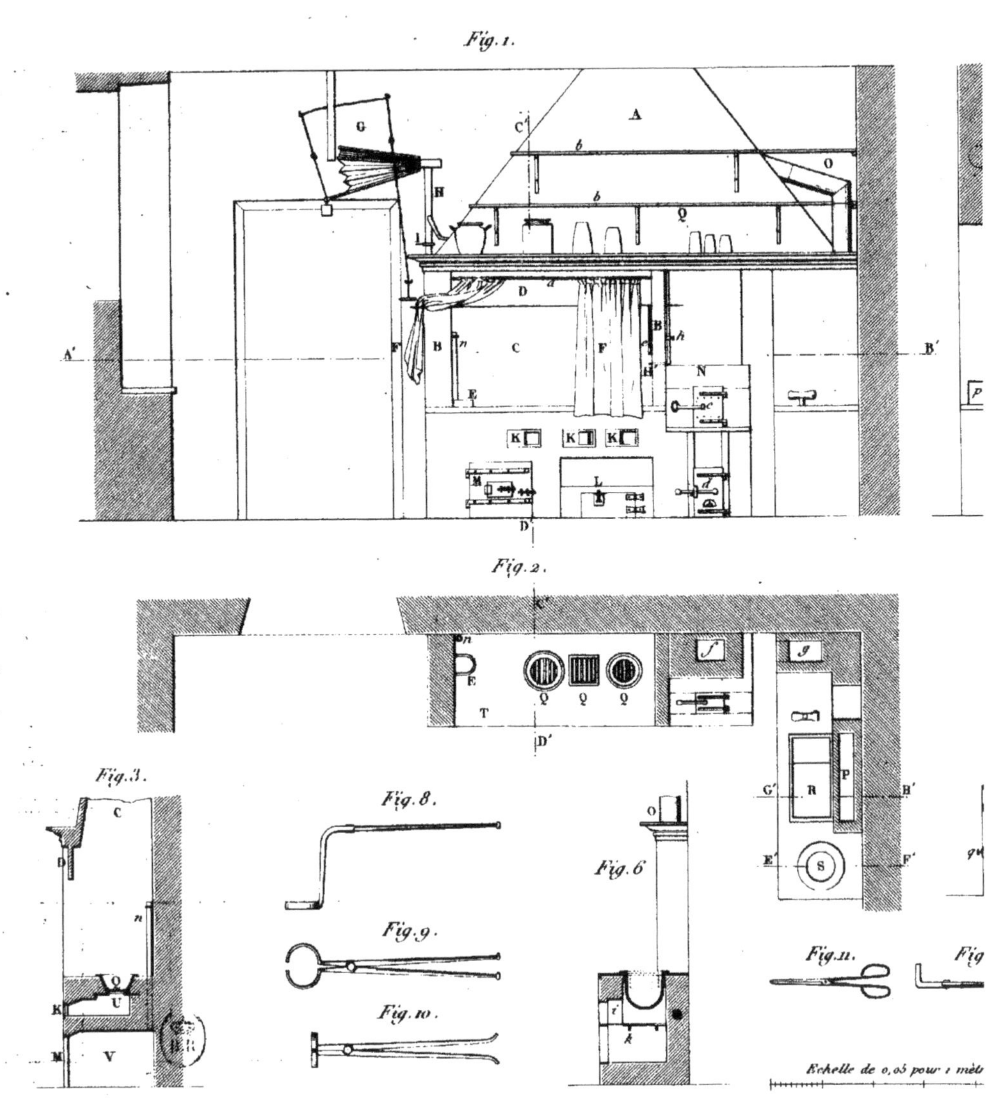
Fig. 1.
Fig. 2.
Fig. 3.
Fig. 8.
Fig. 6
Fig. 9.
Fig. 10.
Fig. 11.
Echelle de 0,05 pour 1 mètr

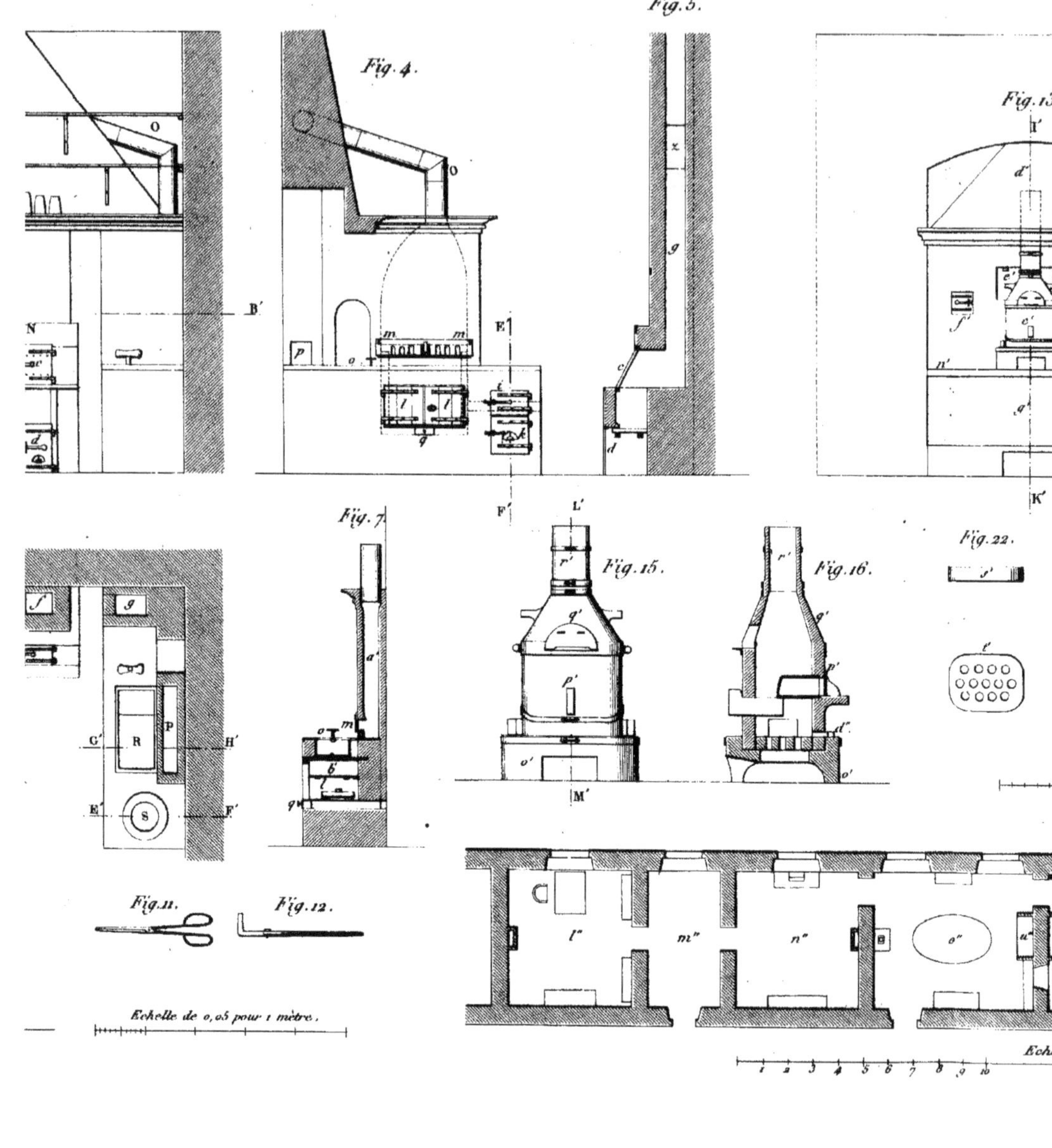
Fig. 4.
Fig. 5.
Fig. 13
Fig. 7
Fig. 15.
Fig. 16.
Fig. 22.
Fig. 11.
Fig. 12.
Echelle de 0,05 pour 1 mètre.
Eche

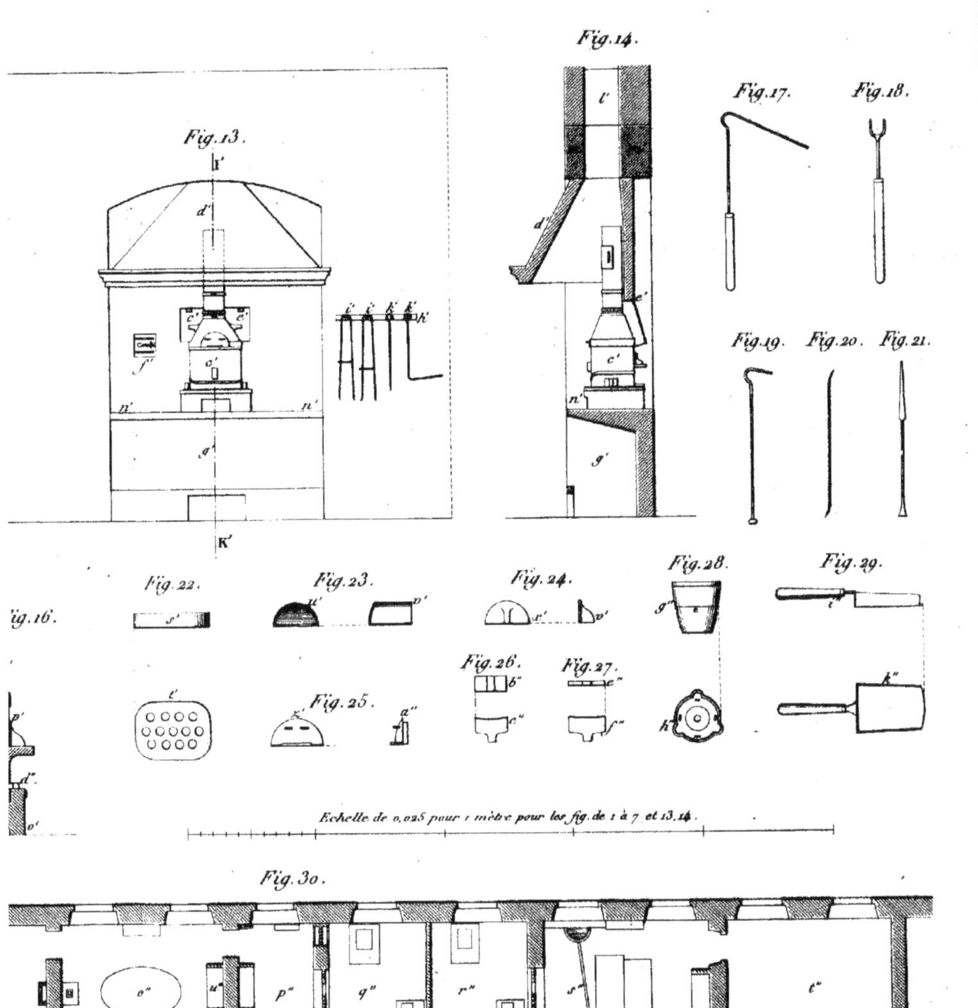
Fig. 13.
Fig. 14.
Fig. 17.
Fig. 18.
Fig. 19.
Fig. 20.
Fig. 21.
Fig. 22.
Fig. 23.
Fig. 24.
Fig. 25.
Fig. 26.
Fig. 27.
Fig. 28.
Fig. 29.
Fig. 30.
Echelle de 0,025 pour 1 mètre pour les fig. de 1 à 7 et 13, 14.

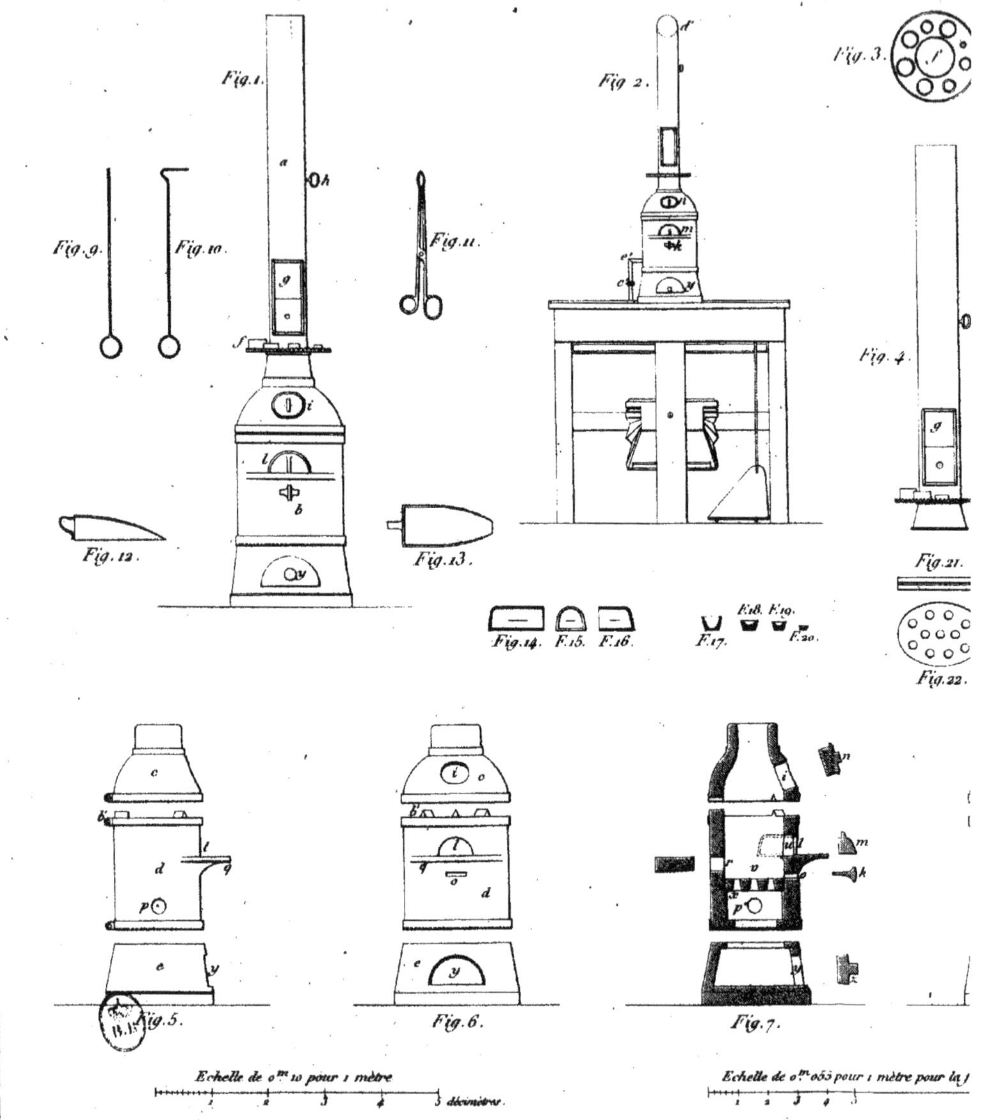
Fig. 1.
Fig 2.
Fig. 3.
Fig. 4.
Fig. 5.
Fig. 6.
Fig. 7.
Fig. 9.
Fig. 10.
Fig. 11.
Fig. 12.
Fig. 13.
Fig. 14.
F. 15.
F. 16.
F. 17.
F. 18.
F. 19.
F. 20.
Fig. 21.
Fig. 22.
Echelle de 0m 10 pour 1 mètre
5 décimètres.
Echelle de 0m 055 pour 1 mètre pour la f

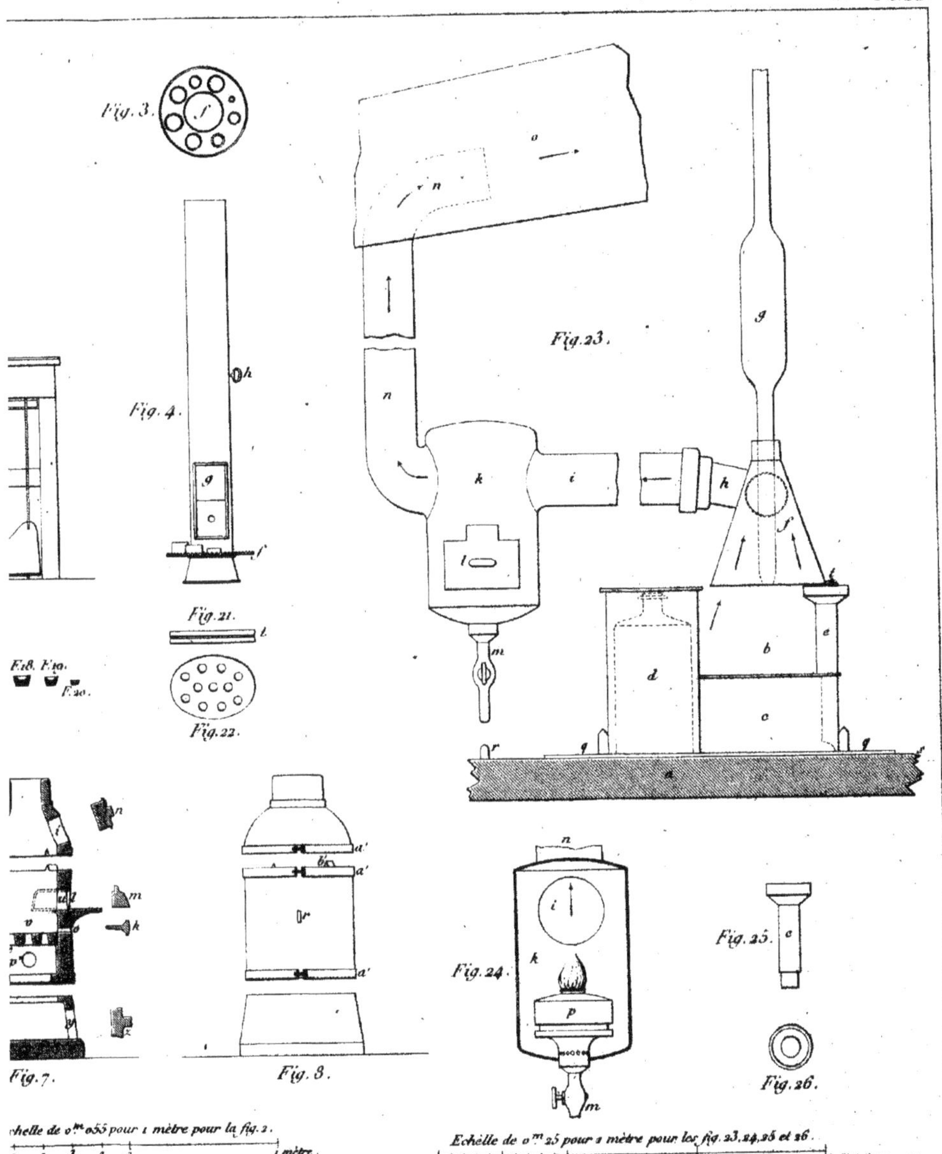
Fig. 3.
Fig. 4.
Fig. 21.
Fig. 22.
Fig. 23.
Fig. 24.
Fig. 25.
Fig. 26.
Fig. 7.
Fig. 8.
chelle de 0m 055 pour 1 mètre pour la fig. 2.
1 mètre.
Echelle de 0m 25 pour 1 mètre pour les fig. 23, 24, 25 et 26.
3 décimètres.

Adolphe Leblanc del.

Imp. chez Kaeppelin

Mathias, Libraire

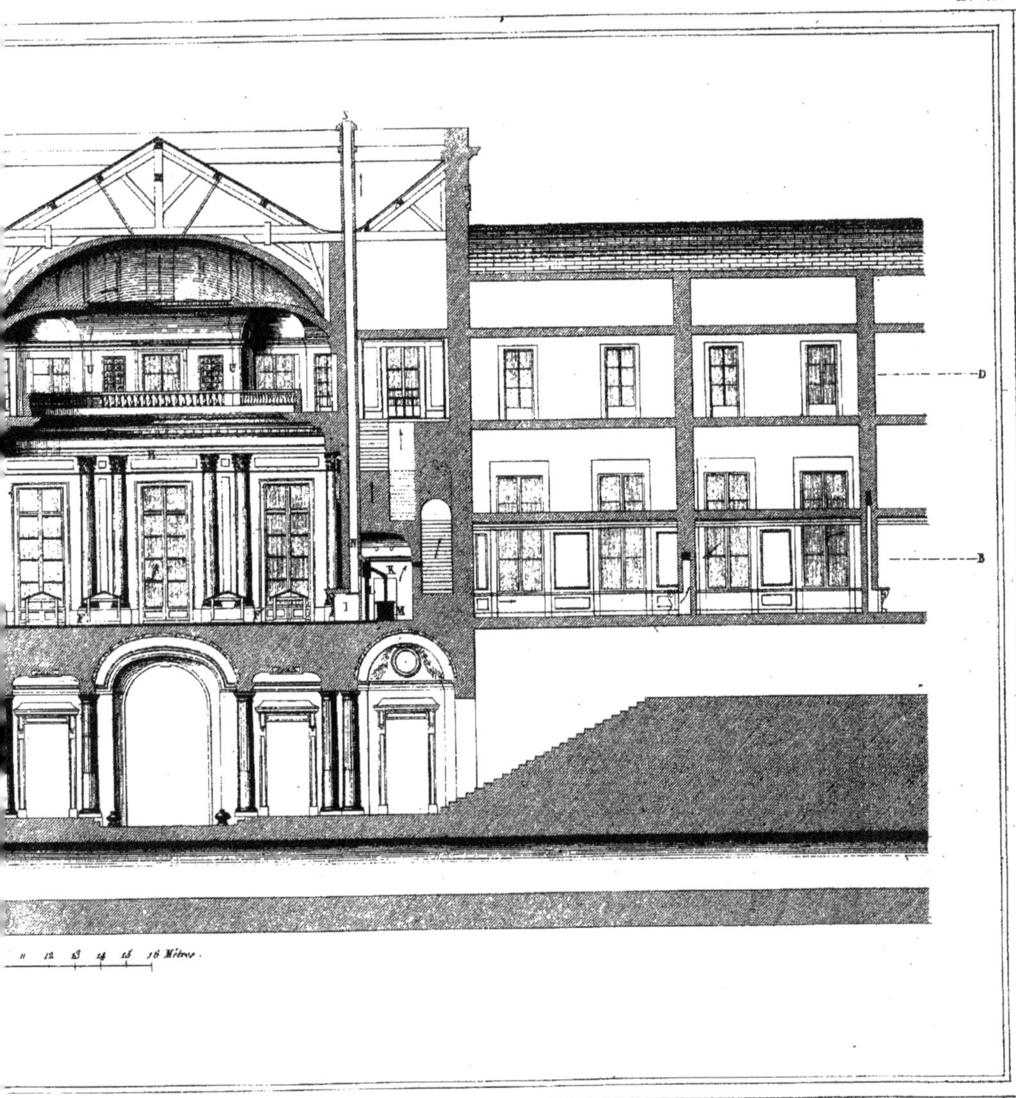

...din 15. Quai Voltaire. Millet sculp.

15. Quai Malaquais.

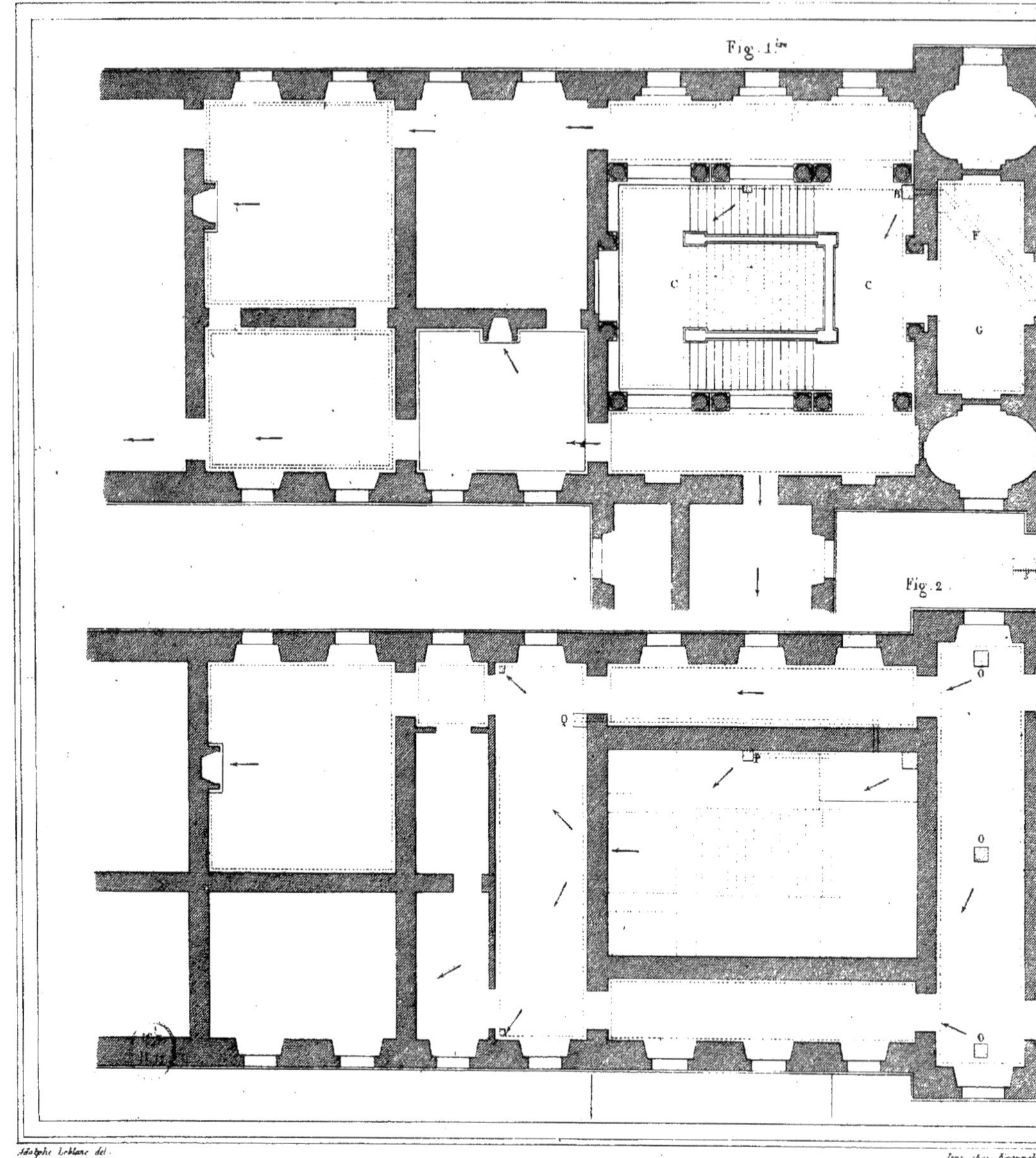

Adolphe Leblanc del.

Imp. chez Kaeppelin

Mathias, Libraire.

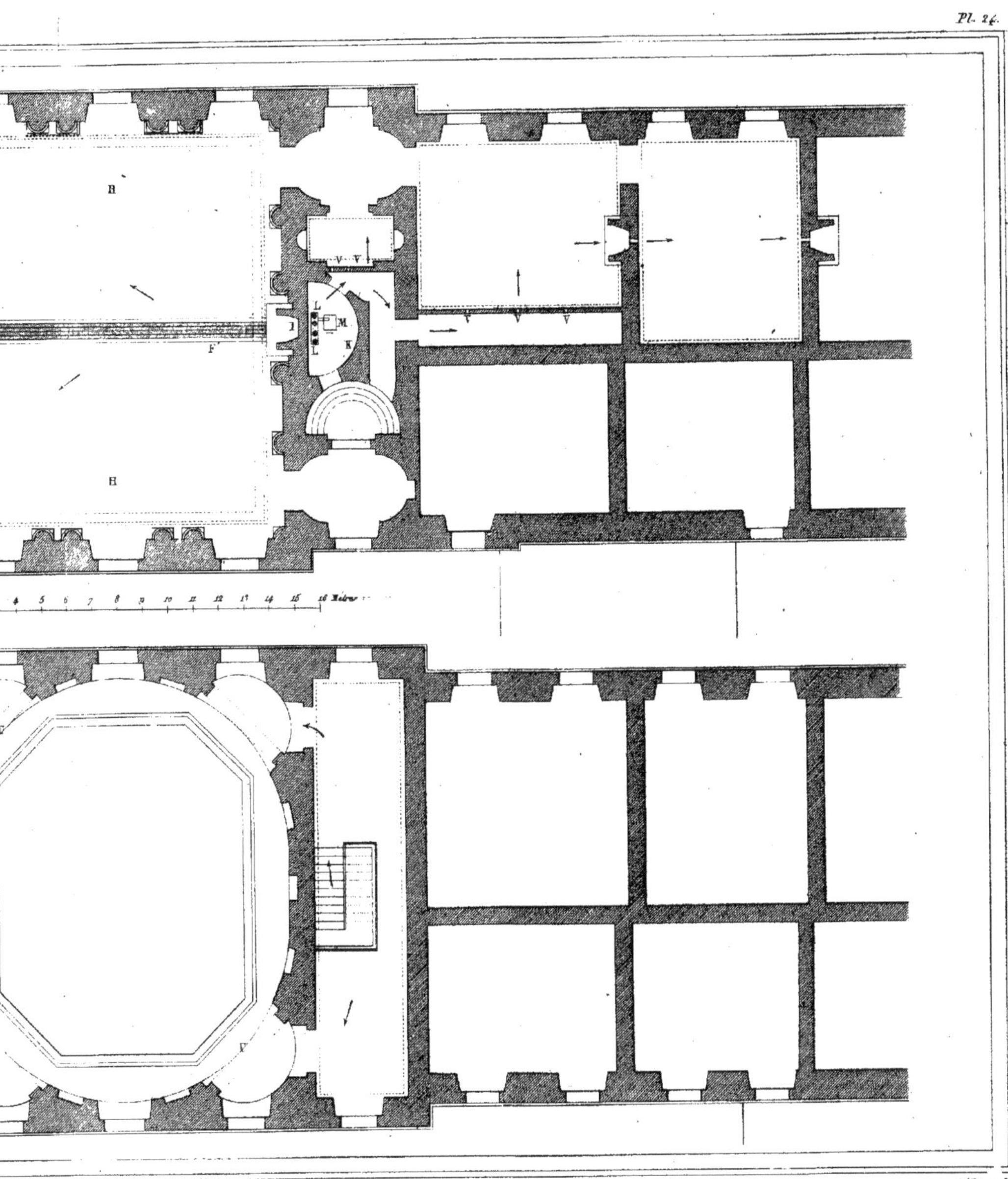

Voltaire.

Millet sculp.

Quai Malaquais.

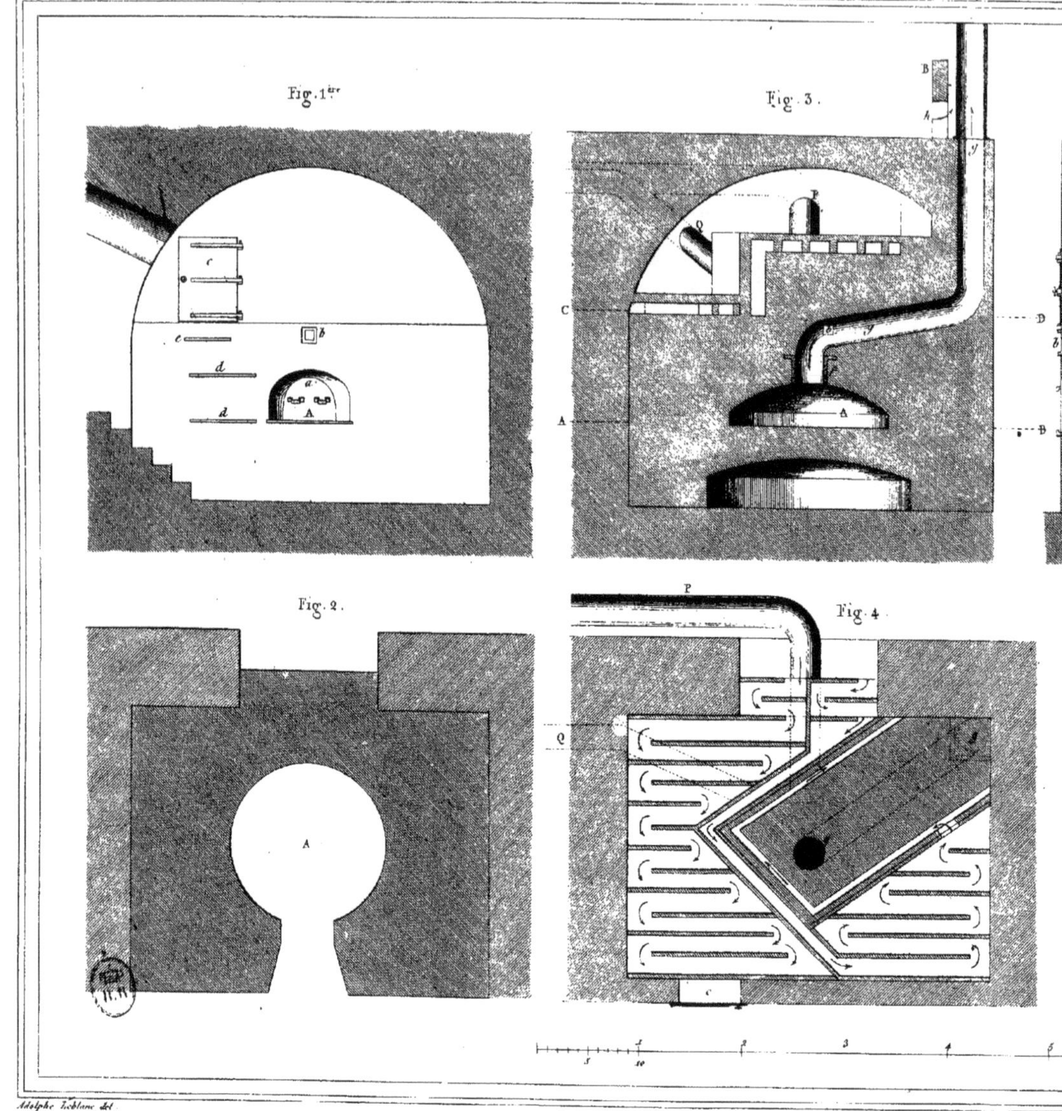

Adolphe Leblanc del.

Imp. chez Kaeppelin 15 Quai Voltaire

Mathias, Libraire 15 Quai

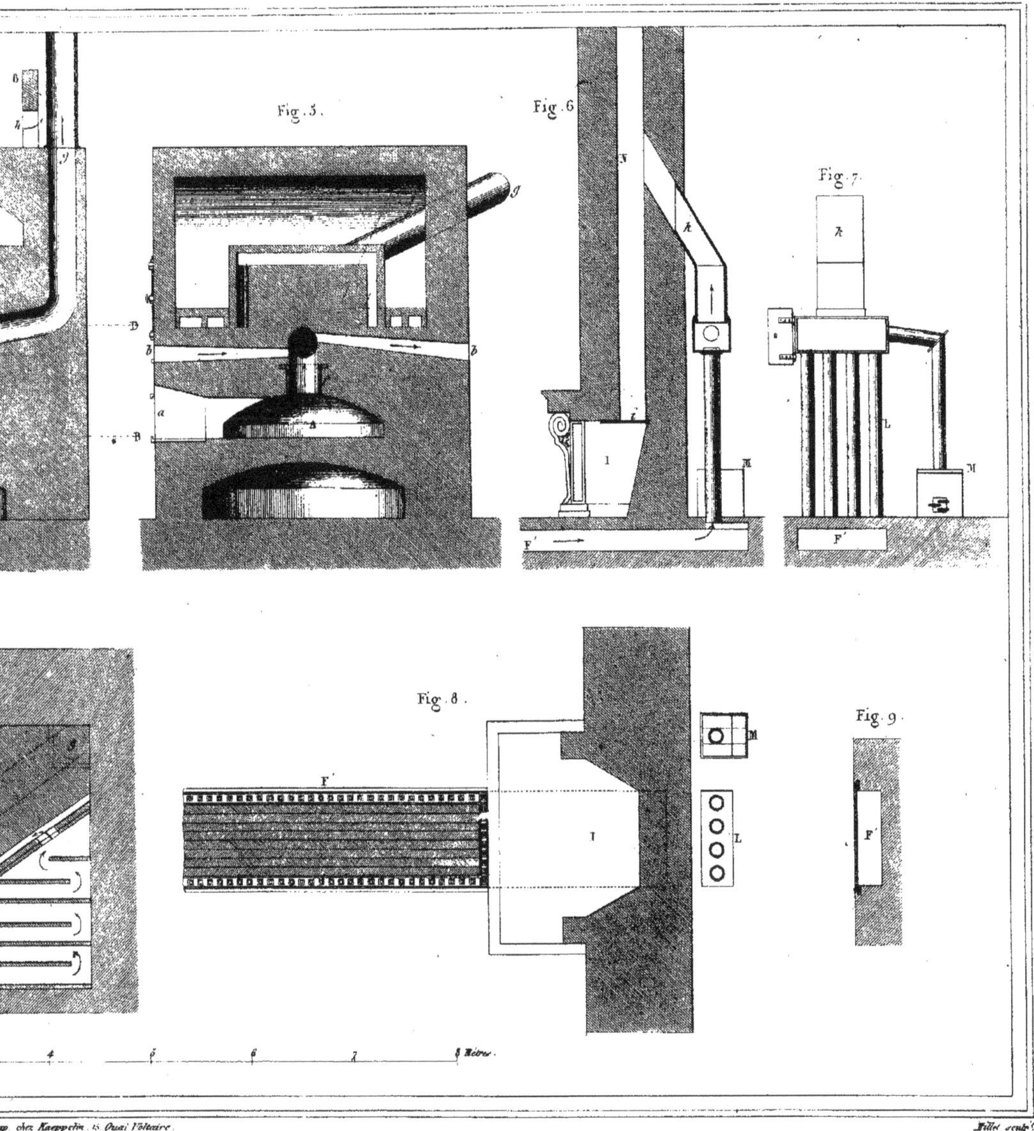

Imp. chez Kaeppelin, 15 Quai Voltaire.
Pillet sculp.
Libraire 15 Quai Malaquais.

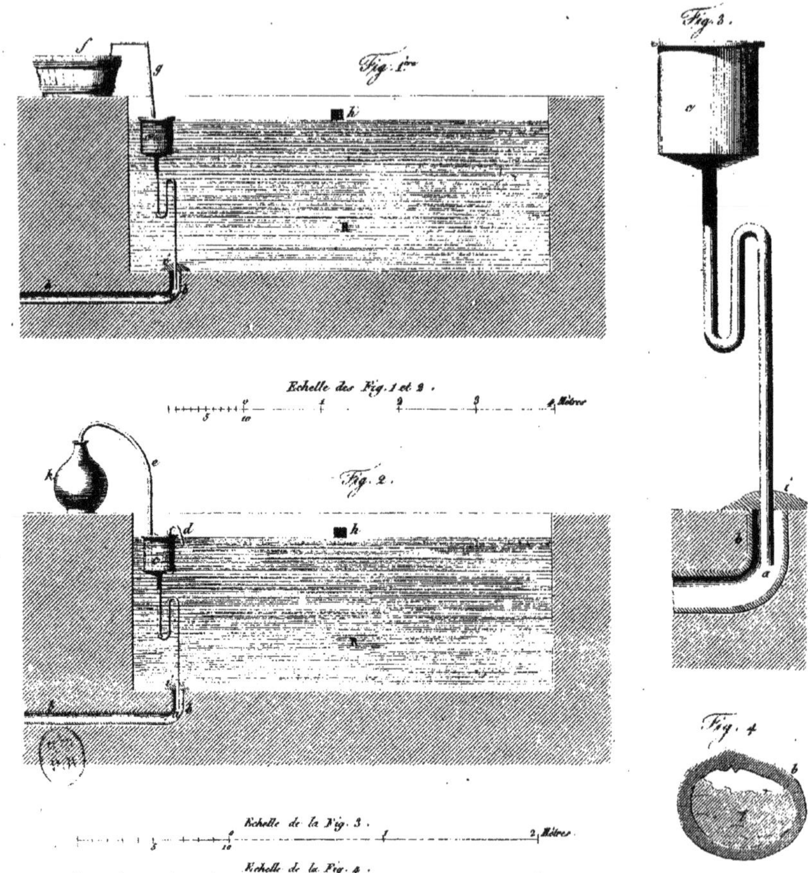

Imp. chez Kaeppelin

Mathias, Libraire 15 Quai Malaquais.

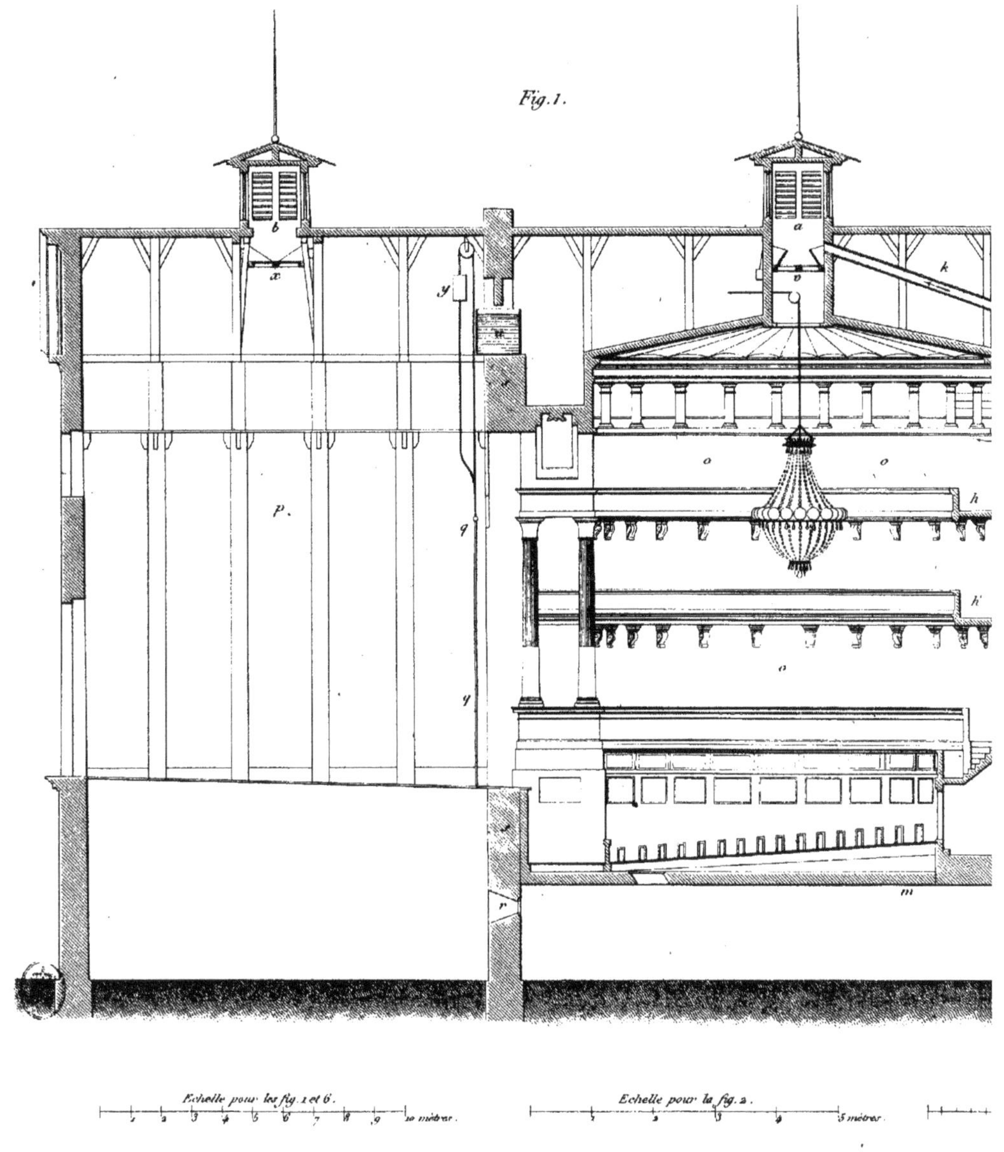
Fig. 1.
b
a
x
v
y
k
p.
q
o
o
h
h'
o
r
m
Echelle pour les fig. 1 et 6.
1 2 3 4 5 6 7 8 9 10 mètres.
Echelle pour la fig. 2.
1 2 3 4 5 mètres.

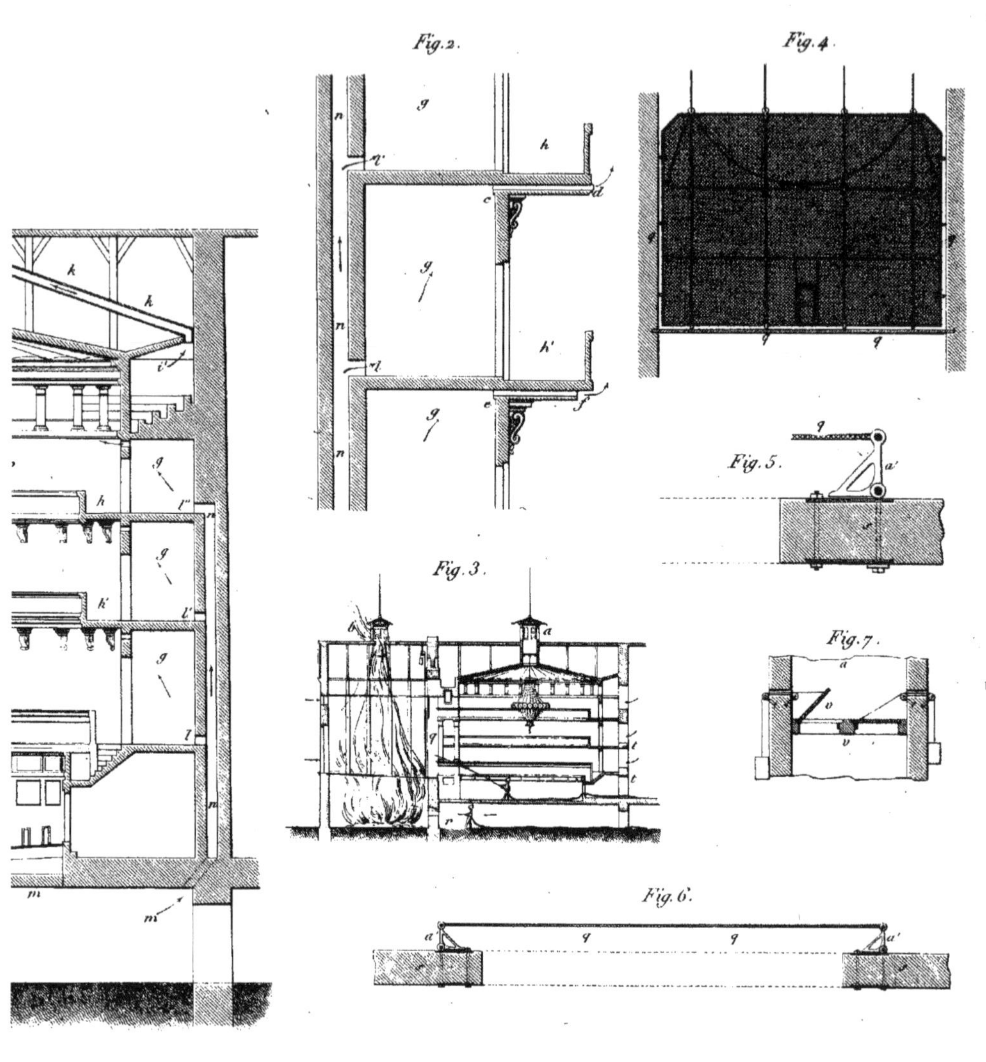
Fig. 2.
Fig. 4.
Fig. 5.
Fig. 3.
Fig. 7.
Fig. 6.
Echelle pour les fig. 5 et 7.

www.ingramcontent.com/pod-product-compliance
Ingram Content Group UK Ltd.
Pitfield, Milton Keynes, MK11 3LW, UK
UKHW021940200726
13856UKWH00005B/268